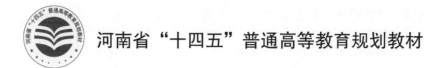

河南省"十四五"普通高等教育规划教材

特种先进连接方法

主　编　张柯柯
副主编　石红信　于　华
参　编　张　鑫　肖　笑　闫焉服

U0379549

机械工业出版社

本书系统地介绍了适应先进制造、高新技术和新材料发展需要的激光焊、电子束焊、超塑性焊接和超塑成形/扩散连接、摩擦焊、爆炸焊和微连接技术等特种先进连接方法的基本原理、工艺及设备、常用材料及典型零件的连接技术特点、适用范围、质量检测及控制等，以及国内外相关领域的新成就和发展趋势。书中许多图表直接引自最新国内外标准和典型企业成熟经验，可供焊接生产借鉴。

本书理论联系实际，注重工程素养和创新精神培养，兼顾不同专业（方向）的教学要求，深度和广度并重，既可作为高等院校焊接技术与工程等相关专业（方向）的主干课程教材，也可供从事焊接科研与生产的科技工作者、工程技术人员阅读和参考。

图书在版编目（CIP）数据

特种先进连接方法 / 张柯柯主编. --北京 ：机械工业出版社，2024.9. --（河南省"十四五"普通高等教育规划教材）. -- ISBN 978-7-111-76240-9

Ⅰ. TG44

中国国家版本馆 CIP 数据核字第 2024ER9607 号

机械工业出版社（北京市百万庄大街 22 号　邮政编码 100037）

策划编辑：冯春生　　　　　　　　　责任编辑：冯春生
责任校对：郑　雪　薄萌钰　韩雪清　封面设计：张　静
责任印制：任维东

三河市骏杰印刷有限公司印刷

2024 年 9 月第 1 版第 1 次印刷

184mm×260mm · 19 印张 · 471 千字

标准书号：ISBN 978-7-111-76240-9

定价：69.00 元

电话服务　　　　　　　　　　　网络服务

客服电话：010-88361066　　　机　工　官　网：www.cmpbook.com
　　　　　010-88379833　　　机　工　官　博：weibo.com/cmp1952
　　　　　010-68326294　　　金　书　网：www.golden-book.com

封底无防伪标均为盗版　　　机工教育服务网：www.cmpedu.com

前　言

特种先进连接方法是现代连接科学技术的重要组成部分，广泛应用于先进制造。作为高等院校焊接技术与工程等相关专业（方向）的主干课程，多年来鲜见相关教材，为适应先进制造发展对焊接高层次人才的更高需求，融汇专业教学改革的最新成果，我们编写了本书。

本书以焊接技术与工程等相关专业（方向）涉及的材料、工艺及设备为主线，主要介绍适应先进制造、高新技术和新材料发展需要的特种先进连接方法，力求反映现代连接技术最新研究成果，如激光增材制造、电子束增材制造、5G通信涉及的微连接技术和新型固态焊的搅拌摩擦焊新技术等，旨在增进学生对先进连接方法的全面了解。

本书融汇专业教学改革最新成果，具有课程内容体系新、综合性及工程应用性强等鲜明特点，被列入河南省"十四五"普通高等教育规划教材。本书兼顾"先进性""典型性""知识性"和"应用性"原则，对熔焊、压焊、钎焊等连接方法中特种先进连接技术进行筛选。

全书分三大部分六章，系统阐述了高能束焊接技术（激光焊和电子束焊）、固态连接技术（超塑性焊接和超塑成形/扩散连接、摩擦焊和爆炸焊）和微连接技术等部分的主要特种先进连接方法的基本原理、工艺及设备、常用材料及典型零件的连接技术特点、适用范围、质量检测及控制、国内外的新成就和发展趋势。考虑到不同专业（方向）的教学要求，深度和广度并重。

本书理论联系实际，努力打造新形态教材，融入课程思政元素，注重加强工程能力和创新精神培养，且许多图表直接引自最新的国内外标准和典型企业成熟经验，可供焊接生产借鉴。

本书由河南科技大学张柯柯任主编，石红信、于华任副主编，参加本次编写工作的有：肖笑（第1章）、石红信（第2章）、张柯柯（第3章）、于华（第4章）、张鑫（第5章）、闫焉服（第6章）。

在编写本书过程中，编者参阅了部分国内外相关教材、科技著作及论文，在此一并向相关作者表示感谢；部分研究成果得到国家自然科学基金、中原英才计划等项目的资助支持，在此一并表示感谢。

因编者水平有限，书中难免有疏漏、错误和不妥之处，敬请读者批评指正。

编　者

目　录

Chapter 1

第1章

激光焊

激光焊（Laser Beam Welding，LBW）是利用高能量密度的激光束作为热源的一种高度精密的焊接方法。它是随着激光技术的发展而开始得到应用并逐步发展起来的新型焊接技术，自20世纪60年代中期将红宝石激光应用于焊接技术以来，至今激光焊技术已经历了近60年的发展历程。与常规的熔焊技术相比，激光焊技术及激光焊焊接接头具有以下多方面的优点：

1）焊缝组织多为极细树枝晶，接头综合力学性能优良。

2）激光焊接过程中存在着净化效应，焊缝中有害杂质含量较低，有更好的抗气孔和抗裂纹能力。

3）焊接热输入小，焊道窄、焊缝深宽比大，热影响区极窄，工件收缩和变形较小。

4）焊接生产率高，可进行精确焊接并易于实现生产过程的自动化。

5）较易于实现异种材料和非对称接头的焊接。

6）可焊到性好，能够焊接其他焊接方法难以焊到的位置。

表1-1比较了激光焊与传统焊接方法的焊接性能。

表1-1 激光焊与传统焊接方法焊接性能的比较

性能特点	激光焊	电子束焊	电阻点焊	钨极氩弧焊	摩擦焊	电容放电焊接
焊接质量	极好	极好	较好	好	好	极好
焊接速度	高	高	中等	中等	中等	很高
热输入量	低	低	中等	很高	中等	低
焊接接头装配要求	高	高	低	低	中等	高
熔深	大	大	小	中等	大	小
焊接异种材料的范围	宽	宽	窄	窄	宽	宽
焊件几何尺寸的范围	宽	中等	宽	宽	窄	窄
可控性	很好	好	较好	较好	中等	中等
自动化程度	极好	中等	极好	较好	好	好
初始成本	高	高	低	低	中等	高
操作和维护成本	中等	高	中等	低	低	中等
加工成本	高	很高	中等	中等	低	很高

近年来，随着激光器开发研究的进展，多种新型激光器陆续在工业生产中出现，如直流板条式 CO_2 激光器、二极管泵浦的 Nd：YAG 激光器、大功率半导体、光纤激光器等。激光

器的功率等级也越来越大，45kW 的 CO_2 激光器、5kW 的 Nd：YAG 激光器已上市。随着大功率激光器商品化进程的加快，激光焊在工业领域的应用范围正迅速扩大，目前，使用大功率的激光焊设备可以对包括低碳钢、低合金高强钢、不锈钢、铁镍合金、铝及铝合金、钛及钛合金等多种金属材料进行有效的焊接，并可获得优质的焊接接头。激光焊的熔深也由不足 1mm 猛增到十几甚至是几十毫米。由于可焊材料范围广泛、接头质量优异和生产率的提高，激光焊技术的应用领域日益广泛，有了更大的工业实用性。

汽车制造、航空航天和电器设备制造领域，都是激光焊技术的主要应用领域。尤其是在汽车制造领域，多种汽车零部件的焊接都可由自动化的激光焊设备完成。此外，在航空航天、核工业和电器设备制造领域，激光焊也有大量的应用实例。随着这些工业领域和微电子、医疗以及轻工业领域的迅猛发展，零件结构形状越来越复杂，对材料性能的要求越来越高，对加工精度和表面完整性的要求也越来越高，激光焊技术作为现代高科技的产物，必然会得到越来越广泛的应用，成为现代工业生产中必不可少的加工工艺手段之一。

1.1　激光的产生及其物理特性

1.1.1　激光的产生过程与激光束

激光（Laser）和无线电波、微波一样，都是电磁波，也具有波粒二象性；但激光的产生机理和产生过程与普通光完全不同，因此决定了激光具有一系列比普通光更为优异的特征和性能。

1. 受激辐射及粒子数反转分布

1913 年丹麦物理学家玻尔提出的氢原子理论认为，原子系统具有一系列不连续的能量状态，在这些状态中，电子虽然做加速运动但不辐射电磁能量，这些状态称之为原子的稳定状态（也称为稳定能级）。原子系统中的电子可以通过与外界的能量交换改变其运动状态，从而导致原子系统能量状态或能级的改变。对处于非基态的所有激发态的原子或粒子系统，其较高的内能使之处于不稳定状态，它总是力图通过辐射跃迁或无辐射跃迁的形式回到较低的能级上。如果跃迁过程中发出一个光子（即辐射跃迁），那么这个过程称之为光的自发辐射（图 1-1）。自发辐射的特点是：它是一个纯自发产生的过程，自发辐射时每个光子都具有能量 $E=E_2-E_1$，其频率都满足普朗克公式 $\nu=(E_2-E_1)/h$；处于较高能级 E_2 上的粒子向较低能级 E_1 自发辐射跃迁时，都各自独立地发出一个光子，这些光子是互不相关的。因此，虽然它们的频率相同，但是它们的相位、传播方向和偏振方向都不同，故是散乱、随机和无法控制的。

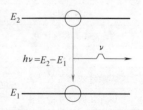

图 1-1　光的自发辐射

自发辐射常用自发跃迁概率（A_{21}）来描述，A_{21} 是粒子处于较高能级 E_2 上平均寿命（τ）的倒数（即 $1/\tau$）。自然界中，常见的许多光源，如太阳、各种电灯等的发光都是粒子系统自发辐射的结果。

1916 年爱因斯坦首次提出了受激辐射的概念。他指出，处于不同能级的粒子在能级间发生跃迁，同时要吸收或发射能量，跃迁过程分为受激跃迁与自发跃迁两类，其中受激跃迁包括受激辐射和受激吸收。

处于较低能级 E_1 的粒子由于吸收了频率为 $\nu=(E_2-E_1)/h$ 的外来光子能量而从 E_1 跃迁到较高能级 E_2 上去，就称为光的受激吸收（图1-2），外来光子的辐射能被粒子吸收，转变为粒子的势能或内能。

受激吸收不仅与粒子系统本身的状态有关，而且与外来光子有关，粒子系统中处于低能级 E_1 的粒子数目越多，外来光子越多，就越易产生受激吸收。

光的受激辐射是受激吸收的逆过程。如果处于较高能级 E_2 上的粒子受到频率为 $\nu=(E_2-E_1)/h$ 的外来光子激励，便从高能级 E_2 跃迁到低能级 E_1 上，且发出一个和外来激励光子完全相同的光子，这一过程就称为光的受激辐射（图1-3）。自发辐射、受激吸收和受激辐射在光与粒子系统的相互作用中常常是同时存在的。

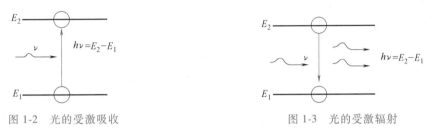

图 1-2 光的受激吸收　　　　　　　　　图 1-3 光的受激辐射

特别要指出的是，受激辐射和自发辐射虽然都能发出光子，但它们的物理本质并不相同：受激辐射是外来光子激励引起的，而自发辐射却是自发产生的；受激辐射所产生的光子和外来光子完全一样，即发出光子的传播方向、频率、相位以及偏振方向等特性与外来激励光子完全一样，而自发辐射所产生的光子彼此间则不具有这一特点。

从效果上看，受激辐射相当于加强了外来激励光，即具有光放大作用，它是激光产生的主要物理基础。

物质在平衡状态下，各能级上的粒子数目服从玻尔兹曼分布，即正常分布。在这种平衡状态下，各能级间的能差越大，其上能级的粒子数越少。又因为受激辐射概率等于受激吸收概率，所以当外来光子入射到处于正常分布状态的粒子系统时，较低能级上受激吸收的粒子数将多于较高能级上受激辐射的粒子数，外来光得不到放大，光与这样的粒子系统相互作用只会损失能量，故通常只能看到粒子系统的吸收现象（光减弱），而看不到受激辐射现象（光增强）。由此可见，处于平衡状态下的粒子系统不能产生激光。

要使受激辐射超过受激吸收，必须使粒子系统中处于高能态的粒子数（N_2）多于低能态的粒子数（N_1），这种分布称为粒子集居数反转分布（简称粒子数反转分布）。处于粒子数反转分布状态的介质称为激活介质。当介质处于激活状态时，假若有一束强度为 I_0 的外来光入射到激活介质中［其频率 ν 必须满足 $\nu=(E_2-E_1)/h$ 的要求］并在其中传播时，必然会在介质中同时产生光的受激吸收和受激辐射。但由于在激活介质中，单位时间内从较高能级 E_2 上受激辐射的粒子数大于从较低能级 E_1 上受激吸收的粒子数，受激辐射居主导地位，光通过介质后得到加强，即具有光的放大作用。通常将激活介质称作激光工作物质，将光通过激活介质后得到加强的效果称为增益。

激活介质（激光工作物质）具有以下特征：一是介质必须处于外界能源激励的非平衡

状态下；二是介质能级系统的较高能级中必须有亚稳态能级存在，以便实现粒子数反转；三是激活介质一定是增益介质。

形成粒子数反转的方法很多，如光泵浦、电激励、电子束激励、气体动力激励、化学反应激励、核泵等，最常见的是光泵浦和电激励。光泵浦是用光照射来激励激光工作物质，利用粒子系统的受激吸收使较低能级上的粒子跃迁到较高能级上形成粒子数反转分布，如红宝石的粒子数反转就是依靠氙灯照射实现的。电激励是通过介质的辉光放电，促成电子、离子及分子间的碰撞，以及粒子间的共振交换能量，使较低能级上的粒子跃迁到较高能级上形成粒子数反转分布，如 CO_2 气体等的粒子数反转分布。

2. 激光的产生过程

激光产生
的原理

激光工作物质受到外部能量的激励，从平衡状态转变为非平衡状态，在两能级的粒子系统中，处于较低能级（E_1）上的粒子通过种种途径被抽运到较高能级（E_2）上，在 E_2 与 E_1 间形成粒子数反转。粒子在 E_2 上滞留时间（平均寿命 τ）较长，但有一自发向 E_1 跃迁的趋势。当粒子向 E_1 跃迁时，发出一个光子，这些自发辐射的光子作为外来光子（其频率肯定满足普朗克公式）激发其他粒子，引起其他粒子受激辐射和受激吸收。但因 $N_2 > N_1$，产生受激辐射的粒子数多于受激吸收的粒子数，因而总的来说光是得到放大的。一个光子激励一个较高能级 E_2 上的粒子使之受激辐射，产生一个和激励光子完全一样的新光子，这两个光子又作为激励光子去激励 E_2 上的另外两个光子，从而又产生两个与前面激励光子完全一样的新光子，这种过程继续下去，就出现光的雪崩式放大，光得到迅速增强。同时，在激光工作物质两端安装两块互相平行的反射镜以构成谐振腔，受激辐射的光子则在两反射镜之间来回振荡。在谐振腔的作用下，只有那些平行于谐振腔光轴方向的光子，可以在激光工作物质中来回反射得到放大，而其他方向上的光子经两块反射镜有限次的反射后总会逸出腔外而消失，从而在粒子系统中出现平行于谐振腔光轴的强光，即激光。如果谐振腔的右边是一个半反射镜，当谐振腔内光子能量达到一定强度时，则有部分激光会透过半反射镜输出腔外，随着腔内光子能量强度的增加，腔内受激辐射越来越强，其结果使较高能级 E_2 上的粒子数减少，而较低能级 E_1 上的粒子数增加，当光子能量强度增加到某一值后，受激辐射和受激吸收平衡，光子能量强度不再增加，就得到一束稳定输出的激光。图 1-4 是激光产生过程和激光产生的基本条件示意图。

综上所述，可以将激光的产生归结为：受激辐射理论为激光的产生奠定了理论基础；粒子数反转分布是激光产生的必要条件；受激辐射理论、粒子数反转分布和谐振腔三者的结合，使激光的产生成为可能。

当然，激光器工作时，一方面工作物质要产生受激辐射，进行光的放大；另一方面，还会产生损耗削弱甚至抵消增益。这些损耗包括衍射损失、散射损失和镜片的反射损失等，只有增益大于总的损耗，才能产生激光输出。

3. 激光束的模式

根据经典电磁理论和量子力学，激光是一种电磁波，它在谐振腔内振荡并形成稳定分布后，只能以一些分立的本征态出现。这些分立的本征态就称作腔模。而谐振腔中激光的每一个分立的本征态就是一个模式。每个模式都有一对应的特定频率和特定空间场强的分布。

CO_2 气体激光的模式包括纵模和横模两种。描述激光频率特性和对应的一个光束场强在

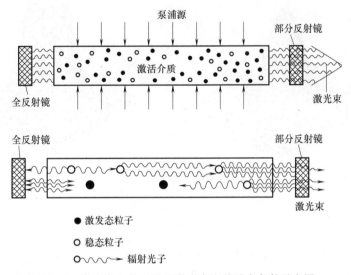

图 1-4 激光产生的过程和激光产生的基本条件示意图

光轴方向（即纵向）的分布称为激光的纵模，它与激光加工的关系很小。描述其场强横向（即光轴横截面）分布特性的叫激光的横模，它在激光热加工中有着重要意义。因为激光在热加工中是作为热源使用的，而激光的横模既然反映了场强的横向分布特性，也就反映了激光能量在光束横截面上集中的程度和分布的状况。横模常用 TEM_{mn} 表示，其中 m 和 n 均为小正整数。横模可以是轴对称的，也可以是对光轴旋转对称的。对于轴对称的情况，m 和 n 分别表示沿两个互相垂直的坐标轴光场出现暗线的次数。采用稳定腔，典型的轴对称横模和对光轴旋转对称的横模及它们相应的 m、n 值如图 1-5 所示。

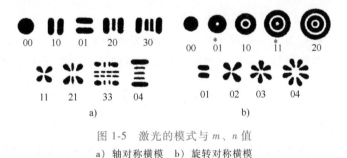

图 1-5 激光的模式与 m、n 值

a）轴对称横模 b）旋转对称横模

横模 TEM_{00} 称为激光的基模，其激光能量最集中。其余低阶模的激光能量虽有些分散，但仍很集中，这正是激光焊接和切割所需要的。旋转对称横模 TEM_{01}^* 是轴对称 TEM_{01} 和 TEM_{10} 模的叠加，称为环形模，是采用非稳腔的高功率激光器经常输出的模式。此外，高阶模（m、n 数值大）的激光能量分散，不易满足激光焊接和切割对热源的要求。由于激光器结构或形式不同，它可以输出一种模式的激光，也可以输出多种模式的激光。激光的模式与在光束直径上的功率密度分布如图 1-6 所示。

对于掺钕钇石榴石（Nd^{3+}：YAG，含 Nd^{3+} 的 Yttrium Aluminiurn Garnet，YAG）等的固体激光器，其光能的空间分布更为复杂，不能用简单的数学公式描述。这是因为固体激光工作物质不可避免地存在一些缺陷，如折射率不均匀，在光泵作用下受热而产生光程变化和双

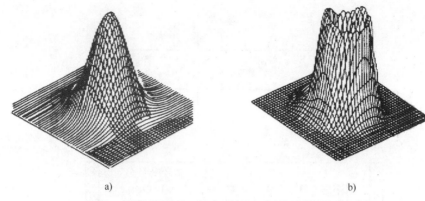

a)　　　　　　　　　　　　b)

图 1-6　激光的模式与在光束直径上的功率密度分布

a) 基模　b) TEM$_{01}^*$ 模

折射等。高功率固体激光器输出光束的光能横向分布如图 1-7 所示。经过选模，YAG 等固体激光器也可在接近基模或低阶模下运行，但其输出功率将显著下降。

4. 激光束的发散角

激光的一个重要优点在于它是高度准直的、有着良好的方向性，激光束能够远距离传输而不显著扩束，并能聚焦成一个很小的光斑。实际上激光传输也有一定的发散，发散角的最小值由光束的衍射决定。

图 1-7　高功率固体激光器输出
光束的光能横向分布

如图 1-8 所示，任何径向对称激光束可由三个参数来描述：束腰位置 z_0、束腰半径 ω_0、远场发散角 θ_∞。根据光腔理论，衍射极限的 TEM$_{00}$ 模高斯光束的有效半径 $\omega(z)$ 沿腔轴 z 方向以双曲线规律按下式变化

$$\omega^2(z) = \omega_0^2 \left[1 + \left(\frac{\lambda z}{\pi \omega_0^2} \right)^2 \right] \tag{1-1}$$

式中　λ——激光波长。

一般，只要远场发散角 θ_∞ 较小，光束的传播也可由下面的简化公式描述

$$\omega^2(z) = \omega_0^2 + (z - z_0)^2 \theta_\infty^2 \tag{1-2}$$

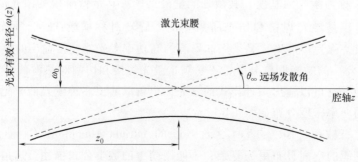

图 1-8　光束传播和光束特征方程的参数定义

高斯光束在自由空间传输仍维持高斯光束，但其横向尺寸扩大。基模高斯光束光斑半径随传输路程的变化按式（1-1）计算，由此可求得其发散角的半角为

$$\theta = \frac{d\omega(z)}{dz} = \frac{\lambda z}{\pi\omega(z)f} \tag{1-3}$$

式中 f——焦距。

发散角随 z 的增大而加大，在 $z=0$ 时，$\theta=0$，表明在光束的束腰处，即共焦腔的中心处，光束是平行的。

当 $z=f$ 时，$\omega(f)=\sqrt{2}\,\omega_0$，光束在共焦腔镜面的发散角 $\theta=\sqrt{\lambda/(2\pi f)}$。

当 $z\to\infty$ 时

$$\theta_\infty = \frac{\lambda}{\pi\omega_0} = \sqrt{\frac{\lambda}{\pi f}} \tag{1-4}$$

此时发散角达到最大值，θ_∞ 为远场发散角。

目前，国内外关于光束发散角的定义尚不统一，有的定义为占50%总能量的发散角，有的定义为占90%~95%总能量的发散角，通常以激光能量降到其中心处能量的 $1/e^2$ 计算激光束的发散角全角。由于整个激光系统不可避免地存在各种缺陷，实际激光的发散角均大于其衍射极限。CO_2 激光的基模与多模光束发散角全角为 1~3mrad，YAG 激光的多模光束发散角全角为 5~20mrad。

5. 激光的波长

不同的激光器输出不同波长的准单色光，这是由于不同激光器的工作物质不同，其上下能级的能量差 $E_2-E_1=h\nu$ 不同，所输出激光的频率就不同。而光的波长与频率成反比，因此输出激光的波长也是不同的。由于激光具有很好的单色性，各准单色光的谱线宽度很窄，在透射光学系统中应用时不存在色差，但不同材料对激光的吸收率与波长密切相关，因此激光的波长对于激光加工过程的影响很大。对于金属，一般其表面对激光的吸收率随激光波长的增加而减小。另外，激光波长与激光束的聚焦程度也有关系，聚焦后光斑直径一般为几十微米，将受到衍射极限的限制，由于发射角 $\theta\propto\lambda/a$（λ 为光波长，a 为衍射孔径尺寸），因此激光波长越短，越有利于聚焦。

在常用激光器中，Nd:YAG 激光器输出波长为 1.06μm 的红外光，CO_2 激光器输出波长为 10.6μm 的红外光。这些红外光的波长长，频率低，因而光子能量小，加工过程主要是热作用过程，属于"激光热加工"，主要用于激光焊接、切割、表面处理等。波长为 1.06μm 的红外光可以在光纤中传播；波长为 10.6μm 的红外光不能在光纤和普通光学玻璃中传播，因为这些材料对波长为 10.6μm 的红外光不透明。准分子（KrF）激光器输波长为 0.249μm 的紫外光，其波长短，频率高，因而光子能量大，甚至可高于某些物质分子的结合能，可以直接深入到材料内部进行加工，属于"激光冷加工"。紫外光用于加工时，物质可以发生电子能带跃迁，对于某些聚合物还可以破坏或削弱其分子间的结合键，实现对材料的剥蚀加工，得到极高的加工质量。激光冷加工适合于光化学沉积、激光快速成形技术、激光刻蚀和氧化等。激光热加工和激光冷加工均可应用于金属和非金属材料，进行激光打孔、刻槽、焊接、切割和标记等。

6. 激光束的能量和功率

激光束的能量和功率是描述激光强度的两个重要参数。

对于脉冲激光，用输出能量来描述，它是指一个脉冲过程中激光输出的总能量，用 E 表示。若激光脉冲宽度为 T，则脉冲峰值功率 P_M 为

$$P_M = \frac{E}{T} \tag{1-5}$$

若脉冲重复频率为 f，则平均功率 $\overline{P}$ 为

$$\overline{P} = Ef \tag{1-6}$$

总能量 E、脉冲峰值功率 P_M 和平均功率 P 是用来描述脉冲激光器件的主要指标。

对于连续激光，用输出功率 P 来描述，它既是平均功率，也是峰值功率。

激光脉冲能量和连续功率的测量方法有热电法、光电法等，目前脉冲能量计和连续功率计早已商品化，可以用来直接测量出能量或功率。对于脉冲激光，用能量计测量出能量值，激光脉冲经衰减后，用光电元件接收，通过示波器显示测量其脉冲宽度和重复频率，就可以计算出脉冲峰值功率和平均功率。对于连续激光可以直接用功率计测量出其功率值。

在激光加工中，激光束作为一种特种加工用的能源或热源，一般均采用大功率激光器，经光学系统聚焦后可以加热熔化以至汽化被加工材料。目前商用 CO_2 激光器的最大连续输出功率已达几十千瓦，多级放大的 $Nd:YAG$ 激光器的最大连续输出功率也可达 10kW 以上。在激光打孔、激光点焊等应用中，常采用脉冲激光器，单次最大脉冲能量可达上百焦耳，脉冲峰值功率可比平均功率高几个数量级。

1.1.2 激光的物理特性

激光除了具有普通光的反射、折射、干涉、衍射、偏振等性质外，还具有普通光所不具备的优异特性。普通光源发光是自发辐射，而激光器发光是受激辐射，是在外界辐射场控制下的发光过程，与入射辐射具有相同的频率、相位、波矢（传播方向）和偏振，因而是相干的。受激辐射与自发辐射最重要的区别在于相干性。激光是一种受激辐射的相干光，具有高强度、高方向性、高单色性、高相干性，这四个突出的优异特性是激光诞生之前任何光源都不具备的。

1. 高强度

一束光汇聚后的温度，主要取决于光源发出光的强度。光强度定义为单位时间通过单位面积的能量。普通光由于方向性很差，所以光强度很低；而激光由于谐振腔对光束方向性的限制，激光束的发散角很小，所以光强度很高。

例如，一台输出功率为 10mW 的氦氖激光器，光束发散角为 10^{-4} rad，其辐射亮度为 10^{10} W/(m^2·sr) ［瓦/(平方米·球面度)］，比太阳光的辐射亮度 3×10^6 W/(m^2·sr) 高几千倍。又如，一台较高水平的红宝石调 Q 激光器发出激光的亮度比高压脉冲氙灯的亮度高 370 亿倍，比太阳表面的亮度高 200 多亿倍。除了氢弹以外，目前还没有其他的光源能达到这样高强度的能量。

如果进一步压缩激光束的发散角或将激光束聚焦，使激光能量在空间上高度集中，或者压缩激光束的脉冲宽度，使激光能量在时间上高度集中，还可以使激光束的强度有数量级的提高。

2. 高方向性

普通光源是自发辐射，由于光是直线传播，发光面发出的光向各不同方向传播，因此，

普通光的发散角很大，一般为 4πrad，即使是探照灯，其发散角也有 10^{-1}rad 数量级。而激光器发出的激光是受激辐射，谐振腔对光束方向性的限制使得激光束的发散角很小，一般是毫弧度（10^{-3}rad）数量级。激光束的发散角越小，其方向性越好；而方向性越好，表明激光束传播到很远的距离仍可保持高强度，这就为激光的各种应用提供了可能。

不同类型激光器发出激光的方向性有很大的差别，这一差别与激光器工作物质的均匀性和类型、谐振腔的类型及腔长、激光器的工作状态及激励方式等都有关。气体激光器的工作物质为气体，其光学均匀性好，因此方向性最好，尤其是氦氖激光器，它输出激光的发散角可达 10^{-4}rad 数量级，是目前方向性最好的激光。固体激光器由于工作物质的均匀性及泵浦源的激励均匀性较差，其输出激光的发散角为 $10^{-2} \sim 10^{-3}$rad 数量级。半导体激光器由于发射激光的半导体晶体的尺寸为 $10^{-1} \sim 10^{-2}$mm 数量级，存在衍射，并且在激光输出截面上的两个方向的尺寸不同，因此其输出激光的发散角很大，约几度至十几度，方向性最差。

3. 高单色性

单色性是指光的频率或波长单纯的程度。理想单色光是不存在的。原子吸收或发射所产生的任何光谱线，其频率或波长都扩展在一定的范围内，称为谱线宽度，这是衡量光的单色性好坏的度量。把光谱线最大强度降到一半处对应的宽度 $\Delta\nu$（或 $\Delta\lambda$）称为该光谱线的谱线宽度，如图 1-9 所示。

普通光源发出的光的谱线宽度很宽，如太阳光和普通灯光的谱线宽度 $\Delta\lambda$ 为几百纳米，激光出现之前单色性最好的光源氪灯（^{86}Kr）发出的光的谱线宽度 $\Delta\lambda$ 为 10^{-2}nm 数量级。由于激光器发出的激光是工作物质中的粒子在有限的几个高低能级之间实现粒子数反转，因此，激光振荡只发生在一条或几条谱线中，所以激光的谱线宽度很窄，单色性很好。目前最好的单频氦氖激光器的谱线宽度 $\Delta\lambda$ 可达 10^{-7}nm 数量级，甚至更窄。

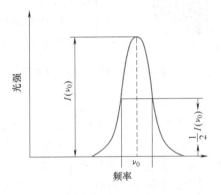

图 1-9 谱线宽度

采用稳频技术和纵模选择技术，如用法布里-珀罗（F-P）干涉仪在激光输出的多个纵模中，选取单一纵模，做到单模振荡，可以大大地压缩谱线宽度，提高激光的单色性和频率稳定性。这对于精密测量、全息照相、超精细光谱分析等应用领域意义重大。

4. 高相干性

由物理光学理论可知，光波在空间能够产生干涉的最大距离称为相干长度，用 L 表示；能够产生干涉的最大时间间隔称为相干时间，用 Δt 表示。光波场的相干性分为时间相干性和空间相干性。

时间相干性是指空间一点在两个不同时刻的相干性，它用来描述同一光束传播方向上各点间的相位关系，它与光源发出光的相干长度和相干时间有关。相干时间 Δt 与光源发出光的谱线宽度 $\Delta\nu$ 成反比，即光源发出光的 $\Delta\nu$ 越窄，Δt 就越长，时间相干性越好，它允许在同一光束传播方向上各点间产生干涉的距离也越大。

空间相干性是指空间两点在同一时刻的相干性，它用来描述垂直于光束传播方向平面内各点间的相位关系，它与光源本身的空间尺寸有关。光源本身的空间尺寸与横向相干长度同样成反比，说明光源的尺寸越小，空间相干性就越好，它允许在垂直于光束传播方向平面内各点间产生干涉的距离也越大。对普通光源来讲，提高时间相干性可以采用光学滤波来减小谱线宽度 $\Delta\nu$。提高空间相干性可以采用缩小光源尺寸或加光阑等方法，但这一切都将导致相干光强度的减小，这正是普通光源的不足。而激光束却是一种能把相干性和光强统一起来的理想的相干光源。

由于激光的谱线宽度 $\Delta\nu$ 很窄，所以它的相干长度和相干时间很长，单色性很高，时间相干性很好。又由于激光的发散角很小，方向性很高，工作物质内所有原子的受激辐射均在基模 TEM_{00} 内运转，发出的激光束波前平面内任意两点均相干，空间相干性很好。

1.2　激光焊的基本原理

激光焊接

激光焊的基本过程就是使用经光学系统聚焦后具有高功率密度的激光束照射到被焊材料表面，利用该材料对光能的吸收来对其进行加热、熔化，再经过冷却结晶而形成焊接接头的一种熔焊过程。激光焊的基本过程与常规的熔焊过程基本相似，但由于其焊接热源是具有高功率（能量）密度的激光，所以激光焊的本质与传统熔焊是完全不同的。

1.2.1　激光与物质的相互作用

1. 激光与物质相互作用的物理过程

激光与物质的相互作用是激光加工的物理基础，因为激光能量首先必须被材料吸收并转化为热能，才能用不同功率密度或能量密度的激光进行不同的加工。激光与物质的相互作用涉及激光物理、原子与分子物理、等离子体物理、固体与半导体物理、材料科学等学科领域。当激光作用到材料上时，电磁能先转化为电子激发能，然后再转化为热能、化学能和机械能。因此，激光加工过程中，材料的被加工区域将发生各种变化，这些变化主要表现为材料的升温、熔化、汽化、产生等离子体云等。

当激光照射到被加工材料表面时，光波的电磁场与材料要相互作用。这一相互作用过程主要与激光的功率密度、激光的作用时间、激光的波长和被加工材料表面对该波长激光的吸收率、材料的密度、材料的热导率、材料的熔点以及相变温度等有关。在激光作用下，材料温度不断上升，当作用区吸收的激光能量与作用区输出的能量相等时，达到能量平衡状态，作用区温度将保持不变。这一过程中，当激光作用时间相同时，被吸收的激光能量与输出的能量差越大，材料的温度上升越快；激光作用条件相同时，材料的热导率越小，作用区与其周边的温度梯度越大；吸收的激光能量与输出的能量差相同时，材料的比热容越小，材料作用区的温度越高。

激光的功率密度、作用时间、波长不同，或材料本身的性质不同，材料作用区的温度变化就不同，从而使该区内材料的物质状态发生不同的变化。对于有固态相变的材料来讲，可以用激光加热来实现相变硬化，对于所有材料来讲，可以用激光加热使材料处于液态、气态或者等离子体等不同状态。

当激光的作用时间较短，功率密度较低（如 $10^3 \sim 10^4 \mathrm{W/cm^2}$）时，大部分入射光被吸收，材料由表层向内部温度逐渐升高，一般只能加热材料，不能熔化和汽化材料；当激光的

功率密度为 $10^5 \sim 10^6 W/cm^2$ 时，可使材料表面温度达到材料的熔点，材料开始熔化，形成熔池；当激光的功率密度升高到 $10^7 W/cm^2$ 以上时，则可使材料表面温度达到材料的沸点，材料开始汽化和蒸发，形成等离子体。

2. 激光与物质相互作用过程中的能量变化规律

激光照射到材料上，要满足能量守恒定律，即满足

$$R+T+\alpha = 1 \tag{1-7}$$

式中　R——材料对激光的反射率；

T——材料对激光的透射率；

α——材料对激光的吸收率。

若激光沿 z 方向传播，照射到材料上被吸收后，其强度减弱满足布格尔定律或朗伯定律，即

$$I = I_0 e^{-\alpha x} \tag{1-8}$$

式中　I_0——入射光强度；

α——材料对激光的吸收率，常用单位为 mm^{-1}，是一个与光强无关的比例系数。

由此可见，激光在材料内部传播时，强度按指数规律衰减。其衰减程度由材料对激光的吸收率 α 决定。通常定义激光在材料中传播时，激光强度下降到入射光强度的 $1/e$ 处对应的深度为穿透深度。吸收率 α 与材料的种类、入射激光的波长等有关。

当激光强度达到足够高时，强激光与物质相互作用的结果使物质的折射率发生变化。激光束呈现中间强度高、两边强度迅速下降的高斯分布，使材料中光束通过的区域折射率产生中间大两边小的分布，因此材料会出现类似透镜的聚焦（或散焦）现象，称为自聚焦（或自散焦），此时激光自聚焦成一条很细的亮线。

1.2.2　金属材料对激光的吸收

光波传播到两种不同媒质界面上，将发生反射、折射和吸收。假设有光波入射时，媒质处于电中性，当光波的电磁场入射到媒质上时，就会引起光波场和媒质中带电粒子的相互作用，反射光和折射光的产生都是由于两媒质交界面的原子和分子对入射光的相干散射，光波场使界面原子成为振荡的偶极子，辐射的次波在第一媒质中形成了反射波，在第二媒质中形成了折射波。

光吸收是媒质的普遍性质，除了真空，没有一种媒质能对任何波长的光波都是完全透明的，只能对某些波长范围内的光透明，而对另一些波长范围的光不透明，即存在不同程度的吸收。

各种材料对光的吸收率差别很大。金属材料对激光的吸收，主要与激光功率密度、激光波长、激光的入射角以及媒质材料的性质、表面温度和表面状况等因素有关。

1. 激光波长和材料性质

图 1-10 是几种金属在室温下的反射率与激

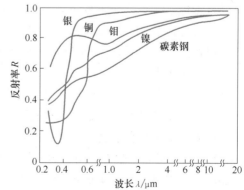

图 1-10　几种金属在室温下的反射率与激光波长的关系曲线

光波长的关系曲线。在红外区，材料对激光的吸收率 A（材料所吸收的能量占光束总能量的百分比）与波长 λ 近似存在下列关系：$A \propto \lambda^{-1/2}$，即随着激光波长 λ 的增加，吸收率减小。如大部分金属对波长为 $10.6\mu m$ 的 CO_2 激光反射强烈，而对波长为 $1.06\mu m$ 的 YAG 激光反射较弱，其结果是焊接相同厚度的材料时，需要的 YAG 激光功率较小，而需要的 CO_2 激光功率较大；或者说用相同功率的 YAG 和 CO_2 激光器进行焊接时，在其他条件相同时，YAG 激光焊熔深更大（图 1-11）。

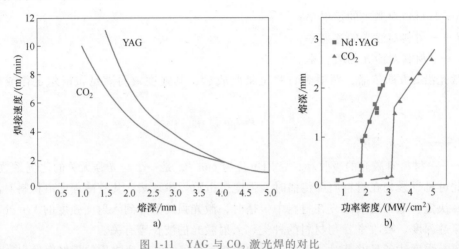

图 1-11　YAG 与 CO_2 激光焊的对比

a）$P = 3kW$，材料为低碳钢　b）材料为 AlMgSi 合金（AA6082）

由图 1-10 可见，在可见光及其附近区域，不同金属材料的反射率呈现出较复杂的变化。在 $\lambda > 2\mu m$ 的红外光区，所有金属的反射率表现出共同的规律性。在这个波段内，光子能量较低，只能和金属中的自由电子耦合。自由电子密度越大，自由电子受迫振动产生的反射波越强，反射率越大。同时，自由电子密度越大，该金属的电阻率越低。因此，一般地说，导电性越好的材料，它对红外光的反射率越高。另外，金属对激光的吸收率随材料表面温度的上升而增大，随材料电阻率的增加而增大。

2. 材料的表面状况

室温下金属表面对波长为 $1.06\mu m$ 激光的吸收率（理论值）比波长为 $10.6\mu m$ 激光的吸收率（理论值）几乎大一个数量级。在激光加工的实际应用中，由于氧化和表面污染，实际金属表面对波长为 $10.6\mu m$ 激光的吸收率比理论数据要大得多，而表面状况对波长为 $1.06\mu m$ 激光吸收率的影响相对较小，所以实际上金属对这两种不同波长的激光吸收率之间的差别没有那么大。

材料表面状况主要是指材料有无氧化膜（皮）、表面粗糙度值大小、有无涂层等。金属表面存在氧化膜可以大大增加材料对波长为 $10.6\mu m$ 激光的吸收率。

表面粗糙度对吸收率也有一定的影响。试验表明，粗糙表面与镜面相比，吸收率可提高1倍以上。为了提高吸收率，用喷砂增加金属表面粗糙度是一个较为可行的方法。

提高金属表面对激光吸收率的另一个方法就是涂层，可以用机械方法（如涂黑涂料）或化学方法（如在金属表面形成磷化膜、氧化膜等）在材料表面形成对激光有高吸收率的薄膜。

3. 激光功率密度

用理论计算得出的材料对激光的吸收率都很小，这些数值是在激光功率密度远小于 $10^6 \mathrm{W/cm^2}$ 下得到的。但在激光焊时，当激光光斑上的功率密度处于 $10^5 \sim 10^7 \mathrm{W/cm^2}$ 时，材料对激光的吸收率就会发生变化。对于钢铁材料，当功率密度 $\geqslant 10^6 \mathrm{W/cm^2}$ 时，材料表面会出现汽化，形成等离子体，在较大的汽化膨胀压力下，材料会生成小孔，而小孔的形成有利于大大增强材料对激光的吸收。

就材料对激光的吸收而言，材料是否汽化是一个分界线。如果材料表面没有汽化，则无论材料是处于固相还是液相，它对激光的吸收仅随表面温度的升高而略有提高。当材料出现汽化并形成等离子体和小孔时，材料对激光的吸收就会发生突变，其吸收率取决于等离子体与激光的相互作用状况和小孔效应等因素。如果等离子体控制得较好，当功率密度大于汽化阈值 $10^6 \mathrm{W/cm^2}$ 时，材料对激光的反射率 R 就会突然急剧降低。等离子体对吸收率的影响，在下面有关部分还要论述。一般来说，激光的功率密度越大，材料对激光的吸收率也越大。

1.2.3 激光焊接机理

按激光器输出能量方式的不同，激光焊分为脉冲激光焊和连续激光焊（包括高频脉冲连续激光焊）；按激光聚焦后光斑上功率密度的不同，激光焊可分为激光传热焊和激光深熔焊。

1. 激光传热焊

采用的激光光斑上功率密度小于 $10^5 \mathrm{W/cm^2}$ 时，激光将金属表面加热到熔点与沸点之间，焊接时，金属材料表面将所吸收的激光能转变为热能，使金属表面温度升高而熔化，然后通过热传导方式把热能传向金属内部，使熔化区逐渐扩大，凝固后形成焊点或焊缝，其熔深轮廓近似为半球形。这种焊接称为激光传热焊，它类似于 TIG 焊等钨极电弧焊过程，如图 1-12a 所示。

激光传热焊的主要特点是激光光斑上的功率密度小，很大一部分光被金属表面所反射，光的吸收率较低，焊接熔深浅，焊接速度慢，主要用于薄（厚度<1mm）、小零件的焊接加工。

2. 激光深熔焊

当激光光斑上的功率密度足够大时（$\geqslant 10^6 \mathrm{W/cm^2}$），金属在激光的照射下被迅速加热，其表面温度在极短的时间内（$10^{-8} \sim 10^{-6}\mathrm{s}$）升高到沸点，使金属熔化和汽化。当金属汽化时，所产生的金属蒸气以一定的速度离开熔池，金属蒸气的逸出对熔化的液态金属产生一个附加压力（例如对于铝，$p \approx 11\mathrm{MPa}$；对于钢，$p \approx 5\mathrm{MPa}$），使熔池金属表面向下凹陷，在激光光斑下产生一个小凹坑（图 1-12b）。当光束在小孔底部继续加热汽化时，所产生的金属蒸气一方面压

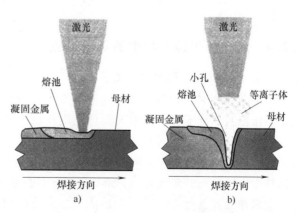

图 1-12 不同功率密度时的加热现象

a）功率密度<$10^5 \mathrm{W/cm^2}$ b）功率密度$\geqslant 10^6 \mathrm{W/cm^2}$

迫坑底的液态金属使小坑进一步加深，另一方面，向坑外飞出的蒸气将熔化的金属挤向熔池四周。这个过程连续进行下去，便在液态金属中形成一个细长的孔洞。当光束能量所产生的金属蒸气的反冲压力与液态金属的表面张力和重力平衡后，小孔不再继续加深，形成一个深度稳定的孔而进行焊接，因此称之为激光深熔焊（图1-12b）。如果激光功率足够大而材料相对较薄，激光焊形成的小孔贯穿整个板厚且背面可以接收到部分激光，这种焊法也可称之为薄板激光小孔效应焊。从机理上看，深熔焊和小孔效应焊的前提都是焊接过程中存在着小孔，二者没有本质的区别。

在能量平衡和物质流动平衡的条件下，可以对小孔稳定存在时产生的一些现象进行分析。只要光束有足够高的功率密度，小孔总是可以形成的。小孔中充满了被焊金属在激光束连续照射下所产生的金属蒸气及等离子体（图1-13）。这个具有一定压力的等离子体还向工件表面空间喷发，在小孔之上形成一定范围的等离子体云。小孔周围被熔池包围，熔池金属的外面是未熔化金属及一部分凝固金属，熔化金属的重力和表面张力有使小孔弥合的趋势，而连续产生的金属蒸气则力图维持小孔的存在。在光束入射的地方，有物质连续逸出孔外，随着光束的运动，小孔将随着光束同步运动，但其形状和尺寸却是相对稳定的。

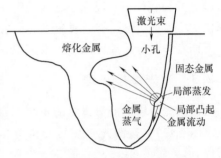

图1-13　激光深熔焊时的小孔

当小孔跟着光束在物质中同步运动的时候，在小孔前方形成一个倾斜的烧蚀前沿。在这个区域，随着材料的熔化、汽化，其温度高、压力大，这样，在小孔周围存在着压力梯度和温度梯度。在此压力梯度的作用下，熔融材料绕小孔周边由前沿向后沿流动。温度梯度的存在使得气液分界面的表面张力随温度升高而减小，从而沿小孔周边建立了一个表面张力梯度，前沿处表面张力小，后沿处表面张力大，这就进一步驱使熔融材料绕小孔周边由前沿向后沿流动，最后在小孔后方凝固起来形成焊缝。

小孔的形成伴随有明显的声、光特征。用激光焊焊接钢件，未形成小孔时，焊件表面的火焰是橘红色或白色的，一旦小孔形成，光焰变成蓝色，并伴有爆裂声，这个声音是等离子体喷出小孔时产生的。利用激光焊接时所具有的声、光特征，可以对焊接过程和焊接质量进行监控。

1.2.4　激光焊焊接过程中的若干效应

1. 激光焊焊接过程中的等离子体

（1）等离子体的形成　在高功率密度下进行激光焊时会出现等离子体。等离子体的产生是物质原子或分子受能量激发而产生电离的结果，任何物质在接收外界能量而温度升高时，原子或分子受能量（光能、热能、电场能等）的激发都会产生电离，从而形成主要由自由运动的电子、带正电的离子组成的等离子体。等离子体通常称为物质的第四态，在宏观上保持电中性状态。激光焊时，形成等离子体的前提是材料被加热至汽化。

金属被激光加热汽化后，在熔池上方形成高温金属蒸气。金属蒸气中有一定的自由电子，处在激光辐照区的这些自由电子通过逆轫致辐射吸收能量而被加速，直至其有足够的能量来碰撞、电离金属蒸气和周围气体中的原子和分子，结果使电子密度呈雪崩式地增加。这个过程可以近似地用微波加热和产生等离子体的经典模型来描述。

在 $10^7\mathrm{W/cm^2}$ 的功率密度条件下，平均电子能量随辐照时间的加长而急剧增加到一个常值（约 1eV）。在这个电子能量下，电离速率占有优势，产生雪崩式电离，电子密度急剧上升。电子密度最后达到的数值与复合速率有关，也与保护气体有关。

激光焊过程中的等离子体主要为金属蒸气的等离子体，这是因为金属材料的电离能低于保护气体的电离能，即金属蒸气较周围气体更易于电离。如果激光功率密度很高，而周围气体流动不充分时，也可能使周围气体离解而形成等离子体。

（2）等离子体的行为　高功率激光深熔焊时，位于熔池上方的等离子体会对激光产生不同程度的吸收并引起光和散射，其结果是改变焦点位置，降低激光功率和热源的集中程度，从而对激光焊焊接过程产生不利影响。

等离子体通过逆韧致辐射吸收激光能量。逆韧致辐射是等离子体吸收激光能量的重要机制，其本质是在激光场中，高频率振荡的电子在和离子碰撞时，会将其相应的振动能变成无规则运动能，结果激光能量被转换成等离子体热运动的能量，激光能量被等离子体吸收。

等离子体对激光的吸收率与电子密度和蒸气密度成正比，并随激光功率密度增大和作用时间的延长而增加，同时还与激光波长的平方成正比。同样的等离子体，对波长为 $10.6\mu\mathrm{m}$ 的 CO_2 激光的吸收率比对波长为 $1.06\mu\mathrm{m}$ 的 YAG 激光的吸收率高两个数量级。由于吸收率不同，不同波长的激光产生等离子体所需的功率密度阈值也不同。YAG 激光产生等离子体的阈值功率密度比 CO_2 激光高出约两个数量级。也就是说，用 CO_2 激光进行焊接时，更易产生等离子体并受到不利的影响，而用 YAG 激光焊接时，等离子体的不利影响则相对较小。

但在有些情况下，激光通过等离子体时，被改变了吸收和聚焦条件，会出现所谓激光束的自聚焦现象。这时，等离子体吸收的光能可以通过不同渠道再传至工件。如果等离子体传至工件的能量大于等离子体吸收所造成的工件接收光能的损失，则等离子体反而增强了工件对激光能量的吸收，这时，等离子体也可看作是一个热源。

激光功率密度处于形成等离子体的阈值附近时，比较稀薄的等离子体云集于工件表面上方，工件通过等离子体吸收能量（图 1-14a），当材料汽化和形成的等离子体云浓度间形成

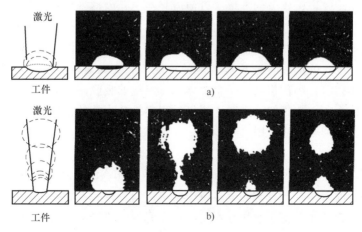

图 1-14　不同功率密度下的光致等离子体

注：波长 $\lambda = 10.6\mu\mathrm{m}$，$TEM_{00}$ 模，材料为钢

稳定的平衡状态时，工件表面上方有一较稳定的等离子体层，其存在有助于增强工件对激光的吸收。用 CO_2 激光加工钢材，与上述情况相应的激光功率密度约为 $10^6 W/cm^2$。由于等离子体的作用，工件对激光的总吸收率可由 10% 左右增至 30%~50%。

当激光功率密度为 $10^6 \sim 10^7 W/cm^2$ 时，等离子体的温度高，电子密度大，对激光的吸收率大，并且高温等离子体迅速膨胀，逆着激光入射方向传播（速度约为 $10^5 \sim 10^6 cm/s$），形成所谓激光维持的吸收波。在这种情形中，出现等离子体的形成和消失的周期性振荡（图 1-14b）。这种激光维持的吸收波，容易在激光焊焊接过程中出现，对激光加工过程产生不利的影响，必须加以抑制。

进一步加大激光功率密度（$>10^7 W/cm^2$），激光加工区周围的气体可能被击穿。将气体击穿所需激光功率密度一般大于 $10^9 W/cm^2$。但在激光作用的材料附近，常存在着一些物质的初始电离，由于存在原始电子且密度较大，故实际击穿气体所需的激光功率密度可下降约两个数量级。击穿各种气体所需的激光功率密度大小与气体的导热性、解离能和电离能有关。气体的导热性越好，能量的热传导损失越大，等离子体的维持阈值越高，在聚焦状态下就意味着等离子体高度越低，越不易出现等离子体屏蔽。对于电离能较低的氩气，气体流动状况不好时，在略高于 $10^6 W/cm^2$ 的功率密度下就可能出现击穿现象。

气体击穿情况下所形成的等离子体，其温度高、压力大、传播速度快，同时对激光的吸收率也很大，易形成所谓激光维持的爆发波，它完全、持续地阻断激光向工件的传播，会导致激光加工过程难以进行。故一般在采用连续 CO_2 激光进行加工时，其功率密度均应小于 $10^7 W/cm^2$。

总之，激光焊焊接过程中所产生的等离子体对于激光焊过程的影响是不同的。在有些情况下，所形成的等离子体有增强工件对激光光能的吸收作用；但在另一些情况下，则可能对于激光产生不同程度的屏蔽作用，这对于激光焊过程有着严重的不利影响，应当采取相应的措施进行控制。

2. 壁聚焦效应

激光深熔焊时，当小孔形成以后，激光束将进入小孔。当光束与小孔壁相互作用时，入射激光并不能被完全吸收，有一部分将由小孔壁反射后在小孔内某处重新会聚起来，这一现象称为壁聚焦效应。壁聚焦效应的产生，可使激光在小孔内部维持较高的功率密度，进一步加热熔化材料。对于激光焊过程，重要的是激光在小孔底部的剩余功率密度必须足够高，以维持小孔底部有足够高的温度，产生必要的汽化压力，维持一定深度的小孔。

激光深熔焊时小孔的形成和壁聚焦效应的出现，能大大改变激光与物质的相互作用过程，激光束进入小孔后，小孔相当于一个黑体，对能量的吸收率大大增加。如果壁聚焦效应的会聚部位恰好作用在小孔底部，则对于焊接过程中维持小孔的稳定存在，增大熔深并提高焊接生产效率都会起到较好的作用。

3. 净化效应

净化效应是指 CO_2 激光焊时，焊缝金属中有害杂质元素或夹杂物减少的现象。

产生净化效应的原因是：有害元素在钢中可以以两种形式存在——夹杂物或直接固溶在基体中。当有害元素以非金属夹杂物存在时，在激光焊时将产生下列作用过程：对于波长为 $10.6\mu m$ 的 CO_2 激光，非金属夹杂物对激光的吸收率远远大于金属对激光的吸收率，当非金属夹杂物和金属同时受到激光作用时，这些非金属夹杂物将吸收较多的激光使其温度迅速上升而汽化；当有害元素固溶于金属基体时，由于这些非金属元素的沸点低，蒸气压高，受到激光作用时，它们会从熔池中蒸发出来。上述两种作用过程的结果是焊缝中的有害元素减少，这对提高焊缝金属的性能，特别是塑性和韧性有很大好处。当然，激光焊净化效应产生的前提必须是对焊接区加以有效地保护，使之不受大气等的污染。

1.3 激光焊设备

本节主要讨论激光焊中几种主要激光器，如固体激光器、应用广泛的 CO_2 气体激光器、半导体激光器、光纤激光器等。

1.3.1 激光焊设备的组成

目前，用于工业加工的激光器，主要是固体激光器和气体激光器两大类。按激光输出的方式可分为脉冲激光器和连续激光器，相应的激光焊设备也分为脉冲激光焊设备和连续激光焊设备。不管是哪种激光焊设备，它们的组成大都相似，如图1-15所示。

1. 激光器

激光器是激光焊设备中最关键的部分，它负责输出加工所需要的激光。对激光器的要求是稳定、可靠，能长期正常运行。就激光焊接和切割而言，要求激光的横模为基模或低阶模，输出功率（连续激光器）或输出能量（脉冲激光器）能根据加工要求进行精密调节，且有较大的调节范围。

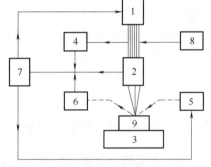

图 1-15 激光焊设备的组成

1—激光器 2—光学系统 3—激光加工机
4—辐射参数传感器 5—工艺介质输送系统
6—工艺参数传感器 7—控制系统
8—准直用 He-Ne 激光器 9—工件

2. 光学系统

光学系统用以进行光束的传输、变向和聚焦。进行直线传输时，通道主要是空气；在进行大功率或大能量传输时，必须采取屏蔽以免对人造成危害。有些先进设备在激光输出快门打开之前，激光器不对外输出。聚焦在小功率系统中多采用透镜，在大功率系统中一般采用反射聚焦镜。

3. 激光加工机

激光加工机用以产生加工所必需的工件与光束间的相对运动。激光加工机的精度在很大程度上决定了焊接或切割的精度，激光加工机的运行控制都是采用数控系统以确保其运行精度。

根据光束与工件的相对运动，激光加工机可分为二维、三维和五维。二维的是在平面内的 x 和 y 两个方向运动；三维的增加了与 x-y 平面垂直方向即 z 方向上的运动；五维的则是在三维的基础上增加了 x-y 平面内 360°的旋转以及 x-y 平面在 z 方向±180°的摆动。在中小型激光焊设备中，为了降低成本，一般采用二维或三维的小型工作台。

4. 辐射参数传感器

辐射参数传感器主要用于检测激光器的输出功率，并通过控制系统7进行实时控制。

5. 工艺介质输送系统

焊接时该系统的主要功能是：

1）输送惰性气体，保护焊缝。

2）大功率 CO_2 激光焊接时，由于金属在高温下产生汽化，在焊接区上方形成金属蒸气等离子体，该等离子会对激光能量产生吸收和反射，减小工件对激光能量的利用率，使熔深减小，严重时甚至会使焊接过程难以顺利进行。这时，输送适当的气体可将焊缝上方的等离子体吹走。

3）针对不同的焊接材料，输送适当的混合气以增加熔深。

6. 工艺参数传感器

工艺参数传感器主要用于检测加工区域的温度、工件的表面状况以及等离子体的亮度等参数，并通过控制系统 7 进行必要的调整。

7. 控制系统

控制系统的主要作用是输入参数并对参数进行实时显示、控制以及进行程序间的互锁、保护以及报警等。

8. 准直用 He-Ne 激光器

一般为小功率的 He-Ne 激光器，用于光路的调整和工件的对中。

以上是激光焊设备的典型组成。实际上，对于某一具体的激光焊设备来说，由于应用场合和加工要求不同，设备的组成部分及各个部分的功能也差别很大，在选用设备时应酌情而定。

1.3.2　Nd:YAG 固体激光器

世界上的第一台激光器是红宝石固体激光器，它问世于 1960 年，经过 60 多年发展，固体激光工作物质已达 300 多种。固体激光器在焊接领域中有着广泛的应用。多数固体激光器采用脉冲工作方式，单脉冲输出能量可高达上万焦耳。固体激光器输出的激光波长比 CO_2 激光的波长低一个数量级，较短波长的激光更有利于金属的吸收。固体激光器的主要缺点是转换环节多，能量转换效率低，总体效率仅 3% 左右。

1. 固体激光器的基本结构

图 1-16 是固体激光器的基本结构示意图。激光工作物质 2（又称激光棒）是激光器的核心；全反射镜 1 和部分反射镜 4 组成谐振腔；8 为泵浦灯，固体激光器一般都采用光泵抽运，可用氙灯或氪灯；聚光腔 3 用来将泵浦灯发出的光经反射后尽量多地会聚到激光棒上以提高泵浦效率，并可使泵浦光在激光棒表面分布均匀，形成较好的光耦合，提高输出的质量。

在椭圆形聚光腔中，泵浦灯和激光棒分别位于两个焦点轴上，圆柱形腔是椭圆形腔的简化形式，其优点是加工制造简单，但效率较差。为了提高反射效率，聚光腔面一般都镀银

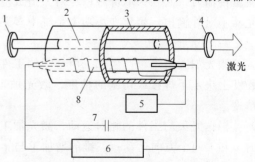

图 1-16　固体激光器的基本结构

1—全反射镜　2—激光工作物质（激光棒）
3—聚光腔　4—部分反射镜　5—触发电路
6—高压充电电源　7—电容器组　8—泵浦灯

膜并进行抛光；高压充电电源 6 用以对电容器组 7 充电，为了使充电安全、精确，充电电源常设计为恒流充电，并具有参数预置、自动停止以及手工放电（在非正常情况下）等功能；触发电路发出触发脉冲后，已充电的电容器组即通过泵浦灯放电，将电能部分地转换为光能。

由于固体激光器的能量转换效率低，光泵辐射的大部分能量将转换为热能，使激光棒温度升高，这会严重地影响激光器的正常工作，甚至会导致激光棒损坏。所以在实际的固体激光器中，激光棒是设置在玻璃套管内，在通水冷却状态下工作。

2. 固体激光工作物质

固体激光工作物质是由基质材料和激活物质两部分所组成的，掺钕钇铝石榴石是固体激光器常用的工作物质之一。

在基质材料钇铝石榴石单晶里掺入适量的激活物质三价钕离子（Nd^{3+}），便构成了掺钕钇铝石榴石晶体，常表示为 $Nd^{3+}:YAG$。钇铝石榴石的化学式为 $Y_3Al_5O_{12}$，它是由 Y_2O_3 和 Al_2O_3 按摩尔比为 $3:5$ 化合生成的。在它的晶格点阵上，Y^{3+} 按一定的规律排列，当掺入 Nd_2O_5 后，点阵上原来的 Y^{3+} 部分地被 Nd^{3+} 所代替，形成了淡紫色的 $N^{3+}:YAG$ 晶体，掺入的钕的质量百分比为 0.725%。

图 1-17 是 $Nd^{3+}:YAG$ 的能级简图，它属于四能级系统。在光泵的作用下，处于基态能级的大量 Nd^{3+} 离子跃迁至高能级 E_4。E_4 是一吸收带，处在吸收带 E_4 的 Nd^{3+} 很不稳定，很快以无辐射跃迁的方式降至 E_3 能级。处于 E_3 能级上的离子平均寿命较长，约为 0.2×10^{-3}s，因而激活离子能得以聚积，加之激光下能级 E_2 不是基态，常温下处在 E_2 的 Nd^{3+} 很少，易于在 E_3 和 E_2 能级间实现粒子数反转分布，最后输出波长为 $1.06\mu m$ 的激光。

与红宝石不同，由于掺钕钇铝石榴石是四能级系统，其激光工作的下能级不是基态能级，故 $Nd^{3+}:YAG$ 的主要优点是易于实现粒子数反转分布，所需的最小激励光强比红宝石

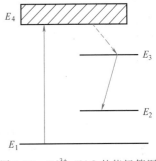

图 1-17 $Nd^{3+}:YAG$ 的能级简图

小得多。同时，掺钕钇铝石榴石晶体具有良好的导热性，热膨胀系数小，可以在脉冲、连续和高重复频率三种状态下工作，是目前在室温下唯一能连续工作的固体激光工作物质。它的光泵可采用氙灯或氪灯，连续工作时常用氪灯泵浦。由于氪灯发射的波长为 $0.75\mu m$ 和 $0.8\mu m$ 的光谱线最强，这正好与 Nd^{3+} 的强吸收带相匹配，故能量转换效率较高，可达 3%~4%。对于 $\phi 7 \times 114mm$ 的激光棒，采用氪灯激励，其激光输出功率可大于 100W。

$Nd^{3+}:YAG$ 激光振荡器首先由美国贝尔实验室的 J. E. Geusic 于 1964 年获得，由于 YAG 晶体各向同性、硬度大、化学性质稳定以及前述的优点，所以 $Nd^{3+}:YAG$ 激光器发展很快，在国外已广泛用于激光焊。三种输出方式的 $Nd^{3+}:YAG$ 激光器的特点见表 1-2。

表 1-2 三种输出方式的 $Nd^{3+}:YAG$ 激光器的特点

输出方式	平均功率 /kW	峰值功率 /kW	脉冲 持续时间	脉冲 重复频率	脉冲能量 /J
连续	0.3~4	—	—	—	—
脉冲	≈4	≈50	0.2~20ms	1~500Hz	≈100
Q-开关	≈4	≈100	<1μs	≈100kHz	10^{-3}

为了提高 Nd^{3+}:YAG 激光器的连续输出功率，可以采用多棒串联，如图 1-18 所示。目前，这种结构的 Nd^{3+}:YAG 激光器的输出功率已达 1300W。

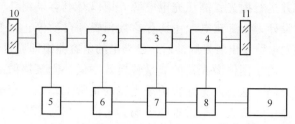

图 1-18　多棒串联高功率 Nd^{3+}:YAG 激光器结构示意图

1、2、3、4—Nd^{3+}:YAG 棒　5、6、7、8—电源
9—控制器　10—全反镜　11—部分反射镜

3. 固体激光器电源

固体激光器可分为脉冲与连续两种，其对应的电源也有两种。连续固体激光器电源主要是对氪灯提供稳定的输入功率，能根据需要调节灯的辐射功率，保证氪灯和激光器的输出不受外界扰动的影响，其电路比较简单。下面仅介绍脉冲固体激光器电源。

图 1-19 是一种脉冲固体激光器电源简图。它包括交流调压、升压、整流、充放电回路以及触发电路等。电源经双向晶闸管 TRIAC 调压、变压器 T_1 升压以及单相桥式整流后，通过限流电阻 R_1 对电容器组 C_1 充电；当充电电压升到预定值时，电压控制电路可使调压关断，充电停止。尽管此时 C_1 两端接氪灯，但氪灯并不工作，不能进行放电，直到脉冲控制电路发出脉冲并经一段延时触发 SCR 后，C_2 经 SCR 放电。在脉冲升压变压器 T_2 二次感应出高压脉冲，这时氪灯内的气体电离，给 C_1 放电提供通路，有电流通过，氪灯发出强烈的闪光，对激光工作物质进行泵浦，实现粒子数反转分布，输出一个激光脉冲。C_1 放电结束后，触发电路又开始工作，C_1 又再次被充电。上述过程重复进行，形成一定频率的激光脉冲输出。

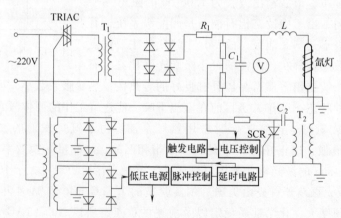

图 1-19　脉冲固体激光器电源简图

在该电路中，脉冲氪灯放电是关键环节，氪灯灯管内充有惰性气体氪，在不加触发脉冲时，如在氪灯两端加一直流电压，在一定的电压范围内，它并不产生弧光放电；当达到一定值时，则会自行闪光，这个电压称为自闪电压。在有触发脉冲作用的情况下，闪光放电所需的电压称为着火电压。着火电压的大小与灯管内充气气压、电极间距、电极材料及形状与等有关，为了保证氪灯稳定工作，加在氪灯两端的工作电压应高于其自闪电压。

氪灯的触发方式通常有内触发和外触发两种。内触发是将触发脉冲直接加在氪灯电极上而使灯内气体电离；外触发时，高压触发脉冲并不直接加在氙灯电极上，而是加在靠近灯管外壁的触发丝上或谐振腔上。外触发的优点是结构简单，所需的触发功率很小，因而触发变压器体积小、重量轻，在中小型脉冲激光器中有着广泛应用。

4. 调 Q 技术

固体激光器多以脉冲输出方式工作，一般在脉冲氙灯闪光后约 0.5ms 时，激光工作物质内部即可实现粒子数反转并开始输出激光脉冲。随着激光脉冲的输出，上能级贮存的粒子数就被大量消耗，粒子数反转密度很快就低于阈值，激光振荡停止。这样的过程持续约 1μs，但同时由于光泵的持续抽运，上能级的粒子数又迅速增加，又实现粒子数反转并再次超过阈值，激光振荡又重新开始，如此反复进行，直到光泵停止工作时才结束。这样，在氙灯 1ms 闪光时间内，激光输出是一个随时间展开的尖峰脉冲序列，如图 1-20 所示。由于每个激光脉冲都是在阈值附近产生的，所以输出激光脉冲的峰值功率较低，同时输出脉冲的时间特性也较差，能量在时间上不够集中。

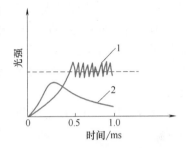

图 1-20 脉冲氙灯光强和激光
光强随时间的变化关系
1—激光光强 2—脉冲氙灯光强

为了得到高的峰值功率和窄的单个激光脉冲，可采用调 Q 技术。Q 的定义是

$$Q = 2\pi\nu_0 \frac{\text{腔内储存的激光能量}}{\text{每秒损耗的激光能量}}$$

式中 ν_0——激光的中心频率。

调 Q 的基本原理是通过某种方法使谐振腔的损耗 α（或 Q 值）按规定的程序变化，在光泵激励开始时，先使谐振腔具有高损耗，激光器由于阈值高而不能产生激光振荡，于是亚稳态上的粒子数量便可以积累到较高的水平。然后在适当的时刻，使腔内的损耗突然降低，阈值也随之突然降低，此时反转粒子数大大超过阈值，受激辐射极为迅速地增强，于是在极短时间内，上能级贮存的大部分粒子的能量转变为激光能量，输出一个极强的激光脉冲，如图 1-21 所示。采用调 Q 技术很容易获得峰值功率高于兆瓦、脉宽为几十毫微秒的激光巨脉冲。

1.3.3 CO₂ 气体激光器

气体激光器是以气体或蒸气为激光工作物质的激光器，根据工作气体的性质，大致可将气体激光器分为三类：原子激光器、分子激光器和离子激光器。

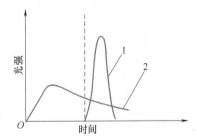

图 1-21 调 Q 后的激光脉冲
1—激光脉冲 2—脉冲氙灯光强

原子激光器是利用原子的跃迁产生激光振荡，输出激光的波长处在电磁波波谱图中的可见光和红外光区段。He-Ne 激光器是其典型代表，激光波长为 $0.6328\mu m$，典型的输出功率为 10mW。

分子激光器是利用分子振动或转动状态的变化产生辐射，输出激光是分子的振转光谱，输出激光的波长大多在电磁波波谱图中的近红外光区段。CO_2 激光器是这一类的代表，激光波长为 $10.6\mu m$，输出功率从几十瓦到数十千瓦乃至上百千瓦。

离子激光器的工作物质是离子气体（也包括金属蒸气离子），输出激光的波长大多处在电磁波波谱图中的可见光及紫外光区段。以氩离子激光器为例，输出激光波长为 0.448μm（蓝光）和 0.5145μm（绿光），输出功率从几毫瓦到一百多瓦。

这三种气体激光器在激光加工中的主要应用不同，He-Ne 激光器主要用于光路的调整；氩离子激光器常用于微加工，如进行光盘存储的录刻；CO_2 激光器由于输出功率大且输出激光功率范围可调，广泛应用于焊接、切割以及金属表面的强化（激光淬火、激光合金化、激光涂覆）等。下面重点对 CO_2 激光器进行讨论。

1. CO_2 激光器的工作原理及主要特点

（1）CO_2 分子的结构及运动方式　CO_2 分子是线形对称排列的三原子分子，三个原子排列成一直线，中间是碳原子，两端是氧原子，如图 1-22a 所示。由分子的结构理论可知，分子有三种不同的运动：一是分子里的电子运动，该运动决定分子的电子能态；二是分子里的原子振动，即原子围绕其平衡位置不断地做周期性的振动，该运动决定了分子的振功能态；三是分子转动，即分子作为一个整体在空间不断旋转，这种运动决定了分子的转动能态。

研究发现，CO_2 的电子能态并不发生改变，故对电子的运动不进行讨论，下面介绍它的振动。

CO_2 分子有三种振动方式，即对称振动、弯曲振动和非对称振动，参看图 1-22b ~ 图 1-22d。对这三种振动能级常用三位数字表示：对称振动能级记为 100、200、300 等，弯曲振动能级记为 010、020 等，非对称振动能级记为 001、002 等。对称振动是指两个氧原子以碳原子为中心沿分子连线做方向相反的振动；弯曲振动是指三个原子垂直于对称轴的振动，且碳原子的振动方向与两个氧原子的振动方向相反；非对称振动是指三个原子沿分子连线的振动，且碳原子的运动方向与两个氧原子的运动方向相反。

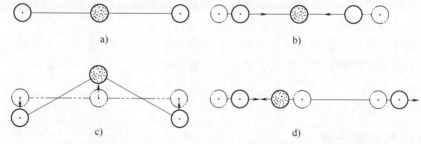

图 1-22　CO_2 分子的结构与振动模型

a）CO_2 分子的结构　b）对称振动　c）弯曲振动　d）非对称振动

实际上分子在振动的同时还进行着转动，转动的能量同样是量子化的，于是，振动能级则因转动而分裂成一系列子能级。

（2）CO_2 激光的形成过程和形成机理　在 CO_2 激光器中，为了提高激光器的效率和输出功率，气体中通常还加有氮气，这主要是由于电子激发氮分子的概率很大，受激的氮分子能通过共振能量转移使处于基态的 CO_2 分子受激，增加 CO_2 分子的激发速率。图 1-23 是 CO_2-N_2 激光能级图，其中，$\nu=0$ 对应于 N_2 的基态，$\nu=1$ 对应于 N_2 的第一激发态。

CO_2 激光产生的过程如下：

1）电子与分子的碰撞。当气体放电，电子经电场加速后，具有比较高的动能，这时电

子与 CO_2 分子和 N_2 分子相碰撞，使它们分别被激发到（001）能态和第一激发态（$\nu = 1$），即

$$e+ CO_2(000)—CO_2^*(001)+e$$
$$e+ N_2(\nu=0)—N_2^*(\nu=1)+e$$

2）共振能量转移。由于 N_2 分子的第一激发态与 CO_2 分子（001）能态的能量接近，因而 $N_2^*(\nu=1)$ 和 $CO_2(000)$ 之间经碰撞产生共振能量转移，从而使更多的处于基态的 CO_2 分子受到激发，即

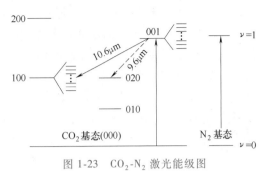

图 1-23 CO_2-N_2 激光能级图

$$N_2^*(\nu=1)+CO_2(000)—CO_2^*(001)+N_2(\nu=0)$$

因为 $N_2(\nu=1)$ 的寿命很长，共振转移发生的速率又较大，可以认为 $N_2(\nu=1)$ 与 $CO_2(001)$ 合成为一个"混合态"，这相当于使激光高能级 $CO_2(001)$ 的寿命几乎增1倍。这对激光上能级分子数的快速累计极为有利。

3）激光下能级的抽空。由于 $CO_2(100)$ 与 $CO_2(020)$ 的能级十分接近，所以这两个能级的交换非常快，具体的表现形式为

$$CO_2^*(100)+CO_2(000)—CO_2(000)+CO_2^*(020)$$

而 $CO_2^*(020)$ 再与基态的 CO_2 分子碰撞

$$CO_2(000)+CO_2^*(020)—2CO_2^*(010)$$

然后，处于（010）态的 CO_2 分子以无辐射跃迁的形式回到基态。

综上所述，由于激光上能级（001）的寿命比较长（数毫秒），激光下能级由于抽空的作用加之其寿命又短（微秒级），所以在一定的泵浦速率下，就可实现粒子数反转。

CO_2 激光器的激光输出有两组：一组是从能级（001）向能级（100）的跃迁，产生中心波长为 $10.6\mu m$ 的红外光；另一组是从能级（001）向能级（020）的跃迁，产生中心波长为 $9.6\mu m$ 的红外光。由于前者的增益系数大，一般情况下总是优先产生波长为 $10.6\mu m$ 的光波振荡，而波长为 $9.6\mu m$ 的光则被抑制。

在 CO_2 激光器中，除使用辅助气体 N_2 之外，还使用 He。He 可使 CO_2 激光器的输出功率明显提高，这是因为 He 的热导率比 CO_2 和 N_2 高一个数量级，加入 He 能提高热量向外传递的速率。通常，CO_2 激光器的转换效率为 15%~20%，其余大部分放电电能被转换为热能，因而引起工作气体温度升高，使增益系数下降。加入 He 后，从宏观上看，有利于降低工作气体的温度，从微观本质上看，对抽空低能级十分有利。在 CO_2 激光器中，CO_2 分子的（100）、（020）、（010）这几个能级相互作用很强烈，能量交换很频繁，粒子在这些能级上的分布基本符合玻尔兹曼定律，可近似地用气体温度来表征它们的分布情况。气体温度下降时，（100）和（020）能级上的粒子数就相对减少，但却很少影响激光上能级（001）上的粒子分布。可见，He 能起增强粒子数反转的作用。

（3）CO_2 激光器的特点

1）输出功率范围大。CO_2 激光器的最小输出功率为数毫瓦，而最大可输出几百千瓦的连续激光功率，脉冲 CO_2 激光器可输出 10^4J 的能量，脉冲宽度单位为 ns。因此，CO_2 激光

器在医疗、通信、材料加工诸方面都有着十分广泛的应用。

2）能量转换效率大大高于固体激光器。CO_2激光器的理论能量转换效率为40%，实际工作时最大可达25%，一般情况下为15%。

3）CO_2激光波长为10.6μm，它可在空气中远距离传输而衰减很小。

CO_2激光器

2. CO_2激光器的结构

根据激光器中气体的状态及其流动方向的不同，可将CO_2激光器分为密封式、纵流式和横流式三种，其中密封式的工作气体被密封于放电管内，而纵流式和横流式的工作气体则是处于流动状态。

（1）密封式CO_2激光器 密封式CO_2激光器的结构如图1-24所示。它由放电管、谐振腔以及激励电源等几部分组成。放电管用玻璃或石英制成，为多层式套管结构。最内层为放电毛细管，最外层为储气管，管内储有由CO_2、N_2和He组成的混合气体，内外两管经回气管相通，中间一层为冷却管，供工作时通水或其他冷却介质以对放电毛细管进行冷却。谐振腔平行置于放电管两端，一端为平面反射镜（全反镜），另一端为用锗或砷化镓制成的凹面反射镜（输出镜）。直流激励电源对工作气体进行激励，加在阴极和阳极两端的直流高压使气体产生辉光放电并使电子得到加速。这类激光器的转换效率约为8%左右，每米放电管可获得50W左右的激光功率，照此计算，输出功率为0.5kW时，密封式CO_2激光器的放电管就长达10m，所以密封式CO_2激光器的体积庞大。为了增大输出功率并减小体积，可采用折叠谐振腔将放电管串联起来，或将两根、多根甚至十几根放电管并联起来的组合形式等，实际应用中密封式CO_2激光器的输出功率最大为1kW。

（2）纵流式CO_2激光器 纵流式CO_2激光器是指激光器中的气体流动方向、放电激励方向以及激光的输出方向三者一致。根据气流速度的大小，又可分为慢速纵流和快速纵流两种。图1-25是快速纵流式CO_2激光器的示意图，它由放电管、谐振腔（包括后腔镜和输出镜）、高速风机以及热交换器等组成。放电管内可有多个放电区，图中为4个。高压直流激励电源在其间形成均匀的辉光放电，正电极通常位于气流的上游，负电极位于下游。增大气体的流速有利于提高激光器的输出功率，目前有的气流速度已接近声速，这时每米放电管可获得500~2000W的激光功率。国外商品型快速纵流式CO_2激光器的最大输出功率已达5kW。这类激光器的输出模式为TEM_{00}模和TEM_{01}模，这两种模式特别适合用于激光的焊接和切割加工。

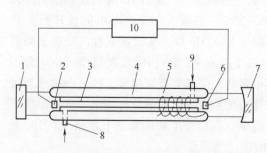

图1-24 密封式CO_2激光器结构示意图

1—平面反射镜 2—阴极 3—冷却管 4—储气管
5—回气管 6—阳极 7—凹面反射镜
8—进水口 9—出水口 10—激励电源

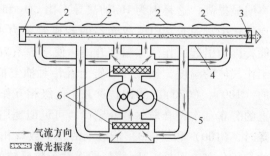

气流方向
激光振荡

图1-25 快速纵流式CO_2激光器示意图

1—后腔镜 2—高压放电区 3—输出境
4—放电管 5—高速风机 6—热交换器

（3）横流式 CO_2 激光器 横流式 CO_2 激光器是指激光器中的气体流动、放电激励和激光输出的三个方向互相垂直。典型的横流式 CO_2 激光器如图 1-26 所示，它由密封外壳、谐振腔（包括后腔镜、折叠镜、输出反射镜）、高速风机、热交换器以及放电电极等组成。工作时，气体激光介质用高速风机连续循环地送入谐振腔内，横流式 CO_2 激光器的气压大，气体密度高，气流流通截面也较大，流速快，而且其工作气体在谐振腔内直接与热交换器进行热交换，所以冷却效果好，允许输入更大的电功率，故每米放电管的输出功率可达 $2\sim3kW$。

横流式 CO_2 激光器由于输出功率高，其谐振腔的折叠镜常用金属材料（例如铜）作基板，表面镀以性能稳定的金属如金、银、铝等。输出反射镜则用可透过波长为 $10.6\mu m$ 红外光的材料如 NaCl、KCl、CdTe、ZnSe 等制成。放电电极分别位于谐振腔的下方和上方，电极结构可分为管板式和针板式两种。

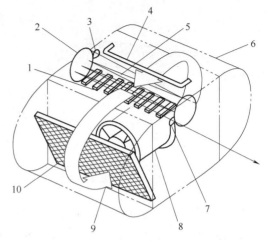

图 1-26 横流式 CO_2 激光器示意图
1—平板式阳极 2—折叠镜 3—后腔镜 4—阴极
5—放电电极 6—密封外壳 7—输出反射镜
8—高速风机 9—气流方向 10—热交换器

在管板式结构中，阴极为表面抛光的水冷铜管，上面均匀地分布着一排细铜丝制成的触发针，它将阴极放电产生的电子不断地输送到主放电区，以保持辉光放电的稳定性；阳极为一块被分割成许多块的铜板，用水进行冷却，相邻的铜板间填充绝缘介质。在针板式结构中，阳极为水冷纯铜板，阴极为数排铼钨针（约几百支），每只针都接有几十千欧的镇流电阻，以保持放电的均匀性。

横流式 CO_2 激光器，目前国内已有输出功率为 $1\sim5kW$ 的产品，并已研制成功 10kW 器件，国外最大输出功率已达 100kW，但商品激光器以 $1\sim5kW$ 为主。

1.3.4 半导体激光器

半导体激光器已广泛应用于通信、计算机和电子行业中，在这些领域中，采用的都是毫瓦级的低功率激光器。近几年开发的大功率半导体激光器，其功率范围可达几千瓦，可进行传统的激光材料加工，而且开辟了一些尚未被注意甚至认为是不可能的新的应用领域。

半导体激光波长分为 808nm、940nm、980nm。以 GaAs 晶体为主的半导体结构内的电子空穴对复合时，可以在非常窄、非常薄的区域内产生几毫瓦功率的光（发射面积约为 $1\mu m\times1\mu m$）。将许多这样的元件组合起来就可以形成一个尺寸约为 $10000\mu m\times600\mu m\times115\mu m$ 的"激光条"。典型激光条结构的发射表面是一个窄条，被分成 25 个子阵列，每个子阵列约有 25 个发射点，如图 1-27 所示；而谐振腔由两个表面带涂层的激光条构成，长度约为 $600\mu m$。

在激光条中，光以条纹形式发射，从一个方向看是类似波纹顶部的轮廓，从另一个侧面上看是类似高斯分布的轮廓，如图 1-28 所示。

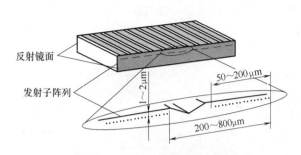

图 1-27　大功率半导体激光条简图

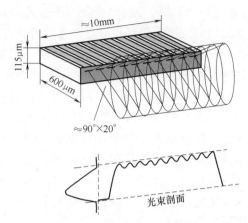

图 1-28　半导体激光条光发射图谱

激光条可通过微通道冷却器来冷却，激光条采用特殊的钎焊方法固定在铜制的冷却器上。在激光条前部安装一个短焦距的微透镜，将发散光转换为平行光，如图 1-29 所示。

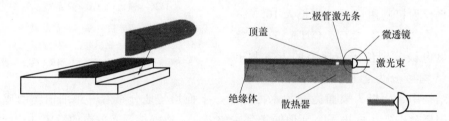

图 1-29　微透镜对光束的焦距

要进一步提高功率，可以在每个激光条的上面再安装一些散热器，通常将这样的单元结构称为"堆栈"，一个单元中的散热器可达到 30 个左右，最终可传输 750～1000W 的激光功率。

采用专门的反射镜，将几个这样的堆栈合在一起，能够传输的最大功率达 6kW，这也是目前市场上作为标准产品所能提供的最高传输功率。

从透镜中出来的光可通过菱形、圆形或球形光学器件聚焦成几平方毫米的小光斑。由于半导体光束由多个点阵结构的发光源排列组成，其光束能量为均匀分布，光斑形式也可根据需求设计为矩形、圆形，甚至是环形。半导体激光头的尺寸非常小，质量为 10kg 左右，配备相应的供电电源就组成了激光系统，如图 1-30 所示。

图 1-30　大功率半导体激光器

为了提高光束质量并匹配不同的发散度,可以采用先进的光束重排系统,如阶梯式反射镜或光束倾斜单元。这些特殊的光学元件可将半导体激光条发出的较宽光束切成小片,再在端部进行重排。这样通过牺牲一个方向的光束宽度和发散度,而使另一个方向的光束宽度和发散度减小,在低功率的激光器系统可使聚焦平面的矩形光斑尺寸减小到 $0.6mm \times 0.8mm$,甚至可将光束直接传入光纤($d_{光纤} = 1.5mm$,$NA = 0.35$)。

大功率半导体激光器中发出的光束是非圆形的,散光度较高,且为非相干光束。从图 1-31 中几种激光器的 BPP 比较可以看出,大功率半导体激光器的光束质量不如常规激光器,这主要是由于几个发射器之间的非相干耦合及发射器内激光条的像散性造成的。

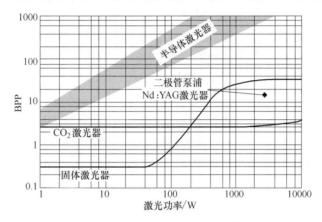

图 1-31 半导体激光器与 CO_2 激光器、$Nd:YAG$ 激光器光束质量的比较

1.3.5 光纤激光器

1. 基本信息

光纤激光器(Resonant Fiber Laser)的全称为谐振式光纤激光器。它是用掺稀土元素玻璃光纤作为增益介质的激光器。其关键元件是谐振腔,具有宽带光纤光源,采用稀土元素掺杂光纤。

2. 光纤激光器概述

光纤激光器是指用掺稀土元素玻璃光纤作为增益介质的激光器。光纤激光器可在光纤放大器的基础上开发出来:在泵浦光的作用下光纤内极易形成高功率密度,造成激光工作物质的激光能级"粒子数反转"。当适当加入正反馈回路(构成谐振腔),便可形成激光振荡输出。

光纤激光器应用范围非常广泛,包括激光光纤通信、激光空间远距通信、工业造船、汽车制造、激光雕刻、激光打标、激光切割、印刷制辊、金属非金属钻孔/切割/焊接(激光焊铜、激光淬火、激光涂敷以及激光深熔焊)、军事国防安全、医疗器械、仪器设备、大型基础建设,作为其他激光器的泵浦源等。光纤激光器设备如图 1-32 所示。

3. 工作原理

光纤是以 SiO_2 为基质材料拉成的玻璃实体纤维,其导光原理是利用光的全反射原理,即当光以大于临界角的角度由折射率大的光密介质入射到折射率小的光疏介质时,将发生全反射,入射光全部反射到折射率大的光

光纤激光器

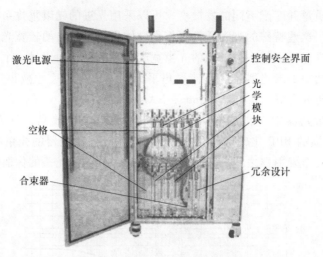

图 1-32　光纤激光器设备

密介质，折射率小的光疏介质内将没有光透过。普通裸光纤一般由中心高折射率玻璃芯、中间低折射率硅玻璃包层和最外部的加强树脂涂层组成。光纤按传播光波模式可分为单模光纤和多模光纤。单模光纤的芯径较小，只能传播一种模式的光，其模间色散较小。多模光纤的芯径较粗，可传播多种模式的光，但其模间色散较大。光纤按折射率分布的情况划分，可分为阶跃折射率（SI）光纤和渐变折射率（GI）光纤。

以稀土掺杂光纤激光器为例，掺有稀土离子的光纤芯作为增益介质，掺杂光纤固定在两个反射镜 M1、M2 之间构成谐振腔，泵浦光从 M1 入射到光纤中，从 M2 输出激光，如图 1-33 所示。

图 1-33　光纤激光器结构

当泵浦光通过光纤时，光纤中的稀土离子吸收泵浦光，其电子被激励到较高的激发能级上，实现了粒子数反转。反转后的粒子以辐射形式从高能级转移到基态，输出激光。实际的光纤激光器可采用多种全光纤谐振腔。

全光纤激光器结构如图 1-34 所示。采用 2×2 光纤耦合器构成的光纤环路反射器及由此种反射器构成的全光纤激光器。

图 1-34a 为将光纤耦合器两输出端口联结成环。

图 1-34b 为与此光纤环等效的用分立光学元件构成的光学系统。

图 1-34c 为两只光纤环反射器串接一段掺稀土离子光纤，构成全光纤型激光器。以掺 Nd^{3+} 石英光纤激光器为例，应用波长为 806nm 的 AlGaAs（铝镓砷）半导体激光器为泵浦源，光纤激光器的激光发射波长为 1064nm，泵浦阈值为 470μW。

利用 2×2 光纤耦合器可以构成光纤环型激光器。如图 1-35a 所示，将光纤耦合器输入端 2 连接一段稀土掺杂光纤，再将掺杂光纤连接光纤耦合器输出端 4 而形成环。泵浦光由耦合器端 1 注入，经耦合器进入光纤环而泵浦其中的稀土离子，激光在光纤环中形成并由耦合器端口 3 输出。这是一种行波型激光器，光纤耦合器的耦合比越小，表示储存在光纤环内的能量越大，激光器的阈值也越低。典型的掺 Nd^{3+} 光纤环型激光器，耦合比≤10%，利用半导体二

极管作为泵浦源对波长为 595nm
的输出进行泵浦,产生 1078nm 的
激光,阈值为几个毫瓦。上述光
纤环形激光腔的等效分立光学元
件的光路安排如图 1-35b 所示。

利用光纤中稀土离子荧光谱
带宽的特点,在上述各种激光腔
内加入波长选择性光学元件,如
光栅等,可构成可调谐光纤激光
器,典型的掺 Er^{3+} 光纤激光器在
1536nm 和 1550nm 处可调谐 14nm
和 11nm。

如果采用特别的光纤激光腔
设计,可实现单纵模运转,激光
线宽可小至数十兆赫,甚至达
10kHz 的量级。光纤激光器在腔内
加入声光调制器,可实现调 Q 或

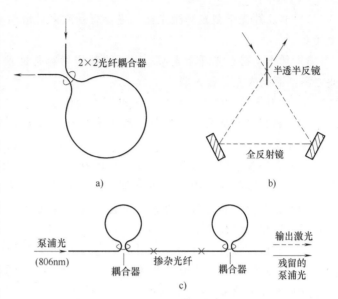

图 1-34 全光纤激光器结构

a)光纤环型 b)分立光学元件型 c)全光纤型

锁模运转。调 Q 掺 Er^{3+} 石英光纤激光器,脉冲宽度 32ns,重复频率 800Hz,峰值功率可达
120W。锁模实验得到光脉冲宽度 2.8ps 和重复频率 810MHz 的结果,可望用作孤子激光源。

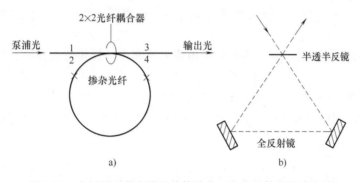

图 1-35 光纤环型激光器及其等效分立光学元件的光路安排

稀土掺杂石英光纤激光器以成熟的石英光纤工艺为基础,因而低损耗和精确的参数控制
均得到保证。适当加以选择可使光纤在泵浦波长和激射波长均工作于单模状态,可达到高的
泵浦效率,光纤的表面积与体积之比很大,散热效果很好,因此,光纤激光器一般仅需低功
率的泵浦即可实现连续波运转。光纤激光器易于与各种光纤系统的普通光纤实现高效率的接
续,且柔软、细小,因此不但在光纤通信和传感方面,而且在医疗、计测以及仪器制造等方
面都有极大的应用价值。

4. 类型

(1)按光纤材料种类分类 光纤激光器可分为:

1)晶体光纤激光器。工作物质是激光晶体光纤,主要有红宝石单晶光纤激光器和
Nd^{3+}:YAG 单晶光纤激光器等。

2）非线性光学型光纤激光器。主要有受激喇曼散射光纤激光器和受激布里渊散射光纤激光器。

3）稀土类掺杂光纤激光器。光纤的基质材料是玻璃，向光纤中掺杂稀土类元素离子，使之激活而制成光纤激光器。

4）塑料光纤激光器。向塑料光纤芯部或包层内掺入激光染料而制成光纤激光器。

（2）按增益介质分类　可分为稀土类掺杂光纤激光器、非线性效应光纤激光器、单晶光纤激光器。

（3）按谐振腔结构分类　可分为 F-P 腔、环形腔、环路反射器光纤谐振腔以及"8"字形腔光纤激光器以及 DBR 光纤激光器、DFB 光纤激光器等。

（4）按光纤结构分类　可分为单包层光纤激光器、双包层光纤激光器、光子晶体光纤激光器、特种光纤激光器。

（5）按输出激光特性分类　可分为连续光纤激光器和脉冲光纤激光器，其中脉冲光纤激光器根据其脉冲形成原理又可分为调 Q 光纤激光器（脉冲宽度为 ns 量级）和锁模光纤激光器（脉冲宽度为 ps 或 fs 量级）。

（6）根据激光输出波长数目分类　可分为单波长光纤激光器和多波长光纤激光器。

（7）根据激光输出波长的可调谐特性分类　可分为可调谐单波长激光器和可调谐多波长激光器。

（8）按激光输出波长的波段分类　可分为 S 波段（1460～1530nm）、C 波段（1530～1565nm）、L 波段（1565～1610nm）。

（9）按是否锁模分类　可分为连续光激光器和锁模激光器。通常的多波长激光器属于连续光激光器。

（10）按锁模器件分类　可分为被动锁模激光器和主动锁模激光器。其中被动锁模激光器有：

1）等效/假饱和吸收体：非线性旋转锁模激光器。

2）真饱和吸收体：SESAM（半导体饱和吸收镜）或者纳米材料（碳纳米管、石墨烯、拓扑绝缘体等）。

5. 优势

光纤激光器作为第三代激光技术的代表，具有以下优势：

1）玻璃光纤制造成本低、技术成熟及其光纤的可挠性所带来的小型化、集约化优势。

2）玻璃光纤对入射泵浦光不需要像晶体那样的严格的相位匹配，这是由于玻璃基质 Stark 分裂引起的非均匀展宽造成吸收带较宽的缘故。

3）玻璃材料具有极低的体积面积比，散热快、损耗低，所以转换效率较高，激光阈值低。

4）输出激光波长种类多。这是因为稀土离子能级非常丰富及稀土离子种类非常多。

5）可调谐性。这是由于稀土离子能级宽和玻璃光纤的荧光谱较宽。

6）由于光纤激光器的谐振腔内无光学镜片，具有免调试、免维护、高稳定性的优点，这是传统激光器无法比拟的。

7）光纤导出，使得光纤激光器能轻易胜任各种多维任意空间加工应用，使机械系统的设计变得非常简单。

8）胜任恶劣的工作环境。对灰尘、振荡、冲击、湿度、温度具有很高的适应性。

9）高的电光效率。综合电光效率高达20%以上，大幅度节约工作时的耗电，节约运行成本。

10）高功率。光纤激光器可达6kW以上。

6. 劣势

由于光纤纤芯很小，相比于固体激光器，其单脉冲能量很小。

7. 应用

（1）标刻 脉冲光纤激光器以其优良的光束质量、可靠性，最长的免维护时间，最高的整体电光转换效率、脉冲重复频率，最小的体积，无需水冷的最简单、最灵活的使用方式，最低的运行费用，使其成为在高速、高精度激光标刻方面的唯一选择。

一套光纤激光打标系统可以由一台或两台功率为25W的光纤激光器，一个或两个用来导光到工件上的扫描头以及一台控制扫描头的工业计算机组成。这种设计比用一个50W激光器分束到两个扫描头上的方式高出达4倍以上的效率。该系统最大打标范围是175mm×295mm，光斑大小是35μm，在全标刻范围内绝对定位精度是+/-100μm。100μm工作距离时的聚焦光斑可小到15μm。

（2）材料处理 光纤激光器的材料处理是基于材料吸收激光能量的部位被加热的热处理过程。1μm左右波长的激光光量很容易被金属、塑料及陶瓷材料吸收。

（3）材料弯曲 光纤激光成形或折曲是一种用于改变金属板或硬陶瓷曲率的技术。集中加热和快速自冷却，导致在激光加热区域的可塑性变形，永久性改变目标工件的曲率。研究发现，用激光处理的微弯曲远比用其他方式具有更高的精密度，同时，这在微电子制造中是个很理想的方法。

（4）激光切割 随着光纤激光器功率的不断提升，光纤激光器在工业切割方面得以被规模化应用。例如，用快速斩波的连续光纤激光器做切割不锈钢动脉管。由于它的高光束质量，光纤激光器可以获得非常小的聚焦直径和由此带来的小切缝宽度正在刷新医疗器件工业的纪录。

大功率双包层光纤激光器的研制成功，使其在激光加工领域的市场需求也呈迅速扩展的趋势。光纤激光器在激光加工领域的范围和所需性能具体如下：①软焊和烧结，50~500W；②聚合物和复合材料切割，200W~1kW；③去激活，300W~1kW；④快速印刷和打印，20W~1kW；⑤金属淬火和涂敷，2~20kW；⑥玻璃和硅切割，500W~2kW。此外，随着紫外光纤光栅写入和包层泵浦技术的发展，输出波段在紫光、蓝光、绿光、红光及近红外光波长上的转换光纤激光器，已可以作为实用的全固化光源而广泛应用于数据存储、彩色显示、医学荧光诊断。远红外波长输出的光纤激光器由于其结构灵巧紧凑，能量和波长可调谐等优点，也在激光医疗和生物工程等领域得到应用。

1.3.6 激光器的选择

激光器是整个激光焊接系统的核心，用来产生激光。激光器的种类很多，但其基本结构都是由激励系统、激光工作物质和光学谐振腔三部分组成。激励系统用于产生光能、电能或化学能。目前使用的激励手段主要有光照射泵浦、通电激励或化学反应等。激光工作物质是能够产生激光的物质，如红宝石、钕玻璃、掺钕钇铝石榴石、氖气、二氧化碳、半导体、有机染料等。光学谐振腔用来加强输出激光的亮度，调节和选定激光的波长和方向等。在激光焊接加工中，最常用的激光器是 CO_2 激光器和 Nd:YAG 激光器，二者的性能比较见表 1-3。

表 1-3　Nd:YAG 激光与 CO_2 激光性能比较

激光类型	Nd:YAG 激光	CO_2 激光
光束波长/μm	1.06	10.6
输出功率等级/kW	0.1～5	0.5～45
脉冲能力/kHz	DC-60	DC-5
光束模式	多模	TEM_{00}～多模
光束传播系数 (K)	≤0.15	0.1～0.8

通常而言，大多数金属对波长较短的 Nd:YAG 激光的吸收能力比对 CO_2 激光的吸收能力强，这对 Nd:YAG 激光的焊接过程是有利的。Nd:YAG 激光由于采用了光纤传播，灵活性大大提高，在三维激光焊接领域中有着广泛的应用；但 CO_2 激光器也有着自己独特的优点。

选择 CO_2 激光器，可以考虑以下几方面：

1）功率较高。

2）聚焦能力（即光束质量）好。

3）可获得较高的焊接速度（焊接对 CO_2 激光波长反射率较低的材料时）。

4）焊接熔深较大（焊接对 CO_2 激光波长反射率低的材料时）。

5）成本和运行费用较低。

6）对 CO_2 激光的安全防护成本较低。

选择 Nd:YAG 激光器，可以考虑以下诸方面的因素：

1）采用光纤传输（特别是考虑使用机器人时）。

2）可以焊接对 CO_2 激光有较强反射的材料。

3）光束的对中、转换和分光较容易。

4）激光器（固体设备）和光束传输设备的维护更为简单。

5）激光器和光束传输系统所占的空间较小。

6）光纤长度和种类对加工过程无影响。

7）峰值功率的脉冲具有很高的能量。

1.4　激光焊接工艺

1.4.1　金属材料激光焊的焊接性

1. 金属的激光焊焊接特性

激光焊焊接接头具有一些常规焊接头所不能比拟的性能，最突出的是激光焊焊接接头具有良好的抗热裂能力和抗冷裂能力。

（1）抗热裂能力　热裂纹敏感性的评定标准有两个：一是正在凝固的焊缝金属所允许的临界变形速率（v_{cr}）；二是金属处于液固两相共存的"脆性温度区"（1200～1400℃）中

单位冷却速度下形成的变形速率（α_{cr}）。试验结果表明，CO_2 激光焊与 TIG 焊相比，焊接低合金高强度钢时，CO_2 激光焊有较大的 ν_{cr} 和较低的 α_{cr}，所以焊接时热裂纹敏感性较低。激光焊虽然焊接速度较高，但其热裂纹敏感性却低于 TIG 焊，这是因为激光焊焊缝组织晶粒较细，可有效防止热裂纹的产生。CO_2 激光焊如果焊接参数选择不当，也会产生热裂纹，图 1-36 是激光焊焊接高碳钢时产生的热裂纹。热裂纹产生的同时也会促使冷裂纹形成和扩展。

渗碳层

在渗碳层和热影响区的收缩裂纹

焊缝中的凝固裂纹

图 1-36　激光焊焊接高碳钢时产生的热裂纹

（2）抗冷裂能力　冷裂纹的评定指标是 24h 在焊接接头中心不产生冷裂纹所加的最大载荷所产生的应力，即临界应力（σ_{cr}）。

对于低合金高强度钢，激光焊和电子束焊的临界应力 σ_{cr} 均大于 TIG 焊，这说明这类钢的激光焊焊接接头的抗冷裂能力大于 TIG 焊。而焊接低碳钢（10 钢）时，激光焊和 TIG 焊的 σ_{cr} 则几乎相同，这说明两种焊接方法的低碳钢焊接接头的抗冷裂能力相当。但在焊接含碳量较高的中碳钢（35 钢）时，激光焊焊接接头与 TIG 焊焊接接头相比，反而有着较大的冷裂纹敏感性。为了说明上述结果，对这几种钢的激光焊和 TIG 焊的焊接热循环、焊缝和热影响区的组织进行了深入研究。研究发现在 600~500℃（奥氏体向铁素体转变）的温度区间中，焊接速度为 2.0m/min 的激光焊的冷却速度比焊接速度为 0.33m/min 的 TIG 焊大了一个数量级，不同的冷却速度影响了奥氏体的转变，获得了不同的奥氏体转变产物。对于不同的钢种，不同的奥氏体转变产物对于焊接接头的抗冷裂能力有着直接的影响。

用 TIG 焊焊接合金结构钢 12Cr2Ni4A 时，其焊缝和热影响区组织为马氏体和贝氏体；而激光焊时，则是低碳马氏体。虽然两者的组织类型相似，显微硬度相当，但后者的高焊接速度和较小的热输入所导致的快速冷却，使得其焊缝晶粒要细得多，这使激光焊在焊接合金结构钢等时，其接头易于获得综合力学性能良好（特别是抗裂性能良好）的低碳细晶粒马氏体，因而具有较好的抗冷裂能力。

但用激光焊、电子束焊和 TIG 焊以同样的热循环焊接含碳量较高的 35 钢时，两类接头的焊缝和热影响区的组织就有了很大的不同。TIG 焊焊接速度慢，热输入大，因而焊后冷却速度慢，冷却过程中奥氏体发生高温转变，焊缝和热影响区组织大多为珠光体。激光焊和电子束焊的焊接速度快，热输入小，冷却速度快，焊缝和热影响区组织是典型的奥氏体低温转变产物——马氏体。所形成的板条状马氏体具有很高的硬度（650HV），同时也有较高的组织转变应力，冷裂纹敏感性高。所以说，在焊接高含碳量的钢种时，由于激光焊冷却速度快，易导致含碳量高的材料形成硬度高、含碳量高的片状或板条状马氏体，这是焊接较高含碳量钢种时，激光焊焊接接头冷裂纹敏感性大的主要原因。另外，如果接头设计不当而造成了较大的应力集中，也会促使裂纹的形成。

（3）接头的残余应力和变形　CO_2 激光焊焊接光斑面积小，焊接速度快，热输入小，这使得 CO_2 激光焊焊接接头的残余应力和变形比普通焊接方法要小得多。

为了比较激光焊和 TIG 焊接头的残余应力和变形，取尺寸为 2000mm×200mm×2mm 的钛合金板，用两种焊接方法沿试样中心堆焊一道焊缝。焊接参数分别为：

1）TIG 焊：功率 $P=880W$，焊接速度 $v=4.5mm/s$，热输入 $q=195J/mm$。

2）激光焊 A：$P=920W$，$v=11mm/s$，$q=83J/mm$。

3）激光焊 B：$P=1800W$，$v=33.5mm/s$，$q=47J/mm$。

焊后分别测量接头的纵向应变和横向收缩，然后测定接头的纵向应力。试验结果表明：激光焊 A 的功率与 TIG 焊相差不多，但焊接速度却比 TIG 焊高 1 倍，因而其热输入仅为 TIG 焊的 1/2，激光焊焊接接头的纵向应变和横向收缩却只是 TIG 焊的 1/3；激光焊 B 的热输入是 TIG 焊的 1/4，焊接速度是 TIG 焊的 9 倍，因而焊后接头的残余变形更小，纵向应变和横向收缩分别只是 TIG 焊的 1/5 和 1/6。

值得注意的是，激光焊虽有较陡的温度梯度，但其焊缝中最大的残余拉应力比 TIG 焊焊缝还略小一些，而且激光焊焊接参数的变化几乎不影响最大残余拉应力的幅值。现有研究表明，激光焊加热区域小，拉伸塑性变形区小，因此最大残余压应力可比 TIG 焊减少 40%～70%，这对于薄板的焊接有格外重要的意义。因为薄板经 TIG 焊后常常会在残余压应力的作用下发生波浪变形，而且这种变形很难消除。用激光焊焊接，接头中残余变形和应力小，这是激光焊成为一种精密焊接方法的主要原因之一。

（4）冲击性能　表 1-4 是 HY-130 钢（美国钢号）激光焊焊接接头的冲击试验结果，可以看出，焊接接头的冲击吸收能量大于母材金属的冲击吸收能量，其主要原因是激光对焊缝金属的净化效应。

表 1-4　HY-130 钢激光焊焊接接头的冲击试验结果

激光功率/kW	焊接速度/（cm/s）	试验温度/℃	焊接接头冲击吸收能量/J	母材金属冲击吸收能量/J
5.0	1.90	−1.1	52.9	35.8
5.0	1.90	23.9	52.9	36.6
5.0	1.48	23.9	38.4	32.5
5.0	0.85	23.9	36.6	33.9

2. 常见金属材料激光焊的焊接性

（1）碳钢　低碳钢和低合金钢都具有较好的焊接性。但是采用激光焊时，材料中碳的质量分数（碳当量）不应高于 0.2%。

碳钢的激光焊焊接性能概括起来有以下几点：

1）碳当量较低的钢焊接性较好，碳当量超过 0.3% 时，焊接的难度将会增加，冷裂倾向以及材料在疲劳和低温条件下的脆断倾向也会加大。低合金钢（合金元素质量分数<5%）的碳当量可以通过国际焊接协会通用的公式近似计算

$$C_{eq} \approx C+Mn/6+(Cr+Mo+V)/5+(Ni+Cu)/15 ^{\ominus} \tag{1-9}$$

对于碳当量超过 0.3% 的材料，若在接头设计中考虑到焊缝的一定收缩量，有利于降低焊缝和热影响区的残余应力和裂纹倾向。当碳当量大于 0.3% 的材料与碳当量小于 0.3% 的材料在一起焊接时，采用偏置焊缝形式有利于限制马氏体的转变，减少裂纹的产生。

材料碳当量大于 0.3% 时，减小淬火速率也可减小裂纹倾向。减小淬火速率的方法有：预热或后热（通过感应加热方法）；采用双光束焊接（一束聚焦，另一束散焦）；正确控制

　　$\ominus$ 式中元素符号代表该元素的质量分数。下同。

激光功率和焊接速度。上述焊接技术也可将高碳钢和低碳钢焊接在一起。

2）镇静钢和半镇静钢的激光焊焊接性能较好。因为这些钢在浇注前加入了铝、硅等脱氧剂，使得钢中含氧量降到很低程度。如果钢没有脱氧（如沸腾钢），就不能用激光进行焊接，除非钢中的含氧量原本就很低，否则气体逸出过程中形成的气泡很容易导致焊缝中产生气孔。

3）硫的质量分数高于0.04%或磷的质量分数高于0.04%的钢用激光焊焊接时易产生热裂纹。

4）焊接易切削钢或钢坯时，若材料中硫、磷、硒、镉或铅的含量过高，将会产生气孔或凝固裂纹，若这些元素的总质量分数不超过0.05%，则不会存在这些问题。

5）采用脉冲激光焊焊接可减少热输入量，减少热裂纹的产生和工件变形。

6）表面经过渗碳处理的钢由于其表层的含碳量较高，极易在渗碳层产生凝固裂纹和收缩裂纹，因此通常不采用激光焊焊接。渗氮钢通常不采用熔焊，因为熔焊的高温不仅会降低接头及附近区域的表面硬度，且容易导致气孔和裂纹的产生。

7）对于搭接结构的镀锌钢，一般很难采用激光焊焊接。因为锌的汽化温度（903℃）比钢的熔点（1535℃）低很多，在焊接过程中锌蒸发所产生的蒸气压力使锌蒸气从熔池中大量排出，同时带出部分熔化金属，使焊缝产生严重的气孔和咬边。试验证明，当搭接区的镀锌层厚度小于5μm时，是可以采用激光焊的，不过钢的镀锌层厚度一般都超过此值，因为只有镀锌层厚度达到10~20μm时，才能保证耐蚀性能。一般来说，电镀锌的钢材比热浸镀锌的钢材更适合激光焊焊接，这主要是由于电镀层的厚度更均匀一些。为解决镀锌板搭接接头焊接过程中锌的挥发问题，最常用的办法是通过控制挥发通道来引导锌蒸气的挥发，其中有些方法已经取得了专利权，如在搭接接头界面上预先设置间隙，或在接头设计时考虑挥发通道。预留间隙的大小应和镀锌层的厚度相当（大约等于0.1mm），以此作为气体的挥发通道可以控制气孔的生成，并可避免产生咬边。

（2）不锈钢　不锈钢的激光焊焊接性能一般都比较好，不过对于奥氏体不锈钢Y12Cr18Ni9、Y12Cr18Ni9Se、06Cr18Ni11Ti和06Cr18Ni11Nb等，由于加入硫和硒等元素以提高力学性能，凝固裂纹的倾向有所增加。奥氏体不锈钢的热导率只有碳钢的1/3，对激光的吸收率比碳钢略高，因此，奥氏体不锈钢只能获得比普通碳钢稍微深一点的焊接熔深（深5%~10%左右）。激光焊热输入小、焊接速度高，非常适用于Cr-Ni系列不锈钢的焊接，因为采用其他热输入较大、焊接速度较低的焊接方法（如TIG焊）时，会降低焊缝金属的耐蚀性。另外，采用激光焊焊接奥氏体不锈钢的焊接变形和残余应力也相对较小，采用其他常规焊接方法时，奥氏体不锈钢会产生比碳钢大50%的热膨胀量，出现较大的焊接变形。

Cr/Ni当量大于1.6时，奥氏体不锈钢较适合激光焊；Cr/Ni当量小于1.6时，产生热裂倾向就会较高。Cr/Ni当量可采用如下公式进行近似计算

$$Cr_{eq} \approx Cr+Mo+0.7Nb+3Ti \tag{1-10}$$

$$Ni_{eq} \approx Ni+35C+20N \tag{1-11}$$

采用激光焊焊接铁素体不锈钢时，其接头的韧性和延展性通常比其他焊接方法要高。由于熔焊过程中马氏体的相变和晶粒的粗化，接头强度和耐蚀性降低，但相对而言，激光焊比常规焊接方法的这种不利影响要小。与奥氏体和马氏体不锈钢相比，用激光焊焊接铁素体不锈钢产生热裂纹和冷裂纹的倾向最小。

在不锈钢中，马氏体不锈钢的焊接性最差，焊接接头通常硬而脆，并伴有较大冷裂倾向。在焊接碳的质量分数大于0.1%的不锈钢时，预热和回火可以降低裂纹和脆化的倾向。

在工业生产中，不锈钢的激光焊接取得了大量的成功应用。在图1-37所示的热交换器管中，一条不锈钢的细片以螺旋形缠绕在不锈钢管上，利用激光焊对两者进行了精密焊接。激光焊的优势在于光束容易到达焊缝，且具有较高的精确度和可靠性，可防止产生晶间腐蚀。

图1-37　激光焊焊接的
不锈钢热交换器管

（3）铜、铝及其合金　黄铜、纯铜和铝通常不能用CO_2激光焊进行焊接。

黄铜的不可焊性是因为其中锌的含量超出了激光焊焊接允许的范围。锌的熔点和沸点相对较低，容易汽化，会导致产生大量的焊接缺陷，如气孔、虚焊等。

纯铜对CO_2激光的反射率很高，但对Nd:YAG激光的反射率则较低。如果能通过改进使大功率的CO_2激光具有高度聚焦的光束和很高的脉冲能量峰值，从而使其具有很高的功率和能量密度，那么用CO_2激光来焊接纯铜的前景还是很好的。另外，可以通过表面处理来提高材料对激光束的吸收率。

铝合金的激光焊接需要相对较高的功率密度，这是因为铝合金的反射率较高，热导率也很高。可采用大功率或高性能的激光束来获得所需的功率密度。

2A16、5A02和3A21系列的铝合金能够成功地实现激光焊接，且不需要填充金属。但是，许多含有易挥发元素如硅、镁等的铝合金，无论采用哪一种激光自动焊接方法（不填充金属），焊缝中都有很多气孔；而在激光焊接纯铝时不存在以上问题。在铝和铝合金的焊接中，Nd:YAG激光的波长与材料的耦合性要优于CO_2激光的波长。铝对CO_2激光的反射率很高（90%~98%），因此采用CO_2激光焊焊接铝时需要很高的功率密度来形成并维持小孔，通常功率密度需大于$4×10^6 W/cm^2$。液态铝的黏度较低，表面张力也很低，因此焊接铝时必须防止熔池中液态铝的溢出，可通过接头设计或采取不熔透方法来解决。

采用激光焊焊接铝时除了功率密度问题，还有三个很重要的问题需要解决：气孔、热裂纹和严重的焊缝不规则性。气孔的产生主要是由熔池金属中溶解的氢引起的，其溶解度与熔池的体积和熔池存在时间成正比（与TIG焊、MIG焊相比，激光焊的熔池体积较小，熔池存在时间也相对较短）。另外，金属表面的氧化膜（如Al_2O_3和H_2O）在焊接过程中也会溶解到熔池中，导致气孔的产生和焊缝的脆化，焊接前可通过机械或化学方法除去氧化膜。

一些铝合金的焊接熔池在凝固过程中可能产生热裂纹，从而导致焊缝力学性能下降，裂纹的形成与冷却时间（或焊接速度）有关，同时也与焊缝保护程度密切相关。焊缝金属还会因氧化和氮化形成Al_2O_3和AlN，这两种物质一方面会成为微裂纹扩展的裂纹源，另一方面会造成焊缝的污染（Al_2O_3是白色的，而AlN是黑色的）。焊缝的不规则性是指焊道粗糙、鱼鳞纹粗且不均匀、边缘咬边及根部不规则等。造成焊缝不规则的原因（至少是部分原因）是焊缝金属的低蒸气压和低表面张力使得焊缝金属对N_2和O_2的亲和力增加。使用氩气或者氦气作保护气体可以得到光洁的焊缝和细密均匀的鱼鳞纹，对焊缝根部也应同时进行保护。

采用激光焊焊接铝合金时，采用添加填充金属的方法可有效避免热裂纹、咬边的产生，并能改善焊缝的不连续性。另外，使用填充金属能降低对焊接接头装配精度的要求，提高接头强度。在 CO_2 激光焊和 Nd：YAG 激光焊的过程中，采用等离子弧与激光复合焊接，不仅能提高焊接速度（可提高 2 倍）、减少裂纹（大多是由于冷却速度快而造成的），还能得到平滑的焊缝。

（4）钛及钛合金 钛及钛合金很适合用激光焊，可获得高质量、塑性好的焊接接头。但是钛对氧化很敏感，对由氧气、氢气、氮气和碳原子所引起的间隙脆化也很敏感，所以要特别注意接头的清洁和气体保护问题。

在常温下，钛及钛合金是比较稳定的，但是随着温度的升高，氧、氮及氢等气体在钛及钛合金中的溶解度也随之明显上升。钛从 250℃ 开始吸收氢，从 400℃ 开始吸收氧，从 600℃ 开始吸收氮，空气中含有的大量氮和氧使得钛及钛合金在焊接高温下容易受到污染。

钛及钛合金对热裂纹是不敏感的，但是焊接时会在接头的热影响区出现延迟裂纹，氢是引起这种裂纹的主要原因。防止延迟裂纹产生的办法，主要是减少焊接接头中氢的来源，必要时也可进行真空退火去氢处理，以减少焊接接头的含氢量。

焊缝中气孔是钛及钛合金焊接时另一个主要存在的问题，消除气孔的主要途径如下：

1）用高纯度的氩气作保护气体进行焊接，其纯度不应低于 99.9%。

2）焊前工件接头附近表面，特别是对接端面必须认真进行机械处理，再进行酸洗，然后用清水再清洗。

3）选择合适的焊接规范。

对 Ti3Al 基合金而言，其抗凝固裂纹的能力较强，在采用激光焊焊接时的主要困难在于其常温塑性不足，从而对冷裂纹较敏感。实际焊接时可采用较高的预热温度以减缓冷却速度和相转变的发生，或采用特殊的焊后热处理工艺，以得到满意的显微组织。

3. 异种金属材料间的激光焊接性

各种金属材料采用激光焊的焊接性与用传统焊接方法的焊接性类似，异种金属材料之间的激光焊只有在一些特定的材料组合间才可能进行，如图 1-38 所示。

随着激光焊在工业生产中越来越广泛地应用，其高成本、低适应性（严格的装配条件、高反射材料）等问题也越发突出，限制了激光焊在一些生产领域的应用。为了更好地应用这一先进的焊接方法，国内外正在进行深入的研究，并且提出了一些新的激光加工工艺方法，以发挥激光焊的优势。

1.4.2 激光焊焊接接头设计

原则上讲，传统焊接方法中使用的绝大部分的接头形式都适合激光焊，所不同的是，由于聚焦后的激光光束直径很小，因而激光焊对接头装配的精度要

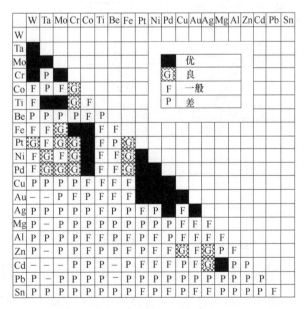

图 1-38 异种金属材料间采用激光焊的焊接性

求高。在实际应用中，激光焊最常用的接头形式是对接和搭接。

就对接形式而言，装配间隙应小于材料厚度的 15%，零件的错位和平面度不大于 25%，如图 1-39 所示。尽管激光焊接时变形很小，但是为了确保焊接过程中工件间的相对位置不发生变化，最好采用适当的夹紧方式。图 1-39 中所标公差主要适用于铁合金和镍合金等材料，而对于导热性好的材料，如铜合金、铝合金等，还应将误差控制在更小的范围内。另外，由于激光焊焊接时通常不加填料，所以，对接间隙还直接影响着焊缝的凹陷程度。

就搭接形式而言，装配间隙应小于板材厚度的 25%，如图 1-40 所示。装配间隙过大，会造成上面工件的烧穿。当搭接不同材质或不同厚度的工件时，应将对激光吸收率高的、熔点较低且熔点与沸点相差较大的、热导率高的及厚度较薄的工件，作为搭接接头的上片。

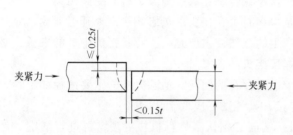

图 1-39　对接装配精度及夹紧方式

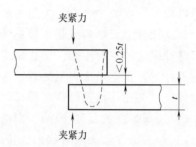

图 1-40　搭接装配精度及夹紧方式

图 1-41 是板材采用激光焊时常用的接头形式，其中的卷边角接接头具有良好的连接刚性。在吻焊接头形式中，待焊工件的夹角很小，因而入射光束的能量可绝大部分被吸收，焊接时可不施加夹紧力或仅施加很小的夹紧力，其前提是待焊工件的接触必须良好，这种接头主要适用于金属薄片或金属箔的连接。

图 1-42 是线材采用激光焊时常用的接头形式。线材焊接常采用脉冲固体激光焊。

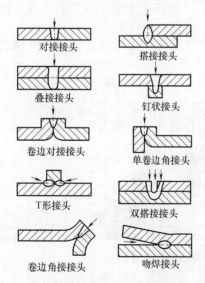

图 1-41　板材采用激光焊时常用的接头形式

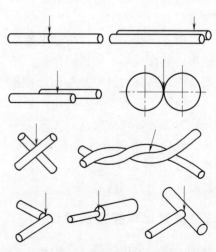

图 1-42　线材采用激光焊时常用的接头形式

图 1-43 是线材与块状零件采用激光焊时常用的接头形式。图 1-43a 是将细丝插入孔中，图 1-43b 为 T 形连接，图 1-43c、d、e 为焊端连接，图 1-43f 是将细丝置于平板元件的小槽

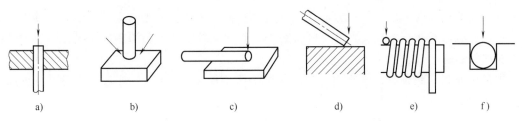

图 1-43 线材与块状零件采用激光焊时常用的接头形式
a) 将细丝插入孔中 b) T形连接 c)、d)、e) 焊端连接
f) 将细丝置于平板元件的小槽或凹口内

或凹口内，当光斑直径大于细丝径时，可增加焊接接头的可靠性。

1.4.3 激光焊焊接参数

由于激光焊接过程是光与物质的相互作用过程，为了保证焊接质量，就必须全面考虑可能影响这一相互作用的因素，根据被焊材料对激光的吸收、反射以及材料的热物理性能等，来选择合适的焊接参数。由于脉冲激光焊和连续激光焊所适应的焊接范围和选择焊接参数的要点有所不同，故对这两种情况分别讨论，其中对连续激光焊主要讨论深熔焊的焊接参数的选择。

1. 脉冲激光焊焊接参数的选择

脉冲激光焊接类似点焊，每个脉冲在金属上形成一个焊点，它主要适用于微小型件、精密件和一些微电子元器件的焊接。脉冲激光焊的主要焊接参数包括脉冲能量、脉冲宽度（脉宽）、脉冲形状、功率密度以及离焦量等。

（1）脉冲能量 脉冲能量主要影响金属的熔化量，当能量增大时，焊点的熔深和直径增加。图 1-44 为脉冲宽度和光斑直径保持不变时，焊点熔深 h 和直径 d 随脉冲能量大小变化的关系曲线。该试验采用钕玻璃激光器，脉冲宽度 4ms，光斑直径 0.5mm，材质分别为铜、镍和钼。试验表明，熔深的增加速度与工件表面（或熔池表面）的温度有关，当温度接近沸点时，熔深增加速度最快。需要说明的是，由于激光脉冲能量分布的不均匀性，最大熔深总是出现在光束的中心部位，而焊点直径也总是小于光斑直径。

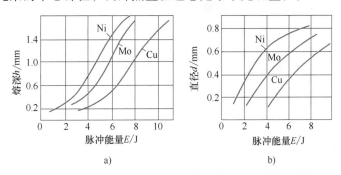

图 1-44 焊点熔深 h 和直径 d 随脉冲能量变化的关系曲线

（2）脉冲宽度 脉冲宽度（τ）主要影响熔深，进而影响接头强度。图 1-45 表示接头强度与脉冲时间之间的关系。当脉冲宽度增加时，脉冲能量增加，在一定的范围内，焊点熔深和直径也增加，因而接头强度随之增加。然而，当脉冲宽度超过一定的值以后，一方面热

传导所造成的热耗会增加；另一方面，强烈的蒸发会引起已经熔化的金属从熔池中溅出，最终导致焊点截面积减小，接头强度下降。另外，脉冲宽度增加引起的热传导损耗的变大还将造成曲线的右移。

大量研究和实践表明，脉冲激光焊的脉宽下限不能低于10ms。理论计算表明，热传导脉冲激光焊的熔深极限为0.7mm。

（3）脉冲形状　由于材料的反射率随工件表面温度的变化而变化，所以，脉冲形状对材料的反射率有间接影响。图1-46中的曲线1和曲线2分别表示在一个激光脉冲作用期间铜和钢相对反射率的变化。可以看出，激光开始作用时，材料表面为室温，反射率很高；随着温度的升高，反射率迅速下降（图中的 ab 段）；当材料处于熔化状态时，反射率基本稳定在某一值；当温度达到沸点时，反射率又一次急剧下降。

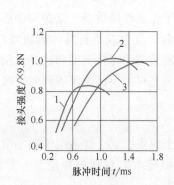

图1-45　接头强度与脉冲时间关系曲线

1—τ_1　2—τ_2　3—τ_3（$\tau_1 < \tau_2 < \tau_3$）

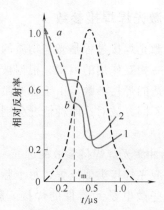

图1-46　在一个激光脉冲作用期间铜和钢相对反射率的变化

1—铜　2—钢

对大多数金属来讲，在激光脉冲作用的开始时刻，反射率都较高，因而可采用带前置尖峰的激光脉冲，如图1-47所示。前置尖峰有利于对工件的迅速加热，可改善材料的吸收性能，提高能量的利用率。尖峰过后平缓的主脉冲可避免材料的强烈蒸发，这种形式的脉冲主要适用于低重复频率的焊缝。而对高重复频率的缝焊来讲，由于焊缝是由重叠的焊点所组成的，激光脉冲作用于工件处的温度高，因而，宜采用图1-48所示的光强基本不变的平顶波。而对于某些易产生热裂纹和冷裂纹的材料，则可采用图1-49所示的三阶

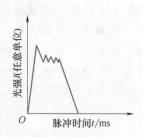

图1-47　带前置尖峰的激光脉冲波形

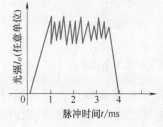

图1-48　光强基本不变的平顶波

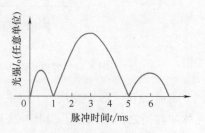

图1-49　三阶段激光脉冲波形

段激光脉冲，从而使工件经历预热—熔化—保温的变化过程，最终可得到满意的焊接接头。

（4）功率密度　在脉冲激光焊中，为了确保焊点的美观和强度以及成品率，要尽量避免焊点金属的过量蒸发与烧穿，因而合理地控制输入到焊点的功率密度是十分重要的。功率密度 PD 可由下式确定

$$PD = \frac{4E}{\pi d^2 \tau} \tag{1-12}$$

式中　E——激光能量；

　　　　d——光斑直径；

　　　　τ——脉冲宽度。

当然，焊接过程中金属的蒸发还与材料的性质有关，即与材料的蒸气压有关，蒸气压高的金属易蒸发。另外，熔点与沸点相差大的金属，焊接过程易控制。对大多数金属来讲，达到沸点的功率密度在 $10^6 W/cm^2$ 以上。对功率密度的调节可通过改变脉冲能量、光斑直径、脉冲宽度以及激光模式等来实现。

（5）离焦量　离焦量是指待加工零件表面距光束焦点的距离。在实际应用中，光束焦点恰在工件表面时称离焦量为零；当光束焦点超过零件表面时称为负离焦；反之，光束焦点未到零件表面时称为正离焦。显然，在光束焦点处的光斑直径最小，功率密度最大，材料蒸发也最严重。脉冲激光焊时，通常都需要一定的离焦量，以使光斑能量的分布相对均匀，同时也可获得合适的功率密度。尽管正负离焦量相等时，相应平面上的功率密度相等，然而，两种情况下所得到的焊点形状却不相同。试验表明，负离焦时的熔深比较大，其原因在于负离焦时小孔内的功率密度比工件表面的高，蒸发更强烈。因而，希望增大熔深时，可采用负离焦量，而焊接薄材料时，则宜采用正离焦量。

2. 连续激光深熔焊焊接参数的选择

连续激光深熔焊的主要焊接参数包括入射激光束功率、光斑直径、吸收率、焊接速度、保护气体成分与流速以及离焦量等。

（1）入射激光束功率　入射激光束功率主要影响熔深，当光斑直径保持不变时，熔深随入射激光束功率的增加而变大。图 1-50 是 304 不锈钢激光焊熔深随入射激光束功率变化的曲线，图 1-51 是根据不锈钢、钛、铝等的激光焊试验而给出的激光焊熔深随入射激光束

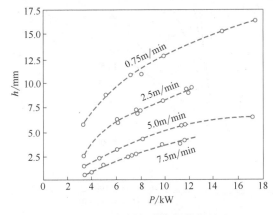

图 1-50　304 不锈钢激光焊熔深随入
射激光束功率的变化曲线

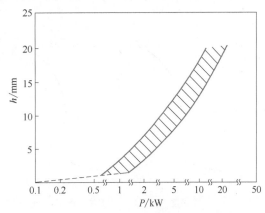

图 1-51　激光焊熔深随入射激光束
功率的变化曲线

功率的变化曲线。由于激光束从激光器到工件的传输过程中存在着导光系统的反射、透射等损失，作用在工件上的功率总是小于激光器的输出功率，所以，入射激光束功率应是照射到工件上的实际功率。在焊接速度一定的前提下焊接不锈钢、钛、铬时，最大熔深 h_{max} 与入射激光束功率 P 间存在以下关系

$$h_{max} \propto P^{0.7} \tag{1-13}$$

（2）光斑直径　光斑直径是深熔焊时最主要的焊接参数之一，在入射激光束功率一定的情况下，它的尺寸决定了功率密度的大小。然而，对大功率 CO_2 激光束光斑直径的测量是很困难的，其原因在于：一是激光功率在横截面上的分布不均匀；二是涉及对光斑直径的定义问题。对高斯光束的直径可定义为光强下降到中心值的 $1/e$ 或 $1/e^2$ 处所对应的直径，前者所包含的功率略多于 60%，后者则包含 80% 的总功率。因此，建议采用 $1/e^2$ 的定义方法。

实际测量中最简单的测量方法是等温轮廓法，即通过对碳化纸的烧焦或对聚丙烯板的穿透对光斑直径进行测量。

（3）吸收率　被焊材料对激光的吸收率决定了工件对激光束能量的利用率。经研究表明，金属对红外光的吸收率 A 与它的电阻率 ρ_r 之间的关系为

$$A = 112.2\sqrt{\rho_r} \tag{1-14}$$

电阻率又与温度有关，所以，金属的吸收率与温度密切相关。理论计算表明，材料 Ti-6Al-4V 在 300℃ 时的吸收率约为 15%，而 304 不锈钢、Fe 和 Zn 即使在熔融状态，其吸收率也低于 15%，这说明反射所造成的能量损失是很大的，必须采取适当措施来提高被焊金属对激光的吸收率才能使焊接过程顺利进行。

尽管大多数金属在室温时对 $10.6\mu m$ 波长光束的反射率一般都超过 90%，然而，一旦其表面熔化甚至汽化而形成小孔以后，对光束能量的吸收率将急剧增加。图 1-52 显示了金属材料吸收率随表面温度和功率密度的变化，由图 1-52 可知，达到沸点时的吸收率已超过 90%。不同金属达到其沸点所需的激光功率密度也不同，钨为 $10^8 W/cm^2$，铝为 $10^7 W/cm^2$，碳钢和不锈钢在 $10^6 W/cm^2$ 以上。

对材料表面进行涂层处理或生成氧化膜，也可有效地提高对光束的吸收率。图 1-53 表示了在不同表面处理条件下，熔透功率与焊接速度的关系。可以看出，材料表面经处理后，

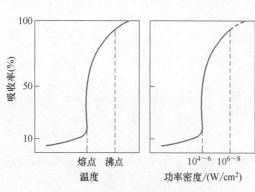

图 1-52　金属材料吸收率随表面
温度和功率密度的变化

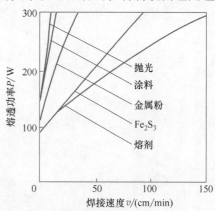

图 1-53　不同表面处理条件下熔透功率
与焊接速度的关系

所需的熔透功率均有不同程度的降低，也即材料对光束的吸收率有不同程度的提高。

另外，使用活性气体也能增加材料对激光的吸收率。试验表明，在保护气体氩中添加10%的氧，可使熔深增加一倍。

（4）焊接速度 焊接速度会影响焊缝熔深和熔宽。激光深熔焊时，熔深几乎与焊接速度成反比。图1-54为采用功率为10kW的CO_2激光器对304不锈钢焊接时其熔深随焊接速度的变化曲线。在给定材料、给定功率条件下，对一定厚度范围的工件进行焊接时，存在一个合适的焊接速度范围，如速度过高，会导致焊不透；速度过低，又会使材料过量熔化，焊缝宽度急剧增加，甚至导致烧损和焊穿。

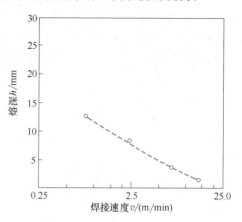

图1-54 304不锈钢在10kW功率下
熔深随焊接速度的变化曲线

改变焊接速度可采用让光束不动而调节工件，或让工件不动而调节光束来实现，对笨重或易碎的工件来说，移动光束更为有利。

（5）保护气体成分及流速 激光深熔焊时，保护气体的作用有两个，一是保护被焊部位免受空气的有害作用，二是为了除去在大功率激光焊中产生的对激光束有吸收和散射作用的等离子云。

不同的保护气体、不同的气体成分对熔深的影响也不同，图1-55显示了不同的保护气体对熔深的影响。由图可知，He可显著改善激光的穿透力，这是由于He的电离势高（25eV），因而不易产生等离子体。而Ar的电离势低（仅15eV），在光束作用下易产生等离子体，对激光束的吸收和散射作用强，从而导致熔深变浅。若在He中添加1%的比He有更高电离势的H_2，则又能进一步改善光束的穿透力，使熔深进一步增加。空气和CO_2气体对光束穿透力的影响介于Ar和He之间。

保护气体流量对熔深的影响如图1-56所示。在一定的气体流量范围内，熔深随流量的增加而增加，超过一定值以后，熔深则基本维持不变。这是因为气体流量从小变大时，保护气体去除熔池上方等离子体的作用加强，减小了等离子体对激光束的吸收和散射作用，因而熔深增加。当气体流量达到一定值以后，等离子体的不利影响已基本消失，即使气体流量再

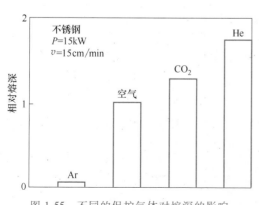

图1-55 不同的保护气体对熔深的影响

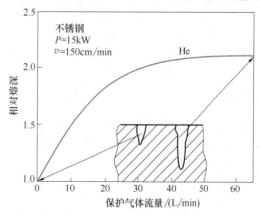

图1-56 保护气体流量对熔深的影响

加大，对熔深的影响也不大了。另外，过大的气体流量不仅会造成浪费，同时还会使焊缝表面凹陷。

高速焊接时，选择保护气体不能仅仅考虑气体的电离势，还应考虑气体的密度。这是因为电离势较高的气体往往原子序数较低，质量也较小，高速焊接时，这些较轻的气体不能在短时间内把焊接区域的空气排走，而较重的气体则可实现这一点，因而，把较重的气体和较轻的而电离势又高的气体混合在一起，将会产生最佳的熔透效果。图1-57表明，提高焊接速度时，在He中添加10%的Ar可显著增加熔深。

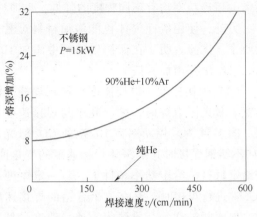

图1-57　Ar（10%）与He（90%）混合气体对熔深的影响

（6）离焦量　离焦量不仅影响工件表面光斑直径的大小，而且影响激光束的入射方向，因而对熔深、焊缝形状和横截面积均有较大影响。图1-58是采用功率为5kW、焊接速度为16mm/s，对板厚为6mm的310不锈钢进行试验所得到的结果。当焦点位于工件较深部位时形成V形焊缝；当焦点在工件以上较高距离（正离焦量大）时形成"钉头"状焊缝，且熔深减小；而当焦点位于工件表面下1mm左右时，焊缝截面两侧接近平行。实际应用时，焦点位于工件表面下1～2mm的范围较为适宜。

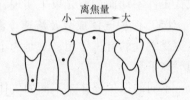

图1-58　离焦量对焊缝形状的影响

图1-59为采用1000W激光、焊接速度为50cm/min、焦距为50～100mm，对304不锈钢进行试验所得出的离焦量对熔深、熔宽和横截面积的影响。图1-59中F为焦距，ΔF为离焦量。由图可知，熔深随离焦量不同有一跳跃性变化：在$|\Delta F|$很大的地方，熔深很小，这时属热传导焊接；当$|\Delta F|$减小到某一值后，熔深发生跳跃性增加，这标志着小孔效应开始产生，属于激光深熔焊。

1.4.4　激光焊在工业生产中的应用

早期的激光应用大都是采用脉冲固体激光器，进行微型或小型零部件的点焊和由焊点重叠搭接而成的缝焊，这种焊接过程多属传导型传热焊。20世纪70年代，随着大功率CO_2激光器的出现，以使用大功率CO_2激光对不锈钢材料成功进行深熔焊为标志，开辟了激光应用于焊接及工业领域的新纪元。激光焊方法在汽车、钢铁、船舶、航空、轻工等行业得到了日益广泛的应用。实践证明，采用激光焊，不仅生产率高于传统的焊接方法，而且焊接质量也得到了显著的提高。

近年来，高功率YAG激光器也有了突破性进展，出现

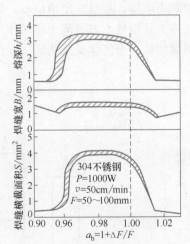

图1-59　离焦量对熔深、熔宽和横截面积的影响

了平均功率 4kW 左右的连续或高重复频率输出的 YAG 激光器，可以用来进行脉冲或连续激光深熔焊。且因为其波长短，金属对其吸收率大，焊接过程受等离子体的干扰少，因而有着良好的应用前景。

1. 脉冲激光焊的应用

脉冲激光焊已成功地用于焊接不锈钢、铁镍合金、铁镍钴合金、铂、铑、钽、铌、钨、钼、铜及各类铜合金、金、银、铝硅丝等。

脉冲激光焊实际应用的成功实例之一就是显像管电子枪的组装。电子枪由数十个小而薄的零件组成，传统的电子枪组装方法是用电阻焊。电阻焊时零件受压畸变，使精度下降，并且因为电子枪尺寸日益趋向小型化，使焊接方法的选择和焊接设备的设计制造越来越困难。采用脉冲 YAG 激光焊，激光通过光纤传输，自动化程度高，易实现多点同时焊，且焊接质量稳定。所焊接的阴极芯装管后，在阴极成像均匀性与亮度均匀性方面，都优于电阻焊；且每个组件的激光焊接过程仅需几毫秒，每个组件焊接全过程的时间为 2.5s，而电阻焊则需要 5.5s。

脉冲激光焊还可用于核反应堆零件的焊接、仪表游丝的焊接、混合电路薄膜元件的导线连接等。用脉冲激光焊封装继电器外壳、锂电池和钽电容外壳、大规模集成电路的内外引线等都是很有效的手段。

2. 连续 CO_2 激光焊的应用

（1）汽车制造业　CO_2 激光焊在汽车制造业中应用最为广泛。据专家预测，汽车零件中有 50% 以上可用激光加工，其中激光焊接和切割是最主要的加工方法。世界三大主要汽车产地中，北美和欧洲以激光焊接占据主要地位，而日本则以切割为主。发达国家的汽车制造业，越来越多地采用激光焊接技术来制造汽车底盘、车身板、底板、点火器、热交换器及一些通用部件。

以前用电子束焊接而成的拼焊板（Tailor Blank），现在正逐步被激光焊接所取代。用激光焊拼焊冲压成形的板料毛坯，可以减少冲模套数、工装夹具和焊装设备，提高零部件精度，减少零件个数和焊缝数量，减轻车身质量，并降低产品成本。如凯迪拉克某型轿车车身侧门板，不同厚度的五块板采用激光焊拼接后进行冲压成形（图 1-60），可以增强零件强度和刚度，无需传统工艺必需的加强肋。而且通过优化设计，充分利用材料，可将材料的废损率降低到 10% 以下。

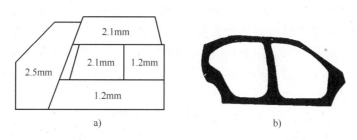

图 1-60　用激光焊拼接不同厚度的拼焊板

a）拼焊板　b）冲压件

美国福特汽车公司采用 6kW 的 CO_2 激光加工系统，将经冲压的板材拼接成汽车底盘，整个系统由计算机控制，可有五个自由度的运动，它特别适于新型车的研制。该公司还使用带有视觉系统的激光焊机，将 6 根轴与锻压出来的齿轮焊接在一起，构成轿车自动变速器齿轮架部件，生产率高达 200 件/h。

意大利菲亚特公司用激光焊焊接汽车同步齿轮，费用只比原工艺高 1 倍，生产率却提高了 5~7 倍。日本汽车电器厂用 2 台 1kW 激光器焊接点火器中轴与拨板的组合件，1982 年建成两条自动激光焊接生产线，日产 1 万件。德国奥迪公司，用激光拼接宽幅（1950mm×2250mm×0.7mm）镀锌板作为车身板，与传统焊接方法相比，焊缝及热影响区窄，锌烧损少，不损伤接头的耐蚀性。目前国内一汽-大众 C3V6 型轿车底板也使用激光拼焊板。

用激光叠接焊代替电阻点焊，可以取消或减少电阻焊所需的凸缘宽度，如某车型车身装配时，传统的点焊工艺需 100mm 宽的凸缘，用激光焊只需 1.0~1.5mm，据测算，平均每辆车可减轻质量 50kg。

由于激光焊属于非接触加工，柔性好，又可在大气中施焊，故可在生产线上对不同形状的零件进行焊接，有利于车型的改进及新产品的设计。

（2）钢铁行业　CO_2 激光焊在钢铁行业中主要用于以下几个方面：

1）硅钢板的焊接。生产中半成品硅钢板一般厚度为 0.2~0.7mm、幅宽为 50~500mm，常用的焊接方法是 TIG 焊，但焊后接头脆性大，采用 1kW 的 CO_2 激光焊焊接时，最大焊接速度可达 10m/min，焊后接头的性能得到了很大改善。

2）冷轧低碳钢板的焊接。对板厚为 0.4~2.3mm、宽为 508~1270mm 的低碳钢板，用 1.5kW 的 CO_2 激光器焊接，最大焊接速度为 10m/min，投资成本仅为闪光对焊的 2/3。

3）酸洗线用 CO_2 激光焊。酸洗线上板材最大厚度为 6mm，最大板宽为 1880mm，材料种类多，从低碳钢到高碳钢、硅钢、低合金钢等，原先一般采用闪光对焊。但焊接硅钢时接头里易形成 SiO_2 薄膜，热影响区晶粒粗大；焊接高碳钢时有不稳定的闪光及硬化，这些都造成接头性能不良。用激光焊可以焊最大厚度为 6mm 的各种钢板，接头塑性、韧性比闪光对焊接头有较大改善，可顺利通过焊后的酸洗、轧制和热处理工艺而不断裂。例如，日本川崎钢铁公司从 1986 年开始使用 10kW 的 CO_2 激光，焊接 8mm 厚的不锈钢板，与传统焊接方法相比，接头反复弯曲次数增加 2 倍。

（3）镀锡板的激光焊　镀锡板俗称马口铁，其主要特点是板薄且表层镀有锡层，是制作小型喷雾罐身和食品罐身的常用材料。若采用高频电阻焊工艺，设备投资成本高，且电阻焊是搭接接头，耗材也多。若采用激光焊，则不存在类似问题，且生产率高，接头质量好。如小型喷雾罐身，由约 0.2mm 厚的镀锡板制成，用 1.5kW 激光器，焊接速度可达 26m/min；用 0.25mm 厚镀锡板制作的食品罐身，用 700W 的激光进行焊接，焊接速度为 8m/min 以上，接头的强度不低于母材，没有脆化倾向，具有良好的韧性。这主要是因为激光焊焊缝窄（约 0.3mm），热影响区也小，焊缝组织晶粒细小。另外，由于存在净化效应使焊缝中含锡量得到控制，不影响接头的性能。焊后的翻边及密封性检验表明，无开裂及泄漏现象。英国 CMB 公司用激光焊焊接罐头盒纵缝，每秒可焊 10 条，每条焊缝长 120mm，并可对焊接全过程进行实时监测。

（4）组合齿轮的焊接　在许多机器中常用到组合齿轮（塔形齿轮），两个齿轮相距很近的组合齿轮用一般机械方法难以加工，或因需要留退刀槽而增大了坯料及齿轮的体积，因此一般是先加工成两个齿轮，然后再连接成整体。这类齿轮的连接方法通常是胶接或电子束焊接，前者用环氧树脂把两个零件粘在一起，其接头强度低，抗剪强度一般只有 20MPa，而且由于胶接间隙不均匀，齿轮的精度受到一定的影响。电子束焊则需要真空室，工艺相对复杂。用激光焊焊接组合齿轮，具有精度高，接头抗剪强度大（约300MPa）等特点，而且由于激光束能量高度集中，所以齿轮变形小，焊接热对齿面性能影响小，可直接装配使用，同时因为不需要真空室，上料方便，生产率高。

激光焊的其他应用还有很多，如在电厂的建造及石油化工行业中，有大量的管-管、管-板接头，用激光焊焊接可得到高质量的单面焊双面成形焊缝；在舰船制造业，用激光焊焊接大厚板（可加填充金属），接头性能优于常规的电弧焊焊接接头，能降低产品成本，提高构件的可靠性，有利于延长舰船的使用寿命。用激光焊生产所谓的"三明治"板用于舰船结构，对更新舰船设计理念，减轻结构质量都有非常积极的作用。激光焊在航空航天领域也得到了成功的应用，如美国PW公司配备了6台大功率CO_2激光焊设备（其中最大功率为15kW），用于发动机燃烧室的焊接；激光焊还应用于飞机发动机壳体和机翼隔架等飞机零件的焊接、航空涡轮叶片的焊补修复，以及电动机定子铁心的焊接。

1.5 现代激光焊接技术及增材制造

近年来，多种新型激光器陆续在工业生产中出现，如直流板条式CO_2激光器、二极管泵浦YAG激光器、半导体激光器以及准分子激光器等，提供了大功率的激光输出、高质量的激光束模式以及多样性的脉冲激光输出方式。同时激光加工设备的智能化以及加工的柔性化程度显著提高，激光加工成本也在逐年降低，高性能和多功能的激光加工系统的商品化进程日益加快，这些都使得激光焊接技术对传统的常规焊接技术带来了冲击性的影响。尤其是21世纪的汽车工业，正在步入能按照用户要求进行柔性模块式生产的新的生产方式，而传统的加工工艺远不能满足这一新的生产方式的需要，这给激光焊接技术（尤其是激光焊接新技术）的大规模应用提供了一个良好的发展机遇。

因此，改进现有激光焊接技术的局限性、拓宽激光焊接的应用范围，已成为激光焊接研究的重要内容。激光焊接技术开始向多样化、实用化及高效化的方向发展，激光填丝焊、激光-电弧焊、激光钎焊和激光压焊等多种激光焊接新技术，也都陆续在工业生产中得到应用，并在某些领域中开始越来越多地替代传统的焊接技术。

1.5.1 激光填丝焊

激光焊在大多数情况下是非填丝的自熔焊接，这使得激光焊对工件边缘的加工精度和装配精度的要求都较高，因而其工业应用受到一定的限制。扩展激光焊在工业生产中的应用领域，推进激光焊产业化的一种有效方案就是采用激光填丝焊。激光填丝焊可以焊接间隙较大的对接板和厚大板，还可以调节异种金属焊接时焊缝的化学成分，对焊后热裂纹的抑制有明显的效果。

如铝合金是航空航天及汽车工业中应用非常普遍的金属材料，但用激光焊焊接铝合金时存在着材料对激光的反射率大，接头软化和易产生焊接热裂纹等方面的问题，这些问题限制了大功率激光焊在铝合金加工工业中的应用。添加填充材料可以提高铝合金对光束的吸收率，稳定焊接过程，对于某些容易产生凝固裂纹的铝合金来说，填充材料的使用，阻止了裂纹形成的条件，改善了焊缝的力学性能。

此外，激光填丝焊还可以用于制作熔复层，让熔滴一滴挨一滴地排列或重叠排列，涂复在工件表面，形成耐蚀层或抗磨层，以更好地满足结构的使用要求和提高结构的使用寿命。

与不加填充材料的激光焊相比，激光填丝焊的效率与普通激光焊差不多，但通过填丝的方法大大拓宽了激光焊的应用范围。激光填丝焊具有以下几方面的优势：

1）解决了对工件装夹、拼装要求严的问题。由于激光束在焊接时聚焦为几百微米直径的光斑，因此对接头装配、拼缝间隙要求较高，对于对接接头，采用非填丝的自熔焊一般焊缝间隙最大为板厚的10%；当焊缝较长时，对于工件焊接面的加工精度与装夹精度要求更高。间隙的存在会使入射的部分激光能量漏出，使焊缝难以焊合或形成凹陷。采用激光填丝焊后，熔化的填充金属可以防止激光能量从焊缝间隙穿过，放宽了对装配精度的要求，且焊缝微凸，成形美观。

2）可用相对较小功率的激光器实现厚板多道焊。现有大功率激光器的功率大小限制了焊透深度，其应用已受到了一定的限制，一般激光焊焊接的板厚都低于15mm。采用窄间隙焊和激光填丝多道焊，能在较小的热输入下实现厚板的焊接，并且焊后变形小，生产率也比传统焊接方法要高得多。

3）通过调节焊丝成分和熔合比，可控制和改善焊缝的组织和性能，同时对焊接裂纹等缺陷也更容易控制，这对于异种材料及脆性材料的焊接都十分有利。

进行激光填丝焊时，应注意包括送丝速度、送丝位置和送丝角度在内的送丝特性和激光与填充金属之间的相互作用等方面的问题，以保证焊接过程的顺利进行和良好的焊接质量。

目前，激光填丝焊技术在异种金属焊接和采用多道填丝焊焊接厚板方面都有一定的应用。

1.5.2 激光-电弧复合热源焊接

激光焊虽有许多技术优势但其成本仍然较高，因此以激光为核心的复合热源焊接技术孕育而生。研究最多、应用最广的要属激光-电弧复合热源焊接技术。或称电弧辅助激光焊接技术。其主要目的是有效地利用电弧热源，以减小激光的应用成本、降低激光焊的装配精度。激光与电弧联合应用进行焊接有两种方式：一种方式是沿焊接方向，激光与电弧间距较大，前后串列排布，两者作为独立的热源作用于工件，电弧热源主要是对焊缝金属进行预热或后热，达到提高吸收率、改善焊缝组织性能的目的；另一种方式是激光与电弧共同作用于熔池，充分利用激光与电弧之间存在的相互作用和能量的耦合，即通常所说的激光-电弧复合热源焊接。

激光-电弧复合热源焊接技术由英国学者 W. Steen 于 20 世纪 70 年代末期首次提出，其主要思想就是有效利用电弧能量，在较小的激光功率条件下获得较大的焊接熔深，同时提高激光焊对焊缝间隙的适应性，实现高效率、高质量的焊接过程。图 1-61 和图 1-62 为激光-电弧复合热源焊接的基本原理及其典型焊缝截面形貌。复合使得两种热源既充分发挥了各自的优势，又相互弥补了对方的不足，从而形成了一种高效的热源。

激光与电弧相互作用形成的是一种增强适应性的焊接方法，它避免了单一焊接方法的缺点与不足，具有提高能量、增大熔深、稳定焊接过程、降低装配条件、易实现高反射材料的焊接等多方面的优点。其具体表现为：

图 1-61 激光-电弧复合热源焊接原理

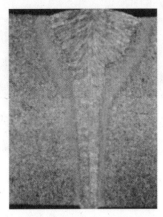

图 1-62 激光-电弧复合热源焊接典型焊缝截面形貌

1）高效、节能、经济。单独使用激光焊接时，由于等离子体的吸收与工件的反射，能量的利用率低。激光与电弧的复合，可以有效利用电弧能量，在获得同样焊接效果的条件下降低激光功率，这就意味着可以减少激光设备的投资，降低生产成本。

2）增加熔深。与同功率下的单激光焊接相比，复合热源焊接熔深最大可增加一倍多；特别是在窄间隙厚大板焊接中，采用激光-MIG复合热源焊接时，在激光作用下，电弧可潜入到焊缝深处，减少填充金属的熔敷量，实现厚大板的深熔焊接。

3）减少焊接缺陷、改善微观组织。与激光焊相比，激光-电弧复合热源焊接能够减缓熔池金属的凝固时间，有利于相变的充分进行，减少气孔、裂纹、咬边等焊接缺陷的产生。

4）改善焊缝成形。激光-电弧复合热源作用于工件时，材料的熔融量增大，可以改善熔化金属与固态母材的润湿性，消除焊缝咬边现象。另外，激光和电弧的能量可以单独调节，将两种能源适当配比即可获得不同的焊缝深宽比。

5）提高焊接适应性。电弧的加入使得工件表面的熔合宽度增大（特别是MIG电弧），降低了热源对间隙、错边及对中度的敏感性，减少了工件对缝的加工、装配劳动量，提高了生产率。

6）减少焊接变形。与普通电弧焊相比，激光-电弧复合热源焊接的速度快、热输入量小，因而热影响区窄，接头的变形及残余应力小。特别是在厚大板的焊接时，由于焊接道数的减少，相应地减少了焊后变形矫正的工作量，提高了工作效率。

在激光-电弧复合热源焊接中，一般多使用 CO_2 激光和 Nd:YAG 激光。根据电弧种类的不同，激光与电弧的复合方式一般又有以下几种：激光-TIG、激光-MIG、激光-等离子弧复合和激光-双电弧复合等。

激光-电弧复合热源焊接的应用日益广泛，在造船工业的厚大板焊接、铝合金焊接和搭接接头激光焊接等方面都有了越来越多的应用实例。

图 1-63 和图 1-64 分别是 CO_2 激光-MIG复合热源焊接 10mm 厚铝合金截面和 CO_2 激光-MIG复合热源焊接低碳

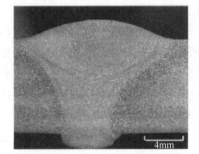

图 1-63 CO_2 激光-MIG复合热源焊接 10mm 厚铝合金截面（激光功率 2kW；焊接电流 280A，焊接速度 1.0mm；间隙 0.6mm）

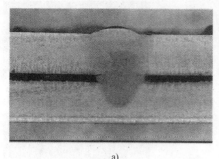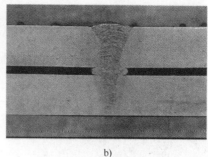

a)　　　　　　　　　　　　　　b)

图 1-64　CO_2 激光-MIG 复合热源焊接低碳钢搭接接头焊缝截面

a）激光功率 8kW；焊接电流 184A，焊接速度 5.3m/min；间隙 0.57mm

b）激光功率 10kW；焊接电流 154A，焊接速度 4.5m/min；间隙 0.67mm

钢搭接接头焊缝截面。图 1-65 为 2.7kW 的 YAG 激光-MIG 电弧复合热源高速焊接的铝合金搭接接头焊缝截面，焊接速度可达 8m/min 以上。

1.5.3　双光束激光焊接

双光束激光焊接主要是用于解决激光焊接对装配精度的适应性及提高焊接过程稳定性，改善焊缝质量，尤其是对于薄板焊接及铝合金的焊接。双光束激光焊接，可将同一种激光采用光学方法分离成两束单独的光来进行焊接，也可以采用两束不同类型的激光进行组合，CO_2 激光、Nd：YAG 激光和高功率半导体激光相互之间都可以进行组合。通过改变光束能量、光束间距，甚至

图 1-65　YAG 激光-MIG 电弧复合热源
高速焊接铝合金搭接接头焊缝截面
（板厚 2mm，焊接速度
8.1m/min，热输入 730J/cm）

是两束光的能量分布模式，对焊接温度场进行方便、灵活地调节，改变匙孔的存在模式与熔池中液态金属的流动方式，为焊接工艺提供了更广阔的选择空间，这是单光束激光焊接所无法比拟的。它不仅拥有激光焊接熔深大、速度快、精度高的优点，而且对于常规激光焊接难以焊接的材料与接头也有很好的适应性。

双光束激光焊接是在焊接过程中同时使用两束激光，光束排布方式、光束间距、两束光所成的角度、聚焦位置以及两束光的能量比，都是双光束激光焊接中的相关重要参数。通常情况下，双光束的排布方式一般有两种，如图 1-66 所示，一种是沿焊接方向呈串列式排布，这种排布方式可以降低熔池冷却速率，减少焊缝的淬硬性倾向和气孔的产生；另一种是在焊缝两侧并列式排布或交叉式排布，以提高对焊缝间隙的适应性。

双光束既可以将两个不同的激光束进行组合得到，也可以将一束激光采用光学分光系统分成两束激光。采用两种不同类型的激光束组成双光束时，有多种组合方式。如使用一台能量呈高斯分布的高质量 CO_2 激光进行主要焊接工作，再辅以一台能量呈矩形分布的半导体激光进行热处理工作，这种组合比较经济，并且两束光的功率能独立调节，可针对不同的接头形式，通过调节 CO_2 激光与半导体激光的重叠位置获得一个可调的温度场，非常适合于

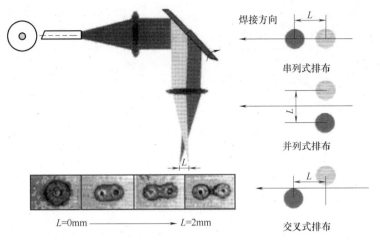

图 1-66　双光束的排布方式

焊接过程控制。另外，也可将 YAG 激光与 CO_2 激光组合成双光束进行焊接，将连续激光和脉冲激光组合进行焊接，还可以将聚焦光束和散焦光束组合焊接。

双光束激光焊接技术在汽车工业中最常用于镀锌钢板的焊接，在不等厚板焊接和厚大板的焊接中也都有一定的应用，如图 1-67～图 1-69 所示。

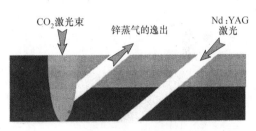

图 1-67　预打孔处理的双光束焊接镀锌钢板搭接接头

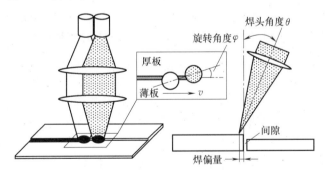

图 1-68　双光束焊接不等厚板

图 1-69　双光束焊接 20mm 厚不锈钢的焊缝截面（焊接速度为 0.8m/min）

1.5.4　激光钎焊

激光钎焊即是以激光为热源的钎焊技术，利用激光束优良的方向性和高功率密度特点，通过光学系统将激光束聚集在很小的区域，很短的时间内在接头处形成一个能量高度集中的局部加热区，熔化钎料，与母材润湿，完成零件的连接。薄板单光束激光钎焊示意图如图 1-70 所示。与传统钎焊技术一样，激光钎焊可分为软钎焊和硬钎焊，钎料的液相线温度高于 450℃而低于母材金属的熔点时，称为硬钎焊；低于 450℃时，称为软钎焊。

激光软钎焊技术常用于印制电路板上焊接电子元件、片状元件的组装等，已经是激光的

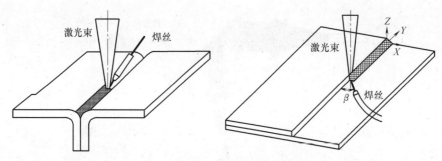

图 1-70　薄板单光束激光钎焊示意图

传统应用领域。因为激光束可实现对微小面积的高速加热，热影响区小，光辐射时间和输出功率易于控制，而且易于分光实现多点同时对称焊，具有很大的灵活性。

激光硬钎焊技术是近几年发展起来的一项新的连接技术，特别适合于高强钢和有镀层金属薄板的连接。近年来，激光硬钎焊已在汽车工业中用于镀锌板的焊接，以解决传统熔焊方法由于产生锌蒸气而导致焊缝气孔过多、成形不好的问题。采用激光钎焊获得的焊缝不仅可满足表面质量要求，而且大大提高了生产率，降低了焊后清理要求，加工速度可达 5m/min 以上。

工业激光钎焊的应用领域非常广泛，能采用其他方法钎焊的材料基本上都能用激光钎焊实现连接。异种材料的连接、薄板材料间的连接，均可以通过激光钎焊很容易实现。汽车工业中，铝合金结构是其发展的方向，铝合金之间、铝合金和钢之间，甚至铝合金和镁合金之间的连接都可以采用激光钎焊。航空航天工业中，大批强度高、轻质化的材料被使用，一些传统的熔焊、钎焊方法已经难以满足要求，但是对绝大多数的材料连接，激光钎焊技术都可以胜任，如铝合金与钛合金间的连接、金属基复合材料之间的连接、金属基复合材料与镁合金之间的连接、陶瓷和金属材料及金属间化合物之间的连接等。此外，一些工具制造业中，采用熔焊的方法难以实现的结构钢与硬质合金之间的连接也可以采用激光钎焊。

在当前的汽车生产中，激光钎焊技术主要集中用于汽车顶棚、后门和后厢盖的镀锌板焊接。采用的工艺方法主要是激光填丝钎焊，激光器常常选用的是光束传输和调节方便的 Nd：YAG 激光器与半导体激光器，钎料根据母材常选用普通的 Cu 基钎料，主要接头形式包括对接、卷对接、搭接、卷搭接等。

汽车的轻质化要求铝合金的应用越来越多，采用激光钎焊铝合金也是种有前途的方法。铝合金熔点较低，对激光的反射率较高，母材与钎料的熔点差别较小，以及铝合金表面氧化膜的存在，都给铝合金钎焊带来了一定的困难，要求对激光能量密度的调节和控制更加严格，通过特殊的光斑能量密度分布的变化甚至可以实现铝合金的无钎剂钎焊。

1.5.5　激光增材制造

目前广泛应用且较为成熟的典型激光增材制造技术主要有激光选区熔化（Selective Laser Melting，SLM）、激光直接沉积（Laser Direct Metal Deposition，LDMD）。

1. 激光选区熔化

激光选区熔化（SLM）的工作方式与激光选区烧结类似。该工艺利用光斑直径仅为 100μm 以内的高能束激光，直接熔化金属或合金粉末，层层选区熔化与堆积，最终成形具有冶金结合、组织致密的金属零件，工艺过程如图 1-71 所示。首先，将三维 CAD 模型进行切片离散及扫描路径规划，得到可控制激光束扫描的切片轮廓信息。其次，计算机逐层调入切片轮廓信息，通过扫描振镜控制激光束选择性地熔化金属粉末，未被激光照射区域的粉末仍呈松散状。一层加工完成后，粉料缸上升几十微米，成形缸降低几十微米，铺粉装置将粉末从粉料缸刮到成形平台上，激光扫描

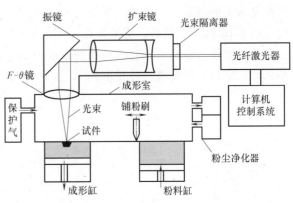

图 1-71 激光选区工艺过程示意图

该层粉末，并与上一层融为一体。重复上述过程，直至成形过程完成。获得的零件经过简单的喷砂处理即可，如需特殊性能要求，可进行相应的热处理。其成形装备和成形全膝置换股骨假体（华南理工大学）如图 1-72 所示。

图 1-72 激光选区熔化成形装备和成形全膝置换股骨假体

工艺特点：SLM 最大的优势是直接制造高性能金属零件，甚至是模具，在难加工复杂结构和难加工材料、复杂模具、个性化医学零件、航空航天和汽车等领域异形零部件的制造方面具有突出的技术优势；成形材料广泛，包括不锈钢、镍基高温合金、钛合金、铝合金等多种类型金属及其合金材料。最大的问题在于熔化金属粉末时，零件内易产生较大的应力，复杂结构需要添加支撑以抑制变形的产生。另外，局部熔化金属粉末，对粉末材料的含氧量、形貌和粒径分布等性能参数要求较高，零件性能的稳定性控制较为困难。

适用范围：SLM 工艺适合加工形状复杂的零件，尤其是具有复杂内腔结构和具有个性化需求的零件，适合单件或小批量生产。目前，SLM 工艺已开始应用于航空航天、汽车、家电、模具、工业设计、珠宝首饰及医学生物等领域，由于 SLM 工艺采用的激光束光斑细小，成形后的零件尺寸精度 ≤0.1mm。

2. 激光直接沉积

激光直接接沉积，又称直接激光制造、激光近净成形（Laser Engineered Net Shaping，LENS）等。该技术利用激光等高能束流熔化金属材料，在基体上形成熔池的同时将沉积材料（粉末或丝材）送入，随着熔池移动实现

激光熔覆

材料在基体上的沉积，工艺过程如图 1-73 所示（西北工业大学）。首先，在计算机中生成零件的三维 CAD 模型；然后，将模型按一定的厚度切片分层，即将零件的三维形状信息转换成一系列二维轮廓信息；随后，在数控系统控制下按照一定的填充路径，利用激光束辐照，在基体形成熔池，同时将金属粉末同步送入熔池中进行逐点激光熔覆，直至填满给定的二维形状；按照三维路径规划逐层重复这一过程，直至沉积形成三维实体零件。其成形装备（北京航空航天大学）如图 1-74 所示。

  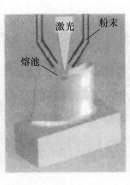 

a)　　　　　　　　b)　　　　　　　　c)　　　　　　　　d)

图 1-73　激光直接沉积技术示意图

a）三维 CAD 模型　b）扫描路径生成　c）成形过程　d）成形零件

　　工艺特点：可以由零件的 CAD 模型直接近净成形出全致密的金属零件或精坯。相比传统切屑方法，其材料利用率大幅提高，生产周期大大缩短，且具有优异的综合力学性能。该技术可实现多种金属材料的成形以及非均质、梯度材料金属零件的快速制造。相比激光选区熔化（SLM）工艺，该技术成形效率高，但由于没有粉床的支撑功能，导致成形复杂结构较为困难，且成形精度略低。

图 1-74　激光直接沉积装备

　　适用范围：可直接近净成形高性能金属零件，配合少量机加工可成形复杂结构零件。由于成形效率高，在直接制造航空航天、船舶、机械、动力等领域中大型复杂整体构件方面具有突出优势。同时，也可以用于局部损坏金属零件的快速修复与再制造。

　　目前，激光近净成形的大型钛结构件已经应用于航空领域，实现了原来需要局部机加工然后拼接的大型复杂构件的整体制造。由于采用的激光光斑较粗，一般加工余量为 3~6mm。

复习思考题

1. 简述激光产生的基本条件和产生过程。
2. 简述激光与物质相互作用的物理过程。
3. 什么是激光深熔焊？其工作原理是什么？

4. 激光焊设备由哪几部分组成？

5. 激光焊焊接过程中等离子体的形成及行为如何？

6. 什么是激光焊接中的净化效应？形成原因是什么？

7. CO_2 激光器的工作原理是什么？有哪些主要特点？

8. 什么是光纤激光器？其工作原理是什么？

9. 与常规焊接方法相比，激光焊接头有哪些特点？

10. 连续激光深熔焊的焊接参数有哪些？

11. 什么是激光-电弧复合焊？有哪些优点？

12. 什么是激光软钎焊？其应用领域有哪些？特点是什么？

13. 什么是激光熔覆？应用范围是什么？

14. 激光熔覆与激光合金化有何区别？

15. 激光焊在汽车制造业中应用广泛，用激光拼接宽幅（1950mm×2250mm×0.7mm）镀锌板作为车身板，请制定其焊接工艺。

参 考 文 献

[1]　刘金合. 高能密度焊 [M]. 西安：西北工业大学出版社，1995.

[2]　陈彦宾. 现代激光焊接技术 [M]. 北京：科学出版社，2005.

[3]　张国顺. 现代激光制造技术 [M]. 北京：化学工业出版社，2006.

[4]　金冈優. 激光加工 [M]. 北京：机械工业出版社，2005.

[5]　李志远，钱乙余，张九海，等. 先进连接方法 [M]. 北京：机械工业出版社，2000.

[6]　李力钧. 现代激光加工及其装备 [M]. 北京：北京理工大学出版社，1993.

[7]　闫毓禾，钟敏霖. 高功率激光加工技术 [M]. 天津：天津科学技术出版社，1994.

[8]　周炳琨. 激光原理 [M]. 北京：国防工业出版社，2000.

[9]　石顺祥. 物理光学与应用光学 [M]. 西安：西安电子科技大学出版社，2000.

[10]　王家金. 激光加工技术 [M]. 北京：中国计量出版社，1992.

[11]　吴振中. 激光加工工艺手册 [M]. 北京：中国计量出版社，1998.

[12]　张辽远. 现代加工技术 [M]. 北京：机械工业出版社，2002.

[13]　邓树森. 激光加工技术及其应用 [J]. 激光与光电子学进展，1995（2）：99-102.

[14]　张旭东. 热透镜效应对激光焊接模式及其热过程稳定性的影响 [J]. 清华大学学报（自然科学版），1997，37（8）：99-102.

[15]　杜汉斌，胡伦骥，胡席远. 激光填丝技术 [J]. 航空制造技术，2002（11）：60-63.

[16]　刘伟. 激光焊机器人操作及应用 [M]. 北京：机械工业出版社，2023.

[17]　吴超群，孙琴. 增材制造技术 [M]. 北京：机械工业出版社，2020.

Chapter 2

第2章

电子束焊

电子束焊（Electronic Beam Welding，EBW）是一种高功率密度的焊接方法，它利用空间定向高速运动的电子束，撞击工件表面后，将部分动能转化成热能，使被焊金属熔化，冷却凝固后形成焊缝。电子束撞击工件时，其动能的96%可转化为焊接所需的热能，功率密度可高达10^6W/cm^{2}以上，焦点处的最高温度可达5900℃左右，作为一种热源，其功率密度居目前已实际应用的各种焊接热源之首。电子束焊具有焊缝深宽比大，焊接速度快，焊接变形小，一般不需要保护气体和焊剂等优点，可以对绝大多数的金属和合金进行焊接。该方法在工业上的应用已有70多年的历史，首先用于原子能及宇航工业，继而扩大到航空、汽车、电子、电器、机械、医疗、石油化工、造船、能源等几乎所有的工业部门，创造了巨大的社会及经济效益。

2.1 电子束焊的基本原理及分类

2.1.1 电子束焊的基本原理

电子束是在高真空环境中由电子枪产生的。当阴极被加热（2350℃左右或高于2350℃）后，由于热发射效应，其表面就发射电子。在一定的加速电压的作用下，电子被加速到0.3~0.7倍的光速，具有一定的动能，但这样的电子束密度低，能量不集中，只有通过电子光学系统把电子束会聚起来，提高其功率密度后，才能达到熔化焊接金属的目的。

电子束焊
基本原理

这种会聚为功率密度很高的电子束撞击到工件表面时，电子的动能就转变为热能，使金属迅速熔化和蒸发。在高压金属蒸气的作用下熔化的金属被排开，电子束就能继续撞击深处的固态金属，同时很快在被焊工件上"钻"出一个锁形小孔（图2-1），小孔的周围被液态金属包围。随着电子束与工件的相对移动，液态金属沿小孔周围流向熔池后部，逐渐冷却、凝固，形成了焊缝。

在电子束焊接设备中，把产生、加速和会聚电子束流的装置称为电子枪。电子枪的工作电压通常为30~150kV，电流为20~1000mA，电子束的聚焦束斑直径为0.1~1.0mm，电子束的功率密度可达10^6W/cm^{2}以上，这足以使金属熔化乃至汽化。为了防止高压击穿、束流的散射及其能量的减损，电子枪内的压力一般须保持在$1.33×10^{-3}$Pa。

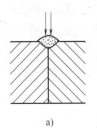 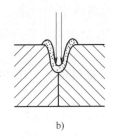 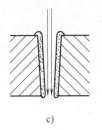 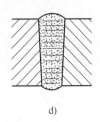

a)　　　　　　　　　b)　　　　　　　　　c)　　　　　　　　　d)

图2-1　电子束焊接焊缝形成原理

a) 接头局部出现熔化、蒸发　b) 金属蒸气排开液态金属，电子束深入母材

c) 电子束穿透工件，小孔由液态金属包围　d) 电子束后方形成焊缝

2.1.2　电子束焊的分类

1. 按被焊工件所处环境的真空度进行分类

（1）高真空电子束焊　高真空电子束焊接是在 $1.33 \times 10^{-4} \sim 1.33 \times 10^{-1}$ Pa 的压力下进行的。在这样良好的真空条件下，电子束很少发生散射，能有效地防止熔池金属元素的氧化和烧损，适用于活性金属、难熔金属和质量要求高的工件的焊接。其主要特点如下：

1）工作室压力可保持在 $1.33 \times 10^{-4} \sim 1.33 \times 10^{-1}$ Pa 的范围内。

2）加速电压范围一般为 $15 \sim 175$ kV。

3）最大工作距离即工件距离电子束出口处最大可达 1000mm。

4）电子束处在高真空条件下，电子散射小，功率密度高，穿透深度大，焊缝深宽比可达 20 以上，且焊缝化学成分变化小，焊缝质量高。

5）适用于难熔金属、活泼金属、高纯度金属以及异种金属的焊接，也适用于各种形状复杂的小型零件的精密焊接。

（2）低真空电子束焊　低真空电子束焊接是在 $1.33 \sim 13.3$ Pa 的压力下进行的，而电子枪仍处在 1.33×10^{-3} Pa 的高真空条件下工作。电子束通过隔离阀及气阻通道进入工作室。气阻是一组特殊设计的喷管，能使电子束通过，但又能限制气体从工作室进入电子枪室。工件焊接是在低真空工作室内完成的。其主要特点如下：

1）工作室压力可保持在 $1.33 \sim 13.3$ Pa 的范围内，电子束从电子枪室出口进入工作室时由气阻引入，电子枪和工作室的排气系统各用一套独立的真空机组，简化了真空机组，省掉了扩散泵，因而降低了生产成本。

2）加速电压的范围为 $40 \sim 150$ kV。

3）最大工作距离小于 700mm。

4）电子束进入低真空工作室后有些散射，焊缝的深宽比略有下降，但只要适当提高束流的加速电压，仍能保持电子束功率密度高的特点。

5）焊接时只需低真空，可明显缩短抽真空时间，提高生产率。

6）焊接时的金属蒸发情况相对减弱，因而工作室内壁、工件表面及观察系统的污染得到减轻。

7）适用于大量生产，如电子元件、精密仪器零件、轴承内外圈、汽轮机隔板和齿轮等的焊接。

（3）非真空电子束焊　电子束仍是在高真空条件下产生的，然后通过一组光阑、气阻通道和若干级预真空小室，引入到大气压力下的环境中对工件施焊，因此也可以称为大气压电子束焊接。其特点如下：

1）焊接在正常大气压下进行，电子束从电子枪射出。为防止大气进入电子枪室，并使电子束保持应有的功率密度，应设置电子束引出装置。

2）为防止焊接时有害气体进入熔池，工件表面可通以惰性气体进行保护。

3）加速电压一般为 150～175kV，高的加速电压能使进入到大气压力环境中的电子束流保持所需要的工作距离，不致引起过大的散射和功率密度的降低。

4）最大的工作距离为 25mm 左右。

5）在大气压下，电子束散射更加强烈，焊缝深宽比只能达到 5。目前，非真空电子束焊接能够达到的最大熔深为 30mm。

6）非真空电子束焊接不需要真空室，因而可以焊接尺寸较大的工件，生产率较高。对于原来不是在真空中熔炼的金属，采用真空电子束焊接时，易从熔化金属中逸出剩余气体并形成气孔，而采用非真空电子束焊接时则不会出现气孔。

非真空电子束焊接方法的最大优点是：摆脱了工作室的局限性，扩大了电子束焊接技术的应用范围，并使之向更高程度的自动化方向发展。

2. 按电子枪固定方式进行分类

（1）定枪式电子束焊　电子枪固定在工作室上面不能移动位置。一般高压电子束焊机由于要求较高的高压绝缘，其电子枪大都是固定式的。

（2）动枪式电子束焊　电子枪在工作室的上面可以移动位置，对不同位置的焊缝进行焊接。一般加速电压在 60kV 以下可做成动枪式。

3. 按电子枪加速电压的高低进行分类

（1）高压电子束焊　焊接时，电子枪的加速电压一般为 60～150kV。在相同功率情况下，高压电子束焊所需的束流小，加速电压高，这样就易于获得直径小、功率密度大的束斑和深宽比大的焊缝。高压电子束焊特别适用于大厚度板材的单道焊及难熔金属和热敏性强的材料的焊接。高压电子束焊的缺点是：屏蔽焊接时产生的 X 射线比较困难；电子枪的静电部分需要采用耐高压的绝缘子来防止高压击穿；焊机庞大而复杂；电子枪大都是做成固定式的。

（2）中压电子束焊　焊接时，电子枪的加速电压一般为 40～60kV。当电子束的功率不超过 30kW 时，电子束斑直径小于 0.4mm，除极薄材料外，这样的束斑尺寸完全能满足焊接要求。中压电子束焊接时产生的 X 射线，由适当厚度的钢制真空室壁就可吸收，不需要采用铅板防护。电子枪极间不要求特殊的绝缘子，电子枪可做成固定式或移动式的。

（3）低压电子束焊　焊接时，电子枪的加速电压低于 40kV。在相同功率情况下，低压电子束的束流大，加速电压低，束流会聚困难，束斑直径一般难以达到 1mm 以下，其功率也限于 10kW 以内，这就决定了低压电子束焊只适用于薄板材料的焊接。低压电子束焊机不需要采用特殊的铅板防护，也不存在电子枪极间跳高压的危险，所以设备简单，电子枪可做成移动式的。

2.1.3　电子束焊的特点

用电弧焊方法能焊接的金属，一般都能够用电子束焊。电子束焊是一种高功率密度的熔焊方法，同其他形式的熔焊方法相比，具有下述优点：

（1）加热功率密度大　电子束功率为电子束电流和加速电压的乘积。焊接时电子束电流约为几十到几百毫安，最大可达1000mA以上，加速电压通常为30~175kV，所以电子束功率可从几十到100kW以上。由于电子质量小，电子束电流值又不大，借助电子光学系统能把束流会聚到直径小于1mm的范围内，这样，电子束斑（或称为焦点）的功率密度可达$10^7 W/cm^2$以上，比电弧功率密度高1000倍以上。

由于电子束的功率密度大，加热集中，热效率高，焊缝接头热输入量小，所以适合难熔金属及热敏感性强的金属材料的焊接；而且电子束焊接焊后变形小，对精加工的工件可作为最后连接工序，焊后工件仍能保持足够高的精度。

（2）焊缝深宽比大　通常电弧焊焊缝的深宽比很难超过2，而电子束焊接的深宽比可达20以上，如果采用脉冲电子束焊接，深宽比最高可达50。这样，电子束焊接厚板时可以不开坡口实现单道焊，与电弧焊相比，可以节省辅助材料和减少能源消耗，大大提高厚板焊接的技术经济指标。从表2-1所列两种方法耗能对比可以看出，在相同材料及板厚情况下，电子束焊耗能仅为电弧焊的1/15~1/10。

表2-1　电子束焊与电弧焊耗能情况比较

焊接方法	消耗能量/（kJ/cm）	
	钢（板厚 $\delta = 12.5mm$）	铝合金（板厚 $\delta = 12.5mm$）
熔化极氩弧焊	76	—
钨极氩弧焊	—	46
真空电子束焊	7.3	3.2

图2-2为电子束焊焊缝和钨极氩弧焊焊缝断面形状的比较，可以看出，同样焊接15mm厚的工件，电子束焊焊缝面积仅约为钨极氩弧焊焊缝面积的1/23.5。

（3）熔池周围气氛纯度高　真空电子束焊接是在真空室中进行的，排除了大气中有害气体对熔化金属的影响。因此，真空电子束焊不存在焊缝金属的污染问题，特别适合焊接化学活泼性强、纯度高和极易被大气污染的金属，如铝、钛、锆、钼、铍、高强钢、高合金钢以及不锈钢等材料。

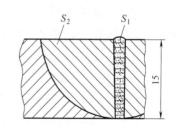

图2-2　电子束焊焊缝和钨极氩弧焊焊缝断面形状的比较

S_1—电子束焊焊缝断面积（$\approx 15mm^2$）

S_2—钨极氩弧焊焊缝断面积（$\approx 353mm^2$）

（4）规范参数调节范围广、适应性强　电子束焊的各个规范参数不像电弧焊那样，易受焊缝成形和焊接过程稳定性的制约而相互牵连，它们能各自单独进行调节，且调节范围很宽。例如，电子束电流可从几毫安到几百毫安，加速电压可从几千伏到几百千伏，在这样宽的参数范围内，都能获得满意的焊缝。又如，电子束可以焊接的工件厚度，薄的小于0.1mm，厚的可超过100mm；可焊的金属有普通低碳钢、高强钢、不锈钢、有色金属、难熔金属以及复合材料等；电子束在真空中可以传到较远的位置上进行焊接，也可以焊接可达性差的接缝以及形状复杂的工件。通过控制电子束的偏移，电子束焊可以实现复杂接缝的自动焊接，也可以通过电子束扫描焊缝来消除缺陷，提高接头质量。因此，电子束焊被称为多能的焊接方法。

电子束焊虽有以上诸多优点，但也存在以下一些缺点，限制了该方法的普遍推广：

1）电子束焊机结构复杂，控制设备精度高，因此成套设备价格很高。

2）电子束焊接的焊缝接头需进行专门设计和制作加工，接头间隙需严格控制。对于一个熔深 12mm 左右的窄焊缝，接头间隙不能超过 0.25mm，这就使接头制备的加工费用较高。

3）由于电子束焦点直径很小，焊缝宽度很窄，因此电子束与工件接缝的对准稍有偏差就可能使焊缝偏离工件接缝造成焊接缺陷。

4）在真空电子束焊接中，工件的大小受真空室尺寸的限制，每次装卸都要求工作室重新抽真空，使焊接生产率受到影响，焊接费用相应增加。

5）电子束易受磁场的干扰，因此，焊接工装夹具的制作不能使用磁性材料。

6）焊接时有 X 射线产生，屏蔽 X 射线比较困难，且使整机成本增加。

2.1.4 电子束焊的应用

电子束焊首先在工业发达国家得到了迅速发展和广泛应用，电子束焊接产品已由原子能、火箭、航空航天等国防尖端部门扩大到机械工业等民用部门。目前全世界拥有的电子束焊机约有 8000 多台，功率为 2~300kW，实用的最大电子束焊机功率为 100kW 左右。

20 世纪 60 年代初，我国开始了电子束焊设备及工艺的研究工作。目前，已先后对多种材料，如铝合金、钛合金、不锈钢、超高强钢、高温合金等的电子束焊接进行了较系统的研究，并在新型飞机、航空发动机、导弹等的试制中都使用了电子束焊技术。在其他工业部门中，采用电子束焊的产品主要有高压气瓶、核电站反应堆内构件筒体、汽车齿轮、电子传感器、雷达波导等。另外，炼钢炉的铜冷却风口、汽轮机叶片等也有的采用了电子束焊。

从 20 世纪 80 年代末以来，电子束焊机设备配置水平有了新提高，电子枪普遍配置了涡轮分子泵，高频逆变开关式高压电源代替了中频机组。特别是这一阶段电子技术、计算机技术和自动控制技术的新成果，几乎都在电子束焊技术中得到了应用和体现。普遍采用了 PLC 和 CNC 控制系统，可以实现包括逻辑程序、焊接参数及运动等全部过程的自动控制和监测；多种形式的焊接对中和焊缝跟踪系统，设备故障自诊断系统；有的还可向用户提供加工基本软件和电子束专家管理系统等软件包。

在研发超大型真空室（数百甚至上千立方米）、开发高功率（功率≥100kW，加速电压>150kV）电子枪和电源、实现大厚件非真空电子束焊接的工程应用等方面都取得很大进展。电子束加速电压由 20~40kV 发展为 60~150kV 甚至 300~500kV，焊机功率也由几百瓦发展为几千瓦、十几千瓦甚至数百千瓦，一次焊接的深度可达到数百毫米。

电子束焊广泛应用于各种构件，如结构钢、钛合金、铝合金、厚大截面的不锈钢和异种材料的焊接。近年来，在对各种材料电子束焊焊接性和接头性能研究方面均获得了较大的进展。除含锌高的材料（如黄铜）和未脱氧处理的普通低碳钢外，绝大多数金属及合金都可用电子束焊接，如钢铁材料、有色金属、难熔金属、高温合金、复合材料、异种材料（包括不锈钢与钼、钨；陶瓷与金属，陶瓷与陶瓷；高速钢与弹簧钢）等。

电子束焊在航空航天工业中的应用居多，主要应用于飞机重要承力件和发动机转子部件的焊接上。在美国近年发展的 F-22 战斗机机身段上，由电子束焊的钛合金焊缝长度达87.6mm，厚度为 6.4~25mm。同时，电子束焊技术作为柔性很好的工艺方法，不仅在发动机制造领域中得到了广泛应用，在涡轮叶片及热端部件修理领域也有其广阔的市场。

另外，电子束焊在电子、仪表和生物医药领域也起到了独特的作用。这些领域中有许多零件对焊接质量要求相当高，如电子束焊技术可以解决电子和仪表工业中许多精密零件的焊接难题，例如，封装焊接、高熔点金属焊接、集中加热焊接、穿透焊接等，其焊缝质量高，工件变形小，焊接效率也高；生物医药业中对焊缝清洁度的要求很高，采用电子束焊可以轻松实现上述行业中各种材料的焊接，如铜-铍合金、钛合金、不锈钢以及陶瓷与金属的焊接等。

电子束焊以其精密焊接的特点在继续向制造业的各个领域渗透扩散的同时，又在充分发挥其深穿透的特点向大型大厚度重型零件的焊接领域进军。在焊接大厚件方面，电子束焊一直具有得天独厚的优势，特别是在能源、重工业及航空工业中发展迅速。在核工业大型核反应堆环形真空槽和线圈隔板的电子束焊中，其最大焊接深度达150mm，电子束焊发挥其深熔焊的特点可一次焊透厚达150~200mm的钢板，且焊后不再加工就可投入使用。在日本PWR蒸汽发电机的安装和改造中使用的就是电子束焊，采用无缺陷的焊接程序和步骤，成功地实现了不锈钢（ASTMA533GrBC12）厚板的电子束焊。

电子束焊也可用于生产率要求高的产品，主要用于汽车部件、焊管、双金属锯条等，典型实例有汽车传动齿轮、直缝连续焊铜管或钢管、异种材料的双金属机用锯条等。

近年来，国外对电子束焊及其他电子束加工技术的研究，主要集中在完善超高能密度电子束热源装置，通过计算机控制提高设备柔性、扩大应用领域等几个方面。

2.2 真空电子束焊设备

目前，国内外生产的真空电子束焊机虽形式多种多样，自动化程度也越来越高，但就其基本工作原理而言，一般都包括电子枪、工作室（也称真空室）、真空系统、电源及电气控制系统等部分。

2.2.1 真空电子束焊机的组成

图2-3为真空电子束焊机的主要组成示意图，主要组成包括以下几部分：

（1）主机　由电子枪、真空室、工件传动系统及操作台组成。

（2）高压电源　包括阳极高压电源、阴极加热电源以及束流控制用高压电源系统。

（3）控制系统　包括高压电源控制装置、电子枪阴极加热电源的控制系统、束流控制装置、聚焦电源控制装置以及束流偏转发生器等。

（4）真空抽气系统　包括电子枪抽气系统、工作室抽气系统以及真空控制及监测装置。

此外，真空电子束焊机的辅助设备主要有以下两种：

（1）冷却水系统　用于电子枪、扩散泵以及机械泵等正常工作需要的冷却，该系统包括水的净化过滤及软化装置。

（2）供气系统和油水分离装置　供气系统用于操纵真空系统各级阀门，油水分离装置用来净化压缩空气。

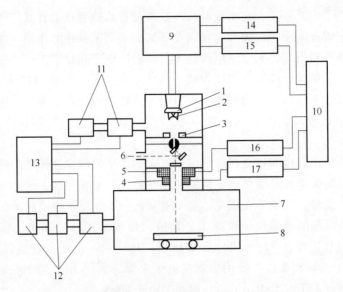

图 2-3　真空电子束焊机主要组成示意图

1—阴极　2—聚束极　3—阳极　4—偏转线圈　5—聚焦线圈　6—光学观察系统　7—真空工作室
8—工作台及传动系统　9—高压电源　10—电气控制系统　11—电子枪真空系统　12—工作室真空系统
13—真空控制及监测系统　14—阴极加热控制器　15—束流控制器　16—聚焦电源　17—偏转电源

2.2.2　电子束焊机的电子光学基础

在电子枪中，需要借助电子透镜把运动的电子流会聚成极小的电子束束斑。研究电场或磁场使运动电子流聚焦与成像的规律的科学，称为电子光学。以下对电子束焊机涉及的电子光学理论予以简单介绍。

1. 电子在电场中的运动

自由电子靠近带有正电的物体时，就会朝带电体方向运动，这表明带电体附近存在着电场。自由电子在电场中受到电场力的作用产生加速度，速度的方向和大小都可以发生变化。

根据物理学的原理，带电粒子在均匀电场中的加速运动与重物在重力场中自由落体运动相似，带电粒子受到的力跟它的电荷成正比，其运动是一个匀加速运动。例如，在一对平行金属板之间加上电压，板间就产生电场，如图 2-4a 所示。将单位正电荷放在平板附近，并且推它往正板方向移动，就要克服电场力的作用而对该电荷做功。它被移到 a' 点时，具有的位能可用该点的电位 V 来表示。把电位相等的点连在一起，称为等位面，平行板电场中的等位面是与金属板平行的平面。

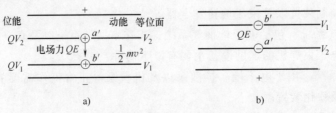

图 2-4　在均匀电场中的位能和动能

a) 正电荷　b) 电子

单位正电荷所受的力称为电场强度 E，它受力的方向与等位面垂直，并指向负板，平行板电场中各点的电场强度都是相同的，称为均匀电场。当金属板间外加的电位差（即电压）越大或距离越近，电场的作用力也就越大，即电场越强。如果在 a' 点放上电荷量为 Q 的正电荷，将它释放，它就从静止状态开始向负板做匀加速运动，到达 b' 点时，获得的动能等于它在 $a'b'$ 两点间的位能差。电子在电场中的受力方向相反，如图 2-4b 所示。

如图 2-5 所示，电子在电位 V_1 的等位区内，以 v_1 的速度做直线匀速运动。当通过一薄层 AB 电场而进入另一个电位 V_2 的等位区时，如果 $V_2 > V_1$，薄层中的电场方向是从 B 到 A，则此时电子将以偏向法线的新的速度 v_2 做匀速直线运动，即电子通过 AB 后发生了折射现象。这与光线由光疏介质进入光密介质的折射现象一样，这种现象称为电子折射。

（1）静电棱镜　如图 2-6 所示，当电子以一定的速度 v_0 沿平行板的方向进入平行板电场时，电子向前运动的同时受电场力的作用往正板方向偏转，致使电子在平行板匀强电场中做抛物线运动，飞出电场时已偏转了一个角度 δ，这种偏转现象与光线通过光学棱镜时的折射相似，则施加有一定电压的两平行板称为静电棱镜。电子通过平行板电场时的偏转角 δ，与电子的初速度、电场强度、平行板的长度有关，增加平行板间的电位差、增加平行板的长度，偏转角 δ 增大；电子初速度 v_0 增大，δ 减小。静电棱镜与光学棱镜可以进行如下类比：小的平行板间距加上大的平行板长度就相当于光学棱镜具有大的顶角 α，而电位差则与折射率相对应，电位差增大，则 δ 增大，偏转增大。电子运动速度对偏转的影响与光线波长对偏转的影响是类似的，速度高的电子偏转较小与波长较长的红色光折射能力较差的性质相当。

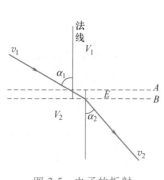

图 2-5　电子的折射

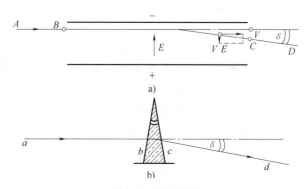

图 2-6　静电棱镜

a）电子平行进入均匀电场中的路线　b）光线在棱镜中的行程

（2）静电透镜　在平行板中放进一块带有圆孔的金属膜片，就变成了电子透镜，它与光学透镜对光线的作用一样，能使电子流会聚或发散，如图 2-7 所示。

图 2-7a 中左板电位为 0V，右板电位为 100V，膜片上加的电位为 50V，这时电场仍为均匀电场。如果取走膜片，该平面位置上的电位仍保持为 50V，因此膜片不影响电场的分布，这个膜片电压称为自然电压。此时电子从左方过来，在轴向电场作用下做直线加速运动，不存在静电透镜作用。

图 2-7b 中把膜片电位降到 0V（低于自然电压），则膜片左方空间将没有电场存在，右方空间的电场强度增大一倍，电位从 0V 至 100V。由于右板正电压的影响，在小孔附近的等位面为伸向左方低压空间的曲面，此曲面与通过孔心 a 点的轴呈轴对称，故称轴对称电场。

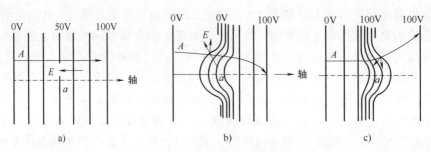

图 2-7 圆孔膜片透镜的电场

a）膜片电位等于自然电位（均匀电场） b）膜片电位低于自然电位（会聚透镜）

c）膜片电位高于自然电位（发散透镜）

由于电场的方向与等位面垂直，由高电位指向低电位，而电子受力方向与电场相反，因此电子从左方通过小孔，就会受到指向轴的作用力，做弯曲运动，最后与轴相交，这便相当于一个凸透镜。电场中等位面的形状就相当于光学透镜中的球面。膜片电压降得越低，等位面就越弯曲，透镜对电子的会聚能力越强，这种透镜称作电子会聚透镜。

图 2-7c 中的膜片电位提高至 100V（超过自然电压 50V），此时等位面就伸向右方高压空间。这个电场对电子流起发散作用，相当于光学透镜中的凹透镜，称为电子发散透镜。

上面所讲的利用圆孔膜片产生轴对称电场，并形成透镜作用的原理，在电子束焊机的电子枪中，就是利用一定形状的聚束极（如曲面形）产生的轴向对称电场起到电子透镜的会聚作用，保证聚焦的电子束以高速通过阳极孔。

2. 电子在磁场中的运动

电荷在磁场中运动时，磁场与运动电荷间的作用力被称为洛仑兹力。如果电子进入磁场的方向与磁场方向一致时，电子不受磁场的作用力，仍以直线运动。当电子垂直地进入匀强磁场中时，它受到与运动方向垂直的作用力，这个力对运动着的电子起着向心力的作用，因此电子的运动轨迹为一匀速圆周运动。

如电子倾斜地进入均匀磁场，那么与磁场垂直的电子运动速度分量使电子做圆周运动，而水平速度分量使电子继续等速前进，两者使电子运动轨迹变成一螺旋线，如图 2-8 所示。

图 2-8 电子倾斜进入均匀磁场中的运动

在图 2-9 中，电子从 a 点以速度 v_0 匀速运动，在 b 点垂直进入磁场，该磁场是在两平行板电极 A 和 B 之间产生的，它的横截面面积较小（小于该电子在磁场中的圆周运动的面积），则电子未完成整个圆周运动就从 c 点飞出磁场（圆弧 bc 是其运动轨迹），并按切线方向直线飞行而产生偏转，偏转角度为 δ。电子速度较慢，磁场较强，或偏转区域较长，则电子偏转程度就比较显著。这种偏转与前述静电棱镜相似，可称为磁棱镜。

根据电子在磁场中的运动特性，轴对称磁场对电子束也具有聚焦作用，即轴对称磁场也能构成电子透镜，称为磁透镜。磁透镜可分为长磁透镜、短

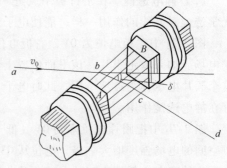

图 2-9 磁棱镜及对应的光学棱镜

磁透镜和磁浸没透镜等，下面主要介绍长磁透镜和短磁透镜。

（1）长磁透镜 图 2-10a 为长螺管线圈产生的磁场，磁场强度是均匀的，磁力线与管轴平行。由图 2-10b 中 A 点发出的一束电子，它们与磁力线垂直的速度分量并不相同，因而各自螺旋前进运动的旋转半径不同，但是可以证明它们的旋转周期相同，因此有相同的螺距。经过一个螺距之后，它们都将会聚到同一条磁力线上的 A' 点上，这种磁场称为长磁透镜。如果在均匀磁场中发出与磁力线平行的电子束，它们由于没有受到力的作用，仍然平行地飞出磁场，这与光学透镜或静电透镜可使光线或电子流聚焦到轴的焦点上并不完全相同，因此只能说均匀磁场具有"会聚"性质，与"聚焦"有区别。

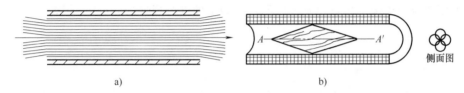

a)   b)

图 2-10 长磁透镜

a）长螺管线圈的磁场 b）电子的会聚性质

（2）短磁透镜 当螺管线圈很短时，里面的磁场就很不均匀，如图 2-11 所示。只有在线圈中央有限范围内，磁场才近似均匀，磁力线与管轴平行，在中央区域左右两边，磁力线迅速偏离轴线方向，出现了较强的径向分量 H_r，其中，左边的径向分量指向轴线，而右边的都是离开轴线的。与长磁透镜不同，短磁

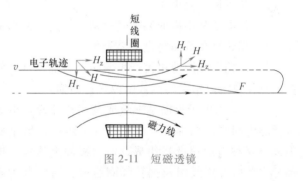

图 2-11 短磁透镜

透镜中磁场的径向分量使平行于管轴进入磁场的电子得到聚焦的原理如下：

在透镜左方，当电子平行于管轴方向进入磁场时，只能与磁场的径向分量 H_r 相作用，因 H_r 指向轴线，电子将受到指向纸外的作用力而开始向外旋转。电子产生旋转速度之后，便与轴向磁场 H_z 相作用而获得指向轴线的力。越接近透镜中心，磁场的轴向分量越强，同时电子在运动过程中，旋转速度也在增大，故电子受到向轴的作用力也不断增大。因此电子在运动过程中，一方面向前行进，另一方面，从线圈左面顺着电子前进的方向看，电子是沿着顺时针方向旋转，同时又向轴偏转。

电子进入透镜右半部时，H_r 的方向相反，电子的轴向速度与该磁场作用就产生指向纸里的作用力（即使电子逆时针方向旋转的作用力）。但是电子在透镜中心部分时已获得相当大的顺时针方向旋转速度，因此在透镜右方，逆时针方向作用力只能使电子顺时针方向旋转速度降低，而并不改变电子的实际旋转方向。该旋转速度与轴向磁场 H_z 作用的结果，仍然是使电子受到指向轴向的作用力。可以看出，电子在整个运动过程中都是受到向轴会聚的作用力。在离开透镜后，电子做直线运动，与轴相交于 F 点，这便是短磁透镜的焦点。短磁透镜的焦距与磁场强度及电子进入磁场的速度有关，和磁棱镜一样，如果磁场较强，电子速度较慢，则电子偏向轴线的程度比较显著，焦距也就越短。

与静电透镜比较，磁透镜有以下优点：

1）磁透镜的调节比较方便。为得到所需的焦距，只要调节线圈的电流就可以了。对静电透镜来说，则必须改变加于电极系统上的电位。显然，调节通入线圈的电流，比调节高压要容易得多。

2）磁透镜的线圈不需要加上高压，因而容易绝缘。

3）理论研究和试验结果表明，磁透镜能建立起质量较高的电子光学图像，即像差较小。

但磁透镜装置比较笨重，工作时线圈中有电子流要消耗功率，静电透镜无上述缺点。

在现代电子束焊机中，通常使用各种电、磁透镜组成各种形式的电子枪，使电子流会聚，并方便地调节束流的焦点位置，以便对不同工件进行焊接。

2.2.3 电子枪

1. 电子枪的组成及基本工作原理

电子枪是真空电子束焊机中的关键部件之一，它是发射、形成和会聚电子束流的装置，其主要作用如下：

1）从阴极发射电子。

2）使电子从阴极向阳极间运动时加速，并形成束流。

3）用磁聚焦线圈将电子束聚焦。

4）用偏转线圈使束流产生偏转，若加入函数发生器，可使束流以给定的函数图像进行扫描。

图 2-12 为电子枪的基本组成及工作原理。电子枪包括静电和电磁两部分。静电部分由阴极、聚束极和阳极（又称为加速极）组成，通常称静电透镜。电磁部分主要由聚焦线圈及偏转线圈组成，通常称为磁透镜。当电子枪的阴极被加热时，就会有大量电子从阴极表面发射出来，为得到足够的电子流，阴极需有一定的温度和发射面积。阴极发射出的电子流受聚束极的作用，会聚成束进行第一次聚焦，并在阳极加速电压的作用下飞向阳极。通过阳极小孔的电子束流在继续行进中，因受空间电荷及真空室压力等的影响，必然会发散。为了保持工件与阳极区有一定的距离，防止焊接过程中金属蒸气进入阴极和阳极之间造成击穿，并使电子束进一步会聚成极小的束斑，需采用聚焦线圈对通过阳极孔的电子束流再一次聚焦。为调整电子束束斑到工件表面的位置，使束斑落在工件接缝上，还要使电子束流通过偏转线圈产生偏转，偏转方向和偏转量可通过改变偏转线圈的电流方向及大小进行调节。

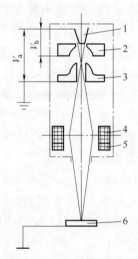

图 2-12　电子枪的基本组成及工作原理
1—阴极　2—聚束极　3—阳极　4—聚焦线圈（磁透镜）　5—偏转线圈　6—工件
V_a—加速电压　V_b—偏压

用于电子束焊机的电子枪要求有足够大的功率和尽可能高的功率密度，常用的电子枪如下：

（1）皮尔斯枪　有二极枪和三极枪两种。二极枪的聚束极和阴极处于同一电位，而三极枪的聚束极以控制栅极代替，栅极与阴极间加一负偏压，使整个电子束截面内电流密度比较均匀。

二极枪可通过改变加速电压的大小来调节束流，但要在某一电压下获得一定的电流必须改变阴、阳极间的距离。

三极枪可通过改变栅极负偏压来调节束流。此类电子枪的优点是效率高，流过阳极孔的束流达 99.9%；缺点是电极形状复杂，加工要求高。其适用于低压大电流，一般电压在 60kV 以下。

（2）长焦距枪　此种形式的电子枪，除阴极和阳极外，还有空心的控制栅极。控制极上加有负偏压，其电场分布使电子束流具有较小的收缩能力。因此，电子束收敛很慢，焦距很长，加速电压一般为 60～120kV，电流及电压可分别单独调节。其优点是功率密度高，焦距调节范围广。

2. 静电透镜

静电透镜的作用有两个：一是发射电子，二是对发射出来的电子进行加速和会聚，以提高电子束的动能和功率密度。现以二极枪静电透镜为例简述其工作原理。

（1）电子发射　对阴极加热时，自由电子的能量逐渐增加，当其能量达到足以克服阴极金属（如钨、钽、硼化镧）的逸出功时，电子即逸出阴极表面，在发射面周围形成电子云，此时若施加一个电场，则电子即被拉出在枪内形成电子束束流。电子发射可以分为以下三类：

1）空间电荷限制发射。这种发射仅从发射面前面的电子云中拉出一部分电子，其数量是电场强度的函数，电场强度小于某一值时，电子束电流与阴极表面温度无关，当电流达到饱和值时，若要再提高电流，则需提高阴极的温度。

2）温度限制发射。在这种发射中，电子云中的全部电子被相应的电场拉出，其电流密度是阴极温度和特性的函数。

3）肖特基发射。如果阴极附近的电场强度很高（10^6V/cm），那么除了电子云的全部电子外，其他电子也从阴极拉出。这种发射由阴极的温度和电场的综合作用决定。

电子枪的阴极发射通常是空间电荷限制发射或温度限制发射。在这两种发射中的阴极，或者用焦耳效应直接加热，或者用装在发射面后面的辅助电子枪间接加热。在温度限制发射时，对每一阴极而言，电流密度是个常数，不因电场改变而变化。而在空间电荷限制发射或肖特基发射时，电流密度是变化的。因此当计算电子束的电流强度时，必须了解位于发射面前各点的电场、阴极温度和特性。

（2）阴极　阴极是电子束流的发射源。根据理查逊公式，可计算阴极表面发射的电流密度为

$$j = AT^2 e^{-\frac{\psi}{kT}} \tag{2-1}$$

式中　A——阴极材料发射常数；

　　　ψ——阴极材料的逸出功；

　　　T——阴极表面工作温度；

　　　k——玻尔兹曼常数。

为获得较高的发射电流密度，要求阴极材料具有较小的逸出功或较高的熔点，同时还要

考虑加工成形方便以及高温时有足够的机械强度。由于电子枪工作环境的压力比较低 ($1.33 \times 10^{-3} \mathrm{Pa}$)，金属蒸气的污染比较严重，而且常在未完全冷却的条件下暴露于大气，所以电子枪的阴极材料常采用难熔金属及其化合物，如钨、钽、六硼化镧等，其性能见表 2-2。

表 2-2　几种阴极材料的热发射性能

材料名称	加热温度 /℃	发射电流密度 /(A/cm²)	加热功率密度 /(W/cm²)	逸出功 /eV
钨	2100	0.12	51.7	4.52
	2200	0.30	69.8	
	2300	0.70	93.8	
	2400	1.60	99.6	
钨-钍	1400	0.287	10.62	2.63
	1500	0.772	14.19	
	1600	1.59	18.64	
	1700	2.89	24.04	
	1800	3.43	30.3	
钽	2000	0.25	42.23	4.12
	2100	0.65	51.27	
	2200	1.40	62.38	
六硼化镧	1400	1.00		2.6
	1500	3.00	30	
	1600	8.5	40	
	1700	25.2		

阴极按加热方式可分为直热式和间热式两种。直热式是直接对阴极加热，其优点是结构简单，操作方便，但易使阴极发射面的几何形状发生变化，导致电子发射散乱，对聚焦不利。间热式是利用传导辐射或电子轰击的方法间接加热阴极，虽然结构复杂，但阴极表面发射电流密度较均匀，对聚焦有利。由于间热式阴极的热惯性较大，所以广泛应用的是直热式阴极。

直热式阴极的加热电源可采用交流或直流。采用交流灯丝电源时，在工件上可以观察到电子束焦点做周期性的摆动，增大了束斑的有效直径；而采用直流电源时，电子束斑在工件上产生的位置偏移和形成的畸变是固定的，容易通过调节来消除。所以采用直流电源较交流电源为好，但必须考虑配备滤波装置，使其电压脉动系数不超过 3%。

间热式阴极可采用电子轰击加热或热子加热。一般硼化镧阴极用钨丝作为热子进行加热，而钽和钨的面发射阴极都采用电子轰击加热。

（3）电子在静电透镜中的运动　二极枪的阴极和聚束极是等电位的，阴极和阳极间形成静电场（图 2-13）。阴极发射的电子，在静电场的作用下沿着电场强度的反方向加速飞向阳极。当不考虑空间电荷效应时，平行板电极组成的静电场中各点的电场强度为常数，其等位线呈平行线（图 2-13 中的虚线）。由阴极发射的电子，全部到达阳极，即电子束电流不受平行板间电位差的限制，电子束电流的大小取决于阴极的温度，这种情况称为温度限制发射，束流分布如图2-13中的直线 a 所示，其电流密度服从式（2-1）。

当考虑空间电荷效应时，由于阴极附近电场强度畸变，畸变程度与电子束电流的大小有关，所以，到达阳极的电子束电流的大小不仅受阴极发射电流的限制，而且与静电场参数有关，这种情况称为空间电荷限制发射，束流分布如图2-13中的曲线 b 所示，电流密度 j 服从查尔德-朗谬尔空间电荷定律

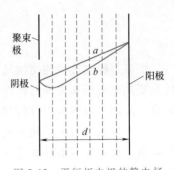

图2-13 平行板电极的静电场
a——不考虑空间电荷的影响
b——考虑空间电荷对电位分布的影响

$$j = 2.335 \times 10^{-6} \frac{V^{3/2}}{d^2} \tag{2-2}$$

式中　V——静电场的加速电压；

　　　d——平行板间的距离。

当阴极处于温度限制发射时，只有改变阴极的加热温度才能改变电子束电流的大小；当阴极处于空间电荷限制发射时，则可通过改变静电透镜的加速电压来改变电子束电流的大小。

平行板组成的静电场，只能对阴极发射的电子束进行加速并维持其平行，而不会使其会聚。

同心球形成的静电场，电场强度是一组同心圆，如图2-14所示，因此从阴极发射的电子束，就以锥束会聚并加速飞向阳极，考虑到空间电荷效应后，到达阳极的锥形电子束电流为

$$I = 29.33 \times 10^{-6} \frac{V^{3/2}}{\alpha^2} \sin^2 \frac{\theta}{2} \tag{2-3}$$

式中　θ——半角锥角；

　　　α——R_a/R_c 的函数（R_a 和 R_c 分别为阴极和阳极的曲率半径）。

图2-15是通过电解槽模拟测得的锥形电子束的静电透镜结构示意图，在式（2-3）中，$I/V^{3/2}$ 称为导流系数并以 p 表示，则圆锥体静电透镜的导流系数为

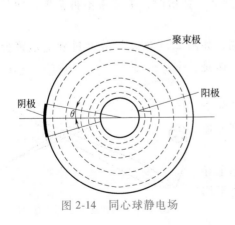

图2-14 同心球静电场

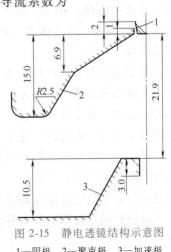

图2-15 静电透镜结构示意图
1—阴极 2—聚束极 3—加速极

$$p = 29.33 \times \left(\sin^2 \frac{\theta}{2} \Big/ \alpha^2 \right) \times 10^{-6} \qquad (2\text{-}4)$$

该值与静电透镜的结构尺寸有关。工作在空间电荷限制下的电子枪，其束流的调节是通过改变加速电压来实现的；焊接时的金属蒸发污染等因素引起阴极发射电流变化不会影响束流值，且调节束流和阴极的热惯性无关，但束流值对加速电压的稳定性及脉动系数要求很严，因为束流值与 $V^{3/2}$ 成正比例变化。工作在温度限制下的电子枪，束流值受阴极发射电流限制，则束流与加速电压的参数可分开调节；束流值与阴极加热情况有关，因此对阴极加热电源的稳定性要求较高；同时对焊接时的金属蒸气对阴极污染的影响比较敏感，改变阴极温度来调节束流时，其热惯性较大。

阴极发射的电子在静电场的加速和会聚下，借助于惯性穿越阳极孔。在不考虑阳极孔的发散作用及空间电荷效应时，其焦点的位置为 R_a、会聚角为 θ，如图 2-16 所示。实际上，由于阳极孔的存在，等位面在其附近发生畸变，静电场渗透到了阳极孔内，对电子束起着发散作用，减弱了会聚电子束的能力，使束流穿越阳极孔后的会聚角减小为 γ，焦点到阳极孔的距离增加到 b，b 值的大小与静电透镜的几何尺寸 R_c/R_a 的比值有关。R_c/R_a 的比值增大，表明会聚角 θ 增加，减弱了阳极孔的发散效应，所以 b 值减小。

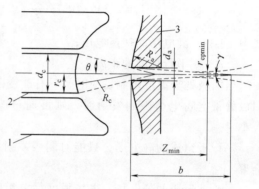

图 2-16　锥形电子束
1—聚束极　2—阴极　3—阳极

电子束穿过阳极后，在等位空间借助惯性飞向工件。由于静电斥力，进一步削弱了电子束流的会聚力，且不可能会聚成一点，而是在形成最小半径 r_{epmin} 的焦点后就逐渐散开，所以 r_{epmin} 就是只考虑空间电荷效应时形成的静电焦点的半径，Z_{min} 是 r_{epmin} 离开阳极孔的距离。r_{epmin}、Z_{min} 与电子束流穿越阳极孔的会聚角 γ、导流系数 p 有关，而 r_{epmin} 与 p 都和静电透镜的 R_c/R_a 的比值有关。

当阴极的发射面积一定时，增大 R_c/R_a，静电透镜的会聚能力增加，电子束焦点尺寸 r_{epmin} 变小，Z_{min} 增大；反之亦然，但当 R_c/R_a 小到某一数值时，电子束不再会聚，而是出阳极孔后就发散。

从阴极发射出的电子具有热初速，且方向不同，如图 2-17 所示，故经过静电透镜会聚后的电子束穿越阳极孔后，不可能完全会聚一点，而是具有一个最小截面，其半径为 r_{Tmin}。

为获得最小的电子束焦点，除了增大静电透镜的会聚角 θ 外，还必须减小热初速的相对作用，即提高加速电压 V，降低阴极工作温度 T。

当不能区分是空间电荷效应还是热初速效应起主导作用时，就以它们的均方根值作为静电透镜焦点的平均半径，即

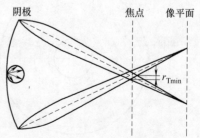

图 2-17　热初速对焦点的影响

$$r_{emin} = \sqrt{r_{epmin}^2 + r_{Tmin}^2} \qquad (2-5)$$

式中　r_{epmin}——空间电荷效应时焦点半径；

　　　r_{Tmin}——热初速效应时焦点半径。

3. 磁透镜

经过静电透镜会聚的电子束流通过阳极孔后，在其惯性运动进程中将因电子间的相互排斥作用而逐渐发散，因此必须采用磁透镜使其重新聚焦。如图 2-18 所示，线圈通电后，由于气隙的存在，磁力线就发散出来，并在磁透镜内部空间产生一个轴对称磁场。在磁透镜的中心平面上，只有轴向磁场强度，而离开中心平面后，就出现很强的径向磁场强度。

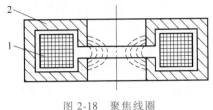

图 2-18　聚焦线圈
1—线圈　2—铁心

如图 2-19 所示，假设电子从位于轴上 O 点射入磁透镜，与轴的夹角为 α，在进入磁透镜前，电子将做直线运动，其速度为 v，由于 α 角很小，电子进入磁场前的径向速度分量 $v_r = v\sin\alpha$ 也很小，这样 v_r 与磁场的轴向分量 H_z 所产生的作用力很弱，可忽略不计；而磁场的径向分量 H_r 对电子速度的轴向分量 $v_z = v\cos\alpha$ 的影响则起重要作用，假定在磁透镜的左半部，磁场的径向分量 H_r 指向轴，则由前述磁透镜的原理可知，电子按图 2-19 中的 OO' 实线轨迹运动，离开透镜后，与轴交于 O' 点，O' 点即为 O 点的像点。磁透镜所获得的像，对物体的相对位置来说，已经旋转了某一角度 θ，通常 θ 角小于 $90°$。磁场方向改变时，电子的旋转方向也改变。

如果电子以平行于轴的方向射入磁透镜，受到透镜的偏转作用而与轴相交，这个交点就是磁透镜的焦点。

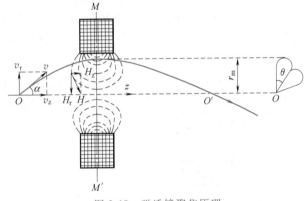

图 2-19　磁透镜聚焦原理

焦点离开磁透镜中心平面的距离，即为焦距 f，改变磁透镜的安匝数 IN，使磁场强度变化，就能改变 f，IN 越大，f 越小，即磁透镜的会聚能力越大，反之亦然。

经磁透镜重新会聚的电子束束斑称为电磁束斑或电磁焦点，其半径为

$$r_g = \frac{Q}{P}r_{emin} = Gr_{emin} \qquad (2-6)$$

式中　Q——电磁束斑到磁透镜中心面的距离；

　　　P——静电束斑到磁透镜中心面的距离；

　　　G——磁透镜的放大倍数。

电子束通过磁透镜重新聚焦后的焦点及位置如图 2-20 所示。

P、Q 值可根据电子枪的结构及使用要求来确定，当 P、Q 值选定后，f 也为一定值，即

$$f = \frac{PQ}{P+Q} \qquad (2-7)$$

与光学透镜成像会出现像差一样，静电束斑散射后的电子束经磁透镜重新会聚后也会形成像差，电子枪磁透镜的像差主要是球差和色差。

（1）球差 从磁透镜的轴线上某一点发出的电子束射线，通过磁透镜不同部位后，并不会会聚成一点，如图2-21所示，通过边缘部分的电子会聚后距离磁透镜近，近轴部分的电子会聚后距离

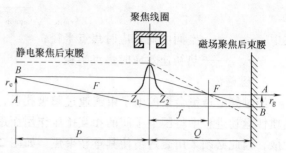

图 2-20 电子束通过磁透镜重新聚焦后的焦点及位置

磁透镜远，这样在焦点位置就看不到清晰的点像，而是模糊的散射圆，其半径为 r_s，这种像称为球差。

以下措施可减少球差：

1）减小会聚角。

2）减小放大倍数。

3）提高加速电压。

4）增大聚焦线圈的内径。

（2）色差 色差是由于加速电压 V 和聚焦线圈电流的波动产生的。加速电压的波动，会造成电子运动速度的变化，而聚焦线圈电流的波动，则引起磁透镜磁场强度的变化，其结果都使磁透镜的焦距 f 发生变化。这样电子射线从同一点发出，通过磁透镜后就不会会聚在一点。慢速电子及强的磁场强度，使电子与轴相交于 P' 点，而快速电子与弱的磁场强度，使电子与轴交于 P 点，如图2-22所示，所以在焦点位置得到的不是点像，而是一个轮廓模糊的圆，半径为 r_c，这种像差称为色差。

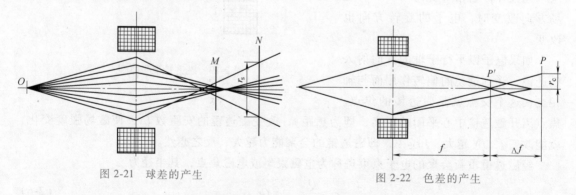

图 2-21 球差的产生　　　　　　　　图 2-22 色差的产生

为了减小色差，应尽可能减小加速电压和聚焦线圈电流的波动，为此，要求加速电压的稳定度 $\Delta V/V \leqslant 1\%$，聚焦电流的稳定度 $\Delta I/I \leqslant 0.1\%$。

考虑到球差及色差的影响，电子束经过磁透镜后会聚的束斑半径 r_{gn} 可以用焦点的平均半径、球差半径、色差半径三个束斑半径的均方根值表示，即

$$r_{gn}=\sqrt{r_g^2+r_s^2+r_c^2} \tag{2-8}$$

4. 偏转线圈

电子枪的偏转磁场有两种：一种是使束流产生静偏转，它由两个平行磁极组成，极间有

间隙，其间有磁场；另一种是用来获得动偏转，使束流根据给定的曲线（如正弦曲线、圆、椭圆等）移动，这种偏转由两对磁极组成，磁极上加有两个垂直磁场。

（1）静偏转线圈 如图 2-23 所示，静偏转线圈套在环形铁心的极靴上，线圈通入直流电后，两极之间就产生均匀磁场，当电子通过磁场时产生洛仑兹力，其方向是垂直于电子原来的运动方向，使得电子束流发生偏转，其运动轨迹是个圆弧，偏转方向及偏转量可通过改变偏转线圈中的电流大小及方向来调节。偏转磁场也可由通有电流的两对相互垂直的偏转线圈产生。

静偏转的目的是将电子束斑调整到工件的被焊位置，使束斑正确地落在接缝上。为了限制束斑的畸变程度，偏转量不宜过大，一般电子束流的偏转角不大于 3°。

（2）动偏转线圈 动偏转线圈可做成环形结构（图 2-24），使线圈匝数均匀分布在铁心环上，这样当线圈通有电流时，则在铁心环内空间产生均匀的梯形磁场。由于动偏转需要使用高频偏转电流，铁心应采用软磁铁氧体材料，以减少涡流和磁滞损失。当铁心上按正弦函数分布放置两组相互垂直的环形偏转线圈，并通以相位差为 90° 的正弦波电流时，则在铁心环内空间产生一均匀的正弦函数的旋转磁场，这样就可使得电子束流通过偏转线圈后落在工件上的电磁束斑做旋转运动。改变电流的频率，就可改变束斑的旋转速度；改变偏转电流的大小，就能改变旋转圆的直径。

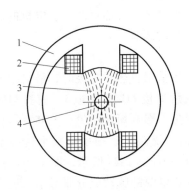

图 2-23 静偏转线圈
1—铁心 2—偏转线圈 3—磁力线 4—电子束

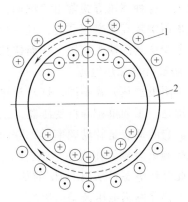

图 2-24 动偏转线圈
1—线圈 2—铁心

在现代电子束焊机中，使用函数发生器令束流以各种函数图形进行扫描，可改善焊缝成形，减小焊缝根部跳动量（即通常所说电子束焊缝根部的钉尖缺陷）；可对熔融金属进行搅拌，避免产生如气孔、夹渣等缺陷；还可用于对某些材料进行焊前、焊后的热处理。

目前电子束焊普遍通过函数发生器分别给两组偏转线圈输入不同相位和波形的电流，以使电磁束斑做诸如椭圆形、三角形、8 字形、锯齿形以及更为复杂的函数图形扫描，从而满足电子束焊接的工艺要求。

2.2.4 电子枪供电系统

以二极枪为例，电子枪的供电系统包括加速电压电源、阴极灯丝加热电源、磁透镜电源及偏转线圈电源等。

1. 加速电压电源

为保证焊接质量，焊接时要求在电子束功率恒定不变的同时，还要求保持电磁束斑的尺寸不变。而加速电压的变化会引起电子束功率和束斑尺寸的变化，从而影响焊缝形状，使焊缝的熔深和熔宽改变。因此，在电子束焊机中对加速电压电源必须要严格控制加速电压的波动和脉冲，通常要求加速电压电源必须满足下列条件：

1）满载时的电压调整率不超过 5%。

2）稳定度为 ±1% 左右。

3）脉动系数不超过 1%。

加速电压电源通常由升压、整流、调压三个部分组成。

升压部分一般采用工频三相油浸式高压变压器，一次侧为三角形接法，二次侧为星形接法。为改善整流电压的脉动系数，有的采用中频三相高压变压器。

整流部分是用整流元件接成三相桥式整流电路，整流元件一般采用高压硅堆。电阻性负载三相桥式整流电路的纹波系数一般为 4.2% 左右，为减小纹波系数，可加接 LC 滤波电路。

调压部分是通过调节高压变压器的一次侧输入电压来实现的，一般用晶闸管调压，通过调节触发回路的触发脉冲的相位来改变晶闸管的导通角，从而达到自动调节的目的。这种调节系统的优点是灵敏度高，时间常数小；缺点是当晶闸管的导通角变小时，整流电压的脉动系数增大，这种调压方式常用于细调，而另加自耦变压器做粗调。

当采用中频高压变压器时，其一次侧由中频变频机组供电，可通过改变发电机的励磁电压来调节变压器的输入电压，从而达到直流输出电压的自动调节。

2. 阴极灯丝加热电源

由于阴极加热方式不同，灯丝加热电源也有差异。当采用直热式阴极时，最简单的灯丝加热电源是一工频单相降压变压器，二次侧经全波整流后加接 LC 滤波电路，直接与阴极灯丝连接。它的缺点是脉动频率低、脉动系数大，影响聚焦，影响焊缝质量，尤其在薄板高速焊接时影响更为显著。此外，还会缩短阴极的使用寿命。提高脉动频率可减小这些不利影响，为此灯丝电源可采用 1kHz 的他激式逆变电路，其原理如图 2-25 所示，图中阴极供电系统，既可消除网络电压波动的影响，又能使阴极灯丝加热电源的脉动成分非常小，近乎直流加热。

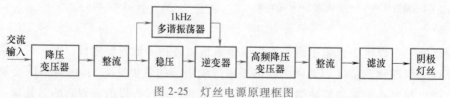

图 2-25 灯丝电源原理框图

在电子枪中仅仅稳定阴极灯丝电源电压或阴极加热电流，还不能保证获得稳定的电子束流，这是因为：

1）阴极灯丝加热后，表面金属被蒸发，阴极截面逐渐减小，电阻值逐渐增大，使灯丝加热功率逐渐减小，影响阴极的电子发射。

2）在电子束焊接中，由于阴极表面受到剩余水气、金属蒸气的腐蚀、污染和离子轰击等因素影响，阴极热发射电子能力发生变化。为此，目前先进的电子束焊机常常带有束流控制器，其作用如下：

① 调整电子束流。

② 改善电子束流的脉动。

③ 对变化复杂的电子束流进行精确的重复控制。

④ 控制电子束流的斜坡上升和下降时间。

⑤ 控制束流接通时间。

⑥ 脉冲焊接时用于产生脉冲束流。

带有该控制器的电子束焊机工作时束流十分稳定，这大大提高了电子束焊机焊接精密零件的精确度。

3. 磁透镜电源

磁透镜聚焦电流的稳定与否直接影响着电磁束斑的质量。为保证电子束焊缝的质量，要求聚焦电流的稳定度≤0.1%。在电子束焊接过程中，由于聚焦线圈温度升高等原因，会引起电阻值变化而使得聚焦电流改变，为提高聚焦电流的稳定度，常采用闭环控制的供电系统。其原理是通过对实际电流的采样值与给定电流值进行比较，用比较放大器的输出信号控制和调整聚焦线圈的输入电压，以达到稳定磁场的目的。

4. 偏转线圈电源

为保证电子束斑的质量和稳定，无论是静偏转或动偏转，都要求偏转线圈的电流稳定度小于0.1%。静偏转电源可采用类似于磁透镜电源的闭环控制线路，动偏转电源可采用定型生产的函数发生器。

2.2.5 电子束焦点的观察、测量与对中

1. 电子束焦点的观察

为了便于观察电子束的焦点状态、电子束与接头的相对位置以及工件移动和焊接过程，在电子枪和工作室上应装设光学观察装置、工业电视和观察窗口。

电子束焦点可以通过真空室的观察窗口直接观察，也可以借助光学系统精确地测量电子束焦点的位置以实现电子束与焊缝的对中。采用工业电视可以使操作者能够连续地观察焊接过程，避免了肉眼受强烈光线刺激的危害，所有的观察装置应采取有效措施以防止金属蒸气和飞溅引起的污染和损害。

图 2-26 为设置在电子枪上的光学观察系统的结构简图。在该系统中，光路及束流是同轴的，它的优点是可使成像不失真，操作者可以得到放大了的电子束和焊缝的图像。为了得到高精度的测量，镜筒内装有分度光栅，尺寸测量能准确到 0.05mm，有的在光栅上刻有十字交叉线，用于对准工件接缝。

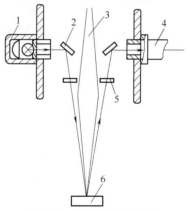

图 2-26 设置在电子枪上的
光学观察系统的结构简图

1—光源 2—反射镜 3—电子束
4—观察镜 5—保护片 6—工件

光学观察系统适用于小功率电子束焊接时的目测对中。在大功率电子束焊接时，小功率常用于焊前的调整，而正式焊接时，由于焊接蒸发的大量金属蒸气会污染光学镜片，因此应使用挡板遮蔽光学系统。如果在光学系统中装置电视摄像系统，就可进行电视摄像观察，并能进行远距离监视。

2. 电子束焦点的测量

对一台电子束焊机，为了研究电子枪的理论设计与实际的差异、为了研究电子枪供电系统的稳定度和真空度变化等因素对电子束斑直径、功率密度分布以及束斑尺寸与位置对焊缝成形的影响，需要精确地研究束流的特性，定量地测出电子束焦点的位置、直径及束流功率密度的分布；但由于电子束功率密度很高，能够熔化任何难熔材料，这就给测量带来很大困难。下面是几种测量小功率电子束焦点有关参数的方法。

（1）小孔法（或称环形探头法）　小孔法如图 2-27 所示，在圆铜盘上加工有直径比电子束焦点小很多的一圈小孔，在铜盘下面装有接收电子束的法拉第筒。当铜盘通过束流截面时，铜盘小孔下面的法拉第筒就接收通过小孔的束流，并给出相应点的束流密度分布信息。当铜盘在整个束流截面内移动时，就测得束流截面上的电流密度分布情况。该信号可存储在磁带记录仪、示波器或穿孔带上。

这一方法的优点是能直接给出束流截面上电流的分布情况，缺点是小孔直径小，孔壁易熔化，致使测量的精度不高。

（2）细丝法　细丝法如图 2-28 所示，该方法使用直径很小的金属丝，当金属丝通过电子束时，它接收的电流大小与金属丝的直径 d 及伸入电子束的长度 l 的乘积成正比。将这一信号显示在示波器屏幕上并进行分析就能确定电子束流的分布。图 2-28 中两根直径均为 d、长度分别为 l 和 $l+\Delta l$ 的金属丝，彼此相距很小，金属丝"2"接收的电流减去金属丝"1"接收的电流为 $d\times\Delta l$ 接收的电流，由于 $d\times\Delta l$ 是常数，所以不断测得的电流信息可转换成束流密度的信息。

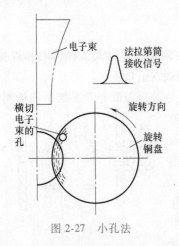

图 2-27　小孔法

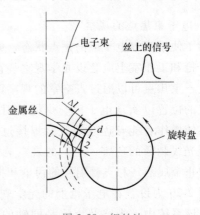

图 2-28　细丝法

这种方法的缺点是金属丝细，在测量高功率密度的电子束时很快被熔化，同时金属丝会反射电子和进行二次电子发射，影响测量的准确性。

（3）平板法　平板法如图 2-29 所示，在电子束下安放法拉第筒，当平板进入电子束时，它截获了一部分法拉第筒接收的电流，这时法拉第筒上接收的电流为 S 形曲线（图 2-30）。然后通过计算，得出 S 形电流分布与束斑半径的函数关系，由此得出束流密度的分布情况。

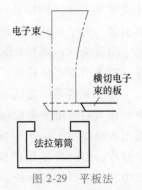

图 2-29　平板法

（4）缝隙法　缝隙法如图 2-31 所示，电子束 1 在法拉第筒 3 及两边的铜块 4 上周期性地横扫，法拉第筒上有钨盖板 2，盖板上开有 $50\mu m$ 宽的缝隙。当电子束扫过缝隙时，法拉第筒上接收的电流信号由记录示波仪进行拍摄，研究该信号的形状并通过数学处理，就可得出电流分布曲线与束斑半径的函数关系。图 2-32 为缝隙法法拉第筒上的电流形状，若用磁偏转使电子束扫描，迅速通过缝隙，则能分析功率密度很高的电子束。

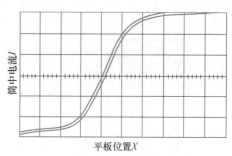

图 2-30　平板法法拉第筒上的 S 形电流

（5）倾斜试板焊接法（或称 AB 试验法）　此方法的基本原理是测试材料可采用不锈钢、镇静钢、纯铜、磷青铜、钛、铝及其合金、石英等，试件形状及齿形尺寸如图 2-33 所示，试验通常采用下坡焊。焊后可根据试板倾斜角度、焊接速度及烧化齿顶宽度，求得电子束焦点的位置和尺寸。

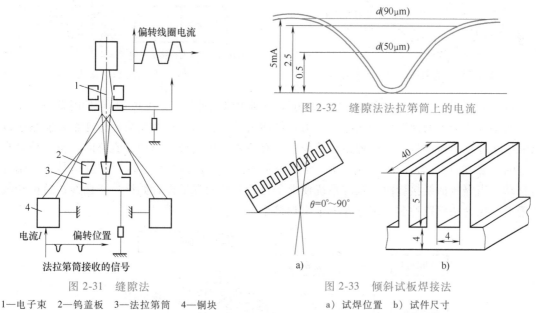

图 2-31　缝隙法

1—电子束　2—钨盖板　3—法拉第筒　4—铜块

图 2-32　缝隙法法拉第筒上的电流

图 2-33　倾斜试板焊接法

a）试焊位置　b）试件尺寸

该方法是在接近电子束焊接的实际情况下进行的，所以能反映出金属蒸气和真空度变化对电子束焦点的影响。此外，这种方法测得的焦点尺寸及形状比较直观，且不受束流功率密度的限制。

3. 电子束焦点的对中

（1）反射电子法　应用电子扫描装置（即反射电子法）来观察束流焦点与接缝的相对位置进行对中的工作原理如图 2-34 所示。用一个功率很小但电压与焊接电压相同的小能量电子束流，垂直于接缝进行往复扫描，把工件反射的电子经转换后接入示波器并显示在荧光屏上。由于金属表面反射电子的能力与接缝处不同，因而就显示出图 2-35 中所示的波形。借助脉冲线路、瞬时中断扫描线路，使电子束固定在工件表面未被偏转的位置上，这时扫描轨迹上出现一个亮点，根据亮点的位置即可确定电子束的位置，这种方法的定位精度一般可达到 0.025mm。

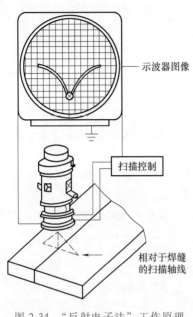

图 2-34 "反射电子法"工作原理

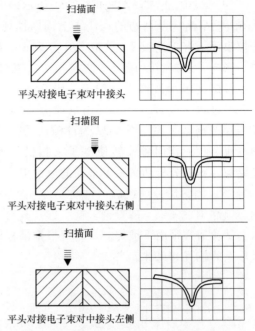

图 2-35 "反射电子"曲线图谱

（2）探针法 探针法对中跟踪是一种电气-机械跟踪控制系统，其工作原理如图 2-36 所示。

装在电子枪上的探针位于接缝处，由它检测出的位移信号，经变换器传递给控制系统以保证电子枪自动对中接缝。这种跟踪控制系统有两种工作类型：当焊接直缝时，电子枪沿真空室的长度方向（x 轴）做直线运动，而跟踪系统使工作台根据变换器发出的信号在 y 轴方向移动；当焊接曲线接缝时，跟踪系统使电子枪旋转从而保证探针始终位于曲线接缝的切线位置上。探针法跟踪控制系统已在电子束焊接生产中获得了应用。

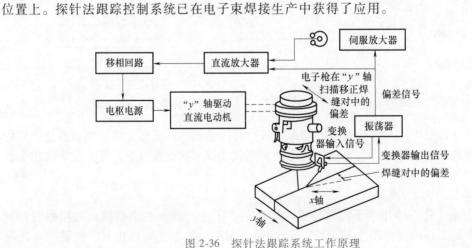

图 2-36 探针法跟踪系统工作原理

2.2.6 电子束焊机的真空系统

1. 真空系统的组成及工作原理

真空电子束焊机的真空系统包括两大部分，分别用来对电子枪室和真空工作室抽真空。

真空电子束焊机的真空系统属于动态系统，其密封性能较低，真空度是靠抽气机（真空泵）连续工作来保持的，因此，抽气机组的抽气速率和管道的导通能力对系统的真空压力有直接的影响。通常电子枪真空室的压力要求在动态工作时，保持在 1.33×10^{-3} Pa 以下；焊接工作室的压力，在高真空焊接时保持在 1.33×10^{-2} Pa 左右。这就需要选择具有较高抽气速率的抽气机组和选用短而粗的真空管道。此外，真空系统的设计还必须考虑到影响生产率的抽气时间，一般高真空电子束焊接的工作室抽气时间为 3~30min，低真空电子束焊接可在 5~50s。

电子束焊机的真空系统大多使用两种类型的真空泵：一种是活塞式或叶片式机械泵，也称为低真空泵，它用以将电子枪室和真空工作室的气压抽到压力为 10Pa 左右；另一种是油扩散泵，用于将电子枪室和真空工作室压力降低到 10^{-2} Pa 以下。

为了达到抽真空的要求和保证真空泵安全工作，必须应用相应的管道和阀门将真空泵与真空工作室连接起来，并按一定的程序进行人工操作或自动控制。

真空电子束焊机的真空系统内包括有：各级抽气机（或称真空泵）、各级真空阀门、真空管道、连接法兰、真空计及真空工作室等。图 2-37 为一种通用型真空电子束焊机抽气系统的组成。

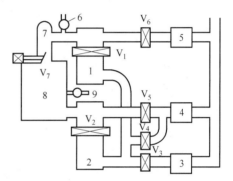

图 2-37 通用型真空电子束焊机抽气系统的组成
1、2—扩散泵 3、4、5—机械泵
6、9—放气阀 7—电子枪 8—真空工作室
$V_1 \sim V_7$—各种阀门

电子枪室和高真空工作室是用机械泵 4、5 和扩散泵 1、2 来抽真空的，为了减少扩散泵的油蒸气对电子枪的污染，应在扩散泵的抽气口处装置水冷折流板（也称冷阱）。对于高压电子枪（150kV）可采用涡轮分子泵来抽真空，这就消除了油蒸气的污染。涡轮分子泵工作时不需要预热，可缩短电子枪的抽真空时间，但涡轮分子泵价格较贵且易损坏。

整个真空系统可与真空室安装在同一底座上，采用柔性管道将机械泵连接到真空系统上，以减少振动对电子枪和真空工作室的影响。在真空系统中应设置测量装置以显示真空度，并进行抽真空的程序转换。测量低真空（压力高于 10^{-1} Pa）时多采用电阻真空计，测量高真空时多采用电离式或磁放电式真空计。

图 2-37 中装置在电子枪室和真空工作室之间的阀门 V_7，可使两者隔离，关闭此阀门，可以在更换工件或阴极时使电子枪或真空工作室单独处于真空状态。

图 2-37 所示的真空系统工作顺序如图 2-38 所示。

2. 真空测量及检漏

（1）真空测量 用来测量低压空间气体稀薄程度（即真空度）的仪器称为真空计。电子束焊机中的压力范围为 $10^5 \sim 1.4 \times 10^{-4}$ Pa，迄今为止，尚没一种真空计可测量这样宽的范围。

绝对真空计是根据真空计本身与压力有关的物理量直接计算出压力值的真空计，如压缩式真空计（或称麦氏真空计）、热辐射式真空计等。

相对真空计是通过对与压力有关的物理量的间接测量，并与绝对真空计相比较进行刻度的真空计，如热传导真空计、电离真空计等。对电子束焊机中的真空计有以下几点要求：

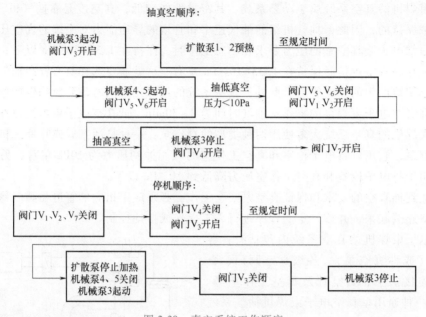

抽真空顺序：

机械泵3起动
阀门V₃开启 → 扩散泵1、2预热 →（至规定时间）

→ 机械泵4、5起动
阀门V₅、V₆开启 →（抽低真空
压力<10Pa）→ 阀门V₅、V₆关闭
阀门V₁、V₂开启

→（抽高真空）→ 机械泵3停止
阀门V₄开启 → 阀门V₇开启

停机顺序：

阀门V₁、V₂、V₇关闭 → 阀门V₄关闭
阀门V₃开启 →（至规定时间）

→ 扩散泵停止加热
机械泵4、5关闭
机械泵3起动 → 阀门V₃关闭 → 机械泵3停止

图 2-38　真空系统工作顺序

1）量程要宽。这是由于电子束焊机中真空度范围较宽。

2）要有足够的精度。一般要求真空计的相对误差不大于 20%。

3）能连续测量，反应迅速，以便能实现真空系统的自动控制。

4）对外界条件（如温度、振动、电磁场）不敏感。

（2）真空系统的检漏　由于真空系统有很多连接部位，所以不可能没有一点漏气，只能使漏气在允许的范围内，为此需测量真空系统的漏气速率。测量漏气速率必须在真空系统中装上真空计和真空阀门，真空阀门的作用是开通或关闭真空系统与抽气机的通路。

当阀门打开，抽气机经过一段时间抽气后，真空系统的平衡压力 p_1 及抽气机的极限压力 p_0 若基本相等时，可以认为真空系统是严密封闭的；当 $p_1 > p_0$ 时，说明密封不良，其原因可能是：

1）抽气情况不良，即抽气系统本身存在问题，如机械泵的零件磨损、泵油乳化、泵漏气、油扩散泵工作不正常、泵油量过多或过少以及泵油氧化等。

2）真空系统本身存在气源，主要是由于内表面清洁不良，吸附了大量气体，或所用材料含有大量气体，在抽气过程中逐渐放出。

3）真空系统漏气。

上述三种因素中的任何一种都可使得真空的获得和维持十分困难，为了区分这三种原因，可把阀门关闭，使真空系统与抽气机隔开。从关闭时起，每隔一定时间读出真空系统中的压力，所得结果可绘成图 2-39 所示的曲线：曲线 1 表示真空系统的压力在关闭阀门后基本保持不变，说明漏气是抽气机工作不良所致；曲线 2 表示压力上升并趋向一极限值，表示真空系统中存在着放气

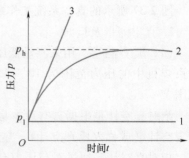

图 2-39　真空系统压力变化情况

的气源；曲线 3 表示压力随时间直线上升，则反映真空系统有漏气，曲线 3 的斜率表示了这一真空系统的漏气速率。

检漏就是检查真空系统的外部漏气，检漏方法有放电管法、热真空计法、电离真空计法以及质谱仪法等。这些方法的共同特点是用"探索"气体依次喷吹真空系统的各个可疑处，如有漏气，"探索"气体就从漏孔进入真空系统，这时接在真空系统上的测量仪表将反映压力增加，从而找到漏气所在。

2.3 真空电子束焊接工艺

2.3.1 电子束焊缝形成过程

1. 电子束的加热特点

电子束焊是用经过强聚焦、速度约为光速 $0.3 \sim 0.7$ 倍的电子束轰击被焊工件，高速电子动能即刻变为热能，使焊接接缝熔化，随后的冷却使熔化金属陆续形成所要求的焊缝。

由于电子的总动能可集中到工件的一小块面积上，功率密度可高达 $10^6 W/cm^2$，动能转变为热能后可使该区域产生极高的温度，足以使焊缝金属局部熔化和蒸发。因此可以说能量集中和局部高温是电子束焊的最大特点。

大功率电子束焊时的金属加热，不是通过工件表面的热传导作用，而是电子束和工件直接作用的结果。当电子束焦点的功率密度达到一定值时，加热金属开始蒸发并形成金属蒸气流，将液态金属排开，熔池下凹，这时电子束就能穿透金属蒸气而达到熔池的底部。

2. 电子束焊缝的形成

实际电子束焊过程

当电子束焦点功率密度低于 $10^5 W/cm^2$ 时，工件表面不产生显著的蒸发现象，这时电子束穿透金属的深度很小，焊缝金属的熔化与其他熔焊方法相似，以热传导的方式来完成，这样的焊缝成形为熔化成形。当电子束焦点的功率密度超过 $10^5 W/cm^2$ 时，熔化金属发生强烈的蒸发，熔池下凹形成空腔，熔化金属被排斥在电子束前进方向的后方，随着电子束向前移动，熔化金属就形成焊缝，这种焊缝成形称为深穿入式成形。电子束焊一般采用深穿入式成形，主要利用其焊缝深宽比大的优点。

电子束深穿入式焊缝的成形过程为：当电子束穿入工件时，使金属局部熔化和蒸发，并形成金属蒸气孔，当焊接件向前移动时，焊缝熔化部位同时发生三种效应：

1）蒸气孔前沿金属的熔化。

2）该熔化材料被金属蒸气流排开，绕过蒸气孔侧面流向后沿。

3）当蒸气孔向前移动时，这个熔化材料连续流动，填充前进中的蒸气孔的后沿，形成连续的焊缝。

斯瓦尔兹曾在大量试验的基础上，对深穿入式焊缝的形成做出了解释。

尽管电子的质量很小，但在此类焊接中它具有极高的速度，能获得巨大的动能。如在 $100kV$ 电压时约有 $1.6 \times 10^8 m/s$ 的速度，约为光速的一半。这些高速电子撞击到材料上面被阻止，同时释放其动能。

按照撞击过程的经典研究，该能量首先转移到质量为 m 的晶格内的电子上，然后由电子再部分地传送振动能量到整个晶格，使晶格振动的振幅增加，此时材料达到非常高的温度而熔化甚至蒸发。这种继续不断的蒸发可以贯穿到相当的深度，在材料中形成一细小的空腔。

事实上，高速电子在金属中的穿透能力并不是很强的，如在 100kV 下的电子在铁中仅能穿透约 1/40mm。试验表明，电子在密度均匀的铁介质中的穿透深度随加速电压的增大而增大。对于其他金属元素，电子的穿透深度可用下式换算（换算系数 k 见表 2-3）。

$$X/X_{Fe} = k \tag{2-9}$$

式中　　X——某金属元素在某加速电压下的电子穿透深度；

X_{Fe}——Fe 在同一加速电压下的电子穿透深度。

表 2-3　换算系数

元素名称	Fe	Ni	Cr	Cu	Al	W	Ta	Pb
换算系数 (X/X_{Fe})	1.00	0.85	1.10	0.88	2.80	0.48	0.54	0.81

实际焊接时，电子的贯穿深度比上述穿透深度要深得多，这说明焊接过程中的材料不断蒸发和蒸气流的作用，使高能密度的电子束流有可能在极短的时间内完成深宽比大的焊缝焊接。

图 2-40 为斯瓦尔兹给出的电子束焊接机理示意图。

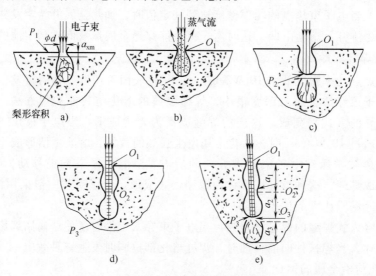

图 2-40　电子束焊接机理

a）材料被加热成梨形容积　b）释放内压力及蒸气流　c）梨形容积重新形成
d）再次释放内压力及蒸气流　e）重复过程图

图 2-40 中具有直径 d 及加速电压 V 的电子束穿透材料表面层的深度为 a_{xm}。该值极小，对高速电子来讲这薄层实际上是"透明的"。在较深的区域中，电子扩散并受阻，因而材料获得的能量就被加热成一梨形容积，如图 2-40a 所示，继而是完整的薄表面破裂而打开一个槽 O_1，由此处释放出高的内压力和材料被蒸发的快速蒸气流，如图 2-40b 所示。被蒸发材

料的逸出，使槽 O_1 继续保持开放。梨形容器的内表面形成一个液体的薄层，不断逸出的蒸气流制止液体层流回槽中。蒸气流的这种作用和反作用力产生的喷气推进作用，有助于进一步向材料更深层穿透，因为这些力的作用比电子冲击材料所产生的压力大得多。

当槽内蒸气密度降低后，电子扩散也随着减少，使电子束重新聚焦于第一个空穴 P_2 的底部。此时电子束的穿透过程从 P_2 处开始重复进行（图 2-40c），电子束在 P_2 处再穿透一个短的距离 a_{xm}，然后在部分液体和固态材料中，再加热另一个梨形容积（图 2-40d），通过破裂的孔 O_2 使这个梨形容积部分蒸发而循环下去。上述电子散射（或扩散）和聚焦过程可能是造成电子束焊缝根部起伏波形的原因。

图 2-40 中每一个梨形容积的深度 a_1、a_2、a_3、$\cdots$、a_n 随电压值和材料的不同而变化，通常电压增高深度也增大，这是因为高的电压减少了电子束的散射程度，焊缝的深宽比因此也能提高。

当电子束沿焊缝移动时，上述机理被逐点重复。

3. 电子束输入功率的分配

电子束输入功率可以用加速电压和电子束电流的乘积来表示。根据电子束焊缝形成过程的分析，电子束的输入功率 W_e 可表示为

$$W_e = W_1 + W_2 + W_3 + W_4 \tag{2-10}$$

式中　W_1——蒸发原子所带走的功率；

　　　W_2——热传导损失的功率；

　　　W_3——辐射产生的平均功率损失；

　　　W_4——激发和电离损失的功率。

其中 W_3 可根据斯蒂芬-玻尔兹曼定律近似推算

$$W_3 = A_0 \delta_0 T_a^4 \tag{2-11}$$

式中　A_0——电子束束孔的面积；

　　　T_a——轰击区中心的峰值温度；

　　　δ_0——斯蒂芬-玻尔兹曼常数。

计算表明，电子束输入功率为 100W 时，W_3 不足 1W，仅为总功率的 1/100，可以忽略不计。W_4 的数值以加速电压为 120kV 的电子射程开始时的损失率来计算，其值也很小，约为 1.5×10^{-4}W，也可以忽略不计。

因此，电子束的输入功率大部分用于蒸发原子所带走的功率 W_1 和热传导损失的功率 W_2。

图 2-41 为电子束焊接时输入功率分配情况的示意图。

4. 熔池的受力分析

被焊金属由于受电子束的轰击作用，形成深宽比大的焊缝，对这一现象仅用热量在金属内的传导规律是无法全面解释的，只有用高能密度电子束撞击金属时的附加物理现象才能从本质上给予更合理的解释。

电子束碰撞金属时，金属晶格振动的振幅增加而使材料熔化或蒸发，不断地蒸发使金属材料中形成一个细小的空腔，而熔化金属不断流向电子束冲击造成的空腔后方形

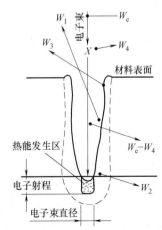

图 2-41　电子束焊接时的功率分配

成焊缝。熔化金属的这种流动只有在力的作用下才能进行。

在电子束焊接过程中，当空腔出现后，熔化金属被排斥在空腔壁的四周，这时作用在熔化金属表面的力有：电子束的压力 F_e；表面金属被蒸发所形成气流的反作用力 F_a；熔化金属的表面张力 F_s；已熔化金属的流体静力学压力 F_g。

熔化金属在上述四种力的作用下产生流动，其中 F_e 和 F_a 力图使液态金属产生下凹，而 F_s 和 F_g 力图使液态金属表面向上拉平，如图 2-42 所示。

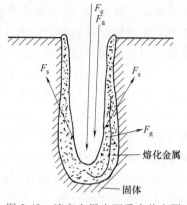

图 2-42　液态金属表面受力状态图

根据力的平衡条件，在焊接过程中形成空腔的条件为

$$F_e + F_a \geq F_s + F_g \tag{2-12}$$

研究表明，F_e 的值很小，F_a 是随着金属蒸发速度的增加而直线上升的，其值约为 F_e 的 $10^4 \sim 10^5$ 倍。因此式（2-12）可简化为

$$F_a \geq F_s + F_g \tag{2-13}$$

上式表明 F_a 是形成空腔和深宽比大的焊缝的主要原因，因此要增加焊深，提高焊缝的深宽比，就必须增加金属的蒸发速率来提高 F_a 的值，这就需要提高电子束焦点的功率密度。

2.3.2　规范参数对焊缝成形的影响

电子束焊的主要焊接参数是加速电压 U_a、电子束电流 I_b、聚焦电流 I_f、焊接速度 v 和工作距离 D_0 等。

1. 电子束功率密度对焊缝深宽比的影响

电子束焊接采用深穿入式成形时，焊缝的深宽比主要取决于金属的蒸发速率，而金属蒸发速率的大小是与电子束功率密度密切相关的。

用 20mm 厚的 Cr-Ni 钢在加速电压为 130kV、束流为 13mA 的两种电子束发生系统（系统Ⅰ为短焦式，系统Ⅱ为远焦式）下进行电子束焊接试验，图 2-43 和图 2-44 表示当电子束功率一定时，工作距离和加速电压对其功率密度的影响，电子束聚焦斑点大小可通过观察电子束撞击在与工件同高的荧光板或钨块上的情况来决定。

在焊缝横断面上测量熔化区的深度 h（从试件表面到焊根的距离）和熔化区的中宽 B（从试件表面到 $h/2$ 处的熔化区宽度），则工作距离和加速电压与 h、B 的关系曲线如图 2-45 和图 2-46 所示。可以看出，电子束的功率密度越大，熔化区的深度增加，而宽度减小。

2. 电子束焊接参数对焊缝成形的影响

在最佳聚焦条件下，电子束焊接的主要参数可以单独进行调节。各个参数对焊缝成形的影响程度可在保持其他参数不变的条件下，逐一进行测定。

（1）加速电压的影响　提高加速电压，可以增加焊缝熔深，如图 2-44 和图 2-47 所示，这是由于加速电压升高时，除了电子束功率随之增大而提高功率密度外，还由于电子光学系统聚焦性能的改善，进一步提高了电子束焦点的功率密度。

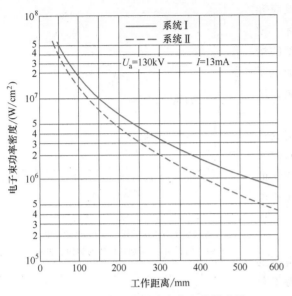

图 2-43　工作距离对功率密度的影响图

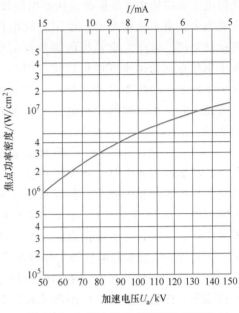

图 2-44　加速电压对功率密度的影响

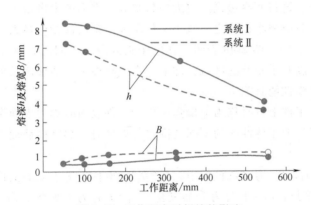

图 2-45　工作距离对焊缝的影响

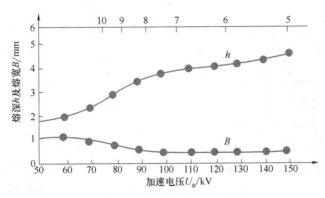

图 2-46　加速电压对焊缝的影响

（2）电子束电流的影响 增加电子束电流，使得电子束的功率密度提高，从而增加焊缝熔深。但是当电子束电流增加时，由于空间电荷效应和热扰动加剧，电子光学系统的聚焦性能变坏，使电子束焦点的功率密度增加较缓，因而熔深的增加斜率较小，如图2-47中2所示。因此增加电子束电流之后，磁透镜的聚焦电流一般也要做相应的调整。

（3）焊接速度的影响 在其他参数一定的情况下，增加焊接速度时，减少了单位时间的输入热量，焊缝熔深相应减小，但焊接速度对熔深的影响较缓（图2-47中1），这是因为以降低速度来增大热输入时，电子束焦点的功率密度没有变化，而热传导所造成的能量损失却增大了。

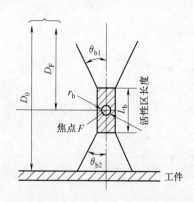

图2-47 焊接参数对熔深的影响
1—焊接速度对熔深的影响 2—电子束电流对熔深的影响 3—加速电压对熔深的影响

（4）工作距离的影响 工作距离通常指真空室顶部到工件的距离。工作距离变化后，为了获得最佳聚焦条件，必须调节磁透镜的聚焦电流。当工作距离增大后，在其他参数不变的条件下，聚焦电流要减小，这将使磁透镜的放大倍数增大，因而磁束斑增大，导致电子束功率密度减小，焊缝熔深也相应减小；反之，减小工作距离，则熔深相应增大。

（5）焦点位置的影响 图2-48表明，在电子束焦点上下附近，存在一段电子束斑点大小变化不大、功率密度几乎相等的区域，即电子束流活性区。活性区长度与电子束的会聚角以及电子枪的电子光学性能有关。

电子束焦点位于工件上方时称为上聚焦，位于工件表面时称为表面聚焦，位于工件内部时称为下聚焦。当工件处于活性区的不同范围进行焊接时，焊缝横截面的形状及熔深也有所区别。

设 D_0 为工作距离，D_F 为磁透镜焦距，D_0/D_F 的值称为电子束的活性参数，以 a_b 表示。显然：$a_b<1$ 时为下聚焦，$a_b=1$ 时为表面聚焦，$a_b>1$ 时为上聚焦。由图2-49可见，$a_b<1$（$a_b=0.9$）时熔深最大，这可能是由于电子束流活性区作用于工件上的范围大所致。

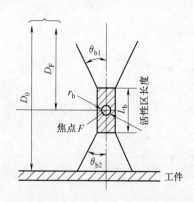

图2-48 电子束流活性区示意图

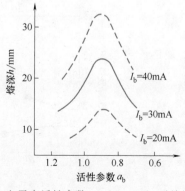

图2-49 电子束活性参数 a_b（D_0/D_F）对熔深的影响

3. 焊接参数的选择

电子束焊接时热输入的计算公式为

$$q = \frac{60 U_a I_b}{v} \qquad (2\text{-}14)$$

式中　　q——热输入；

　　　　U_a——加速电压；

　　　　I_b——电子束电流；

　　　　v——焊接速度。

图 2-50 为试验得出的完全熔透条件下热输入与厚度（熔深）的关系。利用此关系，可初步选定焊接参数，经试验修正后可作为实际使用。

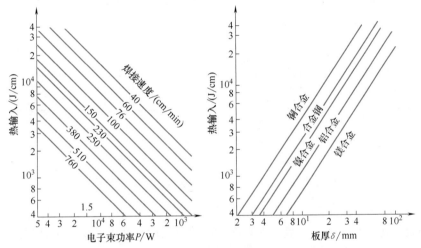

图 2-50　熔透焊接时热输入、电子束功率、焊接速度与材料和板厚（熔深）间的关系

在其他参数不变的条件下，熔深和焊缝深宽比随加速电压的增加而变大；增加电子束电流，焊缝的熔深和熔宽也增加；增加焊接速度会使焊缝变窄，熔深减小。

电子束聚焦状态对熔深及焊缝成形影响很大，焦点变小可使焊缝变窄，熔深增加。调节电子束时可借助目视或倾斜试板来确定电子束焦点的位置。

此外，选择焊接参数时，还应考虑焊缝横断面、焊缝外形及防止产生焊缝缺陷等因素，并应通过试验最终确定焊接参数。

2.3.3　电子束焊接接头设计

电子束焊接接头一般都是各种结构元件的重要连接部分，为保证焊接结构使用的可靠性，应根据结构的形状、尺寸、受力情况、工作条件和电子束焊的特点等，合理地选用焊接接头的形式。其主要考虑因素是：

1）焊接接头应保证具有足够的强度和刚度，保证有一定的使用寿命。

2）要考虑焊接接头的使用条件，如温度、压力、耐蚀性、振动及疲劳等因素。

3）接头形式应符合电子束斑直径细、能量集中、焊接时一般不添加焊丝的要求。

4）焊后尽可能不再进行机械加工或作少量加工。

5）尽可能减少结构的焊接应力和变形。

6）焊接接头便于进行焊后检验，如射线探伤、超声探伤等。

常用的电子束焊接接头有对接接头、角接接头、T形接头、搭接接头和端接接头等。

1. 对接接头

对接接头是最常用的接头形式。用电子束进行对接焊，具有焊缝深宽比大、热影响区小和角变形小的特点。当被焊工件的厚度小于 2mm 时，可采用熔化成形的电子束焊接工艺。平板对接焊时，可安装引弧板和引出板，焊后除去，以保证焊接接头质量。图 2-51 列出了典型的对接接头形式。

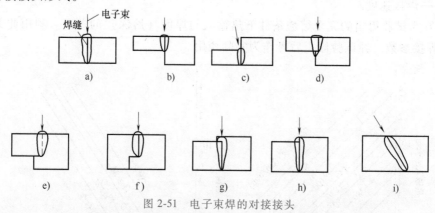

图 2-51　电子束焊的对接接头

a）正常对接　b）平齐接头　c）台阶接头　d）锁口对中接头　e）锁底接头
f）双边锁底接头　g）、h）自填充材料的接头　i）斜对接接头

图 2-51a、b、c 三种接头的准备工作简单，但需要装配夹具。不等厚的对接接头采用上表面对齐的设计优于台阶接头，后者在焊接时要用宽而倾斜的电子束；带锁口的接头，便于装配对齐，锁口较小时焊后可避免留下未焊合的缝隙。图 2-51g、h 接头皆有自动填充金属的作用，焊缝成形得到改善；斜对接接头只用于受结构和其他条件限制的特殊场合。

2. 角接接头

角接接头是仅次于对接的常用接头。图 2-52 列出了常用的八种角接接头。

图 2-52a、b 为两种最简单的角接接头，图 2-52a 的缺点是焊缝截面较小，仅为接缝的一部分，因此强度较低，同时对缺口敏感，易造成应力集中。图 2-52h 为卷边角接接头，只适用于薄板的成品制造。其他几种接头易于装配对齐。

3. T形接头

图 2-53 是常用的几种电子束焊 T 形接头。图 2-53a 熔透焊缝在接头区有未焊合缝隙，接头强度低。推荐采用单面 T 形接头，焊接时焊缝易于收缩，残余应力较小。双面焊接头多用于板厚大于 25mm 的场合。

4. 搭接及端接接头

电子束焊的搭接接头（图 2-54）多用于板厚在 1.5mm 以下的场合。熔透焊缝主要用于板厚小于 0.2mm 的情况，有时需要采用散焦或电子束扫描以增加熔化金属区宽度。厚板搭接时须添加焊丝以增加焊脚尺寸，有时也采用散焦电子束以加宽焊缝并形成光滑的过渡。

厚板端接接头（图 2-55）常采用大功率深熔焊接，薄板及不等厚度的端接接头常用小功率或散焦电子束进行焊接。

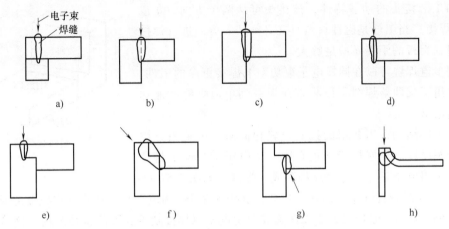

图 2-52　电子束焊的角接接头

a）熔透焊缝　b）正常角焊缝　c）锁口自对中接头　d）锁底自对中接头
e）双边锁底接头　f）双边锁底斜向熔透焊缝　g）双边锁底　h）卷边角接接头

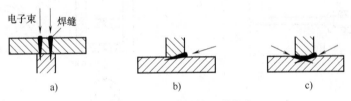

图 2-53　电子束焊的 T 形接头

a）熔透焊缝　b）单面焊缝　c）双面焊缝

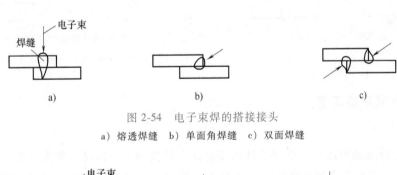

图 2-54　电子束焊的搭接接头

a）熔透焊缝　b）单面角焊缝　c）双面焊缝

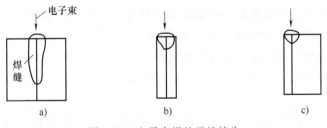

图 2-55　电子束焊的端接接头

a）厚板　b）薄板　c）不等厚度接头

5. 其他接头

对重要承力结构，焊缝位置最好避开应力集中区，图 2-56 所示的接头设计可以改善角接接头和 T 形接头的动载特性，该接头可从两个方向（a 或 b）进行焊接。当工件是磁性材料且又必须从 a 方向进行焊接时，接缝到腹板的距离 d 应足够大。

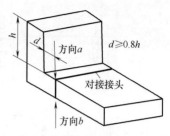

图 2-56　用对接代替角接头

采用多道焊缝可以在同样电子束功率下焊接更厚的工件，例如，采用正反两条焊缝可以将熔深提高到单道焊缝所能达到熔深的两倍。

对于多层结构，当各层的接头位置相同时，可采用分层焊缝的接头设计。分层焊缝是指在同一个电子束方向上将几层对接接头用电子束一次穿透焊接而成的焊缝，如图 2-57 所示。

图 2-58 为几种特殊结构的接头形式，其中图 2-58a 为电子束一次穿透焊成 2 道或 3 道焊缝；图 2-58b 为用一般焊接方法无法施焊而用电子束焊接则可施焊的特殊结构，这是由于电子束流的会聚角小，工作距离长，可进行深穿入式成形焊接的缘故。

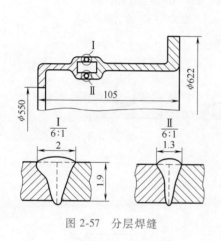

图 2-57　分层焊缝

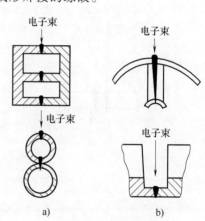

图 2-58　特殊结构的接头

a）一次焊成多道焊缝　b）一般焊接方法无法施焊的焊缝

2.3.4　电子束焊接工艺

1. 焊前准备

（1）工件的准备和装夹　待焊工件的接缝区应精确加工、清洗、装配和固定。

接头清洗不当会造成焊接缺陷，降低接头的性能；不清洁的表面还会延长抽真空时间，影响电子枪工作的稳定性，降低真空泵的使用寿命。

工件表面的氧化物、油污应采用化学或机械方法清除。煤油、汽油可用于除油，丙酮是清洗电子枪零件和被焊工件最常用的溶剂，对已清洗的工件，不得用手或不清洁的工具接触接头区。

装配时应尽量使零件紧密接触，接缝间隙应尽量均匀，被焊材料越薄，间隙应越小，一般装配间隙不应大于 0.13mm；当板厚超过 15mm 时，间隙可放宽到 0.25mm。非真空电子束焊接时，装配间隙可以放宽到 0.8mm。

电子束焊接是自动进行的，工件装夹和对中应当准确。电子束焊接所用夹具的结构和性能同电弧焊的类似，但其定位和传动精度要高一些，刚性可以弱一些。为了防止穿透焊时电子束对零件和夹具的损坏，应在接缝背面放置铜垫块。接头附近的夹具和工作台的零部件最好使用非磁性材料来制造，以防磁场对电子束的干扰。

磁性材料的工件经过磁粉检验或在电磁吸盘上进行磨削加工或电化学加工后，会存留剩磁。电子束焊接允许的剩磁强度为 $(0.5\sim4)\times10^{-4}$ T，当工件上剩磁强度过大时应进行退磁处理，退磁方法是将工件从工频感应磁场缓慢地移出或者将此感应磁场强度逐渐降低到零。

工件、夹具和工作台应保持良好的电接触，不允许在其间垫绝缘材料。夹具和工作台的结构应有利于抽真空，尽量避免狭长的缝隙和空间大但抽气口小的所谓气袋结构。

（2）抽真空　现代电子束焊机的抽真空程序是自动进行的，这样可以保证各种真空机组和阀门正确地按顺序进行，避免由于人为的误操作而发生事故。

保持真空室清洁和干燥是保证抽真空速度的重要环节，应经常清洗真空室，尽量减少真空室与大气相通的时间，仔细消除被焊工件上的油污并定期更换真空泵油。

（3）焊前预热和焊后热处理　对需要预热的工件，一般可在工件装入真空室前进行。根据工件的形状、尺寸及所需的预热温度，选择一定的加热方法（如气焊枪、加热炉、感应加热以及红外线辐射加热等）。在工件较小、局部加热引起的变形不会影响工件质量时，可在真空室内用散焦电子束来进行预热，这是常用的方法。

对需要进行焊后热处理的工件，可在真空室内或在工件从真空室取出后进行。

2. 焊接工艺

（1）薄板的焊接　板厚为 $0.03\sim2.5$mm 的零件多用于仪表、压力密封接头、真空密封接头、膜盒、电接点等构件中。薄板的导热性差，电子束焊接时局部加热强烈，为防止过热，应采用夹具。图 2-59 为薄板膜盒及其焊接夹具，夹具材料为纯铜。

电子束功率密度高，易于实现厚度相差很大的非对称接头的焊接。焊接时薄板应与厚板紧贴，适当调节电子束焦点位置，使接头两侧均匀熔化。

（2）厚板的焊接　目前电子束可以一次焊透300mm 的钢板，焊缝的深宽比可达 50。当被焊钢板

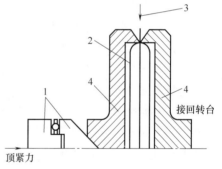

图 2-59　薄板膜盒及其焊接夹具
1—顶尖　2—膜盒　3—电子束　4—纯铜夹具

厚度在 60mm 以下时，应将电子枪水平放置进行横焊，以利于焊缝成形。电子束焦点位置对熔深影响很大，在给定的电子束功率下，将电子束焦点调节在工件表面以下焊缝深度的 $0.5\sim0.75$ 处，电子束的穿透能力最好。实践表明，焊前将电子束焦点调节在板材表面以下板厚的 1/3 处，可以发挥电子束的熔透效力并使焊缝成形良好。

厚板焊接时还应保持良好的真空度，表 2-4 给出了电子束焊真空度对钢板熔深的影响。

表 2-4　电子束焊真空度对钢板熔深的影响

焊接条件					熔深/mm
真空度/Pa	工作距离/mm	电子束电流/mA	加速电压/kV	焊接速度/(cm/min)	
$<10^{-2}$	500	50	150	90	25
10^{-2}	200	50	150	90	16
10^5	13	43	175	90	4

（3）添加填充金属　在对接头有特殊要求，或者因接头准备和焊接条件的限制不能得到足够的熔化金属时，可采用添加填充金属的电子束焊接，添加填充金属的主要作用是：

1）在接头装置间隙过大时，可防止焊缝凹陷。

2）在焊接裂纹敏感材料或异种金属材料时可防止裂纹的产生。

3）在焊接沸腾钢时加入少量含脱氧剂（铝、锰、硅等）的焊丝或在焊接铜时加入镍均有助于消除气孔。

添加填充金属的方法是在接头处放置填充金属，箔状填充金属可夹在接缝的间隙处，丝状填充金属可用送丝机构送入或用定位焊固定。

送丝速度和焊丝直径的选择原则是使填充金属量为接头凹陷体积的 1.25 倍。

（4）定位焊　用电子束进行定位焊是装夹工件的有效方法，其优点是节约装夹时间和经费。

可以采用焊接束流或弱束流进行定位焊，对于搭接接头可用熔透定位，有时先用弱束流定位，再用焊接束流完成焊接。

（5）焊接可达性差的接头　电子束很细，工作距离长，易于控制，所以可焊接狭窄间隙的底部接头，这不仅可用于生产过程，而且在修复报废零件时十分有效，所以形状复杂、价格昂贵的铸件常用电子束焊来进行修复。

对可达性差的接头只有在下述条件下才能进行电子束焊接：

1）焊缝必须在电子枪允许的工作距离内。

2）必须有足够宽的间隙使得电子束通过，以免焊接时触伤工件。

3）在电子束的路径上无干扰磁场。

（6）电子束扫描和偏转　在焊接过程中采用电子束扫描可以加宽焊缝，降低熔池冷却速度，消除熔透不均匀等缺陷，降低对接头准备的要求。

电子束扫描是通过改变偏转线圈的励磁电流，使横向磁场变化来实现的。常用的扫描图形有正弦形、圆形、矩形和锯齿形，扫描频率为 100～1000Hz，电子束偏转角度为 2°～5°。电子束扫描还可用来检测接缝位置和实现焊缝跟踪，此时电子束的扫描速度可以高达 50～100m/s，扫描频率可达 20kHz。

在焊接大厚度工件时，为了防止焊接时产生的大量金属蒸气和离子直接侵入电子枪内，可设置电子束偏转装置，使得电子枪轴线与工件表面的垂直方向成一定的夹角，这对于大批量生产中保证电子枪工作稳定是十分有利的。

2.3.5　电子束焊接的安全防护

1. 防止高压电击

高压电子束焊机的加速电压可达 150kV，触电危险性很大，必须采取尽可能完善的绝缘防护措施：

1）保证高压电源和电子枪有足够的绝缘，耐压试验应为额定值的 1.5 倍。

2）设备外壳应接地良好，采用专用地线，设备外壳用截面积大于 $12mm^2$ 的粗铜线接地，接地电阻应小于 3Ω。

3）更换阴极组件或维修时，应切断高压电源，并用接地良好的放电棒接触准备更换的零件或需要维修的地方，放电完成后才可以操作。

4）电子束焊机应安装电压报警或其他电子联动装置，以便在出现故障时自动断电。

5）焊工操作时应戴耐高压的绝缘手套，穿绝缘鞋。

2. X 射线防护

电子束焊接时，会有不同能量的 X 射线辐射，因此必须加强对 X 射线的防护：

1）加速电压低于 60kV 的焊机，一般靠焊机外壳的钢板厚度来防护。

2）加速电压高于 60kV 的焊机，外壳应附加足够厚度的铅板以加强防护。

3）电子束焊机在高电压下运行时，观察窗应选用相应的铅玻璃。

4）工作场所的面积一般不应小于 $40m^2$，室高不小于 3.5m，对于高压大功率电子束设备，可将高压电源设备和抽气装置与工作人员的操作室分开。

5）焊接过程不准用眼睛观察熔池，必须观察时要佩戴铅玻璃防护眼镜。

此外，设备周围应通风良好，工作场所应安装抽气装置，以便将真空室排出的油气、烟尘等及时排出。

2.4　工程材料的电子束焊接

真空电子束焊接是在压力低于 $1.33×10^{-2}Pa$ 的真空室中进行的，所以蒸气压比较高的金属及其合金和含气量比较多的材料会给焊接操作带来较大的困难，即易于发弧而妨碍焊接过程的连续进行。所以一般含锌量较高的铝合金、铜合金以及未经脱氧处理的低碳钢，不能用真空电子束焊接；除此之外，绝大多数的金属和合金都能进行电子束焊接。尤其是用普通熔焊方法难以保证焊缝质量或无法施焊的难熔金属、活性金属及热处理调质钢等，采用真空电子束焊接工艺可大大改善它们的焊接性。

2.4.1　钢铁材料的电子束焊接

1. 低碳钢

低碳钢易于焊接，且电子束焊的焊缝和热影响区的晶粒远比电弧焊细小。焊接沸腾钢时，应在接头间隙处夹一厚度为 0.2~0.3mm 的铝箔，以消除气孔。半镇静钢焊接有时也会产生气孔，降低焊速、加宽熔池有利于消除气孔。全镇静钢比较容易焊接。

2. 中碳钢

中碳钢含碳量较高，焊缝易产生气孔和热裂纹；近缝区淬火倾向大，易形成冷裂纹。焊后焊缝区硬度最高，焊缝边缘硬度明显下降。为保证电子束焊质量，一般可采取以下措施：预热至 150℃ 以上；降低焊接速度；焊后加热或缓冷。

3. 合金钢和高碳钢

合金钢电子束焊接的焊接性与电弧焊类似。焊接刚性大，特别是焊接已处于热处理强化状态的工件时，焊缝易出现裂纹。合理设计接头使焊缝能够自由收缩，焊前预热、焊后缓冷以及合理选择焊接参数等措施可以减轻淬硬钢的裂纹倾向。对于需进行表面渗碳、渗氮处理的零件，一般应在表面处理前进行焊接；若必须在表面处理后进行焊接，则应先将焊缝区的表面处理层除去。

碳的质量分数低于 0.3% 的低合金钢焊接时不需要预热和缓冷。在工件厚度大、结构刚性大时需要预热到 250~300℃。对焊前已进行过淬火和回火处理的零件，焊后回火温度应略低于原回火温度，如轻型变速箱材质为 20CrMnTi 或 16CrMn 的齿轮大多采用电子束来焊接组合，焊前材料为退火状态，焊后进行调质和表面渗碳处理。

合金高强钢的碳的质量分数（或碳当量）高于 0.3% 时，应在退火或正火状态下焊接，也可以在淬火加正火处理后焊接。当板厚大于 6mm 时应采用焊前预热和焊后缓冷，以免产生裂纹。

对于碳的质量分数大于 0.5% 的高碳钢，用电子束焊接时的裂纹倾向比电弧焊低。轴承钢也可用电子束焊接，但应采用焊前预热和焊后缓冷。

4. 工具钢

工具钢的电子束焊接接头性能良好，生产率高。例如，厚度为 6mm 的 4Cr5MoVSi 钢焊前硬度为 50HRC，焊后进行 550℃ 正火，焊缝金属的硬度可以达到 56~57HRC，热影响区硬度下降到 43~46HRC，但其宽度只有 0.13mm。

5. 不锈钢

奥氏体不锈钢、沉淀硬化不锈钢、马氏体不锈钢都可以进行电子束焊接，但含磷量较高的沉淀硬化不锈钢的焊接性差，不能进行电子束焊接。电子束焊极高的冷却速度，有助于抑制奥氏体中碳化物析出，使得奥氏体、半奥氏体类不锈钢的电子束焊接接头具有较高的抗晶间腐蚀的能力。马氏体不锈钢可以在任何热处理状态下进行焊接，但焊后接头区会产生淬硬的马氏体组织，而且随着含碳量的增加和焊接速度的加快，马氏体的硬度将提高，开裂敏感性也较强，必要时可用散焦电子束预热的方法来加以预防。

2.4.2 有色金属的电子束焊接

1. 铝及铝合金

真空电子束焊焊接纯铝及非热处理强化铝合金是一种理想的方法，单道焊接工件厚度可达到 475mm，热影响区小，变形小，不填焊丝，焊缝纯度高，接头的力学性能与母材退火状态接近。

非热处理强化铝合金电子束焊接接头性能接近于母材。热处理强化铝合金电子束焊时可能产生裂纹或气孔，接头性能有时会低于母材，可用添加适当成分的填充金属、降低焊接速度、焊后固溶时效处理等方法来加以改善。对于热处理强化铝合金、铸造铝合金只要焊接参数选择合适，可以明显减少热裂纹和气孔等缺陷。

采用电子束焊焊接铝及铝合金常用的焊接接头形式有对接、搭接、T 形接头，接头装配间隙小于 0.1mm。不同厚度的铝及铝合金板材真空电子束焊的焊接参数见表 2-5，应用实例见表 2-6。

表 2-5 铝及铝合金板材真空电子束焊的焊接参数

板厚 /mm	坡口形式	加速电压 /kV	电子束电流 /mA	焊接速度 /(cm/s)	板厚 /mm	坡口形式	加速电压 /kV	电子束电流 /mA	焊接速度 /(cm/s)
1.3	I	22	22	0.31	25.4	I	29 50	250 270	2.33 2.53
3.2	I	25	25	0.33	50.0	I	30	500	0.16
6.4	I	35	95	1.47	60.0	I	30	1000	0.18
12.7	I	26 40	240 150	1.67 1.69	152.0	I	30	1025	0.03
19.1	I	40	180	1.69	—	—	—	—	—

表 2-6　不同厚度铝合金板材电子束焊的焊接参数应用实例

铝合金牌号	厚度/mm	电子束功率/kW	焊接速度/(cm/s)	焊接位置
5A06	0.6	0.4	1.7	平焊、电子枪垂直
	5	1.7	2.0	平焊、电子枪垂直
	100	21	0.4	横焊、电子枪平放
	300	30	0.4	横焊、电子枪平放
7A04	10	4.0	2.5	平焊、电子枪垂直
4047A	18	8.7	1.7	平焊、电子枪垂直

铝合金焊前应对接缝两侧宽度不小于 10mm 的表面应用机械和化学方法进行除油和清除氧化膜处理。为了防止气孔和改善焊缝成形，对厚度小于 40mm 的铝板，焊接速度应在 60~120cm/min；对于 40mm 以上的厚铝板，焊接速度应在 60cm/min 以下。

2. 钛及钛合金

钛在高温时会迅速吸收 O_2 和 N_2 而降低韧性，这对于熔化焊接不利。与其他熔焊方法相比，真空电子束焊焊接钛及钛合金具有独特的优势，这是因为真空电子束焊是在良好真空条件下焊接，真空度通常为 $10^{-3}Pa$，污染程度仅为 0.000066%，比 99.99% 的高纯度氩的纯度高出 3 个数量级，对液态和高温的固态金属不可能导致污染，焊接接头的氢、氧、氮含量比钨极氩弧焊时低得多。其次，由于真空电子束焊的功率密度比等离子弧焊高，热输入小，焊缝和热影响区很窄，过热倾向相当微弱，晶粒不致显著粗化，因而抑制了焊接接头区域的脆化倾向，能够保证良好的力学性能。

采用同质焊丝钨极氩弧焊的 TC4 钛合金接头，其强度和塑性都比母材低，尤其是塑性下降更为显著，由于焊接冶金和热作用的结果，断裂发生在焊缝或热影响区。而电子束焊接头的断裂发生在母材上，因而接头力学性能不逊于母材。

真空电子束焊比钨极氩弧焊功率密度高，焊缝的深宽比大，几百毫米厚的钛及钛合金板材不开坡口可一次焊成，而且焊缝窄、热影响区小、晶粒细，接头性能好。

电子束焊对钛和钛合金薄壁工件的装配要求高，否则焊接中易产生塌陷。为了预防焊缝中形成气孔，焊前要认真清理工件坡口两侧的油锈，尽量降低母材中的气体含量，焊后可用电子束对焊缝进行重熔，一次重熔可使直径 0.3~0.6mm 的气孔完全消失，二次重熔可使更小的气孔大为减少。

防止钛及钛合金电子束焊表面缺陷的措施有：选择合适的焊接参数，使电子束沿焊缝做频率为 20~50Hz 的纵向摆动，加焊一道修饰焊缝。钛及钛合金电子束焊的焊接参数见表 2-7。

表 2-7　钛及钛合金电子束焊的焊接参数

板厚/mm	加速电压/kV	电子束电流/mA	焊接速度/(cm/s)	板厚/mm	加速电压/kV	电子束电流/mA	焊接速度/(cm/s)
0.7	90	4	2.52	20	40	150	2.02
1.3	100	5	5.32	55	60	390~480	1.67~1.94
3	60	28	1.12	75	60	480	0.67
5	60	16	0.56	80	55	400	0.46
10	60	50~70	1.57~1.94	150	60	800	0.42
13	40	100	1.77	—	—	—	—

3. 铜及铜合金

电子束的功率密度和穿透能力比等离子弧还强，利用电子束对铜及铜合金做深穿入式焊接有很大的优越性。电子束焊接时一般不加填充焊丝，冷却速度快，晶粒细，热影响区小，在真空下焊接可以完全避免接头的氧化，还能对接头除气，使其焊缝的气体含量远远低于母材，焊缝的力学性能与热物理性能可达到与母材相等的程度。

电子束焊接含 Zn、Sn、P 等低熔点元素的黄铜和青铜时，这些元素的蒸发会造成焊缝合金元素的损失。此时应采用避免电子束直接长时间聚焦在焊缝处的焊接工艺，如使电子束聚焦在高于工件表面的位置，或采用摆动电子束的方法。

电子束焊接厚大铜件时，会出现因电子束冲击发生熔化金属的飞溅问题，导致焊缝成形变坏，此时可采用散射电子束修饰焊缝的办法加以改善，并采取一定措施保证电流沿电子束截面均匀分布，或使最大电流密度在一定中心范围内变动。

2.4.3 难熔金属的电子束焊接

锆、铌、钼、钨等难熔金属采用一般熔焊方法很难得到良好的焊缝。

锆非常活泼，其电子束焊接应在真空度达 1.33×10^{-2}Pa 以上的"无油"高真空中进行，接头准备和清理是十分重要的。焊后退火可提高接头抗冷裂和延迟破坏的能力，退火工艺是 $750 \sim 850$℃保温 1h 后随炉冷却。焊接锆所用的热输入与同厚度的钢相近。

铌的电子束焊接也应在高于 1.33×10^{-2}Pa 的真空下进行，真空室的泄漏率不得超过 0.4Pa·L/s。铌合金焊缝中常见的缺陷是气孔和裂纹，用散焦电子束对接缝进行预热，有清理和除气作用，有利于消除气孔。

钼合金中加入铝、钛、锆、铪、钍、碳、硼、钇或镧，能够中和氧、氮和碳的有害作用，提高焊缝韧性。钼的焊缝中常见的缺陷是气孔和裂纹，焊前仔细清洗接缝和预热，有利于消除裂纹和气孔，采用细电子束和加快焊接速度也有利于消除裂纹。在焊接速度为 $50 \sim 67$cm/min 时，每 1mm 厚度的钼约需要 $1 \sim 2$kW 的电子束功率。

钨及其合金对电子束焊具有良好的焊接性，但焊前的接头准备和清洗是非常重要的，清洗后应进行除气处理，即在高于 1.33×10^{-3}Pa 的压力下，将工件加热到 1097℃，保温 1h，然后随炉冷却。预热是防止钨接头产生冷裂纹的有效措施，预热温度可选为 $427 \sim 727$℃；但在焊接粉末冶金钨而且焊接速度低于 50cm/min 时，可不进行预热。对 W-25Re 合金，焊前预热可使焊接速度提高到 $170 \sim 250$cm/min，并降低热裂倾向。焊后退火可降低某些钨合金焊接接头的脆性转变温度，但不能改善纯钨焊缝金属的冷脆性。

2.4.4 高温合金的电子束焊接

采用电子束焊不仅可以成功地焊接固溶强化型高温合金，也可以焊接电弧焊难焊的沉淀强化型高温合金。焊前状态最好是固溶状态或退火状态。对某些液化裂纹敏感的合金应采用较小的焊接热输入，而且应调整焦距，减小焊缝弯曲部位的过热。

电子束焊接头一般采用平对接、锁底对接和带垫板对接形式。接头的对接端面不允许有裂纹、压伤等缺陷，边缘应去毛刺，保持棱角。

焊前对有磁性的工作台及装配夹具均应退磁，使其磁通密度不大于 2×10^4T。工件应仔细清理，表面不应有油污、油漆、氧化物等夹杂物。经存放或运输的零件，焊前还需要用绸布蘸丙酮擦拭焊接处，工件装配应使接头紧密配合和对齐。局部间隙不超过 0.08mm 或材料厚度的 0.05 倍，错位不大于 0.75mm。当采用压配合的锁底对接时，过盈量一般为 0.02~0.06mm。

装配好的焊接件首先应进行定位焊。定位焊点位置应布置合理，保证装配间隙不变。定位焊点应无焊接缺陷，且不影响电子束焊接。对冲压的薄板焊接件，定位焊更为重要，应布置紧密、对称、均匀。

焊接参数根据母材牌号、厚度、接头形式和技术要求确定，一般采用低热输入和小焊接速度。表 2-8 列出了典型高温合金电子束焊的焊接参数。

表 2-8　典型高温合金电子束焊的焊接参数

合金牌号	厚度/mm	接头形式	焊机功率	电子枪形式	工作距离/mm	电子束电流/mA	加速电压/kV	焊接速度/(cm/s)	焊道数
GH4169	6.25	对接	60kV 300mA	固定式	100	65	50	2.53	1
	32				82.5	350		2	
GH188	0.76	锁底对接	150kV 40mA		152	22	100	1.67	

高温合金电子束焊的焊接缺陷主要是热影响区的液化裂纹及焊缝中的气孔、未熔合等。热影响区的裂纹多分布在焊缝钉头转角处，并沿熔合线延伸。形成裂纹的概率与母材裂纹敏感性及焊接参数和焊接件的刚度有关。

防止焊接裂纹的措施有：采用含杂质低的优质母材，减少晶界的低熔点相；采用较低的焊接热输入，防止热影响区晶粒长大和晶界局部液化；控制焊缝形状，减少应力集中。

焊缝中的气孔形成与母材纯净度、表面粗糙度、焊前清理有关，在非穿透焊接时容易在根部形成长气孔。防止气孔的措施有：加强铸件和锻件的焊前检验，在焊接端面附近不应有气孔、缩孔、夹杂等缺陷；提高焊接端面的加工精度；适当限制焊接速度；在允许的条件下，采用重复焊接的方法。

电子束焊的焊缝偏移容易导致未熔合和咬边缺陷。其防治措施有：保证零件表面与电子束轴线垂直；对夹具进行完全退磁，防止残余磁性使电子束产生横向偏移，形成偏焊现象；调整电子束的聚焦位置。电子束焊的固有焊缝下凹缺陷，可以采用双凸肩接头形式和添加焊丝的方法弥补。

电子束焊接高温合金的接头力学性能较高，焊态下接头强度系数可达95%左右，焊后经时效处理或重新固溶时效处理接头强度可与母材相当。接头塑性不理想，仅为母材的 60%~80%。

2.4.5　复合材料的电子束焊接

电子束焊具有加热及冷却速度快、熔池小且存在时间短等特点，这对金属基复合材料的焊接特别有利，但由于熔池的温度很高，焊接 SiC_p/Al 或 SiC_w/Al 复合材料时很难避免 SiC 与 Al 基体间界面反应。

电子束焊与激光焊的加热机制不同，电子束可对基体金属及增强相均匀加热，因此适当控制焊接参数可将界面反应控制在很小的程度上，由于电子束的冲击作用以及熔池的快速冷却作用，焊缝中的增强相颗粒非常均匀。利用这种方法焊接 SiC 颗粒增强的 Al-Si 基复合材料时效果较好，由于基体中的含 Si 量高，界面反应更容易抑制。利用电子束焊接 Al_2O_3 颗粒增强的 Al-Mg 基或 Al-Mg-Si 基复合材料也可获得较好的效果。

2.4.6 异种材料的电子束焊接

异种金属的焊接性取决于各自的物理化学性能，彼此可以形成固溶体的异种金属的焊接性良好，彼此容易生成金属间化合物的异种金属的焊接性差。对于一些冶金上不相容的金属可通过填充另一种与两者皆相容的金属薄片（过渡材料）来实现电子束焊接。电子束焊接异种金属时采用的中间过渡金属见表 2-9。

表 2-9　电子束焊接异种金属时所采用的中间过渡金属

被焊异种金属	过渡层金属	被焊异种金属	过渡层金属
Ni+Ta	Pt	钢+硬质合金	Co、Ni
Mo+钢	Ni	Al+Cu	Zn、Ag
Cr-Ni 不锈钢+Ti	V	黄铜+Pb	Sn
Cr-Ni 不锈钢+Zr	V	低合金钢+碳钢	10MnSi8

用真空电子束焊接异种材料时，通常有以下两种情况：

（1）两种材料的熔点接近　这种情况对焊接无特殊要求，可将电子束指向接头中间。如果要求两种金属熔化比例不同以改善组织性能时，可把电子束倾斜一角度而偏于要求熔化较多的母材一侧。

（2）两种材料的熔点相差较大　这种情况下，为了防止低熔点母材熔化流失，可将电子束集中在熔点较高的母材一侧，也可利用铜护板传递热量，以保证两种母材受热均匀。为了防止出现焊缝根部未焊透的缺陷，应改变电子束对工件表面的倾斜角，在大多数情况下，电子束倾向熔点较低的母材。

1. 钢与铝、铜及钛

为了提高钢与铝焊接接头的性能，可选用 Ag 作为中间过渡层，焊接接头的抗拉强度可提高到 117.6~156.8MPa，因为 Ag 不会与 Fe 生成金属间化合物，焊接试样断裂在铝一侧的母材上。

焊缝金属中铝的质量分数超过 65% 时，能获得充分的共晶合金，而不产生裂纹。为此在焊接参数上可调整熔合比，使焊缝金属大部分进入共晶区，这可以大大减少焊接裂纹。应指出，在焊接过程中，若铝熔化量增多，铝会在 Fe 与 Ag 的边界处存在，使焊缝变脆，接头强度下降，甚至产生裂纹。

Q235 碳钢与铜可直接进行电子束焊接，但最好采用中间过渡层（Ni 及 Al 或 Ni-Cu 等）。

在钢与钛及钛合金的焊接生产中，应用电子束焊较多，其最大特点是能获得窄而深的焊缝，热影响区也很窄，而且在真空中焊接能避免钛在高温中吸收氢、氧、氮而使焊缝金属脆化。在电子束焊的焊缝中有可能生成金属间化合物（TiFe、$TiFe_2$），使接头塑性降低，但由于焊缝比较窄（焊缝深宽比为 3~20），在工艺上加以控制能够减少生成或不生成 TiFe 和 $TiFe_2$。因此，钢与钛的电子束焊接可以获得良好质量的焊接接头。

钢与钛及钛合金的真空电子束焊接之前，必须对钛的表面进行仔细清理，焊接参数可参考钛及钛合金的电子束焊接参数。

12Cr18Ni10Ti 不锈钢与钛及钛合金真空电子束焊接时，一般应有填充材料作为中间过渡层，这些填充材料可使焊缝不出现金属间化合物，避免产生裂纹和其他缺陷，接头强度高且具有一定的塑性。不用中间层焊接时，接头塑性较差，甚至出现裂纹。用作中间层的合金有：V+Cu、Cu+Ni、Ag、V+Cu+Ni、Nb 和 Ta 等，但用中间层的焊接工艺比较复杂，一般应用的较少。

2. 不锈钢与钼、钨

不锈钢与钼采用电子束焊接时，电子束焦点偏离开钼的一侧，以调节和控制钼的加热温度。只要焊接表面加工合适和焊接参数选择适当，熔化的不锈钢就能很好地浸润固态钼的表面，形成具有一定力学性能的接头，接头的强度与塑性取决于接头形式和焊接参数。

不锈钢与钨焊接时，为了获得满意的焊接接头，必须采取特殊的焊接工艺和有效的焊接措施，工艺步骤如下：

1）焊前对不锈钢和钨进行认真的清理和酸洗。酸洗液的成分为：54% H_2SO_4+45HNO_3+1.0%HF，酸洗温度为 60℃，时间为 30s。酸洗后的母材金属需在水中冲洗并于 150℃烘干。

2）为了防止焊接接头氧化，焊前再将被焊接头用酒精或丙酮进行除油和脱水。将清理好的被焊接头装配、定位，然后放入真空室内，并调整好焊机参数和电子束焊枪。

3）焊接过程中真空室的压力应在 1.33×10^{-5}Pa 以上。

4）推荐的焊接参数为：焊接电压为 17.5kV，焊接电流为 70mA，焊接速度为 30m/h。

5）焊后取出焊件并缓冷至室温，然后进行接头检验，若发现焊接缺陷及时返修。

3. 异种有色金属

铜与铝焊接时，采用正确的电子束焊工艺并用 0.7mm 厚度的银为中间层，可获得优良的焊接接头。

锆与铌的热物理性能不同，锆的热导率比铌的热导率小，焊后产生的变形大，在应力作用下易形成裂纹。锆与铌的焊接性差，要获得满意的焊接接头，必须采取合适的焊接方法和工艺措施。采用真空电子束焊接锆与铌的核潜艇产品部件已获得良好的结果。

4. 陶瓷与金属、陶瓷与陶瓷

20 世纪 60 年代以来，国外已开始将电子束焊应用到金属-陶瓷封接工艺中，这不但扩大了封装材料选用的范围，也提高了封接件的气密性和力学性能，满足了多方面的需要。

陶瓷与金属的真空电子束焊有许多优点：一是在真空条件下焊接，能防止空气中的氧、氮等污染，有利于陶瓷与活性金属的焊接，焊后的气密性良好；二是电子束经聚焦后的直径可小到 0.1~1.0mm，功率密度可提高到 10^7~10^9W/cm²，因而穿透力很强，加热面积很小，焊缝熔宽与熔深之比可达到 1：10~1：50，不仅焊接热影响区小，而且应力变形也极其微小，这对于精加工件可作为最后一道工序，可以保证焊后结构的精度。

这种方法最大的缺点是设备复杂，对焊件工艺要求较严，生产成本较高，在应用上受到一定的限制。陶瓷与金属的真空电子束焊接时，比较合适的接头形式以平焊为最好，也可以采用搭接或套接，工件之间的装配间隙应控制在 0.02~0.05mm，不能过大，否则可能产生未焊透等缺陷。

陶瓷与金属宜采用高真空度低压电子束焊，一般工艺过程如下：

1）把工件表面处理干净后放在预热炉内。

2）当真空室的压力达到 10^{-2}Pa 之后，开始用钨丝热阻炉对工件进行预热，在 30min 内可由室温上升到 1600~1800℃。

3）在预热恒温下，让电子束扫描被焊工件的金属一侧，开始焊接。

4）焊后降温退火，预热炉要在 10min 之内使电压降到零值，然后使焊件在真空炉内自然冷却 1h 后出炉。

焊接参数对接头质量影响很大，尤其对焊缝熔深和熔宽的影响更加敏感，选择合适的焊接参数可以使焊缝形状、强度、气密性等达到设计要求。18-8 不锈钢和陶瓷的真空电子束焊接参数见表 2-10。

表 2-10　18-8 不锈钢和陶瓷的真空电子束焊接参数

母材厚度 /mm	电子束电流 /mA	加速电压 /kV	焊接速度 /(cm/s)	预热温度 /℃	冷却速度 /(℃/min)
4+4	8	10	10.3	1250	20
5+5	8	11	10.3	1200	22
6+6	8	12	10.0	1200	22
8+8	10	13	9.67	1200	23
10+10	12	14	9.17	1200	25

陶瓷与金属的真空电子束焊接，目前多用于难熔金属（W、Mo、Ta、Nb 等）与陶瓷的焊接，而且陶瓷的线胀系数与金属的线胀系数应相近，以达到匹配性的焊接连接。

氧化铝陶瓷（85%、95%Al_2O_3）、高纯度 Al_2O_3、半透明的 Al_2O_3 陶瓷之间的电子束焊接，可选择如下焊接参数：功率 3kW，加速电压 150kV，最大电子束电流 20mA，用电子束聚焦直径 0.25~0.27mm 的高压电子束焊机进行直接焊接，可获得良好的焊接质量。

5. 高速钢与弹簧钢

目前生产中应用的双金属机用锯条，刃部一般采用 W18Cr4V、W6Mo5Cr4V2 等高速钢，背部采用 65Mn、60Si2CrA、60Si2MnA 等弹簧钢，双金属锯条采用电子束焊接而成，主要工艺步骤如下：

1）焊前认真清理两种母材金属表面的氧化物、铁锈及油污等。

2）合理确定锯条毛坯尺寸。

3）电子束焊机的最高加速电压为 150kV，最大束流为 200mA，真空室压力为 $1.33×10^{-4}$Pa。

4）焊接时要求焊接速度为 4~5cm/s，焊缝正面宽度小于 1.0mm，异质焊缝背面宽度大于 0.3mm，锯条焊后的变形量不大于 1.0mm。另外，要保证焊缝中无气孔、裂纹、未焊透等缺陷，要求焊接废品率不得超过 3%。一般的高速钢与弹簧钢双金属机用锯条电子束焊的焊接参数见表 2-11。

表 2-11　高速钢与弹簧钢双金属机用锯条电子束焊的焊接参数

母材厚度 /mm	加速电压 /kV	电子束电流 /mA	焊接速度 /(cm/s)	焊缝正面宽度 /mm	焊缝背面宽度 /mm
1.8+1.8	60	36	3	1.0~1.2	≥0.3
	80	26	4	0.8~1.0	≥0.3
	100	18	5	0.5~0.8	≥0.3
	120	8	5	0.3~0.5	≥0.3

2.5 焊接缺陷及其防止措施

2.5.1 外部缺陷

通过直接观察或用低倍放大镜便可检查出来，这样的缺陷称为焊缝或接头的外部缺陷。电子束焊接时可能出现的外部缺陷大致可分为下列几种基本类型：焊缝形状和尺寸偏差、焊瘤、咬边、弧坑、焊偏、下塌、未焊透和焊缝成形不连续等。

1. 焊缝形状和尺寸偏差

通常采用电子束焊接的零件，要求焊后焊缝具有一定的形状和尺寸。对于某些精密零件，还要求焊缝的横截面具有一定的几何形状，如要求有一定的深宽比和焊根熔宽不能过窄或成钉尖状等。应注意电子束焊缝的钉尖形截面容易造成焊缝根部的未焊透、气孔，会增大焊缝的收缩应力和提高晶界开裂的敏感性，因此焊缝根部熔宽不宜过窄。电子束焊缝的基本形状如图 2-60 所示。

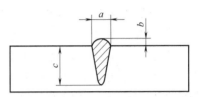

图 2-60 电子束焊缝的基本形状
a—焊缝表面宽度 b—焊缝表面增强
c—焊缝的深度

造成电子束焊缝形状和尺寸偏差的主要原因是：焊接时金属流失，使焊缝表面增强量不够；焊接参数不正确；焊前定位焊位置不正确，产生焊接变形，造成局部位置接口胀开。

为防止产生上述偏差，应制定出合理的焊接参数，装配时控制好接缝间隙，定位焊位置合理。为避免焊根熔宽过窄，可用函数发生器，使电子束旋转，典型的频率为 2kHz。

2. 焊瘤

焊瘤是指焊接过程中多余的熔化金属流到焊缝表面，造成焊缝表面局部增强量过高的现象。焊瘤是由于焊接参数不正确所引起的。焊瘤有的是局部的，也有的在焊缝全长内呈周期性地忽高忽低。焊瘤常和未焊透、咬边或内部气孔等缺陷同时发生。

为了防止产生焊瘤，应选择合理的焊接参数，主要是焊接速度。角焊缝还要选择合适的电子束偏角。

3. 咬边

沿着焊缝边缘的基体金属，在焊接过程中被熔去的沟槽叫作咬边，如图 2-61 所示。

咬边是在强规范下焊接或在电子束轴线与焊缝轴线间的夹角不合适的情况下引起的。在大电流或高电压下焊接时，基体金属部分地被电子束熔蚀，就形成了局部的咬边。

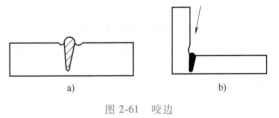

a)   b)

图 2-61 咬边
a) 对接焊缝的咬边 b) 角接焊缝的咬边

电子束焊接通常不用填料，在焊缝两侧很容易出现咬边缺陷，尤其在深穿透和高速焊接时更为严重。咬边是一种外部缺陷，在检查时很容易被发现。它减小了基体金属的截面积，会引起局部应力集中。

为避免产生咬边缺陷，应适当减慢焊接速度或采取添加填充焊丝的措施。焊接角焊缝时应选择合适的电子束偏角。

4. 弧坑

焊接过程中液态熔池面是下凹的，所以电子束焊接过程突然中断时会在焊缝中形成一个凹坑，即弧坑。它减小了焊缝的截面，降低了焊缝的强度，在动载荷的情况下，焊缝总是先由弧坑处开始破坏。在电子束焊接过程中，电子束的突然中断、起弧时束流上升过快、落弧时束流衰减过快都会造成弧坑。电子束的突然中断大多数是由于突然断电或电子枪的静电透镜部分被污染而引起气体放电（即发弧）的结果。

为避免出现弧坑，应合理选择束流的上升时间和焊接结束时束流的下降时间。为防止电子束的突然中断，应对焊机经常做好保养和维修工作，保持良好的工作状态。为防止气体放电，应经常清洗工作室及电子枪室，提高电子枪的抽气速率。

5. 焊偏

真空电子束焊接是隔着观察窗进行操作的，由于焊接变形和传动系统运动引起的偏离难以发现，又因为其焊缝很窄，焊缝横截面呈钉尖状，深宽比又很大，因此极易产生焊偏缺陷，如图 2-62 所示。产生焊偏的原因还可能是由于工件或工装带有磁性，使电子束偏离焊缝。

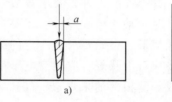

图 2-62　焊偏

a）对接焊缝的焊偏　b）角接焊缝的焊偏

在焊接对接焊缝时，如果电子束偏离焊缝的距离 $a>0.10mm$，就会造成焊根部分未焊透。焊接角焊缝时，若电子束的偏角 α 选择不当或落点位置不当，同样会造成未焊透。焊偏会削弱焊接深度，降低焊缝强度，是一种十分危险的缺陷。防止焊偏的措施如下：

1）焊前要仔细装配和调整工件的位置，使电子束斑点在接缝全长范围内与焊缝的偏离不大于 0.05mm。

2）对于中厚板的焊接，在调整电子束的对中时，应采用机械移动来找正接缝线，而不宜采用电子束偏转的办法。

3）工件或夹具是铁磁性材料，焊前应做去磁处理。

4）可采用旋转的电子束，以获得平行边焊缝，避免产生焊根局部未焊透。

5）异种金属焊接时，由于焊缝处金属中会产生热电势，使工件内部形成电流。该电流在熔池附近会造成杂散磁场引起电子束偏移，焊接时需加反磁场予以纠正。

6）改进电子束焊机的观察系统以及采用自动对中控制系统。

6. 下塌

用电子束进行单面焊接时，由于金属蒸气的反作用力和熔化金属的自重，容易造成焊缝表面下陷，严重时会出现焊漏。

出现焊缝下塌的原因主要是焊接参数不合适，如电压过高、束流过大、焊接速度太慢等。若焊缝间隙过大也会使熔化金属填补不足，造成下塌。

为避免产生这种缺陷，在接头结构上可采用锁底或留底的焊接接头；通过对焊接参数的调节以加快熔化金属的冷却速度，倾斜工件来降低液态金属的重力作用。

7. 未焊透

熔化金属和基体金属之间的局部没有焊透（或未熔合）叫未焊透。未焊透可以在焊缝横截面上直接观察到，熔合很好的部分截面是光亮的，在光亮背景上的黑色部分就是未焊透。在显微镜下观察，焊透时基体金属同焊缝金属之间的界限可根据两者不同的晶粒结构而呈现出来，未焊透时焊缝的边界有一条狭长的黑带。图2-63表示未焊透的几种典型情况。

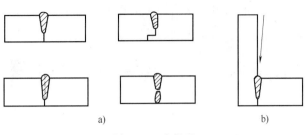

图 2-63　未焊透
a）对接焊缝　b）角接焊缝

电子束焊缝的熔透深度可在金相磨片上精确测得。电子束焊缝在焊道开端或结尾处，由于起弧、落弧的影响，焊深是逐渐增加或减小的。所以在测定焊深时，应在焊缝全长内至少取3个以上的试块进行测定，即焊缝的始端、中部和终端。

合理的熔深应能保证基体金属和熔化金属之间的边界充分熔合。若熔深过大，电子束的热输入要增加，这使基体金属和熔化金属都有可能过热，使热应力增加，晶粒粗大。

未焊透大大降低了焊接接头的力学性能，接头强度的降低与焊缝有效截面的减少近似成比例，同时未焊透还将引起局部的应力集中，强度极限降低更大。产生未焊透的原因有：

1）电子束的热输入过小。

2）焊接参数选择不合适，焊接速度过高。

3）电子束焦点在焊缝全长内与焊缝有偏离。

4）角焊时，电子束与焊缝的偏角不合适。

5）工件或夹具有局部磁性，焊接过程中电子束偏离焊缝。

6）焊边有锈、氧化皮、油污或水分等。

电子束焊缝中，未焊透在大多数情况下是一种内部缺陷，因此必须采取相应的无损检验方法来检查，并从焊接工艺和操作上采取措施，以避免和防止产生该类缺陷。

8. 焊缝成形不连续

在焊缝全长范围内出现局部焊缝成形不良或焊缝不能成形的现象，被称为焊缝成形不连续。这种缺陷容易出现在薄板（厚度1～2mm）焊接过程中。产生这种缺陷的原因是：

1）薄板焊前装配间隙不均匀。

2）工件厚薄相差较大。

3）工件装配后，薄板局部未完全贴合。

4）定位焊位置不正确，焊接过程中产生变形，造成焊缝接口局部拉开。

5）电子束焦点的直径过小，熔化金属不能与母材很好地重新熔合。

避免产生这种缺陷的主要措施是：

1）薄板焊接应严格控制装配间隙，并使焊缝全长范围内间隙一致。

2）对厚薄相差较大的工件，电子束焦点应适当向厚件方向偏移。

3）定位点焊要点焊可靠，间距适当缩小，避免产生变形。

4）焊接参数要选择恰当，并适当增大电子束斑点的直径。

2.5.2　内部缺陷

需要利用各种仪器设备检查才能发现，此类缺陷称为焊缝或接头的内部缺陷。电子束焊接时可能出现的内部缺陷大致可分为下列几种基本类型：钉尖缺陷、冷隔、气孔、裂纹及焊接接头成分、组织和性能的缺陷等。

1. 钉尖缺陷

电子束焊缝的根部有不规则的钉尖状，称钉尖缺陷，如图2-64所示。

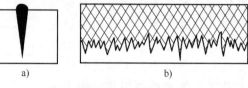

图 2-64　钉尖缺陷
a) 焊缝横剖面　b) 焊缝纵剖面

钉尖缺陷是电子束焊接的固有缺陷，常发生在部分熔透的焊缝根部。钉尖缺陷不但减小了焊缝的平均深度，造成局部未焊透，同时还会造成根部的晶界裂纹以及在钉尖部位出现微小的缩孔。由于这种钉尖的密集，容易造成应力集中，导致接头破坏。

产生钉尖缺陷的原因可能是由于电子束功率的脉动，引起液态金属表面张力和冷却速度过大，而液态金属来不及流入，最后形成钉尖缺陷。实践证明，钉尖缺陷的严重程度与电子枪的结构性能以及高压电源的特性有密切关系，性能优良的电子束焊机，焊件的钉尖缺陷要小些。

减小钉尖缺陷的措施有：

1）焊接接头采用垫板或加锁底，将这种缺陷引出受力部位。

2）在许可的情况下，采用全熔透工艺。

3）采用合适的焊接参数，并使电子束做函数偏转，调整电子束偏转的频率与幅度。

2. 冷隔（或称空洞）

当焊接厚工件时，往往在焊缝根部或稍高处会出现较大的空洞，把上下的熔化金属分隔开，从焊缝的横剖面上可以观察到不规则形状的空洞，如图2-65所示。这种空洞有时呈局部的，有时可能贯穿在焊缝的全长范围内，这种缺陷称冷隔或空洞。冷隔缺陷严重影响焊缝的质量，削弱焊缝的强度，造成应力集中，是厚板焊接中的危险缺陷。

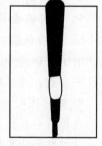

图 2-65　冷隔

产生冷隔的原因与电子束焊缝的成形特征有关。厚板焊接时，焊缝深度大，当采用深穿入式焊接时，焊缝金属根部的汽化金属或其他气体逸出时，受到电子束流排开的液态金属的阻碍，在迅速冷却过程中残留在焊缝根部所致。冷隔可以说是厚板焊接中气孔的一种特殊形式。

防止产生冷隔缺陷的办法是：

1）应尽量减少工件产生气体的来源。

2）调整好焊接参数，可适当降低加速电压，在不影响焊缝表面成形良好的情况下，尽可能降低焊接速度。

3）采用偏转函数，增加电子束的摆动。

3. 气孔

电子束焊接时，熔化金属中的气孔是由于溶解在液态金属内的气体析出造成的。冷却时气体在金属内部溶解度降低，部分气体向外逸出，但受到电子束流排开的液态金属或遇到正在结晶的金属的阻碍时，气体就不能完全从金属中逸出而形成了气孔。

气孔在焊缝金属内的分布，有的是均匀的，也有呈单独的群体或沿焊缝呈链状，也有以个别夹杂的形式分布。气孔在焊缝截面上的分布，可以在焊缝的根部（钉尖缺陷部位较多见），也可以沿焊缝与基体金属的熔合线处，有时还可贯穿整个的焊缝深度。

电子束焊接中，可以引起气孔或对形成气孔起一定作用的气体有：氢、氮、氧、水蒸气及金属蒸气。工件表面的各种有机物或铁锈的存在，也会造成焊缝内的气孔。电子束焊接通常是在真空工作室内进行的，可以排除大气中有害气体的影响，因此产生气孔的主要因素有：

1）被焊金属本身所含气体成分较多或所含低熔点的金属成分较高。如含氮量较高的合金钢或不锈钢，焊接高温下，氮的析出易造成气孔。焊接含镁量较高的铝合金时，因镁的蒸发也易造成气孔。

2）与被焊金属材料的冶炼条件有关。如焊接粉末冶金的难熔金属时，在熔合线附近特别容易出现气孔。

3）被焊金属表面清洗不干净，有铁锈或有机物等污垢存在。

4）焊接速度过高，使熔化金属过快冷却，阻碍了气体的逸出。

气孔的存在减少了焊缝的有效截面积，使焊接接头强度降低。气孔严重时，影响气密性，会造成焊缝漏气、漏水。气孔一般呈圆球状，对应力集中的影响并不严重。

防止和减少产生气孔的办法是：

1）焊前必须严格清洗工件。

2）改善母材的冶炼条件。

3）对表面易于吸附水分的被焊材料，应在焊前做烘干处理。

4）对易产生气孔的被焊材料，应编制合理的焊接工艺，选择合适的焊接参数，使焊缝的横截面不致过窄过尖。

5）采用偏转函数，选择合适的频率使电子束对焊缝起搅拌作用，利于气体逸出。

6）可采用多道焊或重熔的措施来消除气孔。

4. 裂纹

焊接过程中或焊后，在焊接接头区域内所出现的局部开裂现象叫裂纹。裂纹可出现在熔化金属和基体金属内，是由本身应力及其他原因造成的。在金属内部出现应力的原因有：

1）加热冷却时温度分布不均匀。

2）组织的转变引起体积的改变。这在具有淬火性能的材料的焊接中，表现特别明显。

3）金属从液态转变到固态时体积的改变。

焊接过程中，金属由液态到固态转变时体积改变产生的应力影响不大；由组织转变产生的应力只是在焊接具有淬火性能的钢材时才显示出来；而焊接时由于急剧的局部加热所引起的热应力才是起重要作用的。

裂纹按其产生的机制不同，可分为热裂纹和冷裂纹两类。

热裂纹是在焊缝金属由液态到固态的结晶过程中产生的，大多产生在焊缝金属中。其产生原因主要是焊缝中存在低熔点物质，在焊接应力作用下，引起晶粒之间的开裂，如焊件中含硫、铜等杂质多时，易产生热裂纹。

冷裂纹是在焊后冷却过程中产生的，大多产生在基体金属或基体金属和焊缝金属交界处的熔合区中。其原因主要是由于热影响区或焊缝内形成了淬火组织，在较大的应力作用下，引起晶粒内部开裂。如含碳较高或含合金元素较多的金属材料，容易出现冷裂纹。焊缝中含有过多的氢，也会引起冷裂缝。

此外，用电子束焊接奥氏体钢或难熔合金时，在焊缝金属和熔合区附近会出现结晶裂纹。

裂纹是最危险的一种焊接缺陷，除了减小承载面积外，还会引起严重的应力集中，在使用过程中裂缝会逐渐扩大，最后导致构件的破坏，因此在焊接结构中是不允许存在的。

防止产生裂纹的办法有：

1）尽量选用含杂质少、焊接性好的材料作焊接结构材料。

2）对含碳量较高的或合金元素较多的材料，焊接工艺上应采取相应的措施，如预热、缓冷等。

3）选用合适的焊接参数，采用合理的焊接顺序，尽可能减少焊接应力。

4）焊接奥氏体钢可能产生结晶裂缝，采用调整焊接参数、改变电子束焊缝的截面形状的办法，具有一定的效果。

5. 焊接接头成分、组织和性能的缺陷

电子束焊接接头的成分、组织和性能方面的要求，如焊缝及热影响区的金相组织、接头的力学性能和耐蚀性能、焊缝金属的化学成分及物理化学性能等，是由产品或结构的技术条件规定的。因此必须针对各种产品的不同要求，在焊前制作必要的焊接试验件，进行焊接试验，并对试验件做规定要求的检验，待检验合格后，才能焊接正式产品。

为保证产品的焊接接头在成分、组织和性能方面能达到规定的要求，主要应从焊接工艺着手解决，操作时必须严格遵守规定的焊接工艺规程。

2.6　现代电子束焊接技术及增材制造

2.6.1　电子束钎焊

电子束钎焊是用能量密度及扫描路径均可精密控制的电子束作为加热源进行真空钎焊，也就是用电子束高速扫描，使电子束由点热源转化为面热源，实现工件的局部高速均匀加热。相较于普通真空钎焊而言，该工艺具有显著的优越性：高温停留时间短、大大减少钎料对母材的溶蚀、输入能量精密可控、能量输入路径可任意编辑等，这些优点对各种精密、复杂部件连接制造具有非常重要的意义。近年来，国内外已通过电子束钎焊技术实现了陶瓷零件、碳-碳复合材料、立方氮化硼/碳化钨基体以及换热器管板结构的连接。

2.6.2　电子束复合焊

1. 电子束-等离子弧复合焊

非真空电子束焊接由于电子束在大气中发生散射、能量损失等原因，因而发展比较缓慢。哈尔滨焊接研究所提出了新型非真空电子束焊接方法，即电子束-等离子弧复合焊。它采用电子束与等离子弧相串联，叠加起来进行焊接。电子束通过真空和等离子枪的阴极进入大气，穿过等离子弧以后熔化金属，进行焊接，这样可以减小电子束能量损失，也有助于等离子弧稳定。等离子弧可以很好地保护焊接熔池，并作为附加热源，可以预热工件，有助于改善焊缝成形、增加熔深。

2. 真空电子束焊-钎焊复合焊

它是集电子束焊接和钎焊于一体的焊接过程。一方面，当高速电子束撞到工件表面，电子的动能就转变为热能，使金属迅速熔化和蒸发。随着电子束与工件相对运动，液态金属沿小孔周围流向熔池后部逐渐冷却，凝固形成了电子束焊缝。另一方面，在电子束焊接过程中，有部分热能通过热传导的作用，使电子束焊缝周边的金属加热，当温度高于钎料的熔点时，液态钎料发生润湿及铺展，填充接头间隙，并与周边的金属相互扩散而实现连接。

当单独采用电子束焊接 T 形接头时，容易产生未熔合的缝隙，接头强度差，且具有缺口和腐蚀敏感性。在适当的工艺条件下，采用真空电子束焊-钎焊的复合焊接可以避免上述的缺陷，获得焊缝成形较好、接头强度较高的 T 形接头。对于 T 形接头，采用真空电子束焊-钎焊的复合焊接，所形成的复合焊缝强度主要是靠电子束焊缝保证，而钎焊焊缝起到补充和增强的作用，充分发挥了两种焊接技术各自的优势；并且，由于在复合焊接时不必采用散焦方式，故电子束焊缝窄、焊接变形小、工艺难度降低、焊接效率提高。复合焊接接头可以在焊缝成形、减小变形等诸多方面改善单独电子束焊接 T 形接头的性能。

2.6.3 电子束填丝焊

与自熔性电子束焊相比，电子束填丝焊具有许多特殊的优点。填充焊丝的电子束焊接技术放宽了对间隙和对接面加工精度的要求，从而降低了工艺难度，节省了成本，提高了生产率。例如：液力变矩器泵轮和上盖总成角环缝属于套接接头，为了保证互换性，批量加工中留有一定装配公差，接缝间隙公差范围为 $0.35 \sim 0.50\text{mm}$，必须外加填充金属才能获得饱满的焊接接头，基于此，电子束填丝焊对于该产品的批量生产是一种理想的焊接方法。

2.6.4 局部真空电子束焊

局部真空电子束焊接技术是在大尺寸结构件的焊缝及其附近局部区域建立真空环境，并进行电子束焊接的技术。这种方法既保留了真空电子束焊接的特点，又避开了庞大的真空室，解决了厚大工件的焊接问题，可大大提高焊接质量并降低设备成本。局部真空电子束焊接技术是一种先进的焊接技术，在国防工业和民用工业具有广阔的应用前景。

2.6.5 电子束增材制造

根据填充材料的不同，电子束增材制造技术主要分为电子束熔丝增材制造（Electron Beam Freeform Fabrication，EBFF）技术和电子束选区熔化增材制造（Electron Beam Selective Melting，EBSM）技术。

1. 电子束熔丝增材制造技术

以电子束为热源、原材料状态为丝材的增材制造技术称为电子束熔丝增材制造技术，图 2-66 为电子束熔丝增材制造技术原理示意图。电子束熔丝增材制造系统主要由电子枪、精密数控系统和送丝机构三部分组成，其中电子枪产生电子束，电子束用于形成熔池并熔化丝材，精密数控系统用于逐层构建成形部件，送丝机构用来同步送进增材焊丝。具体工作过程如

电子束熔丝增材制造技术

下：在真空环境中，由电子枪产生的高能量密度的电子束轰击金属表面而形成熔池，金属丝材通过送丝装置送入熔池并熔化，同时电子束和熔池按照预先规划的路径运动，金属材料逐

层凝固堆积，形成致密的冶金结合增材金属层，直至制造出金属零件或毛坯。

该技术具有成形效率高以及生产率高等优点，已成功应用于空客 A320neo 飞机钛合金后梁、无人潜航器钛合金压载舱以及 F-35 飞机翼梁等结构的制造。同时需要对电子束熔丝增材制造成形件的成形精度和缺陷进行有效的调控，否则增材成形件会出现变形、裂纹和气孔等问题，这将严重影响增材成形件的服役要求和尺寸精度。

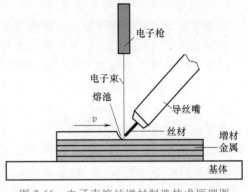

图 2-66　电子束熔丝增材制造技术原理图

2. 电子束选区熔化增材制造技术

以电子束为热源、原材料状态为粉末材料的增材制造技术称为电子束选区熔化增材制造技术，图 2-67 为电子束选区熔化增材制造技术原理示意图。首先利用计算机把待制造零件的三维模型进行分层处理，获得各层截面的二维轮廓信息并生成加工路径，以使电子束按照预定的路径进行二维图形的填充扫描；接下来，在成形平台上铺展一层金属粉末，电子束在粉末层上按照预设的路径扫描一个二维图形，并选择性熔化粉末材料。该层成形完成后，成形平台下降一个粉末层厚度的高度，然后铺设一层新的粉末，电子束继续选择性熔化三维模型对应的下一个二维图形，并使之与上一个二维图形结合。如此反复，直至三维模型的所有截面被熔化并相互结合在一起，形成三维实体零件。实体零件周围的未熔化粉末可以被回收再利用。

该技术的优点如下：电子束扫描的路径控制灵活且可靠性高，成形速率快，控温性能良好，成形精度高。目前已经实现了多种金属材料，包括不锈钢、钛合金、TiAl 基合金、Co-Cr 合金、镍基高温合金、铝合金等的电子束选区熔化增材成形；但由于电子束选区熔化增材工艺过程复杂，会出现预置粉末层的溃散、孔隙以及翘曲变形等成形缺陷，应通过试验或模拟的手段不断加深对该工艺的认识，不断提高工艺控制的水平。

电子束选区
熔化增材
制造技术

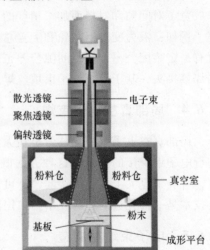

图 2-67　电子束选区熔化增材制造技术原理图

复习思考题

1. 什么是电子束焊？有何特点？

2. 电子束焊的工作原理是什么？

3. 电子束焊设备由哪几部分组成？焊接电子束如何形成？

4. 深穿入式电子束焊缝的成形过程有何特点？

5. 电子束焊的主要焊接参数有哪些？它对焊缝成形有何影响？

6. 常用电子束焊接头有哪些类型？与普通电弧焊接头相比，电子束焊接头有哪些特殊性？

7. 电子束焊接安全防护应注意哪些方面？

8. 铝及铝合金的电子束焊有哪些特点？

9. 举例分析异种材料的电子束焊接。

10. 说出一种典型的电子束焊接结构件并给出其主要焊接工艺。

11. 电子束焊的典型内、外部缺陷有哪些？如何防止？

12. 哪种现代电子束焊接技术可克服其与工件接缝对准稍有偏差这一问题？分析其可行性。

13. 什么是电子束-等离子弧复合焊？有何优点？

14. 电子束熔丝增材制造技术的工作原理是什么？

15. 电子束选区熔化增材制造技术的工作原理是什么？有哪些特点？

参 考 文 献

[1] 舒尔茨. 电子束焊接技术 [M]. 周山山，译. 武汉：华中科技大学出版社，2020.

[2] 胡绳荪. 焊接制造导论 [M]. 北京：机械工业出版社，2018.

[3] 王之康，高永华，徐宾. 真空电子束焊接设备及工艺 [M]. 北京：原子能出版社，1990.

[4] 李亚江，王娟，刘鹏. 特种焊接技术及应用 [M]. 北京：化学工业出版社，2005.

[5] 马正斌，刘金合，卢施宇，等. 电子束焊接技术研究及进展 [J]. 电焊机，2012，42 (4)：93-96.

[6] 刘金合. 高能密度焊 [M]. 西安：西北工业大学出版社，1995.

[7] 中国机械工程学会焊接学会. 焊接手册：第 1 卷 [M]. 北京：机械工业出版社，1992.

[8] 顾曾迪，陈根宝，金心溥. 有色金属焊接 [M]. 2 版. 北京：机械工业出版社，1997.

[9] 古列维奇 C M. 有色金属焊接手册 [M]. 邱斌，刘中青，译. 北京：中国铁道出版社，1988.

[10] 周广德，陶守林. 电子束焊接在我国汽车零部件的应用与发展 [J]. 电焊机，2005，35 (7)：6-8.

[11] 张秉刚，吴林，冯吉才. 国内外电子束焊接技术研究现状 [J]. 焊接，2004 (2)：6-8.

[12] 周广德，陶守林. 电子束焊接技术在航天领域中应用 [J]. 电工电能新技术，1999 (1)：25-28.

[13] 吴会强，冯吉才，何景山. 电子束焊接深熔产生机理的研究现状与发展 [J]. 焊接，2003 (8)：
      5-16.

[14] 陈芙蓉，霍立兴，张玉凤. 电子束焊接技术在工业中的应用与发展 [J]. 电子工艺技术，2002，35
      (2)：56-58.

[15] 刘春飞，张益坤. 电子束焊接技术发展历史、现状及展望 (Ⅲ) [J]. 航天制造技术，2003 (3)：
      27-31.

[16] 熊华平，郭绍庆，刘伟，等. 航空金属材料增材制造技术 [M]. 北京：航空工业出版社，2019.

[17] 李绍伟，部庆伟，赵健，等. 电子束熔丝增材制造研究进展及展望 [J]. 中国材料进展，2021，40
      (2)：130-138.

[18] 郭超，张平平，林峰. 电子束选区熔化增材制造技术研究进展 [J]. 工业技术创新，2017，4 (4)：
      6-14.

第3章

超塑性焊接和超塑成形/扩散连接

固态焊接是指被连接材料完全不熔化的压力焊接，它是通过各种物理方法克服两个连接表面的不平度，除去氧化膜及其他污染物，使两个连接表面上的原子相互接近达到晶格距离，形成金属键结合的材料在固态下的连接。固态焊接有两大优点：一是焊接过程中材料不熔化，焊接区的微观结构变化很小，力学性能损失很少；二是适合焊接异种材料，如非金属材料、难熔金属与复合材料。固态焊接能最大限度地实现先进材料及迥异材料间与母材组织性能一致的高质量连接和精密连接，是 21 世纪材料连接技术的重要发展方向。

按接合机理的不同，固态焊接可大致分为两类：一是以塑性变形为主的变形焊接，如锻焊，它是在较高温度较大外力作用下使结合区发生大的塑性流变，提高接触面的密合性，同时破坏表面的氧化膜，使之露出新鲜表面，从而实现原子间结合；二是以扩散为主的扩散焊接，它是在真空或保护气氛下通过高温低应力、长时间控制扩散的形式，利用高温蠕变变形使结合面密合，尔后靠原子的晶内扩散或边界扩散实现固态连接。

材料处于超塑状态时，可在低应力下实现大的塑性流变，并具有强烈的激活状态，非常有利于实现待连接面的密合、破膜及界面两侧原子的互扩散而实现固态连接，即超塑状态下使得材料固态连接所需的塑性变形和扩散都能有效或高效地进行，这种基于材料超塑性的固态连接方法即超塑性固态焊接（Superplastic Solid-State Welding, SSW）。

超塑性焊接是一种新的材料固态焊接方法。与一般变形焊接相比，它可以在低应力下获得大的塑性变形而使接合面极易实现密合，而且超塑性特殊的塑性变形机制可以在宏观变形量不大的情况下更有效地破坏氧化膜；与扩散焊相比，超塑性变形使界面的密合比一般蠕变更为有效，且使原子的扩散能力大大加强，能在较短时间内、较低温度下产生明显的扩散以实现材料的固态焊接。超塑性焊接还可与塑性成形同步进行而同时完成零部件的成形与焊接，如超塑成形/扩散连接（SPF/DB），这是其他固态焊接方法所不能比拟的。超塑性焊接所具有的明显技术优势，使其具有很好的工业应用前景，已成为近年来固态焊接非常活跃的研究领域。

3.1 基于超塑性的固态连接方法

3.1.1 超塑性及其分类

材料的超塑性现象虽在 20 世纪初已被发现，但直到 20 世纪 60 年代才开始受到各国科学家的重视，随后便掀起了超塑性研究的热潮。随着超塑性理论研究的深入，从 20 世纪 70

年代开始，工业发达国家竞相开发超塑性技术，研究的材料也几乎涉及所有金属材料并延伸到现在的高新材料（含复合材料、陶瓷材料等）。我国超塑性研究虽起步较晚，但一直非常重视超塑性理论研究与应用研究相结合，并取得了一批具有国际先进水平的研究成果，然而目前我国超塑性应用研究的整体水平尤其是在规模化和商业化生产上与工业发达国家相比仍有一定差距。

超塑性与超塑性固态焊接（1）

迄今为止，人们虽还不能从物理本质上给出超塑性的确切定义，但对超塑性现象已有了足够的认识。材料在超塑状态下的主要表现为：

1）超塑变形的变形抗力很小，仅为常规塑性变形抗力的几分之一甚至几十分之一。

2）超塑变形的变形能力极好，拉伸试验中的断裂伸长率是常规塑性变形的几倍、几十倍，甚至几百倍；伸长率值可达百分之几百，甚至百分之几千；并且变形均匀，无明显颈缩。

3）超塑变形过程中，应变硬化不明显，甚至出现应变软化；应变速率硬化现象比较明显，即应变速率增加，流变应力增大比较明显，应变速率硬化指数 m 一般在 0.3 以上。材料的 m 值越大，则拉伸试验时抗颈缩扩展能力越大，获得高伸长率的可能性越大，超塑性越好。

4）超塑变形前其均匀细小的等轴晶粒组织，在超塑变形后晶粒尺寸有所长大，但不明显；晶粒变形也不明显，基本上仍为等轴晶粒；相界、三叉晶界等处易出现显微孔洞；超塑变形前原始纤维或条带状组织，在超塑变形过程中可以发生动态再结晶而呈等轴细晶组织；在超塑变形过程中和超塑变形后可观察到晶界滑动、晶粒转动、晶粒三维运动所伴生的组织特征；在超塑变形过程中晶体缺陷不断发生变化，空位浓度一般会增大至过饱和浓度；位错密度在变形过程中也明显增大，但变形后迅速减少，且主要分布于晶界及其附近，晶内位错很少；变形过程中出现的亚结构，在变形后不易观察到。

5）材料在超塑变形过程中处于强烈的激活状态，原子迁移率较高，扩散系数与常规扩散系数相比明显增大，在微区组织分析和成分分析中很容易观察到因原子快速扩散而发生的相应的组织变化，以及由此而引起的显微硬度等性能上的变化。

6）超塑变形主要是由空位扩散与位错运动所调节的，以晶界行为（晶界滑动、晶界迁移等）为主的，多种变形机制综合作用的塑性变形，它与常规塑性变形以晶内滑移、孪生为主的变形机制明显不同。

目前，超塑性已被认为是材料的一种普遍潜在属性。按照超塑变形条件或特点的不同，超塑性一般可分为三类。

（1）组织超塑性　是指具有稳定、等轴细晶组织的材料在恒温变形呈现的超塑性，又称细晶超塑性或恒温超塑性，是目前研究和应用最多的一种超塑性。实现组织超塑性应具备的主要条件是：

1）等轴细晶组织。材料变形前必须晶粒细化或超细化、等轴化，并在变形期间要保持稳定。晶粒超细化是指晶粒尺寸要达到 $0.5\sim5\mu m$，一般不超过 $10\mu m$。等轴化要求与超塑变形机理有关，因为超塑变形主要靠晶粒间的移动与转动，这就要求数量多而又短的晶粒边界。稳定化是指在变形过程中，晶粒不会长大或长大较少，否则就会出现应变硬化，降低塑性。

2）变形温度。变形温度一般是（0.5~0.7）T_m（T_m 为材料的熔化温度，K）。在此温度下，金属内部组织处于不稳定状态，原子热运动增加，变形易于进行。

3）应变速率。应变速率要慢，因为超塑流变的种种机制都需要足够的时间。超塑变形的最佳应变速率为 $10^{-4}~10^{-2}s^{-1}$ 或 $10^{-3}~10^{-2}min^{-1}$。

（2）相变超塑性　相变超塑性是指具有固态相变的材料在变动频繁的温度环境下（循环加热冷却）受到应力作用时，经多次循环相变或同素异构转变而得到的很大的变形。因此，它不需要预先的组织超细化处理，但需要在应力作用下，同时在相变温度范围内循环加热和冷却，材料在每一次的加热和冷却过程中得到一次跳跃式的均匀变形，多次循环即可得到累积的大变形量。

相变超塑性在控温技术方面比组织超塑性要困难，其研究和应用也相对较少。

（3）其他超塑性　包括短暂超塑性和相变诱发超塑性等。

短暂超塑性又称临时超塑性，是指金属材料在一定条件下出现短时间的细而稳定的等轴晶粒组织并显示出的超塑性。在 M_s 点以上的一定温度区间加工变形，可以促使奥氏体向马氏体逐渐转变，在转变过程中可以得到异常高的伸长，被称为相变转变诱发超塑性。

3.1.2　超塑性的力学和组织特征

1. 超塑变形的本构方程

材料在发生塑性变形时，其流动应力 σ 与应变量 ε、应变速率 $\dot{\varepsilon}$、变形温度 T 和组织状态（如晶粒大小）等很多因素有关。在恒温变形条件下，若组织状态变化不大，可用式（3-1）黏-塑性材料的本构方程描述。由于材料在超塑状态下，应变硬化指数 n 很小，即 $n \approx 0$，则式（3-1）可简化成式（3-2）。即

$$\sigma = K\varepsilon^n\dot{\varepsilon}^m \tag{3-1}$$

$$\sigma = K\dot{\varepsilon}^m \tag{3-2}$$

式中　K——常数（其定义为 $\dot{\varepsilon}=1$ 时的流动应力）；

　　　m——应变速率敏感性指数。

式（3-2）为描述超塑性力学特征的本构关系，也即 Backofen 方程，表明超塑变形具有类似黏性流动的行为。m 值是表征超塑性效应的一个最重要的判据，由式（3-2）可得 m 值的定义式为

$$m = \left(\frac{d\ln\sigma}{d\ln\dot{\varepsilon}}\right)_{\varepsilon,T} \tag{3-3}$$

若考虑到温度的关系，则式（3-2）可写成方程（3-4），即

$$\sigma = K\dot{\varepsilon}^m\exp(Q_c/RT) \tag{3-4}$$

式中　Q_c——超塑变形激活能；

　　　R——气体常数；

　　　T——变形温度。

应变速率敏感性指数 m 和超塑变形激活能 Q_c 通常用于评价材料的超塑性现象。材料在超塑状态下，m 值在 0.3~0.9 范围内。高的 m 值只是超塑性的必要条件而不是充分条件，目前一般认为，超塑变形时，$m \geq 0.3$、Q_c 应接近主要相（或基体金属）的晶界扩散激活能。

2. 超塑变形的组织特征及机理

在超塑变形过程中，金属组织变化主要表现在以下几个方面：

（1）晶粒形状与尺寸的变化　超塑变形后的晶粒一般都会长大，但晶粒的等轴性几乎保持不变，这是以晶界滑移为主变形机制的重要证据之一。在晶粒长大的同时，晶界还出现圆弧化的趋势。

（2）晶粒的滑动、转动和换位　在超塑变形时经常发生的这些运动可以使金属获得极大的伸长。晶粒在滑动和转动过程中其尺寸和形状会有所变化，但仍保持近似的等轴性。由于超塑变形类似物质的黏滞性流动，晶粒在滑动和转动中并非刚性运动。超塑变形主要表现为晶界滑动行为，实质是晶界位错运动。

（3）晶界折皱带（也即晶界宽化）　一些合金（如 Zn-Al 合金）在超塑变形后初始晶界变宽，并有一些不规则的呈条纹状的线带即晶界折皱带出现。一般认为，这种折皱带的出现与晶界的滑移过程有关。

（4）位错　常规塑性变形时晶内会产生大量位错，超塑变形时在晶界及其附近位错活动较为显著，而晶内位错较少。当变形较大时，位错密度增高较多，同时较明显地集中于晶界及三角晶界处，但并未发现位错塞积现象，这说明在晶界处发生了强烈的位错攀移和相消过程，反映了超塑性流变的特征。

（5）空洞　超塑变形时另一个重要的组织变化是在材料内部出现空洞。

关于超塑性的变形机理，到目前为止还没有形成一个统一的能完善地解释所有合金的所有超塑性变形行为的理论。随着研究的深入，逐渐明确了利用晶界滑移、扩散蠕变和晶内位错滑移三种变形机理的综合机理能较好地解释绝大多数合金的超塑流变行为。可以说，超塑变形是以晶界滑移为主的、多种机理共同作用的结果。

3.1.3　材料的超塑性及其实现

超塑性是相对常规塑性而言的。超塑性的产生首先取决于材料的内在条件，如化学成分、晶体结构、显微组织（包括晶粒尺寸、形状及分布等）及是否具有固态相变（包括同素异构转变，有序-无序转变及固溶-脱溶转变等）能力；外在条件包括变形温度、加热方式（恒温或温度循环）及应变速率等。

材料的超塑性通常指的是微细晶粒超塑性（恒温超塑性或组织超塑性），它要求材料具有微细而稳定的等轴晶粒组织。组织超细化处理是实现工业用材超塑性的预处理，基本方法有以下四种，这些方法可以单独或相互结合使用。

1. 相变细化晶粒法

它是通过循环的升温、降温过程，使材料反复发生固态相变，在每次相变过程中，每个母相晶粒晶界上都会产生多个新相的晶核，从而使晶粒不断得到细化，细化程度可以达到亚微米的晶粒尺寸，但当晶粒达到亚微米尺寸时，再增加循环的次数，细化效果就不明显了。这种细化工艺是钢超塑预处理常用的方法，如利用盐浴快速加热循环淬火的超细化预处理工艺可使 CrWMn 钢的晶粒尺寸细化到 $2\mu m$ 以下。不同材料最佳的循环相变温度和循环次数可通过试验确定。

2. 双相合金形变细化晶粒法

对许多双相合金如 Pb-Sn 共晶合金、Al-Cu 共晶合金、Zn-Al 共晶合金等，可在超塑性变形温度范围内进行较大变形量的变形，如轧制或挤压，然后再进行退火处理使晶粒再结晶细化，或在热变形过程中利用动态再结晶细化晶粒。此方法的关键是变形量较大的不均匀形变会使形变组织发生再结晶，如果变形量不足，则再结晶也不可能形成超塑性要求的微细等轴晶粒组织。形变+再结晶细化晶粒方法，可以通过多种工艺实现，如对供货状态（退火态）2A12 铝合金可不经任何热处理直接在 450℃ 挤压，产生的动态再结晶使组织得到超细化；挤压后在 480～485℃、应变速率为 $8.9 \times 10^{-4} s^{-1}$ 超塑条件下，伸长率达 600% 以上，m 值为 0.35～0.42。又如 Ni 基合金 Ni-39Cr-8Fe-2Ti-1Al 采用图 3-1

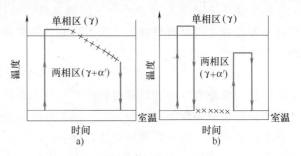

图 3-1　Ni 基合金的微细化处理工艺示意图
a) 热加工工艺　b) 冷加工工艺
注：××××所示为加工区

所示两种工艺处理，合金中奥氏体和铁素体晶粒皆可细化至 10μm 以下。

3. 快速结晶细化晶粒法

利用快速凝固技术可以制备微细晶粒合金。如熔淬液化法是将熔融金属液流在喷射流体（如压缩气体、蒸汽或水等）的直接冲击下粉碎成液滴，或将熔融金属连续喷射到高速旋转的圆盘上粉碎成液滴，再将粉末采用包套热挤压或热等静压等方法热压成实体，这种方法制备的材料具有微细的晶粒组织。在实际应用中某些超合金和白口铸铁等都可以利用此方法来获得微细晶粒组织。

4. 双相合金的相分解细化晶粒法

该方法是通过退火处理使非平衡组织发生相分解，从而得到微细晶粒的两个平衡相。非平衡组织通常是马氏体或淬火过饱和固溶体，这类组织中的亚结构可以为平衡相的形成提供很多的形核点。在淬火固溶体发生相分解之前进行适当的温变形，可提高相分解过程中的晶粒细化程度。如在双相（α+β）钛合金中，β 相淬火得到的马氏体在（α+β）相区进行退火时发生分解并形成（α+β）平衡组织，其晶粒细化程度取决于退火工艺。Zn-22Al 合金超细化预处理是利用相分解细化晶粒的典型，该合金在 275℃ 以上是 α' 单相固溶体，过冷到 275～100℃，α' 分解为层片状（α+β）双相组织，这种组织不具有超塑性；当过冷到 ≤50℃ 时，α' 转变为粒状（α+β）双相组织，两个相的晶粒尺寸大约在 5μm 以下，这种组织会呈现很高的超塑性。

3.1.4　基于超塑性的固态连接方法的可行性

材料的固态连接从理论上说并不复杂，只要两个待连接面足够"干净"并足够"贴近"，则界面两侧原子即可形成原子间的结合（键合）而实现固态连接。但在实际应用中实现固态连接并不是很容易，一是由于连接面达不到足够"干净"的要求，因为即使经过精心加工和清洗的材料表面也必然存在氧化膜、吸附层及其他形式的污染；二是由于两个即使经过精加工的固态平面彼此接触时，由于微观上的凹凸不平，其实际接触面积所占比例是非常小的，更谈不上足够"贴近"了。因此要实现固态连接，必须借助外力使连接界面两侧材料发生塑性变形，扩大实际接触面积。

塑性变形的另一重要作用是能使氧化膜破碎，在破碎的瞬间暴露出的"新鲜面"或"活性面"是足够"干净"的。然而单纯的塑性变形即使变形量再大，界面处因微观凸凹不平所形成的空洞也只是尺寸和数量的减少，而不会完全消失，界面处残存的氧化物、吸附原子或其他污染物也不会消失，因此，还必须借助于扩散使界面处的空洞消失，使界面处以化合态或游离态存在的其他原子消散；同时扩散还有助于蠕变、回复与再结晶、晶界迁移等有利于原界面消失的过程的进行。由于影响扩散的最重要因素是温度，因此，固态连接通常都要在加热条件下进行，加热不但有利于原子扩散，而且能减小塑性变形抗力，使塑性变形易于进行。

综上所述，材料的固态连接过程在某种意义上可以说是材料的塑性变形和原子在固态材料内的扩散过程，因此，凡是有利于塑性变形和扩散的因素皆有利于材料的固态连接。

材料在超塑状态下的许多表现对塑性变形和扩散都十分有利。

1）可以在低应力下产生大变形量的塑性变形，极利于待连接面实际接触面积的迅速扩大，表面氧化膜的破碎和活性表面的增加。

2）以晶界滑移、晶界迁移、晶粒转动为主的超塑性变形机制与以晶内滑移为主的常规塑性变形机制以及与蠕变变形相比，其破膜效果更好，效率更高。

3）材料的表面、晶界、相界等面缺陷以及位错等线缺陷都是原子扩散的快速通道。超塑变形前的组织超细化预处理使晶（相）界密度、位错密度明显增大，超塑变形过程中这些高密度的原子扩散通道仍能保持，甚至还会进一步增大（如晶界位错密度增大、动态再结晶后晶界密度增大等）。

4）材料在固态下原子扩散的主要机制是空位的迁移，超塑变形过程中空位形成能和空位迁移激活能减小，空位浓度增大，极利于空位扩散机制的进行。

5）超塑状态下的原子扩散是在有应力作用下的超塑流变基体中的扩散，有时还经受循环加热冷却（相变超塑性），动态扩散与常规静态扩散相比扩散系数明显增大。超塑流变过程中晶界滑移、晶粒转动等变形机制，会增加反应扩散时新相的形核率并影响其长大形态。

超塑状态下材料的上述行为特征，使得固态连接所需的塑性变形和扩散都能有效或高效地进行，具体地说，超塑性能在固态接合过程的三个阶段起到促进作用：在超塑状态下，材料可以在小应力下产生大的塑性流变，从而促进氧化膜破碎及焊接面的紧密接触；超塑性效应可以使接触表面活化和形成活化中心；在固态接合的体积相互作用阶段，晶体缺陷密度增加和运动加剧，使焊接表面的活化中心数增多，以界面扩散为主的扩散显著加快，促使该阶段迅速完成，因而固态连接比较容易实现，或者说材料在超塑状态下具有很好的易焊合性。因此，超塑性在材料的固态连接中有很好的应用前景。

目前，基于超塑性的固态连接技术或组合技术如超塑性焊接、超塑性扩散焊接、超塑性摩擦焊接等固态连接新技术及超塑成形/扩散连接（SPF/DB）复合技术已成为研究热点，其中超塑成形/扩散连接（SPF/DB）在航空航天、军工等行业的应用已带来了巨大的经济效益，并成为航空航天制造业中无可替代的关键技术，一些以超塑性固态连接为技术支撑的新工艺也不断被开发。

3.1.5 基于超塑性的固态连接方法及分类

与一般以变形为主的固态焊相比，超塑性固态连接可以在较低温度、很小应力下获得大的塑性变形而使接合面极易实现密合，而且超塑性特殊的变形机制可以在宏观变形量不大的情况下更有效地破坏氧化膜并能加快原子扩散；与以扩散为主的固态焊相比，超塑性变形能比一般蠕变更为有效地实现待焊面的紧密接触，且使原子的扩散加快，能在较短时间内、较低温度下产生明显的扩散以实现材料的固态焊接，因而超塑性固态连接技术较变形焊与扩散焊更具有技术优势。

表 3-1 比较了钢的恒温超塑性固态焊（Isothermal Superplastic Solid-state Welding，ISSW）与扩散焊、锻焊的焊接工艺特点、接头质量及其适用范围，可以看出，ISSW 是兼有一般压焊与扩散焊特点的固态焊接方法。与一般压焊（如锻焊）相比，ISSW 所需压力小、温度低、变形也小得多，更易实现精密焊接；与扩散焊相比，它所需的时间短，温度也较低，无需真空或保护气氛保护。加之 ISSW 所需工艺装备简单，因而有广泛的工业应用前景和明显的技术经济效益。

表 3-1　钢的恒温超塑性固态焊（ISSW）与扩散焊、锻焊的对比

焊接方法		ISSW	扩散焊	锻焊
焊接工艺特点	焊前清理、装配	较严格、较精确	严格、精确	一般
	焊接温度	$(0.6 \sim 0.7) T_m$	$\approx 0.7 T_m$	$(0.8 \sim 0.9) T_m$
	应变速率/s^{-1}	$10^{-2} \sim 10^{-4}$	≈ 0	$10^0 \sim 10^1$
	焊接压力/MPa	$30 \sim 50$	$10 \sim 20$	σ_s 的 2~7 倍
	焊接时间	几分钟	几十分钟	约 1 分钟
	保护介质	大气、真空或保护气氛	真空、保护气氛	大气
	工艺控制参量	组织、温度、应变速率	温度、压力、时间	变形量
接头质量	接头强度	接近或达到母材	接近母材	—
	接头质量	好	好	一般
	变形	一般 2%~6%	<3%	>15%
连接对象适用范围		有限制	无限制	有限制

基于超塑性的固态连接及其组合技术大致可以按以下分类：

基于超塑性的固态连接
- 超塑性焊接
  - 恒温超塑性焊接
  - 相变超塑性焊接
- 超塑性扩散连接
- 超塑性摩擦焊
- 超塑性表面喷涂

基于超塑性连接与成形组合技术
- 超塑成形/扩散连接（SPF/DB）
- 超塑成形/固态连接
- 超塑性压接加工
- 相变超塑性焊接-钎焊

本章重点介绍超塑性焊接（包括恒温超塑性焊接和相变超塑性焊接）、超塑性扩散连接和超塑成形/扩散连接（SPF/DB）。

3.2 超塑性焊接

超塑性与超塑性固态焊接（2）

超塑性焊接是指利用材料在超塑状态下易焊合的特点而进行的固态压力焊接。按超塑性的分类，超塑性焊接也可分为恒温超塑性焊接和相变超塑性焊接（Transformation Superplastic Solid-state Welding，TSSW）。

3.2.1 恒温超塑性焊接

1. 基本原理

恒温超塑性焊接是指材料在满足恒温超塑性变形的组织条件和变形条件下，接触界面两侧或一侧（包括中间夹层）材料发生超塑流变，使待连接面紧密接触至原子间作用力能达到的范围之内并发生界面两侧原子的扩散，致使原界面消失以实现界面两侧材料的固态连接。具体地说，就是借助于材料在恒温超塑状态下具有低应力大塑性流变能力，以及原子的高迁移率，在短时间内实现材料的固态冶金结合。

恒温超塑性焊接工艺一般如图 3-2 所示：试件加工及组织超细化预处理→待焊面加工及清洗→待焊面对接置于已到温的压接装置内并立即施加预压力→升温保温后以一定应变速率等温压接，然后再卸载空冷。组织超细化预处理的目的是使待焊件满足恒温超塑性变形的组织条件，压接温度及应变速率则根据材料的最佳超塑变形温度及应变速率来确定。

（1）接头形成过程 固态焊接过程可大致分为物理接触、接触面的激活、扩散及形成接头三个阶段。

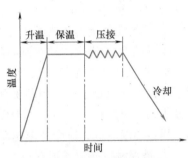

图 3-2 恒温超塑性焊接工艺示意图

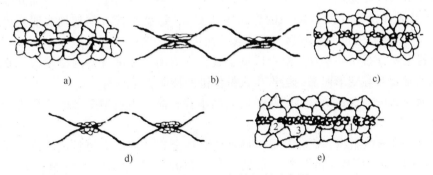

图 3-3 恒温超塑性焊接机制示意图

a）接合面的贴紧 b）接合面局部的塑性变形 c）界面处超塑性变形及界面两侧原子的互扩散
d）接合面局部的动态再结晶 e）形成冶金结合区

第一阶段为接合面贴紧形成物理接触（图 3-3a）：它贯穿于施加预压应力后升温保温和等温压接两个阶段，两表面最先接触处（凸部）首先产生塑性及超塑性流变，使氧化膜和吸附层破碎，接触面积增大，随后在更大区域内发生上述变化，尤其是超塑变形过程中晶界滑动、晶粒转动的变形机制使新表面增加迅速且呈三维分布特征，使上述过程加快并最终使接合界面贴紧，同时在局部形成空隙。

第二阶段为界面处超塑变形及界面两侧原子相互扩散（图 3-3b～d）：界面处满足超塑变形条件而产生低应力下的大塑性流变，使接合面贴紧及破膜过程更快，界面处超塑流变所呈现的高度激活状态使界面两侧原子的自扩散和互扩散加快，伴随着界面区的物质传输，一方面使空洞或空隙迅速缩小乃至消失；另一方面使破碎的氧化膜和吸附原子扩散溶解速度加快。

第三阶段为界面冶金结合区的形成（图 3-3e）：随着界面处超塑变形和扩散的不断进行，界面区空隙、氧化膜不断缩小并最终消失形成冶金结合，其中部分区域在短时间内形成由动态再结晶晶粒构成的界面冶金结合区（图 3-3e 中的位置 3）。

（2）焊接过程中的超塑性变形　研究表明，图 3-2 所示的工艺过程中是否发生恒温超塑性流变是涉及其焊接机理的关键问题，这可借助于以下方法判断。

1）超塑性焊接工艺过程中的力学特征与超塑性

① 超塑性焊接过程中的稳态流变应力与被焊材料超塑压缩试验的流变应力相近，并且均随晶粒尺寸减小而减小。

② 超塑性焊接过程中被焊材料呈现出应变速率敏感性，应变速率敏感性指数 m 值均大于 0.3。

③ 超塑性焊接具有热激活过程的特征，变形激活能接近于被焊材料晶界扩散激活能。

④ 超塑性变形应变量在恒温超塑性焊接的总应变中占主导地位。

2）接头区显微组织与亚结构的特征与超塑性。对接头区显微组织和亚结构进行观察是判断焊接过程中是否发生超塑性流变的另一重要依据，以下结合 40Cr/T10A 恒温超塑性焊接接头的组织分析（图 3-4）予以说明。40Cr 与 T10A 焊前经超细化预处理，晶粒尺寸越细，焊接温度越低，应变速率越高。

① 被焊材料晶粒虽稍有长大，但基本保持等轴状（图 3-4a），这是晶界滑移为主变形机制的重要证据之一。

② 可观察到晶界宽化（图 3-4b）、晶界圆弧化（图 3-4a 中的 A 处）、晶界迁移、碳化物取向的变化及转动等（图 3-4c 中的界面区 A 处），这就直接或间接地表明，界面两侧金属的塑性变形主要是通过晶界滑移与晶粒转动而进行的超塑性流变。

③ 位错主要分布在晶界及其附近区域、碳化物周围，并可观察到位错墙、亚结构（图 3-4d），这与常规塑性变形时晶内会产生大量位错的特征明显不同。

④ 界面局部可观察到动态再结晶形成的细小等轴晶，为超塑变形的持续进行提供了组织保证。

⑤ 对接头区显微组织、成分及显微硬度的观察分析，均证实超塑性焊接过程中界面两侧原子发生了明显的扩散。由图 3-4c 可见，由于 T10A 侧 C 原子向 40Cr 侧扩散，使得 T10A 近界面 2～3 个晶粒宽的范围内几乎无碳化物，而全部是近于等轴状的 α 晶粒，其硬度较低（图 3-5），与远离界面的 T10A 组织和硬度明显不同。图 3-6 为接头区 Cr 元素浓度分布曲线，定量分析表明，与常规扩散相比，经高频表面淬火预处理的 40Cr/T10A 超塑性焊接时，Cr 原子扩散系数是常规扩散系数的 λ 倍 $[\lambda = 1 + 0.534\dot{\varepsilon}_0 \exp (28200/RT)$，$\lambda$ 远大于 1$]$，γ 和 α 中的扩散激活能分别为 198.7kJ/mol、193.4kJ/mol，明显低于相应的晶格扩散激活能，而和晶界扩散激活能相近（约为 193.7kJ/mol）。

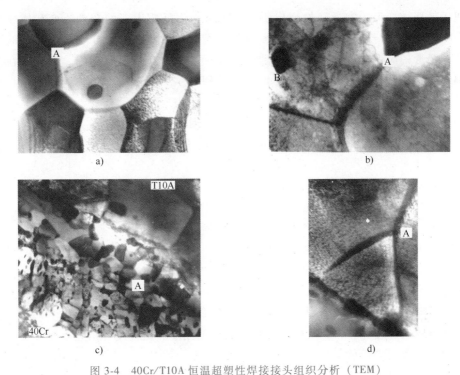

图 3-4　40Cr/T10A 恒温超塑性焊接接头组织分析（TEM）

a）晶界圆弧化（15K×）　b）晶界宽化和碳化物（30K×）　c）接头区界面处（20K×）　d）界面区亚晶界（22K×）

超塑性焊接过程中原子扩散明显加快，已被许多试验结果证实，如在基于铬青铜超塑变形的 QCr0.5/W-Fe-Ni 合金固态焊接头区，钨合金黏结相中的 Ni 原子短时间内向铬青铜侧扩散距离达 20μm 左右，而在同样温度和时间条件下常规扩散时，理论上只能扩散 2μm 左右。

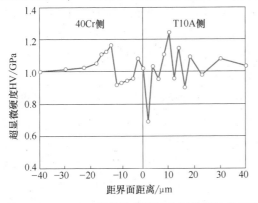

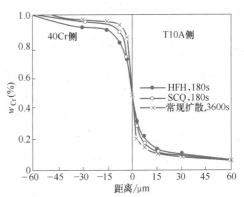

图 3-5　40Cr/T10A 超塑性焊接接头区界面处超显微硬度分布（高频表面淬火，750℃，$2.5×10^{-4}s^{-1}$，180s）

图 3-6　40Cr/T10A 扩散偶接头区 Cr 浓度分布曲线（750℃，$2.5×10^{-4}s^{-1}$）

HFH—高频表面淬火　SCQ—整体加热循环淬火

此外，一些研究还表明，在超塑性焊接的升温保温过程中，接头区局部微区也会发生超塑流变而促进界面两侧金属的连接，这种塑性变形有时对接头的形成甚至起重要作用。这是由于固态焊接前都要对待焊件施加一定预压应力予以约束，开始加热后焊件受热膨胀，但在约束下不能自由伸长，这就相当于对焊件实施了等效压缩变形；由于约束应力远小于材料的

σ_s，所以等效压缩变形中常规塑性变形贡献并不大，而低应力下的超塑流变和蠕变仍可发生。以40Cr钢为例，若忽略蠕变变形，则该钢由室温加热至焊接温度（如750~780℃）时的等效压缩变形的应变速率在钢的超塑性应变速率$10^{-5} \sim 10^{-3} \mathrm{s}^{-1}$范围内。因此，在超塑性焊接升温保温过程中接头区局部微区，可满足超塑变形所需的组织和变形条件而产生超塑流变，促进了冶金结合的形成。从图3-7中可以看出，到保温结束时40Cr/T10A超塑焊接头强度已达40Cr母材强度的80%左右。

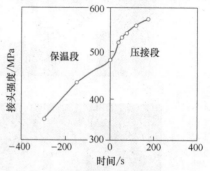

图3-7 焊前升温保温及压接过程
中接头强度变化规律
（750℃、$2.5 \times 10^{-4} \mathrm{s}^{-1}$和56.6MPa）

因此，要实现恒温超塑性焊接，首先要求被焊材料的双方或至少其中一方具有一定的恒温超塑性变形能力。为此，待焊接的双方或一方材料的组织应尽可能是微细等轴晶粒组织（晶粒尺寸一般不大于10μm），并且在焊接温度下不易长大。其次，焊接温度及焊接过程中接头区塑性变形的变形速率应控制在能保证材料超塑性流变的温度及应变速率范围之内。此外，和其他固态焊接一样，焊接前对待焊表面的洁净度、粗糙度和活化度有较高要求，为此，必须对待焊表面进行加工及清洗。

2. 焊接工艺与设备

（1）工艺方案 超塑性焊接一般是指待连接双方均经组织超细化预处理后的焊接。只对待连接双方中的一方进行组织超细化预处理后再进行超塑性焊接，可称为单侧恒温超塑性固态焊接（U-ISSW）；只对中间夹层材料进行组织超细化预处理后再进行超塑性焊接，可称为预置中间夹层的恒温超塑性固态焊接（Interlayer-ISSW，I-ISSW）。超细化可以针对焊件整体进行细化，也可以只对待焊端局部或待焊面表面进行细化。单侧和预置中间夹层的恒温超塑性焊接可降低待焊双方之一的组织要求，其焊接效果虽不如双方均细化的超塑性焊接，但对接头强度要求不高时，也可采用。这不仅简化了预处理工艺，更重要的是它可使一些不具备组织超塑性的材料实现超塑性焊接，值得研究开发。

（2）工艺参数 超塑性焊接一般多采用对接接头。除试件的显微组织应满足要求外，焊接工艺参数主要有温度、压力、时间、应变速率和试件的表面状态（粗糙度、洁净度等），这些因素之间相互影响、相互制约，在选择时应综合考虑。

1）焊接温度T。既要满足金属超塑性流变的要求又要兼顾原子的扩散，同材焊接的温度一般取被焊材料超塑变形温度的上限，异材焊接可以是被焊双方或超塑性相对较好一方的超塑变形温度上限，如低、中碳钢在Ac_1以上$\alpha+\gamma$两相区且二者体积比接近1:1时，可呈现较好的超塑性；高碳钢在略低于Ac_1以下，组织为α与足够数量弥散分布的粒状碳化物时有较好的超塑性。图3-8为焊接温度对40Cr/T10A接头强度、焊接时流动应力的影响。显然，焊接温度取双方最佳超塑温度重叠区间的任一温度或单侧材料超塑变形温度的上限时具有较好的焊接效果。

2）初始应变速率$\dot{\varepsilon}_0$。$\dot{\varepsilon}_0$一般应当在被焊双方任一方或超塑性相对较好一方的超塑变形最佳应变速率范围内。$\dot{\varepsilon}_0$的控制一般是通过控制压缩变形速度v_0实现的。由于$\dot{\varepsilon}_0 = v_0/l_0$，

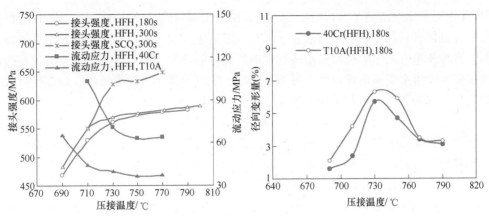

图 3-8　40Cr/T10A 超塑性焊接温度与接头强度、流动应力与接头变形的关系

$(\dot{\varepsilon}_0 = 2.5 \times 10^{-4}\,\mathrm{s}^{-1},\ \sigma_0 = 56.6\,\mathrm{MPa})$

l_0 可以认为是压缩变形方向上试件总的高度，但对非均质材料（如局部或表面组织细化）来说，l_0 应以参与塑性变形的部分为主来考虑。从图 3-9 可以看出，随 $\dot{\varepsilon}_0$ 增大，接头强度略有提高，但同样压接时间下，变形相应增大。所以从接头强度考虑，超塑性焊接的应变速率一般可取双方最佳应变速率范围的上限，焊接变形的增大，可通过适当缩短压接时间来控制。对于超塑性焊接来说，接头强度对 $\dot{\varepsilon}_0$ 的变化并不十分敏感，因此，$\dot{\varepsilon}_0$ 可适当选的宽一些。

3）压接时间 t。比扩散焊接时在高温停留时间短得多，一般不超过 10min。由图 3-10 可以看出，40Cr/T10A 经短时超塑压接即可使接头强度达 40Cr 母材强度，延长压接时间对接头强度几乎无影响，但焊接变形增大，因此压接时间不宜太长。在实际应用中，为实现较精密的超塑性焊接，需要控制变形量 ε，若选用较高的 $\dot{\varepsilon}$ 则可进一步缩短压接时间。

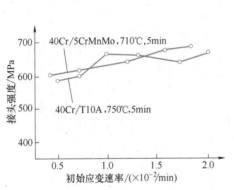

图 3-9　40Cr/T10A、40Cr/5CrMnMo 超塑性焊接初始应变速率与接头的强度关系

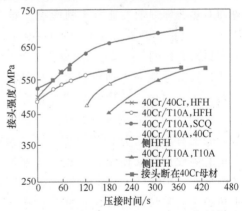

图 3-10　40Cr/40Cr、40Cr/T10A 超塑性焊接过程中接头强度及焊接变形的变化规律

$(T = 750℃、\dot{\varepsilon}_0 = 2.5 \times 10^{-4}\,\mathrm{s}^{-1}$ 和 $\sigma_0 = 56.6\,\mathrm{MPa})$

4）预压应力 σ_0。焊前施加预压应力的目的是保证工件待焊接面紧密接触并防止其在加热保温过程中的氧化。超塑变形所需应力很小，其预压应力并不需要很大，但一般应比扩散焊略大，因为扩散焊一般是在真空条件下进行的，如对钢铁材料来说，σ_0 取 50~100MPa 即有很好的压接效果。σ_0 越大，越有利于高强度接头形成并能减少压接时间，但焊接变形增大。

5）保温时间 t_0。加热至焊接温度后适当保温的主要目的是使试件均温。值得注意的是，待焊件在升温保温过程中，因被约束使其某些方向的胀大变形不能进行而会发生等效压缩塑性变形，这种变形有利于焊接面初始接触区的扩大及随后的扩散而促使两侧金属的连接，所以对连接强度要求不太高的待焊件，可不再进行一定应变速率下的等温压接，这样可大大简化恒温超塑性焊接工艺，即在图 3-2 所示的工艺中，保温足够时间后即可卸载冷却。

6）工艺环境。超塑性焊接若在真空或保护气氛中进行应当是比较理想的，如在真空或保护气氛中进行钛合金和一些不锈钢的超塑性焊接已有文献报道。但随着对超塑性研究的深入，发现材料在超塑流变过程中有很好的充填能力和对原表面及表面氧化膜的破坏作用，若焊接表面洁净，超塑性焊接过程中防氧化措施得力，在非真空、无保护气氛中完成更多材料（钢、铜合金等）的超塑性焊接并获得高质量的焊接接头是完全可能的，这具有重要的应用价值。

7）待焊面表面状态。对待连接面首先要进行机械加工以保证其平整性和粗糙度要求。一般来说，表面粗糙度值越小，接合表面越容易实现紧密接触且界面区变形量也较小；表面粗糙度值越大，实现紧密接触所需要变形越大，接合表面在升温和保温过程中也容易被氧化。因此，表面粗糙度值不宜太大，一般精车或磨光后表面粗糙度 $Ra \leqslant 1.6\mu m$ 即可。其次，待焊表面必须要有足够的洁净度，待焊表面的油污必须清除，并尽可能减轻氧化膜、吸附层等的影响。由图 3-11 可以看出：对钢来说，采用酒精及丙酮或四氯化碳清洗皆可，若辅以稀盐酸水溶液或超声波的活化作用则效果更好。对钛及钛合金，焊前表面一般采用化学侵蚀、真空烘烤、辉光放电、超声波净化等方法清洗。

8）焊接后的热处理。由于超塑性焊接没有熔焊的热影响区，故焊后一般不经热处理即可使用。有时若需要对焊件进行热处理时，超塑性焊接接头不会因热处理而对热处理后的性能有不利影响。如 40Cr 结构钢与 T10A 工具钢超塑性焊接后分别按 40Cr 调质及 T10A 淬火+低温回火两种工艺进行热处理，处理后的性能测试表明，接头性能介于两母材经同样处理后的性能之间。在实际应用中，结构钢与工具钢焊接主要是利用前者的强韧性与后者的强度、硬度及耐磨性，故两者压接后一般宜采用工具钢热处理工艺，这样既可保证工具钢的高硬度，又使结构钢相当于亚温淬火而有足够的强韧性。40Cr/T10A 超塑性焊接后进行淬火+低温回火热处理，其接头区冲击性能还优于工具钢，反映

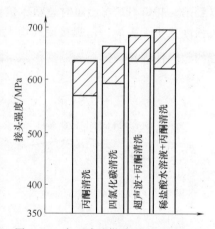

图 3-11　表面清洗方法对 40Cr/GCr15 钢超塑性焊接接头拉伸强度的影响

出超塑性焊接接头热处理性能良好。还有文献报道，40Cr 与 Cr12MoV 钢超塑性焊接后对 Cr12MoV 局部淬火强化，也取得了很好结果。

9）焊前组织。组织超细化是恒温超塑性变形所要求的组织条件，因此焊接前材料的组织无疑会通过影响材料的超塑性而影响超塑性焊接的效果。待焊件焊前组织尤其是待焊面表层组织越细，扩散系数越大，越利于在短时间内实现高质量超塑精密焊接。从表 3-2、表 3-3 和图 3-10 可以看出，40Cr/40Cr、40Cr/T10A 钢的超塑性焊接，焊前组织越细，相应的流动应力减小、焊接温度向低温区移动、初始应变速率向高应变速率区移动，接头两侧扩

散区平均宽度增加（图 3-12），达到 40Cr 母材强度所需的焊接时间明显缩短，如 40Cr 焊前分别为循环淬火态（HFH）、高频表面淬火态（HFH）和激光表面淬火态（LH）时，40Cr/T10A 超塑性焊接接头达 40Cr 强度所需时间分别为 360s、180s 和 90s。在超塑性焊接中，40Cr 同材及 40Cr/T10A 异材单侧超塑性焊接也呈现了类似的变化规律，但单侧超塑性焊接达到 40Cr 母材强度所需的时间稍长。若双方皆未进行组织超细化处理，则其接头强度较低，焊后拉伸试样全部断在接头原界面处，难以实现良好的焊合。以上研究表明，超塑性焊接时待焊双方若一方满足了组织超细化的条件而发生超塑流变，也可促进界面金属的焊合，适当延长压接时间，接头也可接近或达到母材强度。因此对接头强度要求不高的焊件来说，可降低待焊双方之一的组织要求。

表 3-2　40Cr 和 T10A 钢超细化组织的奥氏体晶粒平均截线长

预处理工艺	牌号	奥氏体晶粒平均截线长/μm
整体盐浴加热循环淬火（SCQ）	40Cr	9.87
	T10A	8.63
高频表面淬火（HFH）	40Cr	7.18
	T10A	6.72

表 3-3　40Cr/40Cr、40Cr/T10A 接头强度达 40Cr 母材强度所需时间　（单位：s）

40Cr/40Cr		40Cr/T10A				
SCQ	HFH	SCQ	HFH	40Cr 侧 HFH	T10A 侧 HFH	LH
120	60~80	360	约 180	300	420	约 90

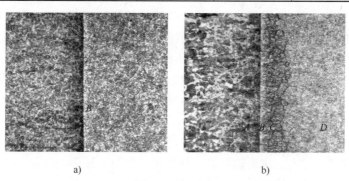

a)　　　　　　　　　　　b)

图 3-12　40Cr/T10A ISSW 接头金相组织（左—40Cr，750℃，2.5×10⁻⁴s⁻¹，180s）
a) HFH（100×）　b) LH（100×）

10）预置中间夹层的恒温超塑性焊接。对于性能迥异材料的固态焊来说，在待焊材料之间引入中间夹层，可将两难焊母材之间的焊接转化为难度较小的中间夹层与母材之间的焊接。在预置中间夹层的超塑性焊接中，夹层材料的化学成分、晶体结构和组织状态等应当与待连接材料一致或相容，如利用具有良好超塑性的 δ/γ 双相不锈钢作为中间夹层材料，在真空或氮保护气氛下，可以实现其与低碳钢一类非典型超塑性材料的超塑性焊接，接合强度达到母材强度；又如以 QCr0.5 薄片作中间夹层，可实现 40Cr 钢表面激光淬火后的恒温超塑性焊接，焊后接头强度达到 QCr0.5 母材强度，且随着 QCr0.5 夹层厚度的减小，接头拉伸强度有所增加（图 3-13）。

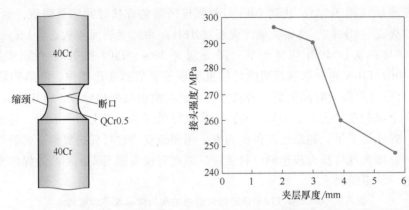

图 3-13　40Cr/QCr0.5/40Cr 焊后拉伸试样断裂位置及夹层厚度对接头强度的影响

对于单侧和预置中间夹层的恒温超塑性焊接,工艺参数的设计原则是以充分发挥超细化预处理一侧或预置中间夹层的超塑性为主。

(3) 焊接设备　恒温超塑性焊接不同于其他类型的固态焊接,这种焊接应在能实现恒温且可进行应变速率调控的设备上完成。当然,这类设备若能保证焊接在真空或保护气氛中进行就更为理想了。但由于材料在超塑流变过程中有很好的塑性流变能力和对表面氧化膜的破坏作用,若焊接表面洁净,焊接过程中防氧化措施得力,在非真空、无保护气氛中获得高质量的焊接接头是完全可行的。事实上,现有超塑性焊接研究基本上都是在非真空条件下进行的,这有利于超塑性焊接的工业应用。正因为如此,超塑性焊接对设备的要求远不如扩散焊的要求高,目前也没有针对超塑性焊接的专用设备,许多压力机甚至材料试验机等增加一些专用装置后均可用于超塑性焊接,当然,扩散焊设备更是可以用于超塑性焊接。

图 3-14 为一种可用于小尺寸焊件焊接的恒温超塑性焊接装置。该装置是置于 WJ-10A 万能材料试验机上使用的,控温精度为 ±2℃;压头速度在 0.05~3.5mm/min 内连续可调,配有拉压传感器和位移传感器及相应的记录装置;净压缩行程为 80mm;用自制 3kW 电炉加热,炉壳顶部与上压头密封固定后与压力机横梁悬吊连接,工作时呈静止状态。砂封槽与下压头密封固定后放在能上下运动的工作台架上。工作时将试件放置在下压头上,当试件与上压头接触之前双砂封刀已插入砂封槽内,此时将试剂通过滴管滴入炉膛内并分解,迅速将炉内氧化性气氛由排气管排出,从而确保炉子的气密性并防止试件的氧化。为减少试件与压头接触面的摩擦和方便取样,试件端面涂覆保护润滑剂。

温度控制系统的电气原理如图 3-14b 所示:由热电偶采集的信息经 SHIMADEN-SR73 型智能数字控温仪表控制 SSR 型交流固态继电器,工作时起动按钮开关 S2,交流继电器 KM 闭合,炉子加热升温;保温期间由 SR73 发出的脉冲信号控制固态继电器,使炉温控制精度达 ±2℃。当炉温超出设定值时,SR73 迫使中间继电器 KC 切断 KM 控制回路电源,使炉子断电,同时超温指示灯 D3 亮。

恒温超塑性焊接试验也可在 Gleeble1500 热模拟试验机上完成。Gleeble1500 主要由试验机本体、加热变压器、液压伺服装置、应力应变膨胀检测装置、程序设定发送器、电子计算机等部分组成(图 3-15),闭环伺服系统程序为时间的函数,驱动系统是由闭环伺服系统操纵,控制系统是利用所控制参数的实际检测量作为反馈信号进行控制。Gleeble1500 热模拟试验机能满足超塑性焊接对温度、压力、应变速率、真空及保护气氛等的控制要求。

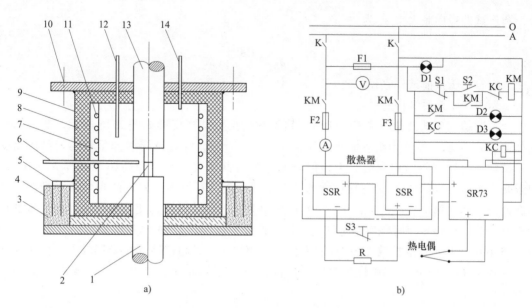

图 3-14　恒温超塑性焊接装置

a）ISSW 装置的原理简图　b）温度控制系统的电气原理图

1—下压头　2—试件　3—砂　4—砂封槽　5—双砂封刀　6—热电偶　7—炉套　8—保温层

9—炉壳　10—固定螺栓　11—电阻丝　12—试剂滴管　13—上压头　14—排气管

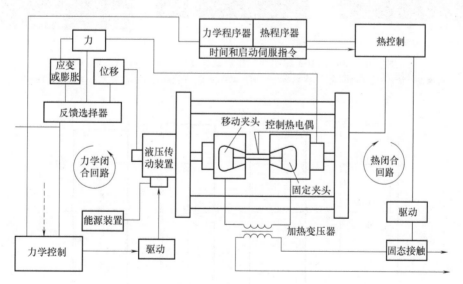

图 3-15　Gleeble1500 热模拟试验机结构示意图

3. 焊接质量的检测与控制

超塑性焊接的焊接质量通常用焊件的变形、接头力学性能、接头区显微组织、接头区焊接缺陷及焊接面断口和焊合率等评价。

（1）连接强度与焊接变形　焊接接头的力学性能可以用接头的抗拉强度或抗剪强度来评价。焊后拉伸试样在拉伸试验时如断在母材，则说明接头连接强度不低于母材强度；如断在原界面处，则抗拉强度为接头的实际连接强度。焊后试件的胀大率 ε 可用来表述焊接变

形，圆形试件径向胀大率 ε_r 为

$$\varepsilon_r = \frac{d-d_0}{d_0} \times 100\% \qquad (3\text{-}5)$$

式中　d_0——压接前试件直径；

　　　d——压接后试件直径。

经不同超细化预处理的 40Cr/T10A，超塑性焊接后试样变形如图 3-16 所示，变形示意图如图 3-17 所示。经整体盐浴加热循环淬火（SCQ）后，焊接试样两侧呈较均匀的压缩变形，试样径向虽有不同程度的胀大，但仍基本保持其圆柱形状；经高频表面淬火（HFH）和激光表面淬火（LH）后，焊接试样的变形主要表现为：原界面附近的高频和激光淬火区略有鼓凸，其余部位变形甚微；单侧 40Cr 经 HFH 后，焊接试样的变形表现为界面处预处理侧略有凸起。待焊接面两侧均经超细化预处理的焊后试样，T10A 侧径向变形明显大于 40Cr 侧。与 40Cr/T10A 真空扩散焊约 1% 的焊接变形相比，尽管超塑性焊接变形较大，但明显小于变形焊。40Cr/QCr0.5 超塑性焊接后的试样，变形较大的 QCr0.5 铜合金一侧的胀大率不超过 6%。

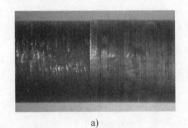 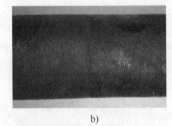 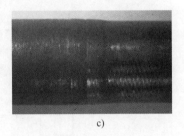

a)　　　　　　　　　　　b)　　　　　　　　　　　c)

图 3-16　40Cr/T10A 超塑性焊接后试样变形（左—T10A，1.4×）

a）真空扩散焊，$t=20\text{min}$　b）整体盐浴加热循环淬火，$t=180\text{s}$　c）高频表面淬火，$t=180\text{s}$

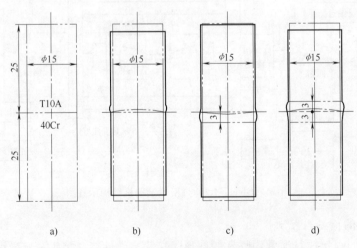

a)　　　　　b)　　　　　c)　　　　　d)

图 3-17　40Cr/T10A 钢超塑性焊接焊后试样变形示意图

a）焊前试样　b）焊后试样（SCQ）　c）焊后试样（单边 HFH）　d）焊后试样（HFH）

注：双点画线为焊前试样轮廓，粗实线为焊后试样轮廓

（2）界面断口　界面断口一般是焊接界面焊合状态的真实记录，焊合状态不同的区域

呈现不同的断裂机制和不同的断口特征。对 40Cr/40Cr、40Cr/T10A 及 40Cr/QCr0.5 等超塑性焊接后焊接面拉伸断口（以 40Cr 侧为主）的分析表明，超塑性焊接界面断口可按微观形貌特征大致分成三种区域。

1）类原始界面区。其特点是具有轻微塑性变形痕迹的原始表面特征，原试样表面加工痕迹仍可辨认，典型形貌如图 3-18a 中 B 处所示。该区域是基本上未形成冶金结合的非焊合区，但局部区域可发生机械咬合、黏着，个别点接触处甚至已形成冶金结合。该区域结合强度较低。

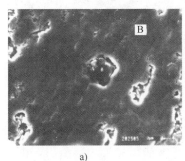
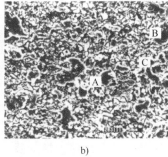
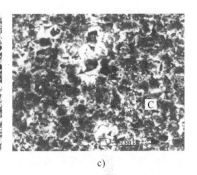

图 3-18　超塑性焊接界面断口分区形貌

a）类原始界面区（3350×）　b）冶金结合区（3350×）　c）准冶金结合区（3350×）

2）冶金结合区。断口较平整，原始界面的痕迹完全消失，由细小的颗粒状物构成的沿晶断裂特征明显可见，偶见有二次裂纹、夹杂和气孔等形貌特征（图 3-18b 中的 A、B 和 C 处）。此外，还可看到原界面 40Cr 侧的解理和韧窝等断口形貌。由于待焊接面微观上的凸凹不平及超塑流变的不均匀性，导致焊合区在界面上分布也不均匀。同时该区的塑性变形一般发生较早，变形量较大，因此常导致动态再结晶而形成细小晶粒。与类原始界面区相比，该区域结合强度明显要高。

3）准冶金结合区。该区既可观察到塑性变形痕迹，也可观察到大面积的尺寸不等的机械咬合、黏着的"小刻面"，周围相伴着撕裂痕迹，还可观察到"孤岛状"冶金结合区，有时还隐约可见原始表面的加工痕迹（图 3-18c 中 C 处），该区域兼有冶金结合区和类原始界面区断口形貌特征。一般来说，待焊表面凸处的微区会因良好的接触和较明显的超塑性效应而形成冶金结合区，断口表现为撕裂痕迹或"孤岛状"冶金结合区；为其包围的"小刻面"则属于已发生塑性变形但焊合状态不良的机械结合区和黏着区，它可能是原界面中氧化膜、吸附层较厚的区域或待焊接面的凹处。该区域的结合强度介于类原始界面区和冶金结合区的结合强度之间。

借助于计算机图像识别系统，可得断口各区所占比例。研究表明，随焊接时间的增加，冶金结合区和准冶金结合区，尤其是冶金结合区比例逐渐增加，断口抗拉强度相应增加。

（3）接头区显微组织　超塑性焊接接头一般可分为以下几个区域：

1）界面及界面超细晶区。指在焊接过程中，界面两侧金属因塑性变形和超塑性变形而发生动态再结晶形成的等轴、细小的公共晶粒区域，如图 3-4c、图 3-19 所示。该区与焊接面断口中的冶金结合区相对应。由于界面各微区应力状态及塑性变形的不同而使各微区焊合状态是非均匀的，因此，该区的厚薄不等，一般为几微米。

2）过渡区。指界面两侧附近与远离界面的母材之间的组织过渡区。该区与母材组织明显不同，主要是界面两侧原子扩散造成的，如图 3-12b 所示。

3）母材区。指未受扩散影响的区域，其组织为母材经历超塑性焊接热力循环后的组织。

超塑性焊接时，随焊接时间增加，界面及界面超细晶区稍有加宽，扩散区宽度近似呈幂规律增加；在双方超塑最佳温度重叠区间之外焊接，界面区虽有塑性变形特征但界

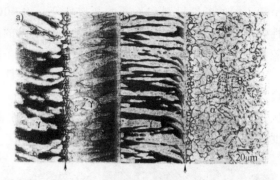

图 3-19　预置 δ/γ 不锈钢夹层的低碳钢超
塑性焊接接头区组织 （10K×）

面超细晶区不明显，扩散区宽度也较窄；待焊双方经超细化预处理后的焊接，扩散区宽度不同程度地大于未处理的，且超细化处理后组织越细，扩散区越宽。

和其他固态焊一样，由于接头焊接面各微区焊合状态是非均匀的，因此即使接头强度达到母材性能时界面也不可能实现 100% 的焊合。超塑性焊接接头区的主要焊接缺陷为：机械结合区、界面显微空隙及非金属夹杂等。一般来说，类原始界面区主要由机械结合区构成，而界面显微空隙及非金属夹杂则主要分布于准冶金结合区。机械结合区是指微观上两侧金属紧密接触相互咬合，局部区域甚至已焊合，但原界面未消失。非金属夹杂物的来源主要包括：试件表面未被清理干净的吸附物、氧化物（图 3-20）；焊接过程中未完全消失的表面氧化膜，在升温保温过程中 O、N 等元素与试件表面作用可能形成的非金属夹杂物；材料本身的非金属夹杂等。界面显微空隙是由于在焊接过程中界面两侧相对凹处接触时，随其周围金属的逐步焊合，气体无法逸出，致使两侧金属始终无法接触所致。界面空隙大多呈近似球形或长轴平行于界面的椭球形，其内腔光滑。

（4）焊合率　对于固态焊而言，焊合率 A_F 是指焊接界面处实际焊合面积 A_H 与理论焊合面积 A_L 之比。焊合率的测定可采用直接测量或间接测量方法。直接测量方法以超声无损检测为代表，其原理是直接显示实际焊合面积而得到焊合率；间接测量方法主要依据定量金相的原理对焊合率进行粗略的描述。

采用 JTUIS-Ⅱ超声水浸成像检测系统可以准确、可靠和快速地检测出超塑性焊

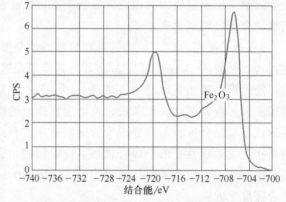

图 3-20　40Cr/T10A 超塑性焊接拉伸断口界
面处缺陷的价态分析 （$t=80s$）

接界面的焊合率，其基本原理如图 3-21 所示，即基于超声波对缺陷和整体材料的反射时间差，提取垂直于声束指定截面的回波信息，运用现代信号和图像处理技术在计算机屏幕上直观地显示含有焊接缺陷形状、位置及大小等信息的灰度或伪彩色的 C 超声声图像，从而达到评价焊接质量的目的。图 3-22 为 40Cr/T10A 超塑性焊接界面 C 超声图像，图中灰度值较高的色区（如白色和粉色）对应于焊接界面处尺寸较大的焊接缺陷区域，图中径向右下侧

区域为未焊合区。界面C超声图像可直接给出界面焊合率。一些研究表明，焊接过程中焊合率 A_F 随时间的变化呈近似的幂规律（图3-23），并与对应的接头抗拉强度呈线性关系，达到和40Cr母材等强时的 A_F 约为75%，这和一些铁基合金扩散焊接头界面焊合率的研究结果相近。

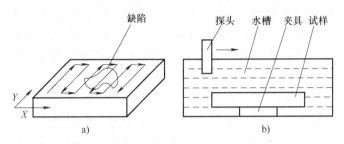

图3-21　JTUIS-Ⅱ超声水浸成像检测原理图

a）C扫描路径　b）C扫描中探头和工件的相对位置关系

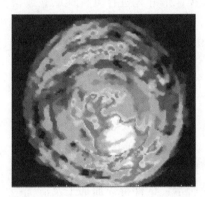

图3-22　40Cr/T10A超塑性焊接界面
C超声图像

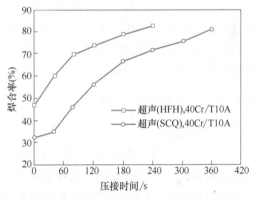

图3-23　焊合率随时间的变化
（750℃，$2.5 \times 10^{-4} \mathrm{s}^{-1}$）

超声检测的受检焊接界面一般应为平直型界面，加之存在对小尺寸缺陷无法鉴别等问题，限制了其应用范围。焊接面焊合状态的非均匀性与焊接面断口形貌的非均匀性一般是相互对应的，如将接头界面断口看作一种分形结构，采用二次电子衬度曲线法表述焊接面断口的分形维数，则断口表面的分形维数可用来描述焊接面断口不同区域的焊合状态。目前，关于分形维数与焊合率之间的定量关系还有待更深入研究。

4. 典型材料的超塑性焊接

目前，超塑性焊接研究所涉及的材料主要包括结构钢、工具钢、超高碳钢及双相不锈钢等钢铁材料，以及钛及钛合金、铝合金、铜及铜合金、锌合金和镍基合金等。

目前研究最多的是钢铁材料，如结构钢、工具钢、超高碳钢、不锈钢及δ/γ双相钢等。钢铁材料经整体或局部组织超细化处理后，在超塑变形条件下一般都能实现同材或异材固态焊接，同材焊接接头力学性能可达到母材性能指标，异材焊接接头强度可以达到或接近强度相对较弱一侧的母材强度，冲击性能介于两母材性能之间。如40Cr与9SiCr经整体加热循环淬火后，在770~790℃和 $(2\sim3) \times 10^{-4} \mathrm{s}^{-1}$ 应变速率下，经3~5min压接，接头抗拉强度可达40Cr母材强度。40Cr与T10A钢待焊面经高频淬火获得0.8~1mm深的淬硬层，在

750℃、初始应变速率 $2.5×10^{-4}s^{-1}$、预压力 40~56MPa、压接 2~5min 的条件下，可以实现两种钢的同材和异材固态焊接，接头强度可达母材强度，焊后试样变形集中在高频淬火区内。

钛及钛合金（如 Ti-6Al-4V 等）、金属间化合物（如 γ-TiAl 等）、铜及铜合金（如纯铜、QCr0.5、ZQSn6-6-3 等）、锌合金（如 Zn-4Al、Zn-22Al 等）、铝合金、钨合金和镍基合金等也可实现恒温超塑性焊接，其中不少材料无需经组织超细化预处理。虽然一些有色合金易氧化，超塑性焊接有时需借助于真空或保护气氛，但超塑性焊接的技术优势使其仍不失为有色合金及常规焊接性差的材料一种有效的固态焊接加工技术。如 TiAl 金属间化合物（Ti-46.5Al-1Cr-2.5V）和 42CrMo 钢之间预置 TA2 钛夹层，在 TiAl 超塑温度 1100℃、压力 15MPa、保温 60min 的条件下进行超塑性焊接，可获得良好的焊接效果。40Cr 钢待焊接面经激光淬火预处理后与铬青铜 QCr0.5 在 750~800℃、初始应变速率 $(2.5~7.5)×10^{-4}s^{-1}$ 的条件下，经 120~180s 压接，也可实现超塑性固态焊接，接头强度可达 QCr0.5 母材强度，胀大率不超过 6%。

对于某种具体材料来说，能否采用恒温超塑性焊接，最好先进行可行性试验或模拟试验研究。此类试验可采用图 3-14 和图 3-15 所示的装置，工艺方案和工艺参数的确定可参考本节"2. 焊接工艺及设备"中的原则，焊接效果可用接头抗拉或抗剪强度、焊后试件变形检测及接头区显微组织分析评价。

3.2.2 相变超塑性焊接

1. 基本原理

相变超塑性固态焊接（TSSW）是利用材料在相变温度上下进行循环加热冷却时呈现的超塑性实现固态焊接的方法，也有人称之为相变超塑性扩散焊接或连接。

相变超塑性焊接的温度-时间循环示意图如图 3-24 所示：试件待焊面加工及清洗→待焊面对接置于压接装置→在一定应力作用下进行一定次数的相变温度上下热力循环后卸载空冷。

同恒温超塑性固态焊接一样，相变超塑性焊接结合过程也属于局部物理-化学反应过程，也可以分为形成物理的接触、接触表面的活化和活化中心的形成、在靠近活化中心的体积中发生相互作用等三个阶段。相变超塑性不仅能加速第一阶段物理接触的形成，而且还由于金属的超激活状态，对后两个阶段也有非常重要的作用。超塑性在固态焊接头形成中的重要作用在 3.1.4 节中已有详细介绍。但由于相变超塑性与恒温超塑性实现超塑性条件的不同，致使相变超塑性焊接具有以下特点：

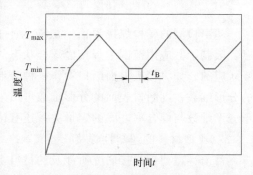

图 3-24　相变超塑性焊接的温度-时间循环示意图（t_B 为保温时间）

（1）相变超塑性变形在接头形成中的作用　相变超塑性焊接与其他固态焊最大区别在于焊接过程中发生了相变超塑性。相变超塑性变形在焊接过程中的作用：使接头区金属表面超塑性流动很容易，破碎并分离脆性的表面氧化膜和沾污物质；促使并大大加速焊接面的紧密接触，也就保证了有效的原子相互作用；相变超塑性变形还促进了扩散再结晶过程，这一点后面还将论述。

图 3-25 为 Q235/Q235 钢相变超塑性焊接一个温度循环内的压缩位移曲线。该位移应包括：热膨胀及收缩、相变体积变化、蠕变变形、相变超塑性。在相同工艺条件下，蠕变变形量不到总变形量的 1/5，可视为影响很小的因素。热膨胀及收缩和相变体积变化在一次温度循环内的总变形量为零。对比曲线 A 和 B 可以看出，相变超塑性焊接每一温度循环内的压缩塑性变形分别是 Q235 钢 α→γ 及 γ→α 相变过程中诱发的塑性变形。由于在加热过程中的变形是指相变超塑性变形与 α→γ 相变体积收缩之和减去热膨胀量，而冷却过程中的变形是指相变超塑性变形与冷却时收缩量之和减去 γ→α 相变体积膨胀量，又因为热变形量要比相变体积变形大得多，所以在一次循环中冷却阶段的压缩变形比加热阶段的大得多，这就是图 3-25 曲线 A 中的 I 段（加热）变形量明显小于 II 段（冷却）的主要原因。相变超塑性焊接每次循环中所产生的变形量（ΔL）大致相同，而最终变形（ΔL_n）是多次循环发生的累积，如上所述，这种变形主要是由相变超塑性引起的变形。

对 HT250/HT250 及 Q235/HT250 相变超塑性焊接的温度循环与应变研究也表明，相变超塑性变形是焊接变形的主要组成部分，占总变形量的 60%~70%；HT250/HT250 相变超塑性焊接过程中的应变速率敏感性指数 $m>0.3$，应变速率 $\dot{\varepsilon}$ 在其相变超塑性应变速率范围之内，这从超塑性力学的角度证明了相变超塑性焊接主要是利用了相变超塑性原理。相变超塑性焊接所利用的相变超塑性应变发生在较低的温度、很小应力的条件下，这与电阻焊的高温塑性变形的机理完全不一样。

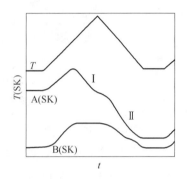

图 3-25　Q235/Q235 钢相变
超塑性焊接一个温度循环内的
压缩位移曲线
SK—位移　T—温度
A—$\sigma=32$MPa　B—$\sigma=0$MPa

（2）相变超塑性焊接中的材料组织细化及其作用　在相变超塑性焊接过程中，反复的相变重结晶和变形再结晶使接头区晶粒明显细化，在循环次数足够多以后，材料将达到一个确定的平衡晶粒度。由图 3-26 可以看出：45 钢焊前为退火态组织，晶粒尺寸较大（图 3-26a）；焊后最终获得细晶组织（图 3-26b）；若提高最高加热温度或采用其他有利于晶粒长大的方案，焊后也会得到晶粒粗大的组织（图 3-26c）。尽管相变超塑性焊接中晶粒细化对接头形成的影响还有待进一步研究，但晶粒细化无疑对材料的高温变形和扩散是有利的。

（3）循环相变促进了扩散和界面共同晶粒的形成　固态焊接待连接面之间存在有空隙、氧化膜、少量夹杂及 N、H、C 等杂质原子，塑性变形可使空隙减少、氧化膜破碎，但不能将它们完全消除，要使这些被封闭在待连接面之间结合层内的缺陷消失，充分扩散是非常必要的。在相变超塑性焊接过程中原子能发生比较充分的扩散，其主要原因是：温度是循环变化的，温度升高则扩散加快；材料的相变过程使原子活化会导致扩散容易进行；晶界是扩散的有利通道，一个在迁移

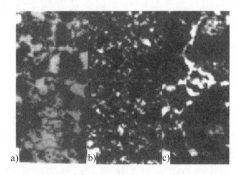

图 3-26　45 钢相变超塑性焊接中
的组织变化（500×）

运动中的晶界（或相界）因为含有大量正在跃迁中的原子，将形成高度活化的准液态（非晶态）扩散通道，使焊接接合面上的空位与间隙原子在焊接过程中始终能顺畅地向材料基体深处扩散。其中主要是相变的影响，相变对扩散的促进可从图 3-27 中得到证实，图中 45/45 钢相变超塑性焊接参数为 $T_{max}=810℃$、$T_{min}=390℃$、作用压力 55MPa。1 次循环（$n=1$）时，相变产生的效应较弱，接合面几乎都被空隙与氧化膜所隔断；随着焊接过程的进行（n增大），接合面上空隙减少，焊合区域面积加大；当 $n=20$ 时，空位与间隙原子得到了充分扩散，绝大部分已经溶入材料基体，除少量小的空洞，外接合面已连接成一体。

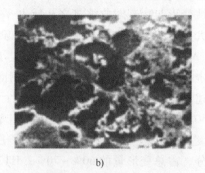

a)   b)

图 3-27   45/45 钢相变超塑性焊接时循环相变强化了空位的扩散（3500×）

a）接合面仍被隔离（$n=1$） b）焊缝结合良好（$n=20$）

以下实例也证实了相变对扩散的强化作用。Q235/12Cr13 相变超塑性焊接时，在 850℃、$n=9$ 时 Cr 在钢中的扩散系数 $D_{Fe}^{Cr}=10^{-10}\sim10^{-9}cm/s^2$，而在 850℃ 时 Cr 在钢中的常规静态扩散系数 $D_{Fe}^{Cr}=(0.4\sim7.6)\times10^{-12}cm/s^2$，显然，相变超塑性焊接过程中 Cr 的扩散系数提高了 2~3 个数量级。相变对上坡扩散和反应扩散也起到很好的强化效果，如在 45 钢/W18Cr4V 的相变超塑性焊接中，相变使 C 从低 C 的 45 钢侧以间隙扩散方式向高 C 的 W18Cr4V 侧发生上坡扩散，并最终形成良好的接合。

当扩散进行比较充分时，原接合面的氧化膜与空隙已基本消除，继续施加热循环发生相变时，新相可以在这个界面上形核并向任何方向生长。这样，原先的接合面几乎完全消除，待连接面两侧材料成为一个整体。

2. 焊接工艺与设备

（1）工艺方案 相变超塑性焊接一般是指待连接双方均具有相变超塑性的固态焊接，包括同材和异材的相变超塑性焊接。待连接双方的一方具有相变超塑性的焊接称为单侧相变超塑性固态焊接（U-TSSW）；借助于预置中间夹层材料相变超塑性的固态连接称为预置中间夹层的相变超塑性固态焊接（Interlayer-TSSW，I-TSSW）。单侧和预置中间夹层的相变超塑性固态焊接可扩大待焊双方材料的适用范围，同样具有开发应用价值。

（2）焊接参数 材料的相变超塑性与材料、预压力 σ、热循环周次 n、加热速度 v_H、冷却速度 v_C、最高及最低加热温度（T_{max}、T_{min}）及热循环幅 $\Delta T(T_{max}-T_{min})$ 等因素有关，这些因素自然是相变超塑性焊接的主要焊接参数。此外，作为一种固态焊接工艺，相变超塑性焊接还与材料表面状态及有无保护气氛等因素密切相关。

1）待焊面表面状态。相变超塑性焊接焊前对待连接面粗糙度和光洁度的要求及相应的加工措施同恒温超塑性焊接。对于预置中间夹层的相变超塑性焊接，还要根据具体焊接工艺的要求，对中间夹层材料进行必要的焊前预处理。

2）最高、最低加热温度及热循环幅。最高加热温度 T_{max} 一般取相变点以上 $50 \sim 100℃$，加热温度过高，容易使材料晶粒粗化或出现其他过热组织及随后形成的不良组织（如魏氏组织）；最低加热温度 T_{min} 在相变点以下，一般可低一些，以保证足够大的 ΔT。例如，Q235 钢的相变超塑性焊接可取 $T_{max} = 900℃$、$T_{min} = 600℃$。T_{max} 越高，连接强度越大；但循环次数较大时，T_{max} 对接头抗拉强度的影响减小，如 $n = 6$ 时，T_{max} 为 960℃ 和 900℃ 时的接头强度分别为 542MPa 和 538MPa。这可能是因为循环次数 n 较大时，超塑性流变对扩散影响的主导作用变得更加明显，而使加热温度上限对焊接过程的影响变得不显著了。尽管提高 T_{max} 对接头强度有好的作用，但对接头组织却有显著的恶化作用，如 Q235/Q235 钢进行相变超塑性焊接时，T_{max} 为 960℃ 时焊后接头接合面两侧的组织为粗大的魏氏组织，而 T_{max} 为 900℃ 时晶粒长大却不明显，因此，T_{max} 不能过高。

3）预压力。主要作用是使待焊材料发生相变超塑性流变以实现最大程度的紧密接触，并能促进原子扩散。预压力大，相变超塑性变形也大，界面孔洞也消失得快，但压力过大对接头强度并无明显作用，反而会造成变形较大。同材焊接时预压力一般仅为被焊材料屈服强度的 1/10 左右；异材焊接时所需的预压力稍高；预置中间夹层焊接时，预压力可以适当降低。预压力过小会导致端面接触不良，使焊接结果不稳定。在循环次数 n 一定时，接头胀大率 $\varepsilon_r(\Delta d/d_0)$ 与循环次数 n 呈正比，如图 3-28 所示。不同试验条件下（$n_1 = 6$，外加应力 32MPa；$n_2 = 3$，外加应力 60MPa）得到相同的胀大率 ε_r（约 4%）时，接头强度会有很大差异（前者断裂载荷 25300N，后者仅 18500N）。由此可见，ε_r 不能单独作为评定焊接质量的指标，因为相变超塑性焊接必须保证一定的扩散过程，而不仅仅是一定变形量才能获得可靠的接头质量。

4）加热速度与冷却速度。为防止加热过程中发生蠕变变形，应尽量采取快速加热，加热速度一般取 $50 \sim 100℃/s$；为简化工艺，冷却一般采用空冷。

5）循环次数。一般来说，循环次数越多，接头强度越高，当循环次数增大到一定值时，接头强度可达到母材强度。循环次数至少需 $4 \sim 5$ 次，可多到 20 次左右。超塑性变形对脆性材料偶（如铸铁、陶瓷等）或在某些特定情况下进行焊接时，必须保证足够的变形量。由图 3-29 可以看出，Q235/Q235 钢相变超塑性焊接在 $n > 6$ 次后，试样都断在近邻界面的母材。TA4 钛合金的对接，$n = 9$ 时，接头的抗拉强度可超过基体强度的 80%。

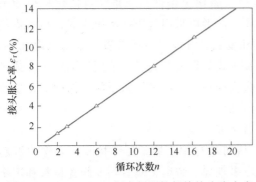

图 3-28　Q235/Q235 相变超塑性焊接接头胀大率
ε_r 与循环次数 n 的关系

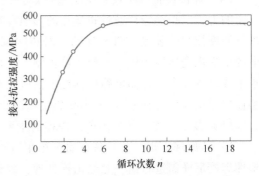

图 3-29　Q235/Q235 钢相变超塑性焊接接头
抗拉强度与循环次数 n 的关系

对接头区组织观察表明，循环次数越多，扩散进行得越充分，界面结合质量越好。由图 3-30 可以看出，在循环次数较少时（$n=2$），界面存在明显的分界线，只有少数地方形成了公共晶粒，但界面两侧的晶粒发生了细化。当循环次数增大时（$n=5$），分界线开始消失，接合面大部分区域形成了公共晶粒，界面处微小的黑点可能是残存的氧化膜或未充分填补的空洞。当 $n=12$ 时，黑点就很少了，说明氧化膜的破碎、分解充分，同时，大量的塑性流变也填补了界面的空洞。

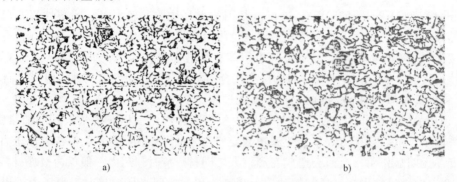

图 3-30　Q235/Q235 钢相变超塑性焊接接头金相组织（$T_{max}=930℃$，$T_{min}=640℃$，作用压力 31.4MPa）

a) $n=2$　b) $n=12$

确定相变超塑性焊接参数时应将上述因素综合考虑。例如，如果想以较少的循环次数得到大的变形，则可提高焊接压力和温度循环的上限，但焊后组织欠佳。

6）保护气氛。有无保护气氛对于相变超塑性焊接来说似乎不太敏感，这可能是由于超塑变形使氧化膜易被破坏以及焊接所需时间较短的缘故。这使得一些易氧化的金属及合金也能在大气中进行相变超塑性焊接，如钛及钛合金的相变超塑性焊接。

（3）预置中间夹层的相变超塑性焊接　对预置中间夹层的相变超塑性焊接来说，在设计焊接工艺时，要尽量选取与两侧母材具有冶金相容性的夹层材料，要充分发挥夹层材料的相变超塑性变形，并充分考虑由夹层材料引起的焊接参数（如加热温度、加热速度与冷却速度、施加应力等）的变化。

对于预置中间夹层和单侧的相变超塑性焊接，工艺参数的设计原则是以充分发挥一侧或预置中间夹层的相变超塑性为主。

（4）焊接设备　实现相变超塑性焊接的设备应具备两个条件：一是能对被焊材料施加一定的力，二是能进行通过相变点的加热冷却循环。前者可采用气压或液压方式，后者需能进行温度控制的装置。图 3-31 为一种棒状试样的相变超塑性焊接试验装置，采用电阻加热，电源由焊机变压器提供，由控制箱控制；试件由旋压式对焊夹具夹紧，采用气动加压方式可水平或垂直加力；控制电路根据温度信号控制加热或冷却；焊接过程采用氩气保护。相变超塑性焊接试验也可在 Gleeble1500 热模拟试验机上完成。

（5）技术特点　相变超塑性焊接的主要技术优势是：

1）从原理上讲，凡是具有固态相变的材料，皆可进行相变超塑性焊接而不必像恒温超塑性焊接那样需进行组织超细化预处理，因此，许多难焊、难熔金属材料及陶瓷材料和冶金不相容的金属都可以进行相变超塑性焊接。对于一些没有固态相变的材料，使用具有固态相变的中间夹层材料时也可以实现相变超塑性焊接，这样可以降低待连接材料之间的焊接难度。

2）相变超塑性焊接接头具有与基体材料非常接近的显微组织和性能，焊后不经过热处理即可应用，没有熔焊的热影响区和焊接缺陷；与电阻对焊相比的突出优点是焊后接头组织容易得到控制；与常规压焊相比优点是压力很小、变形很小。

3）焊接过程中材料发生了超塑流变而易于焊合，一般可以在大气中进行焊接，而无需真空或保护气氛，可简化设备，降低工艺成本；焊接时间短，仅为扩散焊的 1/2～1/3，效率高。

相变超塑性焊接的不足或局限性是受加热冷却条件的限制。由于相变超塑性焊接只能在变温条件下实现，因而对焊接设备有一定的要求，尤其是对

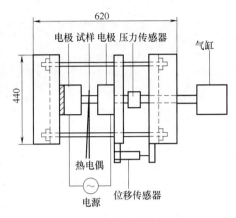

图 3-31　棒状试样的相变超塑性焊接试验装置

一些大型零部件、待焊端面不规则的零部件，不易进行相变超塑性焊接。

此外，对没有固态相变但晶体结构各向异性明显的材料，也可按相变超塑性焊接工艺原理实现固态焊。此时材料在每一个温度循环内产生的较大热应力（而不是相变的组织应力）会导致超塑流变。

3. 焊接质量的检测与控制

和恒温超塑性焊接一样，相变超塑性焊接接头质量也可用焊件的变形、接头力学性能、接头区显微组织、接头区焊接缺陷及焊接面断口和焊合率等评价。

相变超塑性焊接主要焊接缺陷为：机械结合区、界面显微空隙及非金属夹杂物等。此外，相变超塑性焊接还会由于接头区组织过热或循环加热冷却不当而产生裂纹。

4. 典型材料的相变超塑性焊接

自 20 世纪 70 年代中期以来，相变超塑性焊接的研究与应用已取得了很大进展。表 3-4 列出了一些主要研究成果，可以看出，铸铁、碳钢、合金钢、钛及钛合金等的同材焊接，碳钢与合金钢、不锈钢、铸铁、合金钢与硬质合金、钢与铝及钛合金与不锈钢等的异材焊接，都可以采用相变超塑性焊接，相变超塑性焊接甚至已成为高碳钢及铸铁等难焊铁基合金固态焊接加工的重要方法。异材相变超塑性焊接与同材相变超塑性焊接相比，由于要考虑两种材料的相变超塑性而技术难度要大一些。

表 3-4　材料的相变超塑性焊接（表中字母 A 表示采用 Gleeble1500 热模拟试验机）

材料	相变超塑性焊接条件							接头抗拉或抗剪强度 /MPa
	作用压力 /MPa	T_{max}/℃	T_{min}/℃	加热速度 /(℃/s)	冷却速度 /(℃/s)	循环次数	真空度 /Pa	
碳素钢 SK5		850	380	100		25		焊合良好
Q235/Q235	32	900	640	50～100	50～100	6		达母材强度,538
20 钢/20 钢	32.4	900		26	5～270	3	A	断母材,541～677
45 钢/45 钢	50	810	390			20		焊合良好
T8/T8	75	900	400					断母材,652

（续）

材料	相变超塑性焊接条件							接头抗拉或抗剪强度/MPa
	作用压力/MPa	T_{max}/℃	T_{min}/℃	加热速度/(℃/s)	冷却速度/(℃/s)	循环次数	真空度/Pa	
HT15-33/HT15-33	30	900	600~640	50~100	50~100	5		与母材等强,194
HT250/HT250	28	880	285	60	60	25	A	断母材,196~256
铸铁 FC30/FC30	5~10	850	600	30	20	3		焊合良好
Ti/Ti	14	1077		70	40	1~3		达80%母材强度
TA4/TA4,Al合金	26	950	700	70~80	70~80	12	10^{-2},A	达母材强度,580
Q235/T8	45	900	550	50~100	50~100	10	A	焊合良好
Q235/12Cr13	51	935	605	50~60	50~60	9~14	A	
45钢/W18Cr4V	40	980	60	100	30	12		
45钢/W6Mo5Cr4V2	50	820	520	1	1.5	8		焊合良好
3Cr2W8V/H13	16	1050	650	50		7		断母材
硬质合金/Cr12MoV								焊合良好
Q235/HT15-33	35	880	605	50~60	50~60	5		断铸铁,195.2
Q235/HT250	37	880	285	60	60	25	A	断铸铁,217~276
软钢/铸铁	15	880	600	30	20	3		焊合良好,483

　　相变超塑性焊接潜在的应用范围相当广，原则上凡在加热冷却过程中有固态相变的金属材料、陶瓷材料及复合材料等皆具有实现相变超塑性焊接的可能性；即使没有固态相变但晶体结构各向异性明显的材料，或一方具有相变超塑性，也可进行相变超塑性焊接；哪怕双方均无超塑性的材料，也能用具有相变超塑性的中间夹层材料进行相变超塑性焊接。

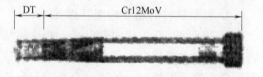

图 3-32　钢结硬质合金（DT）与 Cr12MoV
相变超塑性焊接冲头

　　作为相变超塑性焊接的应用实例，图 3-32是采用相变超塑性焊接的钢结硬质合金（DT）与 Cr12MoV 钢复合冲头，经检测接头焊合质量良好，在对钢制 M12 螺母冲孔 15000 件后，冲头因钢结硬质合金表面有小块剥落而失效，但焊缝仍完好无损。再如灰铸铁机床床身工作面局部的相变超塑性焊补修复也有很好的前景，因为一般情况下，灰铸铁的焊接性和塑性很差，用常规熔焊和固相压力焊进行焊补修复较难，但利用相变超塑性焊接可以进行灰铸铁的固态压接，对相变超塑性焊补后的观察表明，焊后原始界面已经消失，且通过分界面在两母材中有石墨长大的现象。

3.3　超塑性扩散连接

　　扩散连接是指相互接触的表面，在高温和压力的作用下相互靠近，局部发生塑性变形，经一定时间后结合层原子间相互扩散，而形成整体的可靠连接的过程。

扩散连接与熔焊、钎焊相比，在某些方面有明显的优点（表3-5），其主要特点是：

1）扩散连接适合于耐热材料（耐热合金、钨、钼、铌、钛等）、陶瓷、磁性材料及活性金属的连接。特别适合于不同种类的金属与非金属异种材料的连接，在扩散连接技术研究与实际应用中，有70%涉及异种材料的连接。

扩散焊接

2）它可以进行内部及多点、大面积构件的连接，以及电弧可达性不好，或用熔焊方法根本不能实现的连接。

3）它是一种高精密的连接方法，扩散连接后工件不变形，可以实现机械加工后的精密装配连接。

表 3-5 不同焊接方法的比较

条件	方法		
	熔焊	扩散连接	钎焊
加热	局部	局部、整体	局部、整体
温度	母材熔点	母材熔点的 0.5~0.8	高于钎料的熔点
表面准备	不严格	注意	注意
装配	不严格	精确	不严格，有无间隙均可
焊接材料	金属合金	金属、合金、非金属	金属、合金、非金属
异种材料连接	受限制	无限制	无限制
裂纹倾向	强	无	弱
气孔	有	无	有
变形	强	无	轻
接头施工可达性	有限制	无限制	有限制
接头强度	接近母材	接近母材	决定于钎料强度
接头耐蚀性	敏感	好	差

3.3.1 扩散连接的原理、工艺及设备

扩散连接是压焊的一种，与常用压焊方法（冷压焊、摩擦焊、爆炸焊及超声波焊）相同的是在连接过程中要施加一定的压力，但所需压力很小，而所需温度相对较高、时间也长，如图3-33所示，该图对现有熔焊和固态焊的连接方法所需温度、压力及持续时间的范围进行了综合对比。

扩散连接过程可以大致分为三个阶段：第一阶段为物理接触阶段，高温下微观不平的待连接表面，在外加压力的作用下，总有一些点首先发生塑性变形，在持续压力的作用下，接触面积逐渐扩大，最终达到整个面的可靠接触；第二阶段是接触界面原子间的相互扩散，形成牢固的结合层；第三阶段是

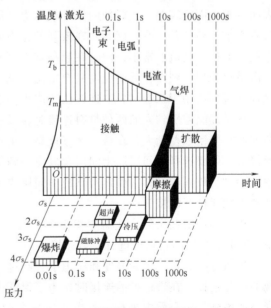

图 3-33 不同焊接方法所需温度、压力及过程持续时间的对比

在接触部分形成的结合层，逐渐向体积方向发展，形成可靠的连接接头。当然，这三个过程不是截然分开的，而是相互交叉进行，最终在接头连接区域由于扩散、再结晶等过程形成固态冶金结合，它可以生成固溶体及共晶体，有时生成金属间化合物，形成可靠连接。图3-34是扩散连接的三阶段模型示意图。

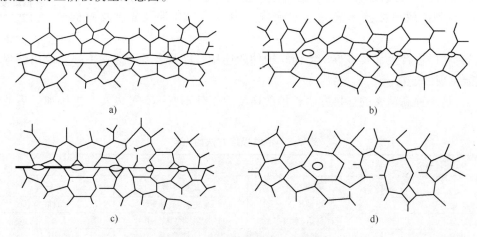

图 3-34　扩散连接的三阶段模型
a）凹凸不平的初始接触　b）变形和形成部分界面阶段　c）元素相互扩散和反应阶段
d）体积扩散及微孔消除阶段

　　影响扩散连接的主要因素有：表面状态、中间层的选择、温度、压力、时间和气体介质等，其中最主要的是温度、压力、时间和真空度，这些因素是相互影响的。连接参数的选择既要考虑扩散形成原子间的相互作用，同时应考虑界面生成物的性质，如性能差别较大的两种金属，在高温长时间接触扩散，则界面极易生成脆性金属间化合物，而使接头性能变差。因此，在扩散连接时，应控制温度和时间，以保证得到优质接头。表面加工精度高，则接触表面微观平面度较小，在较低的温度或压力，即可以实现整个被连接面的可靠接触与连接；若表面加工精度差一些，就必须在较高的压力或温度下，才能形成可靠的连接。如果零件被连接表面粗糙度值非常小，同时在超高真空（1×10^{-9} Pa 以上），或连接表面连接前经过离子轰击活化处理，则在较低的温度甚至室温下就可以实现扩散连接，称为常温下的扩散连接，这种连接方法用于某些材料的连接已经取得满意的结果。

　　化学性能差别较大的两种材料连接时，极易在接触界面生成脆性金属间化合物，两种材料的线膨胀系数差别大，在接头区域极易产生很大的内应力，在这些情况下为了获得高质量的接头，则要选择中间层。中间层金属应与两侧材料都能较好地接合，生成固溶体。对热物理性能差别较大的材料，可以用软的中间层或用几个中间层过渡，缓和接头的内应力，以保证获得性能良好的接头。

　　扩散连接的接头形式比熔焊类型多，可进行复杂形状的接合，如平板、圆管、管、中空、T形及蜂窝结构均可进行扩散连接。

　　扩散连接是在一定的温度和压力下，经过一定的时间，使连接界面原子间相互扩散而实现的可靠连接。在进行扩散连接时，为了保证连接面及被连接金属不受空气的影响，必须在真空或惰性气体介质中进行，其中应用最多的是真空扩散连接。真空扩散连接可以采用高频、辐射、接触电阻、电子束及辉光放电等方法对工件进行局部或整体加热，其中工业生产中普遍应用的是感应和辐射加热。无论何种加热方式的真空扩散连接设备，都主要由真空系统、加热系统、加压系统和控制系统组成。图 3-35 为感应加热扩散焊机的示意图。

1. 真空系统

真空系统包括真空室、扩散泵和机械泵等。真空室的大小可以根据焊接工件的尺寸进行设计。真空室越大，要达到和保持一定的真空度，对真空系统要求越高。机械泵只能达 $133.3×10^{-3}$Pa 的真空度，加扩散泵可以达到 $133.3×10^{-6}~133.3×10^{-7}$Pa，它可以满足所有材料扩散连接的要求。真空度越高，越有利于被连接表面的杂质和氧化物分解与蒸发，促进扩散连接的顺利进行，但抽真空时间也长，生产率较低。

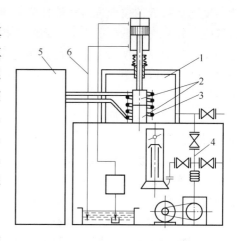

图 3-35　感应加热扩散焊机示意图
1—真空室　2—扩散连接工件　3—感应圈
4—机械泵与真空泵组成的真空系统
5—高频电源　6—加压系统

2. 加热系统

加热系统主要包括感应圈和高频电源。工作频率为 60~500kHz 的感应电流，由于趋肤效应，只能加热表面或较小的工件。对于较大或较厚的工件，为了缩短工件的加热时间，最好用频率为 500~1000Hz 的变频机。对于非导电材料，如陶瓷等，可以用高频加热石墨等导体，然后把工件放在石墨容器中进行间接辐射加热。

根据不同加热要求，辐射加热可选用钨、钼或石墨加热体，经过高温辐射体对工件进行加热。在真空室中应有由耐高温材料围成的均匀加热区，以保持设定的温度；外壳需要冷却。

3. 加压系统

为了使被连接件之间达到密切接触，扩散连接时要施加一定的压力。对于一般的金属材料，在合适的扩散温度下采用的压力范围为 1~100MPa。对于陶瓷、高温合金等难变形的材料，或加工表面粗糙度值较大，或当扩散连接温度较低时，才采用较高的压力。扩散连接设备一般采用液压或机械加压系统，在自动控制压力的扩散连接设备上一般装有压力传感器，以此实现对压力的测量和控制。

4. 控制系统

控制系统主要实现温度、压力、真空度及连接时间的控制，少数设备还可以实现位移测量及控制。温度测量采用钨-铼、铂-铂铼、镍铬-镍铝等热电偶，测量范围为 293~2573K，控制精度范围为 ±(5~10)K。采用压力传感器测量施加的压力，并通过与给定压力比较进行调节。控制系统多采用计算机编程控制，可以实现连接参数显示、存储、打印等功能。

3.3.2　超塑性扩散连接的原理及工艺

扩散连接是"被连接的表面在不足以引起塑性变形的压力和低于任一零件熔点的温度条件下，使接触面在形成或不形成液相状态下完全密合并产生固态扩散而达到连接的方法"。严格地说"不足以引起塑性变形的压力"是指该压力远小于被连接材料的屈服极限而未发生的常规塑性变形，但在扩散焊温度和压力下，接头区将发生以蠕变为主的微量塑性变形，否则便不能实现被连接表面真正的紧密接触，更谈不上焊合了。

超塑性扩散连接是在超塑性变形温度下实现材料扩散连接的方法，它是利用材料在超塑性温度下具有低的蠕变抗力和塑性流变应力，只需施加很小的压力就可使两个被连接表面紧密接触，并实现固态扩散连接。超塑性扩散连接与常规扩散焊接工艺相近，所施加的压力也远小于材料的屈服极限，但要达到超塑流变所需的低应力，此时使被连接表面紧密接触所需的塑性变形以超塑流变为主，而不是以蠕变为主，超塑流变的激活状态，还有利于原子的扩散。

由于超塑流变温度一般都不高于常规扩散焊接温度甚至更低，因此，基体材料的超塑性能使得原先必须在高温和一定压力下才能实现的固态扩散焊接，可在更低温度和小的压力下，在更短时间内完成，并可获得连接强度达母材强度的连接接头，焊件在焊接过程中变形也小，易实现精密连接。此外，材料在超塑状态下的易焊合性，还可使这种固态焊接在非真空或保护气氛下也能进行，而常规扩散焊必须在真空或保护气氛下进行。

超塑性扩散连接与恒温超塑性焊接并无本质上的区别。原采用扩散焊接工艺的，若考虑到被焊材料的恒温超塑性而对原工艺适当调整，则一般称之为超塑性扩散连接；而恒温超塑性焊接，一般是指利用被焊材料的恒温超塑性而进行的固态压力焊或变形焊。二者相比，超塑性扩散连接所需的焊接时间会更长一些。超塑性扩散连接也可以在相变超塑性条件下进行，扩散焊时应用相变超塑性，被连接表面密合性比一般蠕变更为有效，时间能进一步缩短，焊合面的成长取决于循环相变次数，所以，也可称之为受相变超塑性支配的扩散型焊接。

3.3.3 典型材料的超塑性扩散连接

超塑性扩散连接的应用研究目前主要集中在难焊材料和异种金属材料之间。

1. 钛合金

具有（$\gamma+\alpha_2$）双相组织的 Ti-47Al 锻造合金超塑性扩散连接试验表明：当连接温度较低时，原始界面依旧存在，接头的抗拉强度和伸长率较低，断裂发生在界面处；随连接温度升高，原始界面逐渐消失，界面处发生动态再结晶，形成等轴的 γ 晶粒。在 1198~1373K 超塑性温度范围内，温度越高，再结晶所形成的晶粒尺寸越大，接头抗拉强度和伸长率越高，断裂位置由连接界面向母材内转移。Ti-6Al-4V 钛合金在 0.4~2.1MPa 压力及真空条件下，经 1160~1200K 超塑性温度扩散连接 3~4h，可获得良好的焊接接头。Ti-33Al-3Cr 锻造合金的超塑性扩散连接参数为：温度 1523K，时间 3.6h，压力 30MPa。

研究发现：当粗晶的 TiAl 基合金之间连接时，界面处形成了与母材组织不同的再结晶细晶组织，且界面处存在显微孔洞，接头抗拉强度和伸长率较低，断裂发生在界面处；当粗晶的 TiAl 基合金与细晶双相组织的 TiAl 基合金连接时，由于后者有较好的超塑性变形能力而与粗晶的 TiAl 基合金形成镶嵌式的界面结构，使接头的抗拉强度和伸长率提高；当细晶的 TiAl 基合金之间连接时，可得到与母材基本一致的显微组织，接头具有很高的抗拉强度（达 530MPa）和伸长率，断裂发生在母材。利用激光表面快速熔凝技术，在 Ti-45Al-2Mn-2Nb（摩尔分数）+0.8%TiB2（体积分数）合金试样表面形成了熔化区及固态相变区，熔化区的组织以胞状枝晶组织为主，再经过 1273K、1h 保温处理后，试样表层形成了等轴细晶组织，然后在 1173K、压力 60MPa、1h 内可实现试样的超塑性扩散焊接，焊接件的抗弯强度达到基体的 61%。

2. 镁合金

厚度为 20mm 的镁合金 ZK61M 板材，加热至 603K、保温 1h，以每道次 5%～10% 的压下量进行反复加热和轧制，制成 1mm 厚的薄板。薄板晶粒平均尺寸为 5.9μm，在变形温度为 653K、应变速率为 $5.6\times10^{-4}s^{-1}$、流动应力为 8.8MPa 条件下，应变速率敏感性指数为 0.48，伸长率为 420%，呈现出明显的超塑性状态。

采用搭接接头，在 Gleeble1500 热模拟试验机上进行 ZK61M 的超塑性扩散连接试验。焊前为有效去除连接表面的氧化膜，采用的表面预处理工艺为：丙酮去油污、砂纸打磨→30% 铬酐溶液+70% 水进行表面处理→丙酮清洗→冷风吹干。在温度 653K、压力 15MPa、保温时间 1h 的最佳超塑性扩散焊接参数下实现了 ZK61M 紧密接触，并通过原子扩散和晶粒长大造成的原始焊接表面晶界的移动，促使接头表面原子充分扩散，形成牢固的连接。

3.4 超塑成形/扩散连接

超塑成形/扩散连接（Superplastic Forming/Diffusion Bonding，SPF/DB）是在一次加热周期中充分利用超塑性条件下材料易于变形和易于扩散的活化状态完成成形和扩散连接两个工序，从而制造出局部加强或整体加强的结构件以及构形复杂的整体结构件。SPF/DB 是材料成形/连接复合加工的一种新技术。这种技术可用于包括钛合金在内的很多金属材料，在航天航空领域已经成功地得到应用，取得了非常好的结果，如飞机大型壁板、翼梁、舱门、发动机叶片等大型结构、薄壁结构，用这种方法制成的结构件质量小、刚度大，完全能满足工艺要求，可减轻质量 30%，降低成本 50%，提高加工效率 20 倍。

超塑性与超塑性固态焊接（3）

美国是最早开展钛合金 SPF/DB 技术研究与应用的国家，之后各国相继对 SPF/DB 投入了大量的人力和财力开展试验生产研究，获得了巨大的经济效益。目前，SPF/DB 技术已日趋完善，发展到实用阶段，已在美国、俄罗斯、英国、日本及我国得到应用，其研究和应用范围也在不断拓展：从用于替代现有飞机的分离式铆接构件，发展到为新飞机设计整体 SPF/DB 构件；从用于次承力构件，发展到用作主承力构件；从单层板的超塑成形发展到多层板的 SPF/DB 夹层结构；应用对象也从飞机机体构件，发展到航空发动机零件、航天飞机构件甚至民用产品；成形材料已从钛合金发展到高强度铝合金、铝锂合金、金属基复合材料、金属间化合物，乃至陶瓷及陶瓷基复合材料等；在毛坯形式方面，从钛、铝板材的 SPF/DB，发展到了板材与加工零件的扩散连接。

例如，美国波音 747 飞机上有 70 个钛合金结构件采用 SPF/DB，麦道公司生产的 SPF/DB 结构件多达 100 多个；英国的 SUPERFORM 公司是世界上第一家也是当今最大的铝合金 SPF 结构件专业化生产厂，现每月可成形 1250 多种零件；MBB 公司在 Ztalast 和 DFS/KoPer-nikas 两种通信卫星上采用超塑成形制造了 $\phi90～\phi600mm$ 的各种推进剂箱，使成本降低 67.6%～83.8%。

尽管我国 SPF/DB 研究起步较晚，开始于 20 世纪 70 年代末，但至今已先后完成了基础工艺试验、典型构件研制、模具选材试验、性能测试、质量控制与检测等方面的工作，并成功研制出某飞机风动泵舱门、隔框、电瓶箱罩盖、发动机维护舱盖等航空零件，并在铝合金的 SPF/DB 以及 SPF/DB 的数值模拟等方面取得了一系列重要研究成果。

国内外 SPF/DB 技术已在航空航天等领域获得了巨大的经济效益。今后发展的趋势是：深入开展基础研究工作，开发新型合金改善构件性能，优化 SPF/DB 工艺参数，实现加工过程自动化，开展并行工程研究，突破铝合金和铝锂合金 DB 技术，进一步开展对金属间化合物、陶瓷、MMC 等先进材料 SPF/DB 技术的研究等。

3.4.1 SPF/DB 的工艺原理及特点

下面以钛合金的 SPF/DB 为例，说明 SPF/DB 的工艺原理及特点。

1. 工艺原理

钛合金的超塑成形温度为 $850 \sim 970℃$，扩散焊接温度为 $870 \sim 1280℃$。由于在超塑成形温度下也可以进行扩散焊接，并且二者皆要在真空或保护气氛下进行，因此有可能把这两种工艺结合，在一次加热、加压过程中完成超塑成形和扩散连接两道工序。根据 SPF 和 DB 先后顺序的不同，SPF/DB 工艺可分为三种形式：

（1）先 DB 后 SPF 适于扩散连接部位多的大型复杂构件，优点是模具结构简单，可用模腔内充气加压或模具直接加压，但在不连接部分需涂上隔离剂，增加了工序数；若涂层厚度不均，位置不准还会使结构件外表面产生沟槽，并且要求严格控制扩散连接温度和保温时间，以防晶粒过度长大，导致超塑成形时零件破裂。

（2）先 SPF 后 DB 适宜小型简单构件，超塑成形部位可以不涂隔离剂，可用气囊充气加压或加垫板加压，但模具结构复杂，扩散连接面保护困难，影响连接强度。

（3）SPF 和 DB 同时进行 该法具有以上二者的特点，并能提高生产率，但工艺复杂、模具结构也复杂。

以下结合钛合金翼梁（图 3-36）先 SPF 后 DB 的工艺过程，具体说明 SPF/DB 的工艺原理。如图 3-37 所示，该构件 SPF/DB 加工的工艺过程为：

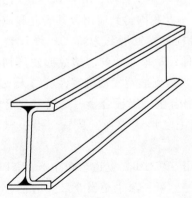

图 3-36 SPF/DB 加工的钛合金翼梁

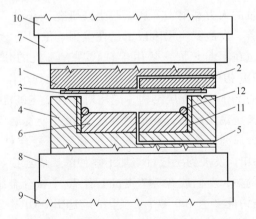

图 3-37 翼梁的 SPF/DB 加工工艺示意图

1—上模 2—进气口 3—钛板（毛坯） 4—下模 5—抽真空口
6—模芯 7—上电热平台 8—下电热平台 9—机床下台面
10—机床上台面 11—钛缘条 12—钛棒

1）毛坯清理。将 3、11、12 清洗干净。

2）涂隔离剂。在 1、4、6 表面涂上隔离剂（氧化钇或氮化硅），若模具是非金属制造的，可免涂隔离剂。

3）按要求的位置，将 3、11 和 12 放到模具内。

4）机床下行，压紧毛坯 3，并保持压紧状态，保证模具密封。

5）模具抽真空。将模腔（包括上、下腔）通过 2、5 口抽真空，或充入氩气对钛板进行保护。

6）加热。用上、下电热平台 7 和 8 加热模具到 SPF/DB 工艺的最佳温度，并保持恒温。

7）充气加压。由 2 充入氮气，作为钛板 3 超塑成形的压力源。成形过程中的压力应按图 3-38 的曲线由计算机控制，以保证钛板在 SPF 过程中变薄均匀。同时，5 保持抽真空状态。

8）SPF 结束，即钛板 3 贴模时，在压力作用下使 12 变形（钛棒可用纯钛），将 3、11 和 12 互相紧密贴合，进行扩散连接。这时，所加的压力骤增，并保持一段时间，即可完成钛合金的 SPF/DB 组合。

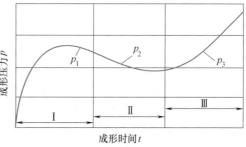

图 3-38 超塑性气压成形的压力变化曲线

9）待冷却后取出 SPF/DB 结构件毛坯，切去毛边，并清洗表面（若保护好，可以不清洗）。

2. 工艺优点

采用 SPF/DB 工艺的优点是明显的：

1）可使以往由许多零件经机械连接或焊接组装在一起的大部件在一次加热、加压过程中成形为大型整体结构件，极大地减少了零件和工装数量，缩短了制造周期，降低了制造成本。

2）可为设计人员提供更大的自由度，设计出更合理的结构件，进一步提高结构承载效率，减轻结构件重量。

3）采用这种技术制造的结构件整体性好，材料在扩散连接后的界面完全消失，使整个结构成为一个整体，极大地提高了结构的抗疲劳和抗腐蚀等特性；并通过恰当的结构设计还可以提高结构的抗弯刚度，扩大钛合金的应用范围。如航空航天工业中常用的钛合金冷成形和机械加工都很困难，使其实用性受到一定的限制，SPF/DB 技术则可使钛合金制造工艺简单易行，同时可以实现几乎没有工艺余量的精确加工，提高了材料的利用率，降低了生产成本。

4）材料在超塑成形过程中可承受很大的变形而不破裂，可以成形出很复杂的结构件，这是用常规的冷成形方法根本做不到或需多次成形方能实现的。材料在超塑成形过程中流动应力很小，这样可以用小吨位的设备成形大尺寸的结构件，且加工的结构件无回弹，无残余应力，成形精度高。

国内外研究表明：用 SPF/DB 技术生产飞行器结构件，与常规方法相比，可使结构重量降低 30%，成本降低 40%~50%。图 3-39 所示的是 F-15 型飞机机身背部两块大型壁板，长 3048mm，宽 1143mm，原结构是由蒙皮、隔框、桁条组成的典型结构，现改用 SPF/DB 结

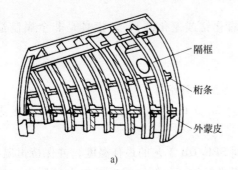

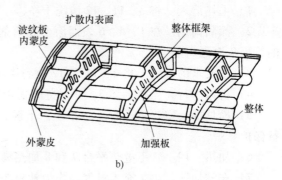

图 3-39 SPF/DB 的 F-15 后机身壁板与原装配式壁板的比较

a）原结构 b）SPF/DB 结构

构，只需 4 块 SPF/DB 壁板，较原结构减少 9 个隔框、10 根桁条、150 个零件和 5000 个铆钉，总重量减轻 38.4%，总成本降低 53.4%。此例表明，SPF/DB 技术可以大幅降低飞行器，尤其是超声速飞行器某些构件的制造成本。图 3-40 是其经济性评价曲线，当飞行马赫数 $Ma>2$ 时，SPF/DB 结构可大幅度降低成本。这是因为 $Ma>2$ 的飞行器表面温度可达 220~260℃，头部达到 280℃，用常规铝结构已不能胜任，必须采用钛和钛合金，钛合金如用常规方法加工，成本将大幅度上升。

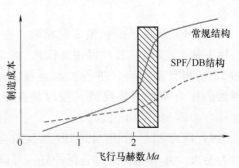

图 3-40 超声速飞行器构件的经济性评价曲线

3.4.2 SPF/DB 的工艺及设备

1. SPF/DB 构件的典型结构形式

SPF/DB 构件的典型结构形式如图 3-41 所示。

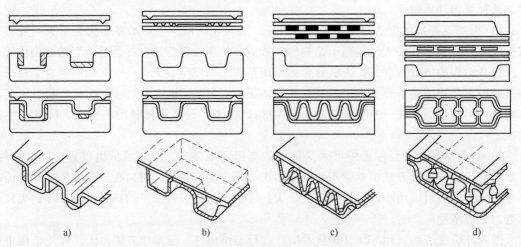

图 3-41 SPF/DB 构件的典型结构形式

a）单层结构 b）双层结构 c）三层结构 d）四层结构

单层加强板结构（图 3-41a）是在超塑成形件的局部扩散连接上加强板，用以提高构件的刚度和强度，常用于制造飞机和航天器的加强板、肋和翼梁。

双层结构（图 3-41b）是将 SPF 板材和外层板之间需要连接的地方保持良好的接触界面，不需要连接的地方涂有隔离剂，这种结构常用于制造飞行器的口盖、舱门和翼面。

多层结构的 SPF/DB 构件（图 3-41c、d）基本由三、四层板组成，在成形之前，板与板之间的适当区域涂隔离剂。经 SPF/DB 后，上下两块板形成面板，而中间层形成波纹板或隔板，起加强结构作用，这种形式适用于内部带纵横隔板的夹层结构。三层板和四层板夹层结构适合于制造两侧型面都有高要求的结构件，如飞机进气道唇口、导弹翼面和发动机叶片等夹层结构。

2. SPF/DB 工艺参数的确定

用于 SPF/DB 的材料通常为钛合金（如 Ti-6Al-4V）、铝合金（如 7475Al）及铝锂合金（如 8090Al-Li）等，其中钛合金 SPF/DB 的应用最广。下面以钛合金的 SPF/DB 为例，说明 SPF/DB 工艺参数选择的基本原则。钛合金 SPF 的主要工艺参数是温度、应变速率，以及晶粒度和保护条件等；DB 的主要工艺参数是温度、压力、加压时间、晶粒度、表面粗糙度和保护条件等。因此，SPF/DB 组合工艺与以上诸因素均有关。在一般生产条件下，材料及其状态、保护条件一定时，则主要工艺参数是温度 T、压力 p 和时间 t。

（1）温度　钛合金通常在 870~1280℃ 温度范围内只要压力和时间合适，扩散焊接都能得到较好的焊接质量。但钛合金的 SPF 要求其组织尽可能为等轴细晶的 α+β 组织，如对 Ti-6Al-4V 来说，温度超过 940℃，α 相开始向 β 相转变；随着温度增加，转变加快，同时晶粒逐步增大，影响超塑成形或扩散焊接的顺利进行，因此，SPF/DB 比较理想的温度范围为 870~940℃。虽然高于此温度范围也能获得较好的连接质量，但晶粒明显增大并易获得粗大的魏氏组织。由图 3-42 可知，提高焊接温度可以减小焊接压力，缩短焊接时间；但温度高于 1000℃，晶粒显著增大，强度略有下降。

（2）压力　压力是扩散焊接表面能否紧密接触的重要因素。图 3-43 表示 Ti-6Al-4V 在 940℃ 下的连接质量与压力和时间的关系：在实线上方表示能获得 100% 焊接，虚线下方表示不足 50% 的焊接。可以看出，在短时间内，只要压力很高，即使扩散不充分，也能连接；但一般要求压力不宜太大，否则对设备能力、模具强度和零件变形等带来不利。对钛合金来说，扩散焊接压力在 0.5~30MPa 均能获得良好的连接强度。图 3-44 表示不同压力与连接强度的关系，可以看出，一定温度下压力达到一定值后，即使压力继续增加，对强度提高作用也不大。

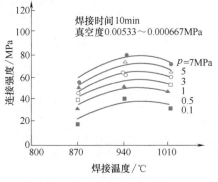

图 3-42　扩散焊接温度与强度的关系

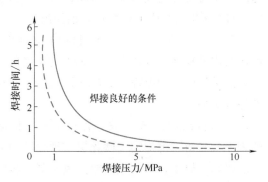

图 3-43　扩散焊接压力、时间与连接质量的关系

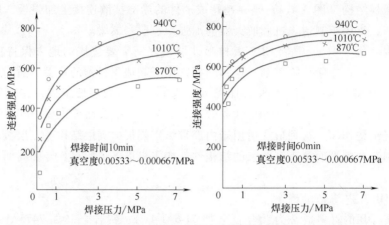

图 3-44　焊接压力与连接强度的关系

（3）时间　扩散焊接要获得良好的连接质量，必须有一定的时间来保证扩散、蠕变和再结晶能充分进行。一般来说，温度高、压力大，时间可以缩短。图 3-45 表示 Ti-6Al-4V 不同焊接时间与连接强度的关系，可以看出，随时间增长，连接强度增加，到一定时间后连接强度不仅不再增加，甚至因时间增长使晶粒粗大，引起强度下降。因此，对 Ti-6Al-4V 来说，时间一般不超过 3h，若温度、压力较低，时间可以增加到 4~6h。

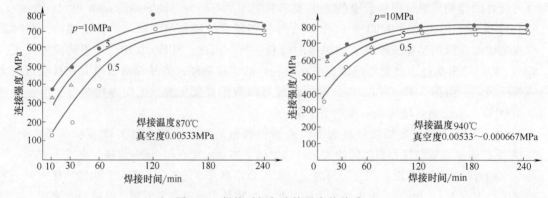

图 3-45　焊接时间与连接强度的关系

（4）原始组织　钛合金原始晶粒尺寸对焊接时间与压力的影响如图 3-46 所示。晶粒度越细，获得良好连接所需的时间越短，压力越小，因此，SPF/DB 工艺要求钛材具有细晶组织。

（5）制件的表面状态　制件的表面状态越好，连接的质量越高，因此在进行 SPF/DB 之前，可对制件表面进行一定的处理以提高连接强度。常用的表面处理方法如下：

1）机械加工。车、铣、磨和抛光等机械加工后的表面常残留一薄层加工硬化层，硬化层内晶体缺陷密度很高，原子扩散的激活能大大下降，再结晶温度比其他部分要低，这有利于扩散连接。但对某些不希

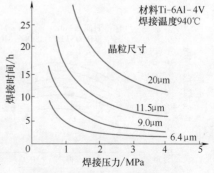

图 3-46　钛合金原始晶粒尺寸对
焊接时间与压力的影响

望产生再结晶的金属和合金，就不能采用机械加工的方法作为表面制备的最后工序。

2）化学浸蚀和剥离。这种方法可以消除非金属表面膜，如氧化膜等，同时还可以将部分或全部机械加工产生的冷加工硬化层浸蚀或剥离掉。浸蚀剂一般可参考使用金相浸蚀剂和材料轧制过程中采用的浸蚀剂。

3）真空烘烤。真空烘烤可有效地消除有机物、水分和气体吸附层，但不能除去稳定的氧化膜（如 Al、Ti 和 Cr 的氧化膜）。烘烤温度在 300℃ 左右，视材料性质而定。经过真空烘烤后的表面要放置于真空或保护气氛的贮存器内，以免重新被污染。

4）辉光放电清洗。以工件为阴极，用在辉光放电过程中电离后的 Ar^+ 撞击阴极而被清洗。

5）去油清洗。用酒精、三氯乙烯、丙酮和清洗剂等化学溶剂清洗除油。

此外，还可用超声波净化被连接的工件表面。

3. SPF/DB 设备和模具

（1）SPF/DB 设备　此类设备是由压力机和专用加热炉组成的，可分为两大类。一类是由普通液压机与专门设计的加热平台构成：加热平台由陶瓷耐火材料制成，安装于压力机的金属台面上；超塑成形/扩散连接用模具及工件置于两陶瓷平台之间，可以将待连接零件密封在真空容器内进行加热。另一类是将压力机的金属平台置于加热炉内，如图 3-47 所示：其平台由耐高温的合金制成，为加速升温，平台内也可安装加热元件；这种设备有一套抽真空供气系统，用单台机械泵抽真空，利用反复抽真空-充氩方式来降低待焊表面及周围气氛中的氧分压；高压氩气经气体调压阀，向装有工件的模腔内或袋式毛坯内供气，以获得均匀可调的扩散连接压力和超塑成形压力。

（2）SPF/DB 模具　SPF/DB 必须要采用模具以保证成形的需要。确定模具尺寸的原则是保证零件成形后在常温下符合图样要求，确定模具尺寸的依据是零件图样或样板尺寸、零件材料和模具材料以及成形温度。

零件在某一温度下成形时，若零件和模具完全贴合，则成形温度下零件的名义尺寸 L_{gj} 与成形温度下模具的名义尺寸 L_{gm} 相等。L_{gj} 和 L_{gm} 与常温下零件名义尺寸 L_{cj} 和模具名义尺寸 L_{cm} 的关系为

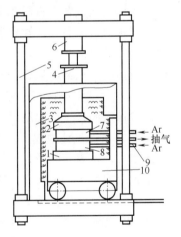

图 3-47　超塑成形/扩散
连接设备示意图

1—下金属平台　2—上金属平台
3—炉壳　4—导筒　5—立柱
6—液压缸　7—上模具　8—下
模具　9—气管　10—活动炉底

$$L_{gj} = L_{cj}(1 + \alpha_j \Delta t)$$

$$L_{gm} = L_{cm}(1 + \alpha_m \Delta t)$$

$$L_{cm} = \frac{1 + \alpha_j \Delta t}{1 + \alpha_m \Delta t} L_{cj}$$

(3-6)

式中　α_m——成形温度时模具的热膨胀系数（1/℃）；

α_j——成形温度时零件的热膨胀系数（1/℃）；

Δt——成形温度和常温的温差，为简便起见，可直接用成形温度来代替（℃）。

按式（3-6）可计算出常温时模具与零件名义尺寸 L_{cj} 的差值 ΔL_s，即

$$\Delta L_s = L_{cm} - L_{cj} = L_{cj} \cdot \Delta t \cdot \frac{\alpha_j - \alpha_m}{1 + \alpha_m \Delta t} \tag{3-7}$$

由式（3-7）可知：当 $\alpha_j = \alpha_m$，即零件材料和模具材料的热膨胀系数相同时，$\Delta L_s = 0$，模具名义尺寸就等于零件的名义尺寸；当 $\alpha_j > \alpha_m$ 时，$\Delta L_s > 0$，$L_{cm} = L_{cj} + \Delta L_s$，模具的名义尺寸需要放大；当 $\alpha_j < \alpha_m$ 时，$\Delta L_s < 0$，$L_{cm} = L_{cj} - \Delta L_s$，模具的名义尺寸需要缩小。

若已知零件尺寸，利用式（3-6）即可计算出模具的名义尺寸。

目前 SPF/DB 的应用对象主要为钛合金和铝合金，因此钛合金 SPF/DB 和铝合金 SPF/DB 的模具材料，应分别以满足两种合金的超塑成形为主。钛合金超塑成形用的模具材料常选用耐热钢、耐热铸铁、耐热合金和耐高温陶瓷等，如 GH 类耐热钢、K3 镍基高温合金、水玻璃陶瓷、磷酸铝陶瓷、石英陶瓷、耐高温水泥陶瓷、碳化硅陶瓷等。其中陶瓷材料具有很高的抗氧化性和耐热性，高温组织稳定，抗生长性好，线膨胀系数小，抗压强度和硬度值很高，成形工艺简单，成本低廉，资源丰富，但其抗拉强度和耐急冷急热性能不如金属材料。铝合金超塑成形温度较低，模具材料较易解决，一般可用 Cr12、Cr12MoV 及高速钢等。

4. SPF/DB 的润滑与保护

为避免 SPF/DB 过程中合金在超塑成形温度成形时擦伤，防止加热过程中的氧化与吸氢，保证 SPF/DB 后顺利地取出零件，必须采用高温润滑剂与保护涂料。

目前国内在钛合金板料热成形中广泛使用胶体石墨水溶液润滑剂。它是一种高纯石墨分散悬浮于水的石墨乳，能在室温下很快地干燥，形成一层致密的石墨膜，在温度 ≤650℃ 成形时保护零件表面与模具表面免受擦伤，并起一定的保护表面免受氧化的作用，有利于零件脱模；成形后可在清洗氧化皮时将石墨膜去掉。此外，常用的钛板高温保护方法还有：

（1）在真空室中成形　这是防止钛板污染的最理想的方法，但技术难度大，成本高，特别是大件成形在生产中难以实现。

（2）在惰性气体中成形　目前普遍采用氩气并兼作气源，在氩气中，钛板防氧化与吸氧的效果良好，表面光泽，可保持毛坯酸洗后的银灰色。

铝合金的 SPF/DB 可用二硫化钼与胶体石墨水剂作为保护涂料。从耐热性和涂层强度来看，石墨润滑比二硫化钼更为合适。

5. SPF/DB 后的组织与性能

以 Ti-6Al-4V 钛合金的 SPF/DB 为例，说明 SPF/DB 后材料显微组织和性能的变化。

（1）显微组织　随 SPF/DB 温度升高和保温时间增长，合金的晶粒逐渐长大。在 920℃ 以下，晶粒虽有长大，但仍保持等轴状，晶粒尺寸在 20μm 以下，塑性较好，疲劳特性也好；超过 920℃ 时，晶粒显著增大，并开始 α↔β 转变，由于 β 相原子扩散系数大，因此，温度越高，晶粒长大倾向越严重，并且粗大的晶粒组织冷却后形成魏氏组织（α+β 的长条形粗大晶粒）。

（2）力学性能　Ti-6Al-4V 经 SPF/DB 后抗拉强度通常下降 10% 左右。扩散连接强度与工艺参数的选择有很大的关系，在较好的工艺条件下，连接强度约为原强度的 80%~100%。

（3）气体含量　钛合金经高温长时间的成形会有氧和氢渗入，特别是在纯度较差的氩气保护下，合金中氧和氢的含量增加更明显，会严重影响合金的韧性、塑性和疲劳特性。因此，必须严格控制氧和氢的含量均在标准值以下，表 3-6 为国外推荐的两种标准。

表 3-6　SPF/DB 后含氧和氢标准值

元素	AMS 标准	航空标准
O	<0.2%	<0.15%
H	<0.0125%	<0.015%

（4）连接质量　不同工艺条件下连接质量有所不同，在好的连接条件下，能获得几乎 100% 的连接，这时已看不出焊接界线，整个连接界面两侧组织连续，无任何焊接缺陷。

3.4.3　SPF/DB 的应用

SPF/DB 技术目前已在很多领域得到应用，其中应用最成功的是航空航天领域。SPF/DB 技术已被认为是推动现代航空航天结构设计发展和突破传统钣金成形的先进制造技术，是未来航空航天大型复杂薄壁钛合金、铝合金、镍基高温合金和金属间化合物基合金等结构件制造的主要工艺方法。SPF/DB 技术目前已从试验室阶段发展到实用化阶段，从用于次承力构件发展到用作主承力构件。在材料方面，钛合金的 SPF/DB 技术最成熟、最完善，效益最好。

1. 在航空领域的应用

从 20 世纪 60 年代开始，经过几十年的试验研究、工程化和推广应用的发展过程，SPF/DB 已广泛用于先进飞机的机翼、舱门、机身隔框、发动机转子叶片、导向叶片、涡轮盘、喷管整流罩、风扇叶片、工字梁等重要部件的连接。用 SPF/DB 生产线制造的钛合金辅助舱门、机身隔框、前置翼、隔热板等构件已安装在 B-1B、B-2、F-18 和 T-39 等飞机上。欧洲最近设计的 EFA 战斗机前机身的大部分结构均为 SPF/DB 结构件，两翼的翼片也由 SPF/DB 的钛合金制造。美国麦道公司已建成 SPF/DB 大型厂房，可生产 0.8m×7m 或 1.5m×2m 的 SPF/DB 结构件。英国航宇公司采用 SPF/DB 技术为 A310 和 A320 客机生产了 1500 件封严罩，已安全飞行 50000h；与铝、钢构件相比，可减重 20%～40%，降低制造成本 30%～50%。最近，美国正采用 SPF/DB 技术研制至今扩散焊接尺寸最大的构件——发动机喷管用的钛合金整流罩。我国从 20 世纪 80 年代开始研究 SPF/DB 技术，并成功应用于制造军用飞机的结构件。此外，世界上还出现了一些专业化的 SPF/DB 结构件生产企业，如 TKR 公司和 SUPERFORM 公司。

表 3-7 和表 3-8 是世界各国 SPF/DB 结构件的应用情况，图 3-48 是 B-1B 飞机上的 SPF、SPF/DB 构件。

表 3-7　国外 SPF/DB 结构件的应用情况

机种或公司	应用部位	主要技术经济指标
F-15 战斗机	隔热板、后机身上部钛外壳	降低成本 40%，减重 10%
	起落架舱门、发动机喷口整流片	减重 72.6kg
B-1B 轰炸机	风挡热气喷口、短舱隔框舱门	减重 50%，降低成本 40%
B-1 轰炸机	短舱隔架、检修舱门	减重 31%，降低成本 50%
F-18 战斗机	20 多种 SPF、SPF/DB 件	
PW4084 发动机	空心叶片 2000 件	

(续)

机种或公司	应用部位	主要技术经济指标
CF6-80 发动机	导流叶片 14000 件	
BAe125/800 行政机	应用舱门	减重 10%，降低成本 30%
EAP 战斗机	前缘缝翼、进气道、后机身下整流片	减重 10%~20%
"狂风"战斗机	机身框架、发动机止推座、隔热罩热交换导管	降低成本 30%~70%
Mirage 2000	垂直尾翼、机翼前缘延伸边条	减重 12.5%
A300/310/320	前缘缝翼收放机构外罩	减重 10%
A330/340	机翼检修口盖、尾翼、缝缘传动机构、密封罩、管形件、驾驶舱顶盖、各种检修口盖	减重 46%
BAeATP 飞机	检修舱门	降低成本 40%
雅克 42	发动机检修舱门	减重 1.2kg，降低成本 53%
三菱重工	隔框、龙骨舱门、壁板	
RB211-535E4 发动机	宽弦风扇叶片	
"阵风"战斗机	前缘缝翼	减重 45%，降低成本 40%

表 3-8　我国 SPF/DB 结构件的应用情况

构件名称	结构特点	主要经济指标
某机框锻件	钛合金 SPF/DB 工艺代替热成形工艺	减重 8.8%，降低成本 47%
某机舱门	钛合金 SPF/DB 工艺代替铝合金铆接件，零件数量由 52 件减少到 22 件，紧固件从 840 个减少到 103 个	减重 15%，降低成本 53%
某机电瓶罩	钛合金 SPF/DB 工艺代替不锈钢件	减重 47%，降低成本 50%
某新机发动机维护口盖	钛合金 SPF/DB 工艺代替铝合金铆接件	减重 20.5%，降低成本 55%
某机整段框(主承力框)	框分为六段，全部用钛合金 SPF/DB	减重 12%，降低成本 30%
某机空调舱口盖	设计一开始就用钛合金 SPF/DB 件	
某新机大型口盖	设计一开始就用钛合金 SPF/DB 件	

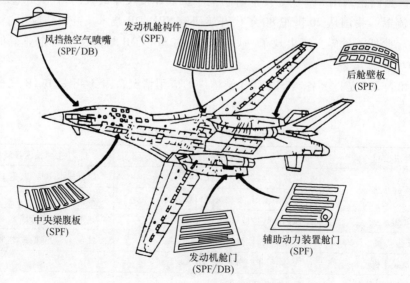

图 3-48　B-1B 飞机上的 SPF、SPF/DB 构件

2. 在航天领域的应用

航天飞机经过大气层时其表面产生高温，为此，航天飞机除表面有陶瓷瓦片覆盖外，还要求金属结构具有防护隔热性能。SPF/DB 为多层结构的制造提供了有效的途径。美国国家航天飞机的 X-30 试验机是一种单级入轨的可重复使用的运载器，要求表面上任何区域均能承受不低于 649℃ 的温度，因此，航天飞机的许多部件如头锥、机身、机翼等均需要设计成蜂窝结构。美国麦道公司已采用钛合金 SPF/DB 的蜂窝壁板来制造航天飞机的机翼和机身构件（试验件）；准备采用 SiC 纤维增强的钛基复合材料作上、下面板，用快速凝固的钛合金作蜂窝芯子并通过扩散连接制成蜂窝壁板。目前，北美洛克韦尔公司已用 SPF/DB 技术为 X-30 试验机制造出了宽为 0.76m、长达 2.44m 的 Ti_3Al 基合金蜂窝壁板。

3. 在导弹上的应用

导弹和火箭多半是圆筒型的机体和夹层结构的翼面。图 3-49 为导弹前段的 SPF/DB 三层结构及钛合金蜂窝结构的导弹翼面，翼面上下钛面板，中间钛蜂窝，在超低压力下进行 SPF/DB。

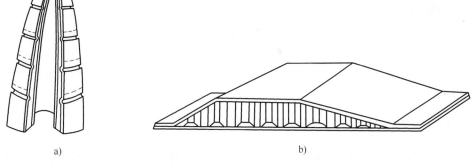

a)   b)

图 3-49 导弹上的 SPF/DB 构件

a）导弹前段的 SPF/DB 三层结构   b）钛合金蜂窝结构的导弹翼面

SPF/DB 技术的材料对象主要涉及钛合金（如 Ti-6Al-4V）、铝合金（如 7475Al）及铝锂合金（如 8090Al-Li）等，其中钛合金 SPF/DB 构件已得到了广泛应用。铝合金 SPF/DB 技术尚处于实验室阶段，其应用的关键在于铝合金 DB 技术要有突破性进展。国外在铝合金 DB 技术上主要采取了去除氧化膜后用涂层技术保护表面、采用液相过渡扩散连接工艺和优化 SPF/DB 工艺参数等多种途径。SPF/DB 工艺将来能否像用于钛合金那样用于铝合金承力构件，主要取决于接头部位性能的改善。从目前情况来看，用铝合金 SPF/DB 构件代替密封胶生产机翼壁板以提高油密性，以及对机身蒙皮的连接来提高气密性仍有广阔的应用前景。

与钛合金相比，铝锂合金 SPF/DB 构件更具有减轻重量与降低成本的优点，可用于卫星构件、导弹弹翼、油箱壁板、进气道、整流罩、口盖、设备舱壁板、肋板等，很有发展前途。国外已有一些铝锂合金 SPF/DB 构件用于航空航天飞行器，如德国 MBB 公司采用过渡液相工艺生产了 8090Al-Li 合金二板门零件，并正在研制 300mm×400mm 的飞机门试验部件。英国航宇公司最近研制成功 8090Al-Li 合金 SPF/DB 电子设备舱门，已用于战斗机上。金属间化合物、陶瓷及金属基复合材料（MMC）SPF/DB 技术的研究与应用，已被许多国家列入高技术发展计划中，并已取得一定的进展。如北美洛克韦尔公司通过 SPF/DB 技术已制造出宽 760mm、长 2440mm 的碳化硅/钛铝化合物复合材料面板。

3.5 其他基于超塑性的连接方法及组合技术

材料在超塑状态下的易焊合性在许多与焊接加工有关的工艺中皆可加以利用,这就为含有超塑技术因素的组合或复合技术的构建提供了很大的自由度。SPF/DB就是一种基于超塑性的易焊合性与易成形性而开发出来的组合技术,以下再介绍几种已被报道的其他基于超塑性的连接方法及组合技术。

3.5.1 超塑性摩擦焊

超塑性摩擦焊是苏联学者在20世纪80年代末提出来的,其工艺原理是通过严格控制摩擦焊接过程,当焊合区金属处于超塑性状态时,利用金属在超塑性状态下的易焊合性,实现低温高质量焊接的摩擦焊接方法。

近年来,通过对高速钢-45钢、Ni-Ni、Cu-Cu及GH2132合金等摩擦焊接变形温度、变形速度与焊合区组织形态关系的系统研究,将焊合区金属模化为超塑性体,使摩擦焊接结合面上形成"光亮圆环"缺陷问题得到了有效的解决。如在$\phi10 \sim \phi20mm$的P6M5(即W6Mo5Cr4V2高速钢)与45钢毛坯摩擦焊接时,利用超塑性效应,在旋转周率$1.7 \sim 3.0s^{-1}$、摩擦压力$400 \sim 450MPa$、顶锻压力$550 \sim 600MPa$和摩擦时间$12 \sim 15s$的焊接规范下获得了良好的焊接接头。

3.5.2 超塑性表面喷涂

表面喷涂是提高工件防腐、耐磨性的有效方法。火焰喷涂因其设备简单而被广泛应用,但喷涂层孔隙较多,涂层颗粒之间及涂层与基材之间的结合强度一般不是太高,因而限制了其应用范围。超塑性表面喷涂是利用金属或合金在超塑状态下易发生塑性变形和原子扩散快的特点,实现热喷涂层颗粒间的焊合和喷涂层与基材的焊合,提高喷涂层的致密度和结合强度。超塑性表面喷涂是将超塑合金喷涂在基材上,利用喷涂合金粉末在超塑状态下易焊合性实现粉末间的焊合和粉末与基材间的焊合或非冶金结合,也可以是实施火焰喷涂后再进行恒温超塑焊接,以实现粉末间的焊合和粉末与基材间的焊合,即表面喷涂与超塑焊接组合技术。

表3-9为几种表面喷涂与超塑焊接组合技术的实例,基体材料为国产CrWMn、GCr15、5CrMnMo和3Cr2W8VA钢,涂层材料为铁基合金粉末和Ni基自熔性合金粉末。其工艺过程一般为:对钢基材进行快速循环淬火组织超细化预处理以满足超塑性组织条件→基材表面净化和粗化后进行火焰喷涂(O_2和C_2H_2压力分别为0.3MPa和0.05MPa,选用较小的火焰能率和碳化焰,喷涂层厚度为$1.5 \sim 2.5mm$)→在基材和喷涂层协调超塑变形温度和应变速率下进行恒温超塑性焊接(工艺参数见表3-9)→空冷。

在金属基材上喷涂合金层后,涂层与基材能否发生协调的超塑变形是喷涂层能否实现与基材超塑焊接的关键问题。研究认为,涂层与基材发生协调超塑变形的条件为:涂层应变速率($\dot{\varepsilon}_T$)和基材应变速率($\dot{\varepsilon}_G$)之比($W = \dot{\varepsilon}_T/\dot{\varepsilon}_G$)近似等于1,且二者的应变速率敏感性指数$m>0.3$。在此条件下,可使涂层内部孔隙率显著下降,涂层与基材间的结合强度显著提高。在同一变形温度下,若$W>1$或$W<1$,说明基材具有比涂层小或比涂层大的变形能

力，二者难以实现协调的超塑变形而焊合情况不好。图 3-50 为 5CrMnMo 钢表面喷涂 NiFeCrBSi 后涂层与基材的 m 值及 W 值与温度的关系，在 790℃ 左右，W 近似为 1，涂层和基材发生协调的超塑变形。

表 3-9 喷涂层的超塑焊接

基材	涂层材料	最佳工艺参数	
		$T/℃$	$\dot{\varepsilon}/(\times10^{-4}s^{-1})$
CrWMn	G112	790	3
GCr15	G312	780~790	2~4
	Ni60	800	4
5CrMnMo	G312	790	2.5
	G112	790	3
3Cr2W8VA	G112WC	820	3
	Ni60	800	5

热喷涂层超塑焊接过程包括涂层颗粒间焊合、孔隙率减少，以及涂层与基材间的焊合，该过程如图 3-51 所示。其中图 3-51a 表示喷涂后的合金涂层，涂层内颗粒间存在大量孔隙。在超塑焊接过程中，涂层与基材协调超塑流变时，涂层颗粒发生滑动或滚动，使颗粒间紧密接触程度增加，孔隙率减小，如图 3-51b 所示。图 3-51c 表示涂层颗粒内部晶粒发生择优滑移，使空隙闭合。颗粒或其内部晶粒在滑动或滚动过程中受阻所引起的应力集中，通过空位的扩散、位错的运动以及原子的扩散等消除，以保证超塑流变的连续性。图 3-51d 表示原子扩散、位错运动使不同颗粒内的晶粒产生"互溶"而焊合，最终导致孔隙消失。

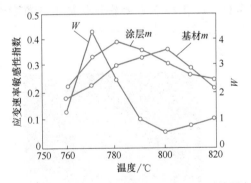

图 3-50 5CrMnMo 钢表面喷涂 NiFeCrBSi 后涂层与基材的 m 值及 W 值与温度的关系

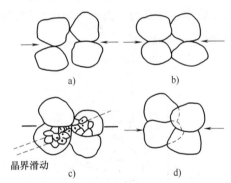

图 3-51 超塑扩散焊接的"互溶"模型

在涂层与基材的协调超塑流变过程中，原子的快速扩散以及涂层和基材成分的差异，均加速了涂层颗粒以及涂层与基材之间界面处原子的互扩散和再结晶，非常有利于界面公共晶粒、合金碳化物及合金化合物的形成，实现冶金结合。组织观察表明，在涂层与基材交界处组织过渡连续，并存在一白亮层。该白亮带是由 α-Fe 为基的合金固溶体以及大量的合金碳化物和合金化合物硬质相如 Ni_2B、Ni_3B、CrB、Fe_3B_2、$Cr_{23}C_6$、Ni_2Fe、$NiFe(Fe,Cr)_2C_3$、Fe_2B 以及 FeB 等组成，反映出二者之间实现了冶金结合。在涂层一侧，孔隙率大幅度减小。

利用超塑焊接使喷涂层强化的组合技术也存在着一些值得注意的问题，如焊接过程的氧化问题，因为一旦喷涂颗粒表面和基材表面发生氧化，则超塑扩散焊接就难以实现，这有待于加强焊接时的保护。该组合技术的应用实例如下：3Cr2W8VA 钢锥齿轮精锻模型腔火焰喷涂 G112WC 合金层后，在 820℃、应变速率 $3×10^{-4}s^{-1}$ 的条件下，涂层与基材发生协调的超塑变形，使涂层内的孔洞大量焊合，涂层与基材的结合强度可提高至高频或火焰加热重熔后涂层与基材的连接强度，而耐磨性比高频重熔和火焰重熔高 20%～30%。

将超塑材料直接喷涂在基材上的典型应用实例是钢表面喷涂超塑性 Zn-Al 合金以防止钢腐蚀。该工艺是采用被加热至 150～160℃ 的压缩空气，将 Zn-Al 超塑合金粉末喷涂在 230～270℃ 的钢件表面，提高钢的耐蚀性，利用此时 Zn-Al 合金的超塑性流动，使此粉末迅速覆盖在基体金属上并实现压合。

3.5.3　超塑性压接加工

超塑性压接加工（Pressuer Welding）是由 IBM 公司首先提出的介于铸造和锻压的超塑材料加工方法。这种加工技术充分利用了材料在超塑状态下具有非常好的充型能力和易焊合能力，其工艺类似于热塑性塑料的注射成型和金属的压铸成形，但和注射成型的不同在于加工对象不是塑料而是金属材料，与压铸的不同在于成形时金属不是液态或半固态而是完全固态。超塑性压接加工是将处于超塑状态的金属坯料挤压注入模具型腔，在一定的压力作用下，使坯料表面形成紧密接触并焊合而最终形成制件，或实现超塑坯料与其他零件的组装焊合。

这种方法尤其适用于制造形状复杂的制品，可以单个或多个同时成形。作为应用实例，打字机球头的加工原理如图 3-52 所示，将加热至超塑温度的超塑性坯料在外力作用下挤进模具中，经过图示的过程使之充满模具，最终形成如图所示的制件（打字机的球头）。采用此种技术还可以加工出带有异形型槽的棒材或型材，图 3-53 为超塑性压接加工的黄铜十字形槽锁芯。

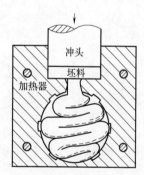

图 3-52　超塑性压接加工原理简图

图 3-53　超塑性压接加工的黄铜十字形槽锁芯

此外，超塑性压接加工的另一优点是所用坯料可以是零碎的废料或粉末材料，它们在超塑成形中可以焊合，从废料利用来看是很有意义的。

3.5.4　超塑性连接-钎焊组合技术

为提高预置中间夹层相变超塑性焊接的焊合率，减少循环次数及焊接变形，有人提出了相变超塑性焊接-钎焊的组合技术，其思路是同时利用超塑性现象和中间夹层熔化后对界面间空洞的填充快、液相扩散比固相快的优点，在表面较平整处使母材之间直接进行超塑性扩散连接，在粗糙度大的局部靠液态中间夹层的填充与扩散实现母材间的连接，从而加速实现界面间的紧密接触和界面空洞的减少，为降低相变循环次数、提高生产率提供了可能；并且在实现界面间紧密接触的过程中因有液相填充作用的参与，对母材超塑性变形程度的要求得以降低，也为降低焊接压力和减小变形提供了可能。

该工艺与普通钎焊的区别在于，加压而不加任何钎剂，且伴有在压力作用下的多次循环相变。采用相变超塑性焊接-钎焊组合技术时，中间夹层的选用其一可按一般的钎焊原则选常规钎料，如碳钢的钎焊常选用铜及其合金作钎料；其二可从扩散钎焊（又称过渡液相扩散焊）的原理出发，循环加热时峰值温度的选取需同时高于母材的相变温度及中间夹层的液相线。这种温度循环可以确保升温过程中同时实现中间夹层的熔化及母材能够发生相变，以利于使中间夹层变为易于扩散的液态，并可充分利用母材循环相变所获得的新的相界与晶界作为短路扩散的通道，对中间夹层向母材中的快速扩散有促进作用。

预置镍基非晶中间夹层的 Q235 钢，采用相变超塑性焊接-钎焊组合技术，在 T_{max} = 1050℃、T_{min} = 364℃、压力 18.6MPa、Ar 保护气氛、经 15 次加热循环，可实现界面无残留空洞、有跨越界面的共同晶粒生成的良好焊接接头（图 3-54），该接头的抗拉强度为 482MPa，断口位于母材。

3.5.5 超塑成形/固态连接复合加工

超塑成形/固态连接是利用材料在超塑状态下极低的变形抗力与极好的塑性变形能力而一次挤压出成形零件，同时利用材料在超塑流变过程中的易焊合性实现材料间的固态压接。与超塑性压接加工采用的注塑或压铸成形有所不同，超塑成形/固态连接采用的是超塑挤压或模锻成形。和同类技术相比，该复合加工技术具有工艺简单、材料利用率较高和低成本等优点。凿岩机钎头中钎头体（40Cr）与硬质合金的超塑成形/固态连接是此种加工技术的一个应用实例。图 3-55 为矿用最多的一字马蹄形中小型 YMQ40～722 钎头，40Cr 钎头体经820℃快速加热循环淬火处理后，在 750℃、$6 \times 10^{-4} s^{-1}$ 初始超塑应变速率下超塑挤压成形，并同时与硬质合金实现连接。和原工艺（40Cr 钎头体热锻后机加工再与硬质合金片高频钎焊）相比，加工工序明显简化，工时节约 41.6%，材料利用率提高约 34.8%。

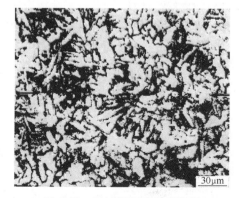

图 3-54 Q235 钢相变超塑性焊接-钎焊试样接头组织

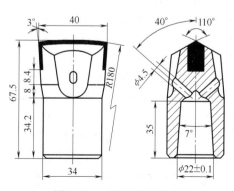

图 3-55 一字马蹄形钎头

特种先进连接方法

复习思考题

1. 什么是超塑性？其主要技术特征是什么？
2. 简述基于超塑性的固态连接方法原理。
3. 什么是超塑性焊接？如何分类？
4. 举例说明超塑性焊接主要用在哪些方面？
5. 什么是超塑性扩散连接？其主要技术特征是什么？
6. 举例说明超塑性扩散连接主要用在哪些方面？
7. 什么是超塑成形/扩散连接（SPF/DB）？其主要技术特征是什么？
8. 举例说明超塑成形/扩散连接（SPF/DB）主要用在哪些方面？
9. 其他基于超塑性的连接方法及组合技术有哪些？
10. 简要分析超塑性焊接、超塑性扩散连接和超塑成形/扩散连接（SPF/DB）方法的主要区别。

参 考 文 献

[1] 李志远，钱乙余，张九海. 先进连接方法［M］. 北京：机械工业出版社，2000.

[2] 文九巴，杨蕴林，杨永顺，等. 超塑性应用技术［M］. 北京：机械工业出版社，2004.

[3] 赵熹华，冯吉才. 压焊方法及设备［M］. 北京：机械工业出版社，2005.

[4] 超塑性研究会. 超塑性与金属加工技术［M］. 康达昌，译. 北京：机械工业出版社，1985.

[5] 吴诗惇. 金属超塑性变形理论［M］. 北京：国防工业出版社，1997.

[6] 季霍诺夫 AC. 金属与合金的超塑性效应［M］. 刘春林，译. 北京：科学出版社，1983.

[7] 美国焊接学会. 焊接新技术［M］. 韩鸿硕，译. 北京：宇航出版社，1987.

[8] 美国金属学会. 金属手册：焊接、硬钎焊、软钎焊［M］. 北京：机械工业出版社，1994.

[9] 张柯柯. 恒温超塑性固相焊接工艺理论研究［D］. 西安：西安交通大学焊接研究所，2002.

[10] 夏泽涛. HT250/HT250 和 HT250/A3 钢等的相变超塑性焊接研究［D］. 西安：西安交通大学焊接研究所，1997.

[11] SHERBY O D, WADSWORTH J and CALIGIURI R D. Superplastic Bonding of Ferrous Laminates［J］. Scripta Metall，1979，13：941-946.

[12] KOMIZO Y, MAEHARA Y. Solid State Diffusion Bonding Using of δ/γ Superplasticity Duplex Stainless Steels［J］. Transactions of the Japan Welding Society，1988，19（2）：3-11.

[13] ZHANG K K, HAN C X, QUAN S L, et al. Superplastic Solid State Welding of Steel and Copper Alloy based on Laser Quenching of Steel Surface. Trans［J］. Nonferrous Met. Soc. China，2005，15（2）：384-388.

[14] KOKAWA H, TSUZUKI T, KUWARA T. Effect of Initial Microstructure of Intermediate Material on Superplastic Diffusion Bonding of Duplex of Duplex Stainless Steel［J］. ISIJ Int，1995，35：1291-1297.

[15] MAEHARA Y, KOMIZO Y and LANGDON T G. Principle of Superplastic Diffussion Bonding［J］. Mater Sci Technol，1988，4（8）：669-674.

[16] KATO H, SHIBATA M, YOSHIKAWA K. Diffusion Welding of Ti/Ti and Ti/Stainless Steel Rods under Phase Transformation in Air［J］. Mater Sci Technol，1986，2（4）：405-409.

[17] SALEHI M T, PILLING J, Ridley N. Isostatic Diffusion Bonding of Superplastic Ti-6Al-4V［J］. Mater Sci Eng，1992，A150：1-6.

［18］ WANG C W, ZHAO T, WANG G F, et al. Superplastic forming and diffusion bonding of Ti-22Al-24Nb alloy ［J］. Journal of Materials Processing Technology, 2015, 222: 122-127.

［19］ CHANDRAPPA K, SUMUKHA C S, SANKARSH B B, et al. Superplastic forming with diffusion bonding of titanium alloys ［J］. Materials Today-Proceedings, 2020, 27: 2909-2913.

［20］ 刘建华, 李志远, 胡伦骥, 等. 钢铁材料的相变超塑性焊接 ［J］. 华中理工大学学报, 1995, 23 (1): 15-19.

［21］ 熊建钢, 刘建华, 李志远, 等. 钛合金的相变超塑性焊接工艺 ［J］. 宇航材料工艺, 1997 (1): 45-47.

［22］ 张贵锋, 张建勋, 张华, 等. 预置中间层的相变超塑性焊接新工艺及其接头组织 ［J］. 金属学报, 2003, 39 (6): 655-660.

［23］ 林建国, 吴国清, 魏浩宕, 等. γ-TiAl 基合金超塑扩散焊接 ［J］. 金属学报, 2001, 37 (2): 221-224.

［24］ 贺跃辉, 黄伯云, 王彬, 等. TiAl 基合金固态焊接 ［J］. 金属学报, 1998, 34 (11): 1167-1172.

［25］ 张耀宗, 李延祥, 陈拂晓, 等. NiFeCrBSi (G112WC)/3Cr2W8VA 超塑协调变形固相扩散连接 ［J］. 科学通报, 1996, 41 (22): 2093-2095.

［26］ 张杰, 牛济泰, 张宝友, 等. LF6 铝合金的超塑性和扩散连接的组合工艺 ［J］. 焊接学报, 1996, 17 (4): 219-223.

［27］ 韩文波, 张九海. 钢与不锈钢的相变超塑扩散连接 ［J］. 材料科学与工艺, 1999, 7 (增刊): 112-115.

［28］ 宋小波, 杜随更, 姜哲. 超塑性固态焊接研究进展 ［J］. 新技术新工艺, 2013 (3): 3.

［29］ 王燕文, 阳永春. 相变与超塑性固态焊接 ［J］. 金属热处理, 1997 (10): 3-6.

［30］ 林祥丰, 王蕾, 张瑞容, 等. 钢的相变超塑性扩散焊接研究 ［J］. 南京航空航天大学学报, 1996, 28 (2): 199-203.

［31］ 于彦东, 张凯锋, 蒋大鸣, 等. MB15 超塑性镁合金扩散连接试验 ［J］. 焊接学报, 2003, 24 (1): 64-68.

［32］ 宋飞灵. 超塑成形及超塑成形/扩散连接组合工艺的研究 ［J］. 航空制造工程, 1993 (2): 24-25.

［33］ 朱林崎. 国外超塑成形/扩散连接技术发展现状 ［J］. 宇航材料工艺, 1996 (2): 108-109.

［34］ 刘树桓. 英国超塑成形扩散连接技术的现状及特点 ［J］. 航空制造工程, 1994 (1): 21-22.

Chapter 4

第4章

摩擦焊

摩擦焊（Friction Welding，FRW）是一种固态热压焊，它是利用焊件接触面之间的相对摩擦运动和塑性流动所产生的热量，使界面及其附近达到热塑性状态并在压力作用下产生适当的宏观塑性变形而形成接头。

摩擦焊始于1891年，当时美国批准了这种焊接方法的第一个专利，主要利用摩擦焊来连接钢缆。随后德国、英国、美国和日本等国家也先后开展了摩擦焊的生产与应用。由于摩擦焊方法具有许多突出的优点，各国对这一方法都很重视。目前俄罗斯、英国、日本、德国及美国等国家已将摩擦焊技术广泛应用于汽车、拖拉机、刀具、航空、军工、石油、化工等行业设备的制造部门，每年的摩擦焊接件达亿万件，如汽车上的排气阀、桥壳、传动轴、半轴、车轮、变速杆、减振器和转向操纵杆等都应用了摩擦焊技术。摩擦焊除应用于一般工业部门外，还向航空航天及核工业部门的一些高新技术领域渗透。

我国早在1957年就建立了摩擦焊试验室，并且试验成功了铝-铜摩擦焊。我国摩擦焊技术的研究和应用是与世界各技术先进国家同步进行的。在摩擦焊机的设计制造和各种材质不同接头形式（管-管、棒-棒、管-棒、管-板）的焊接工艺、摩擦焊接头焊后热处理、焊后接头无损检验和焊接过程中焊接参数的监控等的研究中取得许多成果。我国在1960年将摩擦焊技术用于水内冷电机纯铜-不锈钢拼头套制造上；1965年用于铜-铝导电转子上；1970年用于异种钢排气阀、锅炉水冷壁、刀具、化工阀门上；1978年用于钻杆上。近10多年来摩擦焊焊接产品的范围越来越广，焊机的数量也急剧增加，摩擦焊焊接产品的焊接面积可从几平方毫米到上万平方毫米。

摩擦焊的热影响区小，不会产生通常熔焊的缺陷，焊接生产率高，产品质量稳定，成品率可达到99.9%以上。如德国在汽车零件排气阀的焊接加工中，用摩擦焊代替闪光焊，废品率由原来1.4%降到0.04%~0.01%；英国一家汽车厂对200万汽车后桥进行摩擦焊时，没有发现一件废品。摩擦焊的加工精度也不断提高，如长度可控制在±0.2mm以内，同轴度小于0.2mm。摩擦焊耗能低，节能显著，如摩擦焊所需动力是闪光焊的1/5~1/10。多年来，摩擦焊以其优质、高效、节能和无污染的技术特色，深受制造业的重视，特别是近年来不断开发出的摩擦焊新技术，如超塑性摩擦焊、线性摩擦焊、搅拌摩擦焊等，使其不仅在电力、化学、机械制造、石油天然气、汽车制造等产业部门得到了越来越广泛的应用，而且在航空航天、核能、海洋开发等高技术领域也展现了新的应用前景。

4.1 摩擦焊的分类及工作原理

4.1.1 摩擦焊的分类

目前实现摩擦焊的工艺方法已由传统的几种形式发展到 20 多种，极大地扩展了摩擦焊的应用领域。

根据焊件的相对运动形式和工艺特点的不同，摩擦焊可按图 4-1 进行分类。传统摩擦焊通常是指连续驱动摩擦焊、相位控制摩擦焊、惯性摩擦焊和线性摩擦焊，它们的共同特点是依靠两个待焊件之间的相对摩擦运动产生热能。而搅拌摩擦焊、嵌入摩擦焊、第三体摩擦焊和摩擦堆焊是依靠搅拌头与待焊件之间的相对摩擦运动产生热量而实现焊接，通常称为新型摩擦焊。

本章主要以连续驱动摩擦焊和搅拌摩擦焊为传统和新型摩擦焊方法的代表，介绍摩擦焊的原理、工艺、设备及应用。

4.1.2 摩擦焊的工作原理

1. 连续驱动摩擦焊（Continues Driction Welding）

连续驱动摩擦焊是最典型的摩擦焊方法，其原理是利用被焊工件的相对转动，同时施加适当的轴向压力（摩擦压力），使工件接触面相互摩擦而升温，当温度达到使焊接件接触端部呈热塑性状态时，迫使工件相对转动迅速停止，同时将轴向压力加大，并适当保压一段时

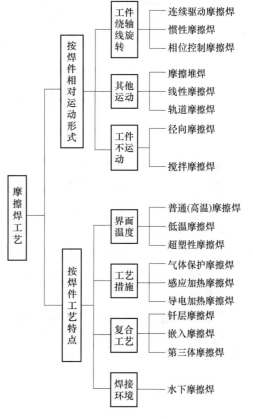

图 4-1 按相对运动形式和工艺
特点对摩擦焊的分类

间以产生足够塑性变形，从而使两工件牢固地焊接在一起。摩擦焊原理如图 4-2 所示。

1）将两个被焊工件 3 和 4 分别卡在转动夹具 2 和固定夹具 5 上，主轴 1 带动转动夹具 2 旋转，操纵液压缸 7 使溜板 6 向左移动，被焊工件 3 和 4 的焊接表面接触。

2）工件 3 相对工件 4 旋转，并在摩擦压力 F_1 的共同作用下产生摩擦热，使焊接界面的温度急剧上升，被焊金属达到塑性状态，塑性变形使一些金属被挤出形成飞边。

3）主轴 1 制动，同时施加顶锻力 F_2，使被焊工件 3 和 4 焊接在一起，同时有较多的金属挤出。

连续驱动摩擦焊过程所产生的摩擦加热功率为

$$P = \mu k p v \tag{4-1}$$

式中 P——摩擦加热功率；

μ——摩擦系数；

k——系数；

p——摩擦压力；

v——摩擦相对运动速度。

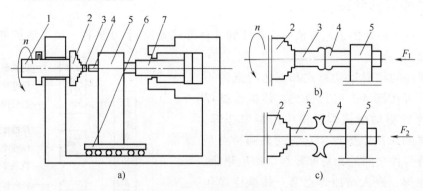

图 4-2　摩擦焊原理

a）摩擦焊设备及装配方式示意图　b）焊接件接触端发生热塑性变形　c）摩擦焊接头

1—主轴　2—转动夹具　3、4—工件　5—固定夹具　6—溜板　7—操纵液压缸

2. 惯性摩擦焊（Inertia Friction Welding）

惯性摩擦焊原理如图 4-3 所示：旋转焊件与飞轮相连，焊接开始时首先将飞轮 1 和旋转的工件 2 加速到一定的转速，然后飞轮与主电动机脱开，同时，可移动的工件 3 向前移动，两工件接触后开始摩擦加热，而飞轮受摩擦扭矩的制动作用，转速逐渐降低，当转速为零时，焊接过程结束。

惯性摩擦焊的飞轮储存的能量 A 与飞轮转动惯量 J 和飞轮角速度 ϖ 的关系为

$$A = \frac{J\varpi^2}{2} \qquad (4-2)$$

对实心飞轮

$$J = \frac{GR^2}{2g} \qquad (4-3)$$

式中　G——飞轮重力；

R——飞轮半径；

g——重力加速度。

惯性摩擦焊的主要特点是恒压、变速，它将连续驱动摩擦焊的加热和顶锻结合在一起。控制参数少（只有压力和转速），便于实现自动控制；焊接参数

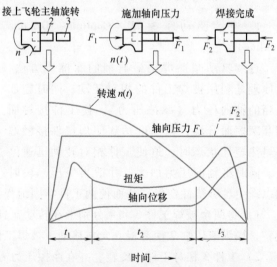

图 4-3　惯性摩擦焊原理

1—飞轮　2、3—工件

稳定性好，接头质量稳定；能在短时间内释放较大能量，便于焊接大截面结构；焊接周期短，热影响区窄；不需要制动装置，焊机结构简单。在实际生产中，可通过更换飞轮或不同尺寸飞轮的组合来改变飞轮的转动惯量，从而改变加热功率。

3. 线性摩擦焊（Linear Friction Welding）

线性摩擦焊原理如图 4-4 所示。待焊工件一个固定，另一个以一定的速度做往复运动，或两个工件做相对往复运动，在垂直于往复运动方向的压力作用下，随摩擦运动的进行，摩擦表面被清理并产生摩擦热，摩擦表面的金属逐渐达到黏塑性状态并产生变形。然后，停止往复运动并施加顶锻力，完成焊接。连续驱动摩擦焊和惯性摩擦焊一般限于把圆柱截面或管截面的工件焊到相同类型的截面或板上，而线性摩擦焊的主要优点是不管工件截面是否对称，均可进行焊接，如可焊接方形、圆形、多边形截面的金属、塑料及不规则构件。线性摩擦焊主要用于飞机发动机涡轮盘与叶片的焊接，还可用于焊接大截面的塑料部件，如汽车减振器、货车罩、底板，以及塑料或金属的复合构件。

4. 搅拌摩擦焊（Friction Stir Welding）

搅拌摩擦焊（FSW）是英国焊接研究所（简称TWI）于 1991 年发明的一种固态连接技术。由于该工艺能进行板材的对接并具有固态焊接接头独特的优点，因而在低熔点合金板材（尤其高强度铝合金）的焊接方面获得成功。其原理如图 4-5 所示，将耐高温硬质材料制成的一定形状的搅拌头旋转插入到被焊接工件的待焊处（被焊接工件需要有背部衬垫牢固固定，以防止焊接过程搅拌头力的作用从而使工件分离），高速旋转的搅拌头与被焊接材料之间的摩擦剪切阻力作用产生摩擦热，摩擦热使搅拌头邻近区域的材料受热变软从而得到热塑化，当搅拌头沿着待焊界面向前移动时，热塑化的材料由搅拌头的前部向后部转移，并且在搅拌头轴肩的锻造作用下，实现工件之间的固态连接。

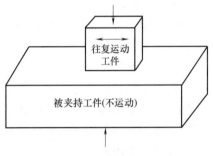

图 4-4　线性摩擦焊原理

5. 嵌入摩擦焊（Friction Plunge Welding）

嵌入摩擦焊是利用摩擦焊原理把相对较硬的材料（工件 1）嵌入到较软的材料（工件 2）中。如图 4-6 所示，两个工件之间相对运动所产生的摩擦热使得较软材料局部呈现热塑性状态，并在拘束肩的作用下产生塑性变形，流入预先加工好的硬材料的凹区中，拘束肩迫使软材料紧紧包住硬材料的连接头，当转动停止、焊件冷却后，即形成可靠接头。

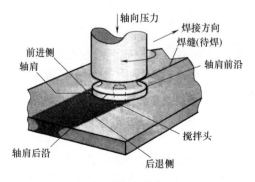

图 4-5　搅拌摩擦焊原理

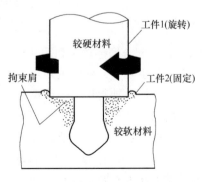

图 4-6　嵌入摩擦焊原理

此技术目前主要应用于电力、真空和低温应用行业一些重要材料的连接，如铝-铜、铝-钢和钢-钢等。嵌入摩擦焊还可用于制造发动机阀座、连接端头、压盖和管板过渡接头，也可用于连接热固性材料和热塑性材料。

6. 第三体摩擦焊（Third-body Friction Welding）

第三体摩擦焊原理如图 4-7 所示。低熔点的第三种物质在轴向压力和扭矩的作用下，在连接部件之间的间隙中摩擦生热和塑性变形，冷却后，第三体材料固化，从而把两个部件（螺柱与板件）锁定形成可靠的接头。

第三体摩擦焊方法主要用于难以焊接的材料组合，如陶瓷-陶瓷、金属-陶瓷、热固性材料-热塑性复合材料等，利用该方法可形成高强度接头。

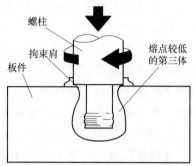

图 4-7　第三体摩擦焊原理

7. 相位控制摩擦焊（Phasing Control Friction Welding）

相位控制摩擦焊的实质与连续驱动摩擦焊相同，但它主要用于对相对位置有要求的工件的焊接（如六方钢、八方钢、汽车操纵架等），如要求工件焊后棱边对齐、方向对正或相位满足要求。实际应用的相位控制摩擦焊主要有三种类型：机械同步摩擦焊、插销配合摩擦焊和同步驱动摩擦焊。

（1）机械同步摩擦焊　如图 4-8 所示，焊接前压紧校正凸轮，调整两工件的相位并夹持工件，将静止主轴制动后松开并校正凸轮，然后开始进行摩擦焊接。摩擦结束时，切断电源并对驱动主轴制动，在主轴接近停止转动前松开制动器，此时立即压紧校正凸轮，工件间的相位得到保证，然后进行顶锻。

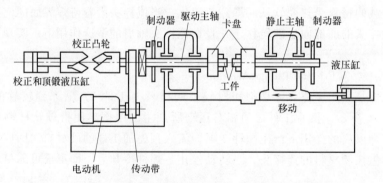

图 4-8　机械同步摩擦焊示意图

（2）插销配合摩擦焊　如图 4-9 所示，相位确定机构由插销、插销孔和控制系统组成。插销位于尾座主轴上，尾座主轴可自由转动，在摩擦加热过程中制动器 B 将其固定。加热过程结束时，使主轴制动，当计算机检测到主轴进入最后一转时，给出信号，使插销进入插销孔，与此同时，松开尾座主轴的制动器 B，使尾座主轴能与主轴一起转动，这样，既可保证相位，又可防止插销进入插销孔时引起冲击。

（3）同步驱动摩擦焊　为了保证工件两端旋转时的相位关系，将两个电动机同时驱动，两主轴带动工件也做同步旋转，在保持工件的相位关系不变的情况下完成摩擦焊接。

8. 径向摩擦焊（Radial Friction Welding）

径向摩擦焊原理如图 4-10 所示。一对开有坡口的管子 2 紧紧地压接在一起，管子接头处套上一个带有斜面的圆环 1。焊接时圆环旋转并向两个管子施加径向摩擦压力 F，摩擦界

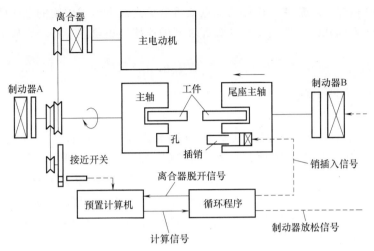

图 4-9　插销配合摩擦焊示意图

面上产生的摩擦热把接头区域加热到焊接温度。当摩擦加热过程结束时，圆环停止旋转，并向圆环施加轴向顶锻压力 F_0，在高温和轴向顶锻压力 F_0 的作用下将两侧管子焊接在一起。由于被焊管子本身并不转动，管子内部不产生飞边，且焊接过程很短（焊接外径 100mm、壁厚 12.7mm 的管子只需 13s），因此这种方法适用于长管的现场焊接，可用于陆地和海上管道铺设、水下修复和连接。该方法在石油与天然气输送管道现场装配连接方面具有广阔的应用前景。

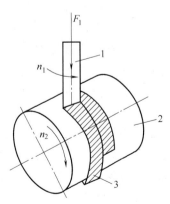

图 4-10　径向摩擦焊原理
1—圆环　2—管子　n—圆环转速

9. 摩擦堆焊（Friction Surfacing）

摩擦堆焊是采用摩擦焊原理在工件表面堆焊一层能满足某些性能要求的异种材料，以提高构件的强度、质量、通用性和使用寿命，其原理如图 4-11 所示。

堆焊时，堆焊金属圆棒 1 以高速 n_1 旋转，堆焊件（母材）也同时以转速 n_2 旋转，在压力 F_1 的作用下圆棒与母材摩擦生热。由于待堆焊的母材体积大、导热性好、冷却速度快，当母材相对于堆焊金属圆棒转动或移动时在母材表面形成一定厚度的堆焊焊缝。

摩擦焊是固态连接，适用于异种材料的焊接，特别是摩擦焊焊缝区的金属具有高的晶格畸变程度、晶粒细化、强韧性好，可以形成几乎不被稀释的冶金结合的堆焊层，热影响区很窄，故摩擦焊工艺适于进行表面堆焊。

10. 超塑性摩擦焊（Superplastic Friction Welding）

超塑性摩擦焊工艺是苏联学者在 20 世纪 80 年代末提出来的。其核心是通过严格控制摩擦焊过程，使焊合区金属处于超塑性状态，利用金属在超塑性状态下的优异性能，实现

图 4-11　摩擦堆焊原理
1—堆焊金属圆棒　2—堆焊件　3—堆焊焊缝

低温高质量的摩擦焊。超塑性摩擦焊的优点是可避免高温下形成硬脆的金属间化合物以及保持被焊材质的热处理状态，适用于异种难焊金属的连接，也可用于特种金属的有效连接。

4.2 连续驱动摩擦焊

连续驱动摩擦焊是传统摩擦焊工艺中应用最广泛、最具有代表性的摩擦焊加工方法。连续驱动摩擦焊与惯性摩擦焊、相位控制摩擦焊、线性摩擦焊等摩擦焊的共同特点是依靠两个待焊件之间的相对摩擦运动产生热能，并在压力的作用下完成焊接的。其中在连续驱动摩擦焊、惯性摩擦焊、相位控制摩擦焊等摩擦焊方法中工件绕轴线旋转运动，而在线性摩擦焊等摩擦焊方法中工件属于其他运动形式。本节重点介绍应用广泛的连续驱动摩擦焊。

4.2.1 连续驱动摩擦焊的基本原理

1. 连续驱动摩擦焊接过程

连续驱动摩擦焊的焊接过程可分为摩擦加热过程和顶锻焊接过程两部分，摩擦加热过程又可以分成初始摩擦、不稳定摩擦、稳定摩擦和停车四个阶段。顶锻焊接过程可以分为纯顶锻和顶锻维持两个阶段。下面以 $\phi16mm$ 的 45 钢连续驱动摩擦焊接过程（图 4-12）为例予以说明。

（1）摩擦加热过程

1）初始摩擦阶段（t_1）。此阶段是从两个工件开始接触的 a 点起，到摩擦加热功率显著增大的 b 点止。摩擦开始时，由于工件待焊接表面不平，以及存在氧化膜、铁锈、油脂、灰尘和吸附气体等，使得摩擦系数很大，随着摩擦压力的逐渐增大，摩擦加热功率也慢慢增加，此阶段终了时焊接面温度将升到 200～300℃左右。

在此阶段，由于两个待焊工件表面互相作用着较大的摩擦压力和具有很高的相对运动速度，使凸凹不平的表面迅速产生塑性变形和机械挖掘现象。塑性变形使得接触界面的金属形成晶粒细小的变形层，变形层附近的母材也沿摩擦方向产生塑性变形。金属互相压入部分的挖掘，使摩擦界面出现同心圆痕迹，增大了塑性变形。因摩擦表面不平，接触不连续，以及温度升高等原因，使摩擦表面产生振动，此时空气可能进入摩擦表面，使高温下的金属氧化。但由于 t_1 时间很短，摩擦表面的塑性变形和机械挖掘又可以破坏氧化膜，因此，对接头的

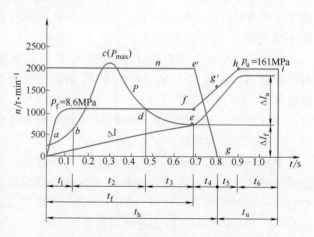

图 4-12 摩擦焊接过程示意图

n—工作转速 p_f—摩擦压力 p_u—顶锻压力 Δl_f—摩擦变形量 Δl_u—顶锻变形量 P—摩擦加热功率 P_{max}—摩擦加热功率峰值 t—时间 t_f—摩擦时间 t_h—实际摩擦加热时间 t_u—实际顶锻时间

质量影响不大。当工件断面为实心圆时，其中心的相对旋转速度为零，外缘速度最大，此时焊接表面金属处于弹性接触状态，温度沿径向分布不均匀，摩擦压力在焊接表面上呈双曲线分布，中心压力最大，外缘最小。在压力和速度的综合影响下，摩擦表面的加热往往从距圆心半径 2/3 左右的地方首先开始。

2）不稳定摩擦阶段（t_2）。不稳定摩擦阶段是摩擦加热过程的一个主要阶段，该阶段从摩擦加热功率显著增大的 b 点起，越过功率峰值 c 点，到功率稳定值的 d 点为止。此阶段由于摩擦压力较初始摩擦阶段增大，相对摩擦破坏了焊接金属表面，使洁净的金属直接接触。随着摩擦焊接表面的温度升高，金属的强度有所降低，而塑性和韧性却有很大的提高，增大了摩擦焊接表面的实际接触面积。这些因素都使材料的摩擦系数增大，摩擦加热功率迅速提高。当摩擦焊接表面的温度继续增高时，金属的塑性增高，而强度和韧性都显著下降，摩擦加热功率也迅速降低到稳定值 d 点。因此，摩擦焊接的加热功率和摩擦扭矩都在 c 点呈现出最大值。在 45 钢的不稳定摩擦阶段，待焊表面的温度由 200~300℃ 升高到 1200~1300℃，而功率峰值出现在 600~700℃ 左右。这时摩擦表面的机械挖掘现象减少，振动降低，表面逐渐平整，开始产生金属的粘结现象。高温塑性状态的局部金属表面互相焊合后，又被工件旋转的扭力矩剪断。随着摩擦过程的进行，接触良好的塑性金属封闭了整个摩擦面，并使之与空气隔开。

3）稳定摩擦阶段（t_3）。稳定摩擦阶段是摩擦加热过程的又一主要阶段，其范围从摩擦加热功率稳定值的 d 点起，到接头形成最佳温度分布的 e 点为止。e 点也是焊机主轴开始停车的时间点（可称为 e' 点），也是顶锻压力开始上升的点（f 点）以及顶锻变形量的开始点。在稳定摩擦阶段中，工件摩擦表面的温度继续升高，并达到 1300℃ 左右。这时金属的粘结现象减少，分子作用现象增强。稳定摩擦阶段的金属强度极低，塑性很大，摩擦系数很小，摩擦加热功率也基本上稳定在一个很低的数值。此外，其他连接参数的变化也趋于稳定，只有摩擦变形量不断增大，变形层金属在摩擦扭矩的轴向压力作用下，从摩擦表面挤出形成飞边，同时，界面附近的高温金属不断补充，始终处于动平衡状态，只是接头的飞边不断增大，接头的热影响区变宽。

4）停车阶段（t_4）。停车阶段是摩擦加热过程至顶锻焊接过程的过渡阶段，是从主轴和工件一起开始停车减速的 e' 点起，到主轴停止转动的 g 点止。从图 4-12 可知，实际的摩擦加热（a~g）时间 $t_h = t_1 + t_2 + t_3 + t_4$。尽管顶锻压力从 f 点施加，但由于工件并未完全停止旋转，所以 g' 点以前的压力，实质上还是属于摩擦压力。顶锻开始后，随着轴向压力的增大，转速降低，摩擦扭矩增大，并再次出现峰值，此值称为后峰值扭矩。同时，在顶锻力的作用下，接头中的高温金属被大量挤出，工件的变形量也增大。因此，停车阶段是摩擦焊接的重要过程，直接影响接头的焊接质量，要严格控制。

（2）顶锻焊接过程

1）纯顶锻阶段（t_5）。从主轴停止旋转的 g（或 g'）点起，到顶锻压力升至最大的 h 点为止。在这个阶段中，应施加足够大的顶锻压力，精确控制顶锻变形量和顶锻速度，以保证获得优异的焊接质量。

2）顶锻维持阶段（t_6）。该阶段从顶锻压力最大点 h 开始，到接头温度冷却到低于规定值为止。在实际焊接控制和自动摩擦焊机的程序设计时，应精密控制该阶段的时间 t_u（$t_u = t_5 + t_6$）。在顶锻维持阶段，顶锻时间、顶锻压力和顶锻速度应相互配合，以获得合适的摩擦

变形量 ΔI_f 和顶锻变形量 ΔI_u。在实际计算时，摩擦变形速度一般采用平均摩擦变形速度（$\Delta I_f/t_f$），顶锻变形速度也采用其平均值 $\left[\Delta I_u/(t_4+t_5+t_6)\right]$。

总之，在整个摩擦焊接过程中，待焊的金属表面经历了从低温到高温摩擦加热，连续发生了塑性变形、机械挖掘、粘接和分子连接的变化，形成了一个存在于全过程的高速摩擦塑性变形层，摩擦焊接时的产热、变形和扩散现象都集中在变形层中。在停车阶段和顶锻焊接过程中，摩擦表面的变形层和高温区金属被部分挤碎排出，焊缝金属经受锻造，形成了质量良好的焊接接头。

2. 摩擦焊热源的特点

从本质上讲摩擦焊就是利用工件接触面之间的相对摩擦运动和塑性流动所产生的热量完成焊接。焊接过程中两工件摩擦表面的质点，在摩擦压力和摩擦扭矩的作用下沿工件径向力与切向力的合成方向做相对高速摩擦运动，把摩擦的机械功转变成热能及塑性变形功，在两工件界面形成了塑性变形层。该变形层的温度高、能量集中，具有很高的加热效率。

摩擦加热功率就是摩擦焊接热源的功率。摩擦加热功率的大小及其随摩擦时间的变化，不仅直接影响接头的加热过程、焊接生产率和焊接质量，也决定了摩擦表面焊接温度及其温度场的分布，同时也将影响摩擦焊机的设计与制造。一般认为，由扭矩产生的机械功率 E_t 可以全部转换成摩擦热功率 Q_f，即

$$E_t = Q_f \tag{4-4}$$

$$E_t = M\omega_0 \tag{4-5}$$

$$Q_v = \int_A f(r)\delta(r)\overline{\omega}_f \mathrm{d}A \tag{4-6}$$

式中　　M——传递给工件的扭矩；

　　　　$\overline{\omega}_f$——旋转工件角速度；

　　　　ω_0——摩擦界面的相对速度（$\overline{\omega}_f=\overline{\omega}_0$）；

　　　$f(r)$——摩擦系数；

　　　$\delta(r)$——摩擦压力；

　　　　r——旋转半径；

　　　　A——摩擦面积。

C. J. CHENG 指出，输入给摩擦界面的能量并非全部转换为摩擦热，一部分能量耗散在工件塑性变形上，但转换为变形功的能量是可以忽略的；有些学者认为，摩擦焊接接头变形特征（包括轴向及扭转变形）非常明显，因此必然有一定量的（不可忽略）机械功转换为塑性变形功。研究表明，在摩擦初始阶段，摩擦主要局限于摩擦表面某些微凸体上，当这些微凸体在很高的局部压力下产生强烈的塑性屈服和流动直至焊合（黏着），而又在剪应力的作用下高速剪断时，金属原子被激活，运动速度加快，温度升高，从而释放出大量的热量，同时发生宏观的塑性变形，因而机械功绝大部分转换成摩擦热，产热效率接近 100%。随着摩擦过程的进行，摩擦热量不断向两侧工件中传导，促进摩擦界面温度升高，抗剪强度降低，形成高温塑性层，当高温黏塑性体内的抗剪强度与摩擦界面上的剪应力相当时，在扭矩作用下，不仅在摩擦界面上发生相对摩擦而生热，同时高温黏塑性体内已开始发生扭转塑性变形，使部分机械功转换成塑性变形功。摩擦时间越长，高温黏塑性层越厚，温度越高，抗剪强度与黏度越低。当焊接过程进行到稳定摩擦阶段时，工件温度形态不再发生明显的变

化，高温黏塑性区的温度、厚度也处于准平衡状态，因此产生的热效率逐渐稳定在某一个值。

摩擦焊热源与其他焊接技术的热源有很大不同，其主要特点如下：

1）摩擦焊是焊接过程中两工件摩擦表面的摩擦将机械功转变成热能加热焊接接头。

2）摩擦焊热源的功率和温度，不仅取决于焊接工艺规范参数，还受到焊接工件的材料、形状、尺寸及焊接表面准备情况的影响。

3）金属焊接表面的摩擦不仅产热，而且还能破坏和消除表面的氧化膜。变形层金属的封闭、挤出和不断被高温区金属更新，可以防止焊缝金属的继续氧化。

4.2.2 材料的摩擦焊接性

材料的摩擦焊接性是指材料在一定的摩擦焊工艺条件下，获得优质摩擦焊接接头的能力。所谓优质接头，是指接头与母材等强度、等塑性。摩擦焊具有广泛的工艺适应性，适用于摩擦焊的材料有金属材料、陶瓷材料、复合材料、塑料等。

影响材料摩擦焊接性的因素主要有：

1）材料的互溶和扩散性。同种材料或互溶性好的异种材料容易进行摩擦焊接；有限互溶、不能互溶和扩散的材料之间很难进行摩擦焊接。

2）材料表面的氧化膜是否易破碎。表面氧化膜易破碎的金属的摩擦焊接性好，如低碳钢就比不锈钢易焊接。

3）材料的高温力学性能和物理性能。通常高温强度高、塑性差、导热性好的材料不容易焊接，力学性能差别大的异种材料也不容易焊接。

4）合金的碳当量和淬透性。碳当量高、淬透性好的合金材料焊接比较困难。

5）金属的高温氧化倾向。一些活性金属就难以焊接。

6）金属间生成脆性相的可能性。凡是能形成脆性化合物层的异种材料，很难获得高可靠性的焊接接头。对这类材料，在焊接过程中必须设法降低焊接温度或减少焊接时间，以控制脆性化合物层的长大，或者添加过渡金属层进行摩擦焊接。

7）摩擦系数。摩擦系数低的材料，摩擦加热功率低，得到的焊接温度低，就不容易保证接头的质量，如焊接黄铜、铸铁等就比较困难。

8）材料的脆性。大多数金属材料都具有很好的摩擦焊接性，而对于焊接性不好的陶瓷材料及异种材料，为了提高接头性能，摩擦焊接时应选用合适的过渡金属层。

同种和异种材料组合的摩擦焊接性如图4-13所示。目前一些难以焊接的材料，随着摩擦焊新工艺、新设备的不断出现，也有可能成为摩擦焊接性好的材料。

4.2.3 摩擦焊工艺

1. 接头形式设计

摩擦焊接头的形式要根据产品的设计要求和摩擦焊的工艺特点来确定，既要满足使用要求，又要容易焊接。连续驱动摩擦焊接头形式的设计主要遵循以下原则：

1）待焊的两个工件，至少要有一个工件具有回转断面。

2）焊接工件应具有较大的刚度，夹紧方便、牢固。焊接过程中为了使接头在轴向力和扭矩作用下不失稳，要尽量避免采用薄管和薄板接头。

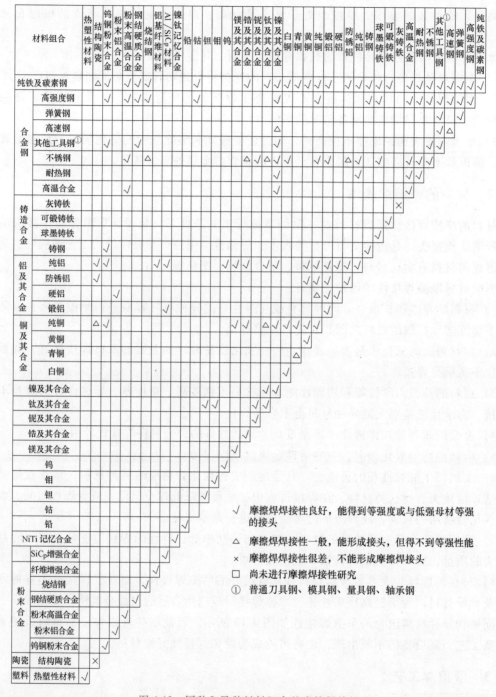

图 4-13　同种和异种材料组合的摩擦焊接性

3）同种材料的两个工件断面尺寸应尽量相同，以保证焊接温度分布均匀和变形层厚度相同。

4）对锻压温度或热导率相差较大的异种材料焊接时，为了使两个零件的顶锻相对平衡，应调整界面的相对尺寸。为了防止高温下强度低的工件端面金属产生过多的变形流失，需要采用模具封闭接头金属，小批量生产时，可以加大高温强度低的工件焊接端面的直径，使它起模具的作用。

5）为了增大焊缝面积，使接头加热均匀，以满足焊接结构和工艺的特殊要求，可以把焊缝设计成搭接或锥形接头。

6）焊接大断面接头时，为了降低加热功率峰值，可以采用将焊接端面倒角的方法，使摩擦面积逐渐增大。

7）锥形接头（管材-管材、棒材-板材）的倾斜面一般应与中心线成30°~45°。

8）对于棒-棒和棒-板接头，摩擦焊接过程中中心部位材料被挤出形成飞边时要消耗更多的能量，且中心部位承担的扭矩和弯曲应力又很小，所以，如果工件条件允许，可在一个或两个零件的接触端部加工出一定深度的中心孔洞，这样，既可用较小功率的焊机，又可提高生产率。

9）摩擦焊时端面的氧化夹杂物是随毛刺挤出的，因此在接头设计时必须考虑毛刺不受阻碍挤出的可能性，在封闭型接头中应留有毛刺溢出槽。

10）设计接头形式的同时，还应注意工件的长度、直径公差、焊接端面的垂直度、平面度和表面粗糙度。焊接表面应避免渗氮、渗碳及镀层等情况出现。

连续驱动摩擦焊接合面形状对获得高质量的接头非常重要，摩擦焊接头的基本形式和特殊接头设计形式见表4-1和表4-2。

表 4-1 摩擦焊接头的基本形式

接头形式	简　图	接头形式	简　图
棒-棒		管-板	
管-管		管-管板	
棒-管		棒-管板	
棒-板		矩形、多边形-棒或板	

表 4-2 摩擦焊特殊接头设计形式

接头形式	示意图	特点
等截面接头		将焊接接头置于远离应力集中的部位，也有利于热平衡，便于顶锻和清除飞边

（续）

接头形式	示意图	特点
带飞边槽接头	飞边槽　飞边槽　飞边槽	不允许露出又无法切除飞边的工件可用飞边槽，保持工件外观和使用性能
端面倒角接头		用于大截面的棒、管件的摩擦焊，以减少工件外缘的摩擦热量 锥形部分长度不得超过缩短量的50%
棒-棒 管-管		
锥型接头 （管-管） （棒-板）		锥形面与中心线成30°～45°，最小可为8°的斜面，但角度选择须防止工件从孔中挤出
异种材料锥形接头 （棒-棒）	软钢　钢　铝　钢	异种材料摩擦焊时，其中一件较软，可选用锥形接头和硬规范

2. 接头表面准备

1）一般情况下工件的摩擦端面应平整，为防止焊缝中包藏空气和氧化物，中心部位不能有凹面或中心孔。但切断刀留下的中心凸台则无害，有助于中心部位加热。

2）摩擦焊端面垂直度一般不超过直径的1%，否则顶锻时会产生影响同轴度的径向力。

3）当接合面上具有厚的氧化层、镀铬层、渗碳层或渗氮层时，常不易加热或被挤出，焊前应进行清除。

4）摩擦焊对焊件接合面的粗糙度、清洁度要求并不严格，如果工艺允许大的焊接缩短量，则气割、冲剪、砂轮磨削、锯断的表面均可直接用于摩擦焊。

3. 摩擦焊焊接参数及对接头质量的影响

连续驱动摩擦焊的主要参数为转速、摩擦压力、摩擦时间、摩擦变形量、停车时间、顶锻时间、顶锻压力、顶锻变形量，其中摩擦变形量和顶锻变形量（总和为缩短量）是其他参数的综合反映，目前的摩擦焊接设备对上述参数均能进行控制。

（1）转速与摩擦压力　直接影响摩擦扭矩、摩擦加热功率、接头温度场、塑性层厚度以及摩擦变形速度等，是摩擦焊最主要的焊接参数。当工件直径一定时，转速代表摩擦速度。为了使界面的变形层加热到金属材料的焊接温度，转速必须高于临界摩擦速度。低碳钢的临界摩擦速度一般为 0.3m/s，焊接时的平均摩擦速度大多在 0.6~3m/s 范围之内。

在稳定摩擦阶段，转速对焊接表面摩擦变形层厚度及深塑区（高速摩擦过程中，塑性变形层厚度相对较大的区域）位置的影响如图 4-14 所示。当转速为 1000r/min 时，由于外圆的摩擦速度大，外侧金属的温度升高，但由于转速不太高，金属的温升也不太高，摩擦扭矩和摩擦变形速度相对较大，因此外圆的变形层较中心厚。这时变形层金属非常容易流出摩擦表面之外，形成不对称的肥大飞边（图 4-14a）。这种接头的温度分布梯度大，变形层金属容易被大量挤出，焊缝金属迅速更新，能够有效地防止氧化。

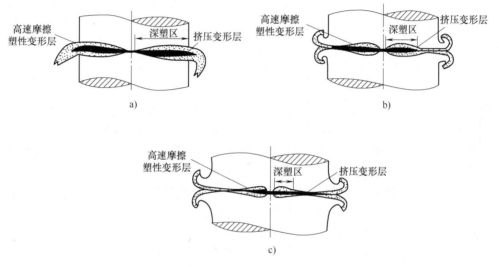

图 4-14　转速与变形层厚度、深塑区位置和飞边的关系

a) 1000r/min　b) 2000r/min　c) 4000r/min

注：φ19mm 低碳钢棒，摩擦压力 86MPa。

当转速升高时，摩擦表面温度升高，摩擦扭矩和摩擦变形速度小，深塑区减小并移向圆心，这时变形层中的高温黏滞金属在摩擦压力和摩擦扭矩的作用下向外流动时，受到较大的阻碍，形成了对称的小薄翅状飞边（图 4-14b、c）。这种接头由于扭矩小，挤出的金属少，所以接头的温度分布较宽，变形层金属也容易氧化。

摩擦压力对焊接接头的质量有很大影响，为了产生足够的摩擦加热功率，保证摩擦表面的全面接触，摩擦压力不能太小。在稳定摩擦阶段，当摩擦压力增大时，摩擦扭矩增大，摩擦加热功率升高，摩擦变形速度增大，变形层加厚，深塑区增宽并向外圆移动，在压力的作用下形成粗大而不对称的飞边。摩擦压力大时，接头的温度分布梯度大，变形层金属不容易氧化。在摩擦加热过程中，摩擦压力一般为定值，有时为了满足焊接工艺的特殊要求，摩擦压力也可以不断增大，或采用两级或三级加压。

不同的转速与摩擦压力的组合，可以得到不同的焊接加热规范。摩擦焊接可选用的加热规范很宽，最常用的组合方式有两种：一种是强规范，即转速较低，摩擦压力大，摩擦时间短；另一种是弱规范，即转速较高，摩擦压力小，摩擦时间长。

（2）摩擦时间和摩擦变形量　摩擦时间决定了接头摩擦加热过程，直接影响接头的加热温度、温度分布和焊接质量。摩擦时间过长，接头温度分布宽，高温区金属容易过热，摩擦变形量大，飞边大，消耗的加热能量多；摩擦时间过短，焊接表面加热不完全，不能形成完整的塑性变形层，接头处的温度和温度分布不能满足焊接质量需要。最佳摩擦时间是在摩擦终了的瞬间，接头处有较厚的变形层或较宽的高温金属区、接头有较小的飞边；而在顶锻焊接过程中产生较大的顶锻变形量，使变形层的面积沿工件径向有很大的扩展，将变形层中的高温金属挤碎、挤出、产生一定的飞边。这样整个飞边的尺寸不大，但形状封闭圆滑，有利于改善接头的焊接质量。因此，碳钢在强规范焊接时，当摩擦加热功率越过极值、降到稳定值范围时，就应立即停车，并进行顶锻焊接。在弱规范焊接时，通过一段较长时间的稳定摩擦以后，才能停车顶锻焊接。连续驱动摩擦时间一般在 1~40s 范围内。

当摩擦变形速度一定时，摩擦变形量与摩擦时间成正比，因此常用摩擦变形量代替摩擦时间来控制摩擦加热过程。要得到牢固的接头，必须有一定的摩擦变形量，焊接低碳钢时，摩擦变形量可在 1~10mm 的范围内选取。

（3）停车时间　停车时间是转速由给定值下降到零所对应的时间，对摩擦扭矩、变形层厚度和焊接质量有很大影响，主要应根据变形层厚度正确选择。当摩擦表面的变形层很厚时，停车时间要短；当表面上的变形层比较薄时，为在停车阶段能产生较厚的变形层，停车时间可以延长。有时为了改善焊接质量，消除焊缝中的氧化物或脆性化合物层，必须增大停车时的变形层厚度。一般在停车前就施加顶锻压力，或停车时不制动，但是，要防止过大的后峰值扭矩使接头金属产生扭曲组织。通常停车时间选择范围为 0.1~1s。

（4）顶锻压力、顶锻变形量　顶锻压力的作用是挤碎和挤出变形层中的氧化金属及其他有害杂质，并使接头金属在压力作用下得到锻造，促进晶粒细化，从而提高接头力学性能。顶锻变形量是顶锻压力作用的结果。顶锻力太小，接头质量差；顶锻压力过大，接头变形量增加，飞边增大，严重时在焊缝金属中形成低温横向流动的弯曲组织，使接头的疲劳强度降低。

顶锻压力的大小取决于焊接工件的材料性能、接头的温度高低及分布、变形层的厚度，此外还取决于摩擦压力的大小。焊接材料的高温强度高，就需要大的顶锻压力；接头的温度高，变形层较厚，就必须采用较小的顶锻压力。此外，在顶锻压力确定以后，为了得到一定要求的顶锻变形量，对顶锻压力的施加速度也有要求，如果不在一定的高温下进行顶锻，将得不到合适的顶锻变形量。

惯性摩擦焊的参数与连续驱动摩擦焊有所不同，主要参数有起始转速、转动惯量和轴向压力。前两个参数决定焊接可用的总能量，轴向力大小取决于被焊材质和接合面的面积。

（1）起始转速　起始转速具体反映在工件的线速度上，对钢-钢焊件，推荐的速度范围为 152~456m/min。低速（<91m/min）时，中心加热偏低，飞边粗大不齐，焊缝成漏斗状；中速（91~273m/min）时，焊缝深度逐渐增加，边界逐渐均匀；如果速度大于 360m/min 时，焊缝中心宽度大于其他部位。

（2）转动惯量　飞轮转动惯量和起始转速均影响焊接能量。在能量相同的情况下，大而转速慢的飞轮产生顶锻变形量较小，而转速快的飞轮产生较大的顶锻变形量。

（3）轴向压力　轴向压力对焊缝深度和形貌的影响几乎与起始转速的影响相反，压力过大时，飞边量增大。

4. 焊接参数的选择

在选择同种或异种材料的摩擦焊接参数时，除要考虑所焊材料的摩擦焊焊接性和各焊接参数及对接头质量的影响外，还要注意工件的形状、尺寸、焊接表面的准备情况，以及焊机的参数等。一般来讲，在选择摩擦焊接参数时应注意以下几点：

1）中碳钢、高碳钢、低合金钢及其组合的异种钢焊接时，焊接参数选择可以参考低碳钢的焊接参数，但要注意防止这些材质的摩擦接头焊缝中产生淬火组织，可选用较弱的焊接规范，减少焊后回火处理工序。

2）焊接管子时，为了减少内毛刺，在保证焊接质量的前提下应尽量减小摩擦变形量和顶锻变形量。

3）焊接大直径工件时，在摩擦速度不变的情况下，应相应降低转速。工件直径越大，摩擦压力在摩擦表面上的分布越不均匀，摩擦变形阻力越大，变形层的扩展也需要较长的时间。

4）焊接高温强度差别比较大的异种钢或某些不产生脆性化合物的异种金属时，除了在高温强度低的材料一方加模具约束以外，还要适当延长摩擦时间，提高摩擦压力和顶锻压力。

5）焊接不等端面的碳钢和低合金钢时，由于导热条件不同，接头处的温度分布和变形层的厚度也不同，为了保证焊接质量，应该采用强规范焊接。

6）焊接容易产生脆性化合物的异种金属时，需要采用一定的模具封闭接头金属，降低摩擦速度，增大摩擦压力和顶锻压力。

目前在生产中所采用的焊接规范，都是通过试验确定的。低碳钢连续驱动摩擦焊接参数选择范围见表4-3。表4-4为几种典型材料的连续驱动摩擦焊接参数，表4-5为典型材料的惯性摩擦焊接参数。

表 4-3 低碳钢连续驱动摩擦焊接参数选择范围

摩擦速度 /（m/s）	摩擦压力 /MPa	摩擦时间/s	变形量 /mm	停车时间 /s	顶锻压力 /MPa	顶锻速度 /（mm/s）	顶锻变形量 /mm
0.6~3	20~100	1~40	1~10	0.1~1	100~200	10~40	1~6

表 4-4 几种典型材料的连续驱动摩擦焊接参数

序号	焊接材料	接头直径 /mm	转速 /（r/min）	摩擦压力 /MPa	摩擦时间 /s	顶锻压力 /MPa	备注
1	45钢/45钢	16	2000	60	1.5	120	—
2	45钢/45钢	25	2000	60	4	120	—
3	45钢/45钢	60	1000	60	20	120	—
4	不锈钢/不锈钢	25	2000	80	10	200	—
5	高速钢/45钢	25	2000	120	13	240	采用模具
6	铜/不锈钢	25	1750	34	40	240	采用模具
7	铝/不锈钢	25	1000	50	3	100	采用模具
8	铝/铜	25	208	280	6	400	采用模具
9	铝/铜 端面锥角 60°~120°	8~50	1360~3000	20~100	3~10	150~200	两端采用模具

（续）

序号	焊接材料	接头直径/mm	焊接工艺参数				备注
			转速/(r/min)	摩擦压力/MPa	摩擦时间/s	顶锻压力/MPa	
10	GH4169	20	2370	90	10	125	—
11	GH3536	20	2370	65	16	95	—
12	Ti17	20	2370	40	1	40	—
13	30CrMnSiNi2A	20	2370	30	6	55	—
14	40CrMnSnMoVA	20	2370	35	3	78	—
15	06Cr18Ni11Ti	25	2000	40	10	100	—
16	20CrMr1Ti+35	20	2000	34	4.5	130	—

表 4-5　典型材料的惯性摩擦焊接参数

材料	转速/(r/min)	转动惯量/(kg/m^2)	轴向力/kN
20 钢	5730	0.23	69
45 钢	5530	0.29	83
合金钢 20CrA	5530	0.27	110
超高速钢 40CrNi2SiMoVA	3820	0.73	18.6
纯钛	9550	0.06	20.7
镍基合金 GH600	4800	0.60	206.9
GH4169	2300	2.89	206.9
GH901	3060	1.63	206.9
GH738	3060	1.63	206.9
GH141	2300	2.89	206.9
GH3536	2300	2.89	206.9
镁合金 AZ80M	3060~11500	0.41~0.03	51.7
镁合金 AZ61M	3060~11500	0.22~0.02	40.0

4.2.4　焊接参数检测及控制

当材料、接头形式和焊接参数确定后，摩擦焊接接头质量控制的关键是工艺过程控制，即对焊接工艺过程和焊接参数的控制。

1. 焊接参数检测

摩擦焊接参数可以分为两类：独立参数和非独立参数。

独立参数可以单独设定和控制，主要包括主轴转速、摩擦压力、摩擦时间、顶锻压力、顶锻维持时间。非独立参数是需要由两个或两个以上的独立参数以及材料的性质所决定的参数，主要包括摩擦焊扭矩、焊接温度、摩擦变形量、顶锻变形量等。

（1）摩擦开始信号的判定　连续驱动摩擦焊接时，无论检测摩擦时间或检测摩擦变形量，都需判定摩擦开始的时刻。目前实际应用的主要判定方法有三种：功率极值判定法、压力判定法和主机电流比较法。功率极值判定法是以摩擦加热功率达到峰值的时刻作为摩擦时间的起点，用这种方法时应注意大面积工件摩擦焊接时，在不稳定摩擦阶段存在功率的多峰值现象；压力判定法是当工件接触、开始摩擦时，作用在工件上的压力逐渐升高，以压力继电器动作的时刻作为摩擦时间的开始；主机电流比较法是工件摩擦开始后，以主机电流上升到某一给定值所对应的时刻作为摩擦计时的始点。这三类检测方法都可以通过硬件或软件实现开始信号的检测和判定。

（2）主轴的转速和压力的测量　主轴转速测量常采用磁通感应式转速计、光电式转速计以及测速发电机等。压力测量除通常采用压力表外，还采用电阻丝应变片和半导体应变片等。

（3）变形量的测量　变形量的测量比较简单，常采用电感式位移传感器（含差动式）、光栅位移传感器等。摩擦焊接时，将传感器的输出信号输入到计算机中，取出对应于各阶段的特征值（如摩擦开始、顶锻开始、顶锻维持结束等时刻），将这些特征值作为计算相应阶段变形量的相对零点。

（4）接头温度的测量　焊接温度的测量一般采用热电偶或红外测温仪。热电偶可以测量摩擦焊工件的内部温度，为了解决工件在转动时的测量问题，可将布置在旋转工件上的热电偶通过补偿导线连接到引电器上，焊接时，引电器的内环随工件一起旋转，各输入端始终与相应内环的输入端相连。应注意，测量前必须对热电偶的动特性进行标定，还应对测得的数据进行修正，才能得到真实的温度。这种测量方法的缺点是热惯性大，反应不够灵敏。红外测温属非接触测量，用于测量工件的表面温度场。该法用光学探测器瞬间接受工件上某个部位的单元信息，扫描机构依次对工件进行二维扫描，接收系统按时间先后依次接收信号，经放大处理，变为一维时序视频信号送到显示器，与同步机构送来的同步信号合成后，显示出焊件图像和温度场的信息。

（5）摩擦扭矩的测量　摩擦扭矩综合反映了轴向压力、工件转速、界面温度、材质特性及其相互之间的影响，是连续驱动摩擦焊接的一个重要参数，该参数变化速度快、变化范围大。主要测量方法有四种：电阻应变片法、主电动机定子电压电流法、轮辐射扭矩传感器法和磁弹扭矩传感器法。电阻应变片法是将电阻应变片贴在工件上，此方法的优点是灵敏度高，但不适宜生产现场，且当主轴刚度大、被焊面积小且采用软规范时误差较大。磁弹扭矩传感器法是利用铁磁材料受机械力作用时导磁性能发生变化的磁弹现象，测量误差较大。轮辐射扭矩传感器法是靠测主电动机的输出扭矩的近似测量法。

主电动机定子电压电流法（VCMM）的基本原理如下，连续驱动摩擦焊时，摩擦扭矩 $M(t)$ 和摩擦加热功率 P 分别为

$$M(t) = 2\pi \int_0^R \mu(r,t) p(r,t) r^2 \mathrm{d}r \tag{4-7}$$

$$P = \frac{\pi^2}{15} \int_0^R n(t) \mu(r,t) p(r,t) r^2 \mathrm{d}r \tag{4-8}$$

式中　$\mu(r,t)$——摩擦系数；

$p(r,t)$——摩擦压力；

R——工件半径；

r——工件摩擦表面某点到工件轴心的距离；

$n(t)$——摩擦转速。

由于与 $n(t)$ 与 r 无关，所以

$$P = \frac{\pi}{30} n(t) M(t) \qquad (4\text{-}9)$$

目前，可采用计算机实现主电机定子电压和电流以及摩擦转速的实时同步检测：首先计算出主电动机的输入功率；再通过对摩擦焊接过程各种功率损耗的分析、计算，求出作用于摩擦焊接头的加热功率，根据式（4-9）求出摩擦焊过程的动态扭矩。

2. 焊接参数控制

连续驱动摩擦焊的焊接参数控制方法主要有以下几种：

（1）时间控制　主要是控制摩擦时间。

（2）功率峰值控制　利用摩擦加热功率峰值与稳定值之间时间不变的原则进行控制。主要应用于碳钢和低合金钢的强规范（即转速较低、摩擦压力较大、摩擦时间短）焊接。

（3）变形量控制　通常是控制摩擦变形量，为了克服由于工件表面状态和其他焊接参数变化对这种控制方法带来的不利影响，还可同时对摩擦焊接时间进行监控。

（4）温度控制　主要通过对工件表面温度的非接触测量而进行相应的控制。

（5）变参数复合控制　该方法主要针对大截面工件的摩擦焊接，其核心是不同阶段采用不同的控制方案。在一级摩擦阶段，同时进行时间控制和压力控制（时间和压力复合控制）；在二级摩擦阶段，同时进行变形量和变形速度控制（变形量和变形速度复合控制）；在顶锻阶段，进行压力控制和时间控制（时间和压力复合控制）。图 4-15 为压力和变形量复合控制流程框图，图 4-16 是采用变参数复合控制计算机记录的压力 p、转速 n、扭矩 M 和变形量 s 随时间的变化曲线。

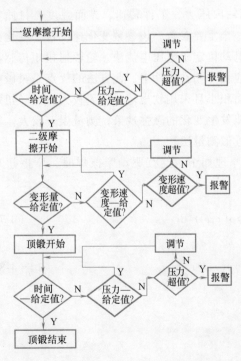

图 4-15　压力和变形量复合控制流程框图

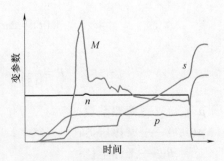

图 4-16　采用变参数复合控制计算机
数据随时间的变化曲线

（6）$M(t)$ 控制 图 4-17 为 $M(t)$ 控制法示意图。从功率达到最大值的 t_0 时刻起计算摩擦热量，当摩擦热量达到 Q_0 时的 t_n 时刻停止摩擦加热过程而进入顶锻过程，而摩擦热量的控制可通过摩擦扭矩 M 对摩擦时间 t 的积分运算来实现。该方法是在功率峰值控制的基础上发展来的，它本质上是能量控制法。

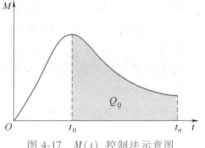

图 4-17 $M(t)$ 控制法示意图

（7）微计算机控制 目前的焊接设备大多数具有计算机控制功能，可控制整个焊接过程，包括液压系统控制、摩擦开始点和焊接参数检测，焊接参数复合控制和参数记录、输出等。

4.2.5 连续驱动摩擦焊的应用

1. 摩擦焊的技术特点

摩擦焊与其他焊接方法相比，有如下优点：

（1）焊接接头质量高 包括①焊缝是在塑性状态下受挤压完成的，属固态焊，避免了熔焊时熔池凝固过程产生的裂缝、气孔等缺陷，这为熔池凝固裂纹敏感材料的焊接提供了新工艺，如焊接高强铝合金是十分有利的；②压力与扭矩的力学冶金效应使得晶粒细化、组织致密、夹杂物弥散分布，不仅接头质量高，而且再现性好；③焊件被刚性固定，且固态焊加热温度低，故焊件不易变形，对较薄铝合金结构（如船舱板、小板拼成大板）的焊接极为有利，也是熔焊方法难以做到的。

（2）适合异种材料的连接 通常认为不可组合或很难焊的金属材料，如铝-钢、铝-铜、钛-铜等都可以进行摩擦焊。一般来说，凡是可以进行锻造的金属材料都可以进行摩擦焊接。

（3）生产率高 如汽车发动机排气门双头自动摩擦焊机的生产率可达 800～1200 件/h；外径 $\phi127mm$、内径 $\phi95mm$ 的石油钻杆与接头的焊接，采用连续驱动摩擦焊仅需十几秒。

（4）尺寸精度高 如用摩擦焊生产的柴油发动机预燃烧室，全长误差为 ±0.1mm。有些专用摩擦焊机可以保证焊件的长度公差为 ±0.2mm，偏心度小于 0.2mm。

（5）易于实现机械化、自动化 操作简单。

（6）环境清洁、安全 焊接过程中无污染、无烟尘、无辐射、无有害气体产生。

（7）成本低 包括①不用填充材料，也不用保护气体；②厚焊接件边缘不需加工坡口；③焊接铝材工件不用去氧化膜，只需用溶剂擦去油污即可；④对接允许留一定间隙，不苛求装配精度；⑤节能，与闪光焊相比，电能约省 5～10 倍；⑥焊缝不易产生缺陷，成品率高。

摩擦焊焊接技术是一种优质、高效、节能、清洁的先进焊接制造工艺，通过与计算机、信息处理软件、自动控制、过程模拟、虚拟制造等高技术的紧密结合，摩擦焊技术也在不断发展而具有更广阔的应用前景。

在实际应用中摩擦焊也有其缺点与局限性：

1）对某些摩擦焊而言，待焊件中必须有一个工件能绕其对称轴旋转，因此对非圆形截面的工件焊接较困难，所需设备复杂；对形状及组装位置已经确定的构件，很难实现摩擦焊接；对盘状薄零件和管壁件，由于不易夹固，施焊也很困难。

2）工件加工与对准要求较严，工件截面较大时不易保证均匀摩擦与加热。

3）接头容易产生飞边，焊后必须进行机械加工。

4）夹紧部位容易产生划伤或夹持痕迹。

5）摩擦焊机的一次性投资大，只有大批量集中生产时才能降低焊接生产成本。

2. 钢-铝的摩擦焊

摩擦焊是焊接低碳钢或低合金钢与铝及铝合金的理想焊接工艺之一。用普通连续驱动摩擦焊机，Q235 钢与 1035 纯铝摩擦焊的焊接参数见表 4-6，06Cr18Ni11Ti 不锈钢与 1070A 纯铝摩擦焊的焊接参数见表 4-7。

表 4-6　Q235 钢与 1035 纯铝摩擦焊的焊接参数

工件直径/mm	伸出长度/mm	顶锻压力/MPa		加热时间/s	顶锻量/mm		转速/(r/min)
		摩擦时	顶锻时		摩擦时	顶锻时	
20/20	12	49	117.6	3.5	10	12	1000
25/25	14	19	117.6	4	10	14	1000
30/30	15	49	117.6	4	10	15	1000
35/35	16	49	49	4.5	10	14	750
40/40	20	49	49	5	12	13	750
50/50	26	49	49	7	10	15	400

表 4-7　06Cr18Ni11Ti 不锈钢与 1070A 纯铝摩擦焊的焊接参数

工件直径/mm	顶锻压力/MPa	伸出长度/mm		摩擦压力/MPa	摩擦时间/s	转速/(r/min)
		不锈钢	铝			
管子直径 $\phi60$、壁厚 5	400	24	2	240	4~6	170

3. 铝-铜过渡接头的焊接

$\phi8 \sim \phi50mm$ 铝-铜过渡接头的摩擦焊接参数见表 4-4 中的序号 9。为了防止铝在焊接过程中流失，以及铝、铜工件由于受压失稳而产生弯曲变形，采用图 4-18 所示的模具。焊后接头的力学性能测试表明，静载拉伸大多断在铝母材一侧，并可以弯曲成 180°。如果焊接加热温度过高或焊接加热时间过长，摩擦焊接表面的温度超过铝-铜共晶温度（548℃），甚至达到铝的熔点，则在高温下容易形成大量的脆性化合物层，使接头发生脆性断裂。

为了获得优质接头，可采用低温摩擦焊工艺，其焊接参数见表 4-4 中的序号 8。该工艺的特点是转速低，顶锻压力大，这是为了增大后峰的摩擦扭矩，增加接头的变形量，以达到破坏摩擦表面上的脆性合金薄层和氧化膜的目的。低温摩擦焊工艺可以控制摩擦表面的温度在 $460 \sim 480℃$ 范围内，保证摩擦表面金属能充分发生塑性变形

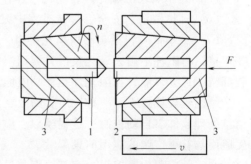

图 4-18　铝-铜摩擦焊接示意图
1—铜工件　2—铝工件　3—模具
n—铜工件转速　F—轴向力　v—移动夹头进给速度

和促进铝-铜原子之间的充分扩散，不产生脆性金属间化合物，接头的力学性能高，热稳定性能也好。

4. 高速钢-45 钢的焊接

高速钢和 45 钢焊接时，由于高速钢的高温强度高而热导率低，而 45 钢的高温强度低，为了控制 45 钢的变形和流失，提高摩擦压力，增大摩擦加热功率和保证接头外圆焊透，必须采用合适的模具。将 45 钢进行封闭加压，按照表 4-8 选择焊接参数。在摩擦加热过程中，随着摩擦加热时间的延长，接头温度升高，高速摩擦塑性变形层由高速钢和 45 钢的交界处向高速钢内部移动，形成了高速钢与高速钢的摩擦过程。因此，为了使接头产生足够的塑性变形和足够大的加热功率，必须提高摩擦压力和顶锻压力。应注意，为了防止接头的焊接热裂纹，除尽量选择没有碳化物严重偏析的高速钢外，焊前应将高速钢完全退火，焊接时接头要均匀加热，使温度分布较宽，摩擦时间不能太短。焊后应进行缓冷，并立即在 750℃ 进行炉中保温，然后再退火。

表 4-8 高速钢-45 钢摩擦焊接参数

接头直径/mm	转速/(r/min)	摩擦压力/MPa	顶锻时间/s	顶锻压力/MPa	备注
14	2000	120	10	240	采用模具
20	2000	120	12	240	采用模具
30	2000	120	14	240	采用模具
40	1500	120	16	240	采用模具
50	1500	120	18	240	采用模具
60	1000	120	20	240	采用模具

图 4-19 为焊接试验材料采用 45 钢和 W8Co3N 高速钢棒材（ϕ14mm）接头焊合区的显微组织。焊前材料分别为正火态（45 钢）和退火态（W8Co3N 高速钢），焊后立即进行退火处理，以消除焊接残余应力，然后进行整体淬火和三次高温回火。退火工艺为：860℃ 保温 5h，炉冷至 560℃ 后空冷；淬火工艺为：淬火温度 1220℃，回火温度 550℃。

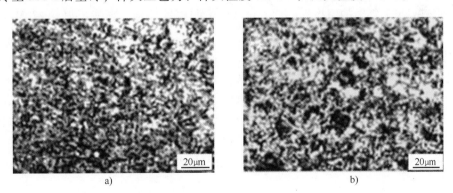

图 4-19 焊合区的显微组织形态（焊后退火+淬火+高温回火）
a) 45 钢 b) W8Co3N 高速钢

45 钢的显微组织为珠光体和铁素体，其中，铁素体在热机械作用下发生相变重结晶，呈现为细小等轴晶组织（图 4-19a）。W8Co3N 焊合区组织为淬火马氏体（贝氏体）、合金碳化物和残留奥氏体。在摩擦焊接过程中，焊合区金属在焊接热及焊接力作用下发生剧烈的塑性变形和流动，以及动态回复与再结晶，该区域被加热至高温后又快速冷却，焊后组织为细针状马氏体基体上分布着细小的颗粒状合金碳化物和残留奥氏体（图 4-19b），这种组织具有良好的力学性能。

5. 钛合金的摩擦焊

钛合金与 18-8 不锈钢的摩擦焊研究较多，采用的工艺措施主要是加中间过渡层或加大顶锻压力，过渡层的金属主要是铝和铜。选铜时，钛和铜之间还需要钒过渡。这种接头的抗拉强度为 150MPa，在 300℃/150h 退火处理后，不产生金属间化合物。钛和铝的摩擦焊接头强度高于铝母材，在结合面上产生不稳定的 Al_3Ti 薄层，经退火处理后也不长大。纯钛与纯铜熔点相差 600℃，并生成 $TiCu_2$、Ti_2Cu_2 以及 $TiCu$ 化合物，不能采用熔焊。对直径 $\phi20mm$ 的纯钛和纯铜棒采用摩擦焊并把摩擦压力提到 $60\sim2575MPa$，在短时间内加压就可以抑制金属间化合物的产生，并得到性能良好的接头。

6. 轻金属的摩擦焊

Al-Li 合金是新型超轻合金，其密度小但强度高。这种合金采用熔焊时，接头易形成缺陷，采用摩擦焊可得到与母材等强度的接头。快速结晶技术促进了快速结晶粉末铝合金在摩擦焊焊接方面的应用发展，这种合金在共晶 Al-Fe 成分的基础上增加少量的 V、Si，通过快速结晶可得到特殊的显微组织，与常规的高温铝合金相比，具有良好的延展性、断裂韧性和疲劳性能。在日本航空工业中，正在考虑采用快速结晶粉末铝合金代替钛合金和常规高强铝合金材料，这种材料采用熔焊时存在铝粉末及氢气孔等问题，而用惯性摩擦焊则可获得优良的接头。

7. 高熔点合金及粉末合金材料的摩擦焊

Zr-2.5Nb 合金是高温合金，可以采用保护气体进行摩擦焊接，目前已成功地焊接了直径为 $\phi128.8mm$、壁厚为 $2.75\sim4mm$ 的管子。Nb、Ta、Mo 合金的摩擦焊接若直接在空气中进行，则很容易在摩擦面产生 $300\mu m$ 左右的氧化层，而在氩气保护的气氛中，氧化层则不易产生且接头性能良好。

目前对粉末合金材料也可以进行摩擦焊，现已成功地进行了 Cu+70%W 粉末合金材料与铜、Cu+50%W 与无氧铜的摩擦焊，如 Cu+70%W 与铜的焊接，顶锻压力在 270MPa 以上时焊后接头的抗拉强度可达 280MPa。

8. 功能材料、陶瓷材料、复合材料的摩擦焊

国外 NiTi 形状记忆合金的摩擦焊已经取得了满意的效果，焊后的记忆合金特性与母材相同。陶瓷与金属的摩擦焊也取得了较大的进展，Si_3N_4、SiC、ZrO_2 与铝焊接时，通过加大转速，已成功地得到了可靠的接头，但强度有所降低；在钢与陶瓷焊接时，若把铝铜复合材料作为中间嵌入层材料也可取得满意效果。对复合材料，摩擦焊是一种较好的焊接方法。日本对铝基复合材料与同种复合材料的摩擦焊接通过加大顶端压力，可使接头达到与母材同等强度。

4.3 搅拌摩擦焊

搅拌摩擦焊是英国焊接研究所（The Welding Institute, TWI）于 1991 年发明并已获得世界范围专利保护的一种新型固态焊接技术，也是世界焊接技术发展史上自发明到工业应用时间跨度最短和发展最快的一项连接技术，被誉为世界焊接史上的"第二次革命"。搅拌摩擦

焊技术与传统的焊接技术相比，具有很多优点，因而具有广泛的工业应用前景和发展潜力。近年来，已经有多个国家如英国、美国、法国、德国、瑞典、日本等已经把搅拌摩擦焊技术应用在航空航天、船舶、列车、电力等工业制造领域，主要用于铝合金、镁合金、铜合金、钛合金、铝基复合材料的焊接。

我国 2002 年 4 月由北京航空制造工程研究所与英国焊接研究所在技术合作的基础上成立了中国搅拌摩擦焊中心，近年来在搅拌摩擦焊技术、工艺、设备等方面都有了突破性的进展，并已在工业生产中得到应用，典型应用实例如图 4-20 所示。

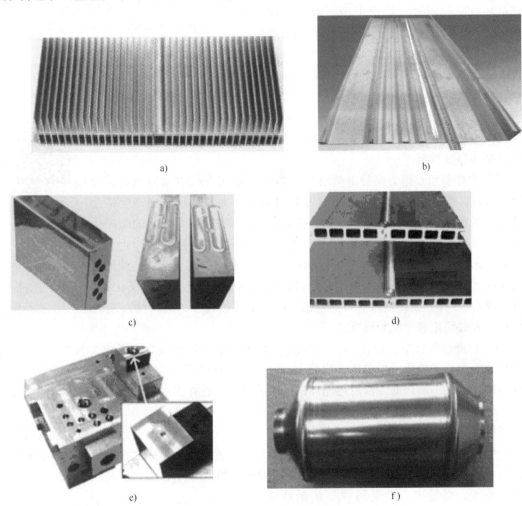

图 4-20 搅拌摩擦焊典型应用实例

a）铝合金散热器 b）列车用搅拌摩擦焊宽幅型材 c）输变电搅拌摩擦焊热沉器
d）船用搅拌摩擦焊铝合金型材甲板 e）飞机方向舵液控器 f）铝合金炮弹

4.3.1 搅拌摩擦焊的基本原理

1. 搅拌摩擦焊接过程

搅拌摩擦焊接过程（图 4-21）分为三个阶段：搅拌头扎入阶段（图 4-21a）、搅拌头沿焊缝方向行走阶段（图 4-21b）和搅拌头提起阶段（图 4-21c）。焊件不同部位在这三个阶段中经受了不同的热循环作用，以下结合5mm厚铝锂合金轧制板的搅拌摩擦焊试验具体说明。搅拌头主要参数如下：轴肩直径为13.8mm，搅拌头直径（根部）和长均为4.8mm，焊件尺寸为150mm×100mm×5mm。焊前用钢丝刷对与轴肩接触的母材表面及接合面进行轻刷，以去除氧化膜，然后用丙酮或乙醇将接头位置附近清理干净。用卡具将试件刚性固定在钢背板上后，将搅拌头以300r/min的转速慢慢扎入接合面内直至焊件底部，然后沿接合线方向以20mm/min的速度行走。

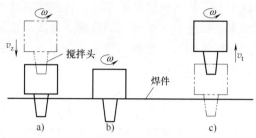

图 4-21　搅拌摩擦焊接过程
v_z—搅拌头扎入速度　ω—搅拌头转速
v_t—搅拌头提升速度

（1）搅拌头扎入阶段　试验结果表明，在搅拌头扎入过程结束瞬时热循环温度达到最大值。随着搅拌头沿焊缝方向行走，热循环温度迅速下降。由于扎入过程中轴肩没有热输入，热输入仅来自于搅拌头/焊件界面处的摩擦，而因插入点的热循环温度较低。

（2）搅拌头沿焊缝方向行走阶段　当搅拌头沿接合线方向行进时，为了行走畅通，搅拌头必须不断地向前方材料施加较大的挤压作用，促使前方软化材料流动到搅拌头后方形成的空腔内，因而搅拌头/焊件间的摩擦作用较强，摩擦热输入和热循环最高温度值较大。同时，搅拌头的行走，导致轴肩不断地将其下方的软化材料填入搅拌头后方的空腔内，从而持续地与焊件表面的硬质材料相接触，因而轴肩热输入作用受焊接过程中形成的软化材料的弱化影响较小。搅拌头/焊件、轴肩/焊件界面热输入的共同作用，保证了焊接过程中的持续高温热输入，进而保证了焊接过程的稳定和焊缝的形成。

（3）行走过程结束，搅拌头提起阶段　焊接行走过程结束时，搅拌头只有旋转行为，因而搅拌头附近的软化材料弱化了搅拌头/焊件间的摩擦作用，导致来自于搅拌头/焊件界面间的摩擦热输入不断降低，因而热循环最高温度降低。搅拌头离开焊件后，在焊缝的终端形成一个匙孔。

焊缝起点和终点因分别受搅拌头扎入和提起过程的影响，经受的热循环温度较其他部位低。焊缝起点和终点之间的材料经受的热循环作用比较稳定，焊接过程中距焊缝中心不同位置的峰值温度测量结果如图4-22所示。在该搅拌摩擦焊接过程中，焊缝中心经受的焊接热循环温度最高，为415℃，随着距焊缝中心距离的增加，材料所经受的最高热循环温度逐渐下降。焊缝两侧经受的热循环温度不同，前进侧的温度略高于后退侧7~12℃。前进侧和后退侧分别对应于旋转的搅拌头在焊缝方向的切线速度与搅拌头行进方向相同和相反的侧面（图4-5）。

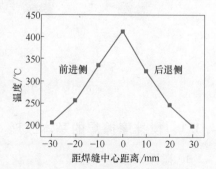

图 4-22　焊接过程中距焊缝中心不同位置的峰值温度

2. 搅拌摩擦焊产热及温度分布

搅拌摩擦焊的热源主要是轴肩与焊件材料上表面、搅拌头与接合面间的摩擦热、搅拌头附近材料的塑性变形产生的热，其中摩擦热是焊接产热的主体。随着搅拌头沿焊缝方向行走，这些热量对焊缝及焊缝附近的母材施以热循环作用，导致材料中沉淀相的溶解、焊缝和热影响区发生较大程度的软化。通过建立合适的传热模型，可以从理论上预测材料在一定的焊接参数下所经历的热过程，对优化焊接参数、接头形式、获得符合性能要求的接头具有重要作用。

一些研究人员通过对 AZ31 镁合金搅拌摩擦焊过程进行了三维有限元分析，在不考虑搅拌头与母材摩擦产热的条件下，推导出了搅拌摩擦焊产热的数学模型，计算了接头搅拌摩擦焊过程不同时刻和不同位置的温度分布。焊接模拟试验采用两块厚 5mm、宽 50mm、长 360mm 的 AZ31 镁合金板，焊接速度为 2mm/s、搅拌头旋转速度为 900r/min，整个模拟过程 180s，试验结果如图 4-23 所示。

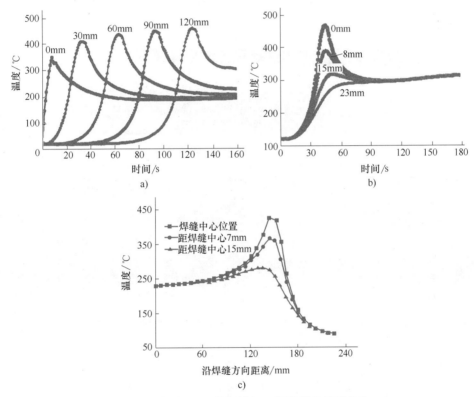

图 4-23 焊接过程不同时刻、不同位置的温度分布

a）沿焊接方向不同位置 b）距离焊缝不同位置 c）准稳态距焊缝中心不同位置

由图 4-23a 可知，焊缝后部的温度高于起焊时的温度。起焊位置最高温度为 350℃，焊接一段时间后 $x=60mm$ 处的最高温度为 426℃，两者之间的最高温度差为 76℃，以后依次每隔 60mm 最高温度升高 40℃左右，说明镁合金搅拌摩擦焊过程中对相邻的待焊区的预热作用显著。

图 4-23b 为距焊缝中心不同位置的温度分布，由图可知，远离焊缝 23mm 处的最高温度（266℃）比焊缝中心温度（463℃）约低 200℃；距离焊缝 8mm 处最高温度 387℃，距离焊缝 15mm 处最高温度 326℃。各点的温度随时间的变化趋势一致，准稳态时 4 个点的温度趋于一致，热扩散达到均衡。

图 4-23c 为搅拌摩擦焊产热达到准稳态时距焊缝中心不同位置沿焊缝方向距离的温度分

布曲线。趋势与图 4-23b 相同。搅拌头在 $x = 150mm$ 处摩擦旋转，故在此处温度为最高值。已经焊完的部分温度维持在 230~250℃ 左右，轴肩对搅拌摩擦焊过程的预热随着距离轴肩位置的增加而明显下降，180mm 处的温度只有 120℃ 左右，而此后焊缝处的温度基本维持在室温。

由于热传导作用，搅拌摩擦焊过程受到预热作用，预热对焊接过程有利，且沿着焊缝方向焊接最高温度存在稍微升高的趋势，但变化不大；焊接过程最高温度维持在 460℃ 左右，低于镁合金的熔化温度，属于固态焊接。

3. 焊接接头特征及显微组织

搅拌摩擦焊接时，由于轴肩与焊件上表面紧密接触，因而焊缝通常呈"V"形，接头一般形成三个组织明显不同的区域：焊核区、热力影响区、热影响区，如图 4-24 所示，三个区域的显微组织如图 4-25 所示。

图 4-24　搅拌摩擦焊接头微观结构
1—焊核区　2—热力影响区　3—热影响区　4—母材

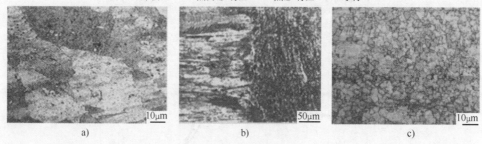

a)　　　　　　　　　　b)　　　　　　　　　　c)

图 4-25　2519 铝合金搅拌摩擦焊接头各区显微组织（焊接速度为 20mm/min，
顶锻力为 20000N，搅拌头转速为 1600~2300r/min）
a）焊核区　b）热力影响区　c）热影响区

（1）焊核区（Weld Nugget Zone，WNZ）　焊核区也称为搅拌区（Stir Zone，SZ）。该区位于焊缝中心靠近搅拌头扎入的位置，一般由细小的等轴再结晶组织构成。该区的塑性流动是非对称性的，经历了高温、大应变后，搅拌区的中心发生了强烈的变形，大应变导致搅拌区在焊接过程中发生了动态再结晶。图 4-25a 为 5mm 深处 2519 铝合金搅拌摩擦焊焊核区细小的等轴再结晶组织，并且由于在焊接过程中材料与搅拌头之间的相互作用，焊核区常出现同心环（洋葱环组织）。

（2）热力影响区（Thermal-Mechanically Affected Zone，TMAZ）　也称为热-机影响区，位于焊核区两侧。该区域的材料虽然也经历了连续的温度变化和机械搅拌，但该区的局部应变较焊核区小，明显导致初始拉长晶粒的旋转变形。热力影响区和焊核区间的组织变化没有过渡，变化非常显著。热力影响区的组织在热循环的作用下发生回复，如图 4-25b 所示。

（3）热影响区（Heat-Affects Zone，HAZ）　热影响区在焊接过程中仅受到热循环作用，而未受到搅拌头搅拌作用的影响，如图 4-25c 所示。热影响区的晶粒尺寸较粗大，为粗晶组织。

4. 接头力学性能

（1）接头硬度分布　在搅拌摩擦焊接过程中，接头不同区域发生了软化，其软化程度的差异，导致了接头硬度分布呈"W"形。图4-26为6063-T5铝合金（T5：从形成温度冷却后人工时效）搅拌摩擦焊接头的硬度分布，从图中可以看出，WNZ/TMAZ界面两侧的硬度值相差较小，HAZ/TMAZ界面两侧的硬度值则相差较大。这种硬度差异导致冷却过程中热影响区和热力影响区界面两侧材料的变形协调性较差，因而界面处易形成较大的残余应力集中，导致该区域为整个接头中强度最弱的区域。

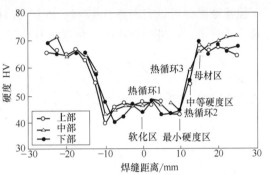

图4-26　6063-T5铝合金接头的显微硬度分布

（2）接头强度　国内外目前所开展的搅拌摩擦焊研究主要集中在铝合金、镁合金以及纯铜等软质、易于成形的材料，对钛合金、不锈钢、铝基复合材料也有少量研究。从表4-9可以看出，无论哪种材料，包括难熔焊的硬铝和超硬铝，其搅拌摩擦焊接头的抗拉强度均能达到母材的70%以上。接头性能除了与母材本身的性能有关外，在很大程度上还取决于搅拌摩擦焊的焊接参数。

表4-9　搅拌摩擦焊接头/母材的力学性能

母材	抗拉强度/MPa	屈服强度/MPa	伸长率（%）	母材	抗拉强度/MPa	屈服强度/MPa	伸长率（%）
2024-T3	432/497	304/424	7.6/14.9	AM50（日本）	180/215	115/117	4.5/10.5
2024-T6	400/477	—/280	—/20.5	AM60	198/240	110/130	6.5/13
5083-O	271/275	125/124	23/24	AZ31（日本）	201/288	127/219	3.5/6.5
6013-T6	322/398	292/349	—	AZ61	285/300	100/140	17/25
6061-T6	199/320	—	11/16	Cu	220/250	—	—
6082-T6	245/317	150/291	5.7/11.3	6061+20%B_4C	210/248	137/124	4/12
7020-T6	325/385	242/326	4.5/13.6	DH36钢	559/483	469/345	8.6/21
7075-T6	470/585	—/560	—/12	304钢	740/740	300/280	68/68

注：表中"/"之前为接头的性能数据，之后为母材的性能数据。

（3）接头的疲劳性能　搅拌摩擦焊接头的疲劳性能一般都优于熔焊接头。英国焊接研究所在1996年对铝合金搅拌摩擦焊接头的疲劳性能进行了研究，材料为6mm厚的2014-T6（T6：固溶处理后人工时效）、2219-T6、5083-O和7075-T7351等铝合金。试验结果表明，搅拌摩擦焊接头的疲劳性能优于欧洲弧焊标准（ECCS Class B3），并且所有测试数据与母材水平相接近，如图4-27所示。

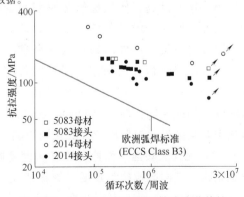

图4-27　铝合金搅拌摩擦焊接头疲劳特性

4.3.2 搅拌摩擦焊工艺

1. 搅拌摩擦焊接头形式

搅拌摩擦焊可以实现棒材-棒材、管材-管材、板材-板材的可靠连接，接头形式可以设计为对接、搭接，可进行直焊缝、角焊缝及环焊缝的焊接。接头基本形式如图 4-28 所示。

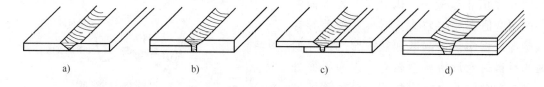

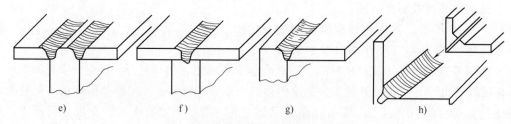

图 4-28　搅拌摩擦焊接头的基本形式

a) 直口对接　b) 对搭混合　c) 单搭接　d) 多层搭接　e) 三片 T 形对接

f) 双片 T 形对接　g) 边缘对接　h) 角接

2. 搅拌摩擦焊焊接参数选择

搅拌摩擦焊的焊接参数主要包括焊接速度（搅拌头沿焊缝方向的行走速度）、搅拌头转速、搅拌头仰角和轴肩压力。

（1）焊接速度　以高强度铝锂合金的搅拌摩擦焊接试验为例，接头抗拉强度随焊接速度 v 的提高并非单调变化，而是存在峰值，如图 4-29 所示。当 $v<160\mathrm{mm/min}$ 时，抗拉强度随 v 的提高而增大，并于 $v=160\mathrm{mm/min}$ 时达到 381MPa 的最大值。从焊接热输入可知，当搅拌头转速为定值，焊接速度过低，搅拌头产热过多反而会因产生较宽的热力影响区而使抗拉强度较低。如 $v=40\mathrm{mm/min}$ 时，接头抗拉强度仅为 332MPa；如果焊接速度过高，使塑性软化材料填充搅拌头行走后方所形成的空腔的能力变弱，软化材料填充空腔能力不足，焊缝内易形成一条狭长且平行于焊接方向的疏松孔洞缺陷，严重时焊缝表面形成一条狭长且平行于焊接方向的隧道沟，导致接头强度大幅度降低。如 $v=180\mathrm{mm/min}$ 时，焊核区与热力影响区界面处形成较大的孔洞缺陷，接头抗拉强度仅为 336MPa。

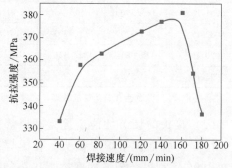

图 4-29　焊接速度对铝锂合金搅拌摩擦焊接头强度的影响

（2）搅拌头转速　搅拌头转速 n 也是通过改变焊接热输入和软化材料流动来影响接头微观结构，进而影响接头强度。焊接速度一定，改变搅拌头转速的试验（试验材料为铝锂合金，$v=160\mathrm{mm/min}$，搅拌仰角 $\theta=2°$）结果表明，当旋转速度较低时，焊接热输入较低，搅拌头前方不能形成足够的软化材料填充搅拌头后方所形成的空腔，焊缝内易形成孔洞缺陷或搅拌头的后边有一条沟槽，不能形成良好的焊缝，从而弱化接头强度。而在一定范围内随着搅拌头转速的提高，焊接峰值温度增大，热输入增加，有利于提高软化材料填充空腔的能力，避免接头内缺陷的形成，当转速提高到一定值时，焊缝外观良好，内部的孔洞也逐渐消失。因此，在合适的转速下接头才获得最佳强度值。试验表明：当 $n \leqslant 800 \mathrm{r/min}$ 时，接头强度随转速 n 的提高而增加，并于 $n = 800 \mathrm{r/min}$ 时达到最大值；当 $n > 800 \mathrm{r/min}$ 时，焊接峰值温度增大，搅拌头产热过多而产生较宽的热力影响区，使得接头强度随着转速的提高而迅速降低。

另外，搅拌头转速 n 和焊接速度 v 的比值对接头性能有一定影响，图 4-30 是搅拌头转速 $n = 1000 \mathrm{r/min}$ 时，不同 n/v 比值对接头性能的影响，试验材料为 Al-5Mg 合金。从图 4-30 可知，随着 n/v 值的增加，接头强度和塑性都增加，最大抗拉强度可达 310MPa，与母材的实测值相同，最大伸长率为 17%，是母材实测值的 63%。在 n/v 达到一定值后，继续增加 n/v 的比值，强度和塑性反而下降。

对于 Al-5Mg 合金的搅拌摩擦焊接，当 n/v 比值一定时，增加搅拌头转速 n，这时焊接速度 v 也必须增大，接头力学性能有所提高，如图 4-31 在 n/v 比为 10 时（图 4-30 中抗拉强度最低的点），随着搅拌头转速的增加，接头强度及伸长率均增加，当 n 超过 1300r/min 时，强度增加变缓，塑性的增加仍近似呈线性关系。接头最佳的抗拉强度为 304MPa，达到母材实测值的 97%，伸长率为 21.4%，是母材实测值的 78%。该试验表明，焊接接头性能的高低，除了与 n/v 比值有关外，还与搅拌头转速的绝对值有关。

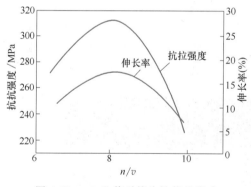

图 4-30 n/v 比值对接头性能的影响

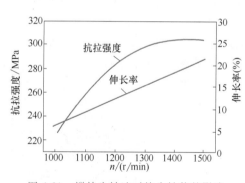

图 4-31 搅拌头转速对接头性能的影响

（3）搅拌头仰角 搅拌头仰角是指搅拌头与焊接工件法线的夹角，表示搅拌头向后倾斜的程度，搅拌头向后倾斜目的是对焊缝施加压力。

仰角主要是通过改变接头致密性、软化材料填充能力、热循环和残余应力来影响接头性能。仰角较小，则轴肩压入量不足，轴肩下方软化材料填充空腔的能力较弱，焊核区/热力影响区界面处易形成孔洞缺陷，导致接头强度较低。仰角增大，则搅拌头轴肩与焊件的摩擦力增大，焊接热作用程度增大。

（4）轴肩压力 轴肩压力主要影响焊缝成形，因为轴肩压力除了影响搅拌摩擦产热以外，还是对搅拌后的塑性金属施加的压紧力。轴肩压力过小时，由于搅拌头的搅拌和行走对材料的挤压作用，工件内部发生热塑性变化的材料会"上浮"，从轴肩与工件间的缝隙溢出焊缝表面，使焊缝处填充金属量不足造成孔形通道或组织疏松；轴肩压力过大，则搅拌头压入工件表面过深，轴肩与焊件的摩擦力增大，在行走过程中会将工件表层劈开形成过厚的翻边，并且摩擦热容易使轴肩平台发生黏附现象，焊缝两侧出现飞边和毛刺，焊缝中心下凹量较大，且在此过程中会产生与焊缝垂直方向的作用在工件上的力，不利于工件的夹紧，造成焊缝成形不良，接头变薄。关于轴肩压力对接头性能的定量影响，还有待于深入研究。

4.3.3 搅拌摩擦焊新技术

1. Com-stir 搅拌摩擦焊接

Com-stir 是一种新的搅拌摩擦焊工艺。其特点是在旋转运动的同时兼有搅拌运动（图 4-32）。它比传统的搅拌摩擦焊（FSW）有如下潜在的优势：

1）能形成较宽的焊缝，有利于搭接和 T 形接头的焊接及材料加工。

2）能更有效地去除焊件表面氧化膜，并且沿焊缝截面产生更均匀的热量，得到更高质量的焊缝。

3）由于降低了焊接或加工过程中产生的扭矩，所需的工件夹具更少。

4）更便于异种材料的焊接和点焊。

在传统的旋转式 FSW 中，搅拌头的相对速度是从零（探头中心）变化到最大（轴肩外径处）。而搅拌式/旋转式运动复合的 Com-stir 搅拌摩擦焊接技术能够显著地改善探头中心和轴肩外径处速度的差异。该技术通过有选择地改变相对旋转速度，在几乎完全搅拌运动和几乎完全旋转运动之间提供了一定范围的优化。上述特征可根据焊件要求在工艺控制中预先选择或自动改变。搅拌运动可产生恒定的相对界面速度，但方向是不断变化的。

采用转动和搅拌运动的 Com-stir 技术得益于更高的热效率和更多的流动。当 Com-stir 用于材料加工时，具有加工区宽度及体积的增加等特殊的优点。其搭接接头焊缝较宽，焊缝宽度为上层板厚的 230%（而传统搅拌摩擦焊则为 110%），宽度更大的焊缝正在研究中。

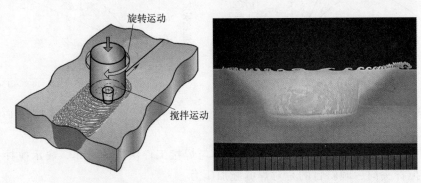

图 4-32 Com-stir 搅拌摩擦焊原理示意图及宽焊缝宏观截面照片

2. 激光辅助搅拌摩擦焊接技术

激光辅助搅拌摩擦焊（Laser Assisted Friction Stir Welding，LAFSW）是近年来提出的一种新型搅拌摩擦焊技术。搅拌摩擦焊所需的热量来自搅拌头与工件之间的摩擦，需要很大的压力和夹紧力，这就导致了搅拌摩擦焊设备笨重、价格昂贵，搅拌头磨损率高。激光-搅拌摩擦焊复合工艺使用激光作为辅助能源加热工件，可以降低搅拌摩擦焊的焊接成本，同时简化焊接设备。激光辅助搅拌摩擦焊原理图如图 4-33 所示，采用激光辅助加热，搅拌头的作用仅仅是搅拌完成连接，需要较小的力即可，而且可以大大降低搅拌头的损耗，提高焊接速度。激光辅助搅拌摩擦焊复合工艺目前还处于起始研究阶段，激光和 FSW 焊接参数的结合，对力学性能的影响及复合工艺的生产率都需要进一步的优化处理。由于激光可以对非导电材料，如塑料和陶瓷进行加热，因而可以利用激光辅助搅拌摩擦焊技术焊接此类材料。

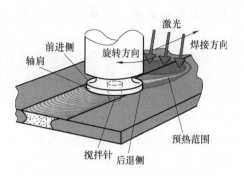

图 4-33　激光辅助搅拌摩擦焊原理

3. 搅拌摩擦焊接修复

搅拌摩擦焊接是修复隧道型沟槽缺陷最有效的工艺方法。图 4-34 为用搅拌摩擦焊方法对 2219 铝合金 FSW 焊缝的沟槽缺陷修复前后的形貌。该试验采用在原始焊缝上开槽的方式模拟了搅拌摩擦焊接的修复过程，首先用尺寸略大于缺口的铝合金塞块对其进行封孔，然后用相同尺寸的搅拌头对其进行两次修复。从图 4-34 中可看出两道焊缝之间有一个偏移量，其目的是消除由于塞块的加入产生的两个新界面。采用两道焊缝搭接的方法，完全可以实现搅拌摩擦焊接接头的有效修复，修复后的试样无变形，接头的强度与原焊接接头的强度相当。

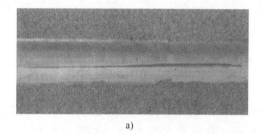
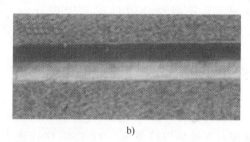

a)　　　　　　　　　　　　　　　　　　　　b)

图 4-34　搅拌摩擦焊方法对 2219 铝合金 FSW 焊缝的沟槽缺陷修复
a）修复前 FSW 沟槽缺陷　b）FSW 修复后焊缝表面

上述修复方法在航空修理领域中有广阔的应用前景，如常用于航空结构件的裂纹修复，裂纹主要发生在蒙皮、发动机叶片等承受交变载荷及应力集中的构件中。传统的修理方法是在裂纹的尖端钻止裂孔或铆接加强片，但这会降低构件的性能和使用寿命。搅拌摩擦修补技术可消除机翼裂纹采用传统修理方法的高应力集中，其蒙皮表面需要的首次安全检验时间推迟了 3.5 倍，同时也减少了使用后的检验次数。在对框、肋裂纹搅拌摩擦焊修理时，通过优化焊接参数，搅拌头沿裂纹方向进行焊接修补，不仅可消除裂纹，而且焊缝力学性能优良，减少了大量铆钉和衬片，消除了铆接修补时引起的内应力，提高了修理速度和修理质量。

4. 搅拌摩擦点焊

搅拌摩擦点焊（Friction Stir Spot Welding，FSSW）是在搅拌摩擦焊的基础上，研究开发的一种创新的焊接技术。该方法可焊成点焊的搭接接头，其焊缝外观与通常用于汽车车体的电阻点焊类似，因而在汽车和其他工业领域有很好的应用前景。

图 4-35 为搅拌摩擦点焊原理图，旋转的搅拌头在上部顶锻压力的作用下压入工件，保持一定的时间后（一般为几秒钟），将搅拌头回抽提起，完成搅拌摩擦点焊。与传统的点焊方法相比，搅拌摩擦点焊具有变形小、无需进行表面清理、焊具无损耗等特点，既可以实现

优质、高效的焊接，又可以节约成本。其缺点是焊点部位会产生凹坑。

图 4-36 为采用搅拌摩擦点焊方法获得的铝合金和高强钢的点焊样件。对 2mm 厚 6061-T4 铝合金薄板的搅拌摩擦点焊研究发现，点焊接头的结合强度不仅与焊接参数有关，而且与搅拌头的形状及尺寸密切相关。焊接时间一般均小于 1s，较少的焊接时间可以提高结合强度。采用搅拌摩擦的方法还可以实现高强钢（如抗拉强度为 600MPa 的双相钢与抗拉强度为 1310MPa 马氏体钢）薄板的点焊连接。

另外，搅拌摩擦焊还可应用于材料的表面改性。用于表面改性的搅拌头只有轴肩而没有搅拌头，这样，搅拌头所经过的区域即形成了一道表面改性层，多道搭接即可实现表面改性的目的。铸造铝合金采用熔焊的方法改性处理时（如激光、等离子、TIG 等），会产生晶间液化裂纹、气孔等缺陷，而搅拌摩擦改性工艺处理，不仅可以实现表面改性的目的，而且可以避免由于熔焊所带来的焊接缺陷问题。

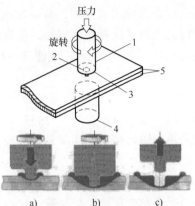

图 4-35　搅拌摩擦点焊原理

a）扎入　b）搅拌　c）回抽

1—上连接工具　2—搅拌头　3—搅拌轴肩
4—下连接工具　5—搭接钢板

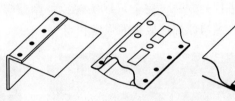

图 4-36　搅拌摩擦点焊样件

5. 双轴肩搅拌摩擦焊

双轴肩搅拌摩擦焊（Bobbin Tool Friction Stir Welding，BT-FSW）是基于 FSW 研发的能够实现自支撑的焊接技术。BT-FSW 搅拌头的下轴肩取代了 FSW 的背部刚性支撑板，从而实现了空间复杂曲面及空间无支持结构的焊接，促使其在航空航天和高速列车上的广泛应用。

搅拌头为分体式，如图 4-37 所示。搅拌针由耐热钴基合金钢 MP159 制成，其在高温下具

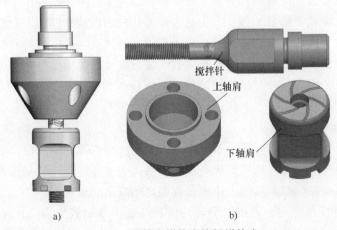

a）　　　　　　　　　　　　b）

图 4-37　双轴肩搅拌摩擦焊搅拌头

a）装配图　b）分解图

有良好的强度和塑性，搅拌针的直径为 ϕ7mm，表面具有凹槽特征，上下轴肩直径为 ϕ15mm，下轴肩端面上加工有渐开线，且由 MP159 工具钢制成，上下轴肩的间隙尺寸采用力控制。

西北工业大学李文亚课题组采用双轴肩搅拌摩擦焊对 4mm 厚 6056 铝合金进行了焊接，分析了接头不同特征区的显微组织和力学性能的非均匀特性。

（1）接头宏观形貌 接头表面形貌如图 4-38 所示。焊缝表面形成弧纹特征，同时上下表面存在飞边缺陷（图 4-38a、图 4-38b），且均产生于后退侧（Retreating Side，RS）位置，对比发现焊缝上表面飞边尺寸小于焊缝下表面，究其原因与上下表面散热条件有关。上轴肩与焊接设备主轴相连，能够通过接触热传导的方式将热量传递给设备，达到散热的目的。焊缝下表面无接触热传导，仅靠空气对流换热，同时由于夹具约束，有限的下表面空间面积降低了空气与焊缝下表面的对流换热能力。因此，焊缝下表面温度高于上表面，进而易产生较大尺寸的飞边。图 4-38c 为焊缝上表面弧纹特征，可以看出弧纹呈弧线型等间距分布，弧纹属于接头固有特征，是由旋转轴肩与软化金属相互作用形成的。

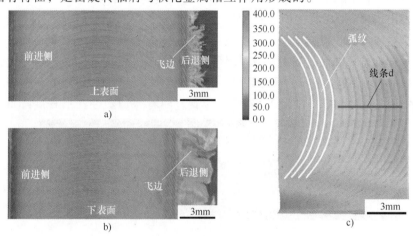

图 4-38 接头表面形貌

a）上表面形貌 b）下表面形貌 c）上表面弧纹特征

采用欧拉-拉格朗日耦合模型对焊接过程中的应变场进行数值模拟，焊接稳态阶段焊缝横截面等效塑性应变分布云图如图 4-39 所示。

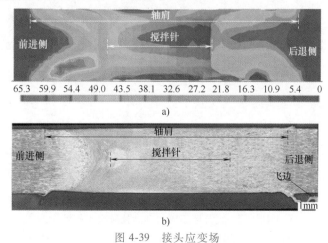

图 4-39 接头应变场

a）数值模拟结果 b）试验结果

可以看出，等效塑性应变仅出现于搅拌头与焊板的接触区域，轴肩产生的塑性应变区直径大于搅拌针产生的塑性应变区，这是因为与搅拌针相比，大直径的轴肩具有更大的切向速度，导致上下轴肩作用区等效塑性应变值更高，最终接头横截面等效应变呈哑铃状，与横截面温度场和焊缝横截面宏观形貌一致。沿焊缝中心左右两侧塑性应变呈非对称分布状态，接头前进侧（AS）的塑性应变值高于后退侧（RS），这是因为在焊缝 AS 搅拌头切向速度与焊接方向相同，促使 AS 材料受到剧烈剪切变形，不仅可获得更高的塑性应变值，而且在宏观接头中 TMAZ 和 SZ 形成清晰的分界线。RS 搅拌头切向速度与焊接方向相反，导致塑性应变值小且 TMAZ 和 SZ 分界线模糊。从图 4-39a 的塑性应变分布结果得出，接头 AS 的塑性变形程度比 RS 更大。

（2）接头微观组织　接头 SZ 内水平方向不同位置 EBSD 晶粒形貌和晶界分布状态如图 4-40 和图 4-41 所示，观察到 SZ 内水平方向不同位置均为等轴晶，且晶粒尺寸接近，约为 6.3μm。在各区域发现部分小角度晶界正逐渐转变为大角度晶界（如图 4-41 中黑色箭头所示），促使晶界逐渐清晰，表明 SZ 内发生了不完全动态再结晶过程。从图 4-39a 的塑性应变分布结果得出，接头 AS 的塑性变形程度比 RS 更大，剧烈塑性变形使得位错大量增殖，有效增加了位错密度，在位错运动过程中发生交滑移、缠绕和塞积，使得在动态回复中形成亚晶界，在后续动态再结晶过程中，亚晶界不断吸收位错，同时发生扭转和多边化效应，最终形成大角度晶界。因此，接头 SZ 靠近 AS 位置的大角度晶界（High Angle Grain Boundary，HAGB）比例最大为 49.1%，在接头 SZ 中间位置，随着剪切塑性变形程度降低，HAGB 比

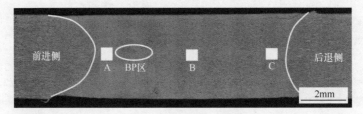

图 4-40　接头宏观形貌

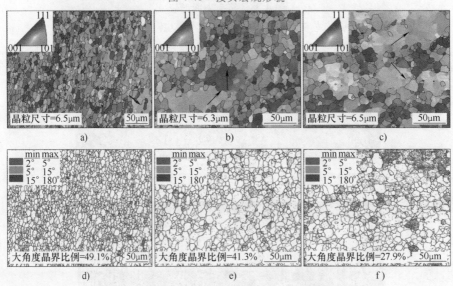

图 4-41　接头搅拌区不同位置晶粒形貌和晶界分布

a）A 区晶粒形貌　b）B 区晶粒形貌　c）C 区晶粒形貌

d）A 区晶界分布　e）B 区晶界分布　f）C 区晶界分布

例稍有下降为 41.3%，靠近接头 RS，材料受到剪切塑性变形程度较弱，此时位错增殖速度和位错密度较小；同时，接头 RS 峰值温度高于 AS，较高的温度能够降低位错运动阻力，从而促进位错缠结形成位错胞结构，在动态回复阶段形成大量亚晶界，而接头 RS 存在不完全动态再结晶行为，使得亚晶界发生旋转和吸收位错的能力有限，因此接头 SZ 靠近 RS 位置 HAGB 比例最小约为 27.9%。

接头 SZ 内水平方向不同特征区的晶粒局部取向差分布如图 4-42 所示，观察到接头 SZ 的 AS 中间位置的局部取向差相近，且强度小于接头 RS。虽然接头 SZ 的 AS 和中间位置经历剧烈剪切变形，产生大量位错，但后续的动态回复过程中，位错通过塞积、缠绕形成位错胞发展为亚晶界，同时小角度晶界不断吸收位错转变为大角度晶界，进而完成动态再结晶过程，这两方面共同作用导致该区域位错密度降低，接头 SZ 的 RS 位置存在显著不完全动态再结晶组织，即亚晶界在转变为大角度晶界过程中吸收位错的能力有限，导致该区域位错密度较高。

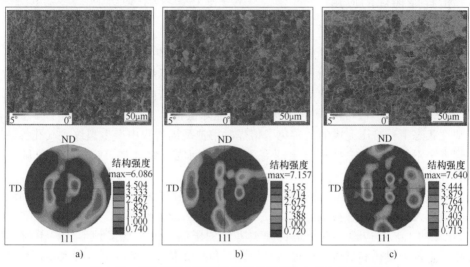

图 4-42 接头搅拌区不同位置晶粒局部取向差和组织极图

a）区域 A b）区域 B c）区域 C

（3）接头力学性能 接头横截面显微硬度云图如图 4-43 所示，可以看出接头 SZ 硬度呈哑铃状分布，与接头 SZ 宏观形貌相似，硬度约为 92HV0.2，从 SZ 到 HAZ 的硬度逐渐降低，最低硬度位于 HAZ，约为 63HV0.2；同时接头 RS 的低硬度区面积大于 AS，这与接头 AS 和 RS 温度差值密切相关。在接头 AS，从 SZ 到 HAZ 的硬度降低较剧烈，即硬度降低梯度大；在接头 RS，从 SZ 到 HAZ 的硬度降低比较缓慢，即硬度降低梯度小，这与搅拌头在焊缝 AS 和 RS 引起的不同剪切塑性变形程度有关，从接头 HAZ 到母材（Base Material，BM）显微硬度逐渐增加，在 BM 达到最大，约为 110HV0.2。

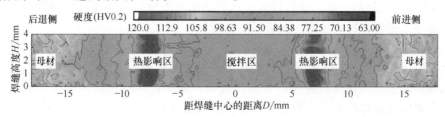

图 4-43 接头横截面显微硬度云图

焊缝表面中心线不同应力状态下的应变分布如图 4-44 所示，随着应力增加，接头 HAZ 和 SZ 的应变逐渐增大。当应力大于 240MPa 至断裂前，SZ 和 RS 的 HAZ 应变基本不变，而 AS 的 HAZ 由于发生颈缩应变迅速增大，最终发生断裂。文中接头的抗拉强度为 240MPa，这意味着在应力应变曲线中，从最大应力位置至断裂阶段，整体接头的断后伸长率来自于接头 AS 的 HAZ 的贡献，其他区域的变形基本不变。

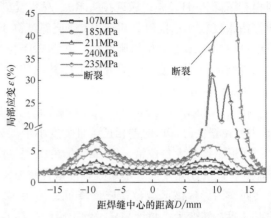

图 4-44 焊缝表面中心线不同应力状态下的应变分布

4.3.4 搅拌摩擦焊的应用

1. 搅拌摩擦焊技术特点

与传统摩擦焊及其他焊接方法相比，搅拌摩擦焊有以下优点：

1）生产成本低。不用填充材料，也不用保护气体；厚焊接件边缘不用加工坡口；不必进行去除氧化膜处理（只需去除油污即可）；不苛求装配精度，不需要事先的打底焊。

2）接头质量高。可以得到等强度接头，塑性降低很少甚至不降低；属于固态焊接，接头是在塑性状态下受挤压完成的，避免了熔焊时熔池凝固过程中产生裂纹、气孔等缺陷；解决了熔焊方法不能焊接的一些铝合金的高质量连接问题，如对航天领域中裂纹敏感性强的高强铝合金的焊接。

3）是一种安全、环保型的连接技术。整个焊接过程中无熔化、无飞溅、无烟尘、无辐射、无噪声、无污染等有害物质。

4）广泛的工艺适应性。不受是否轴类零件的限制，可实现多种形式，不同位置的焊接，可进行平板的对接和搭接，可焊接直焊缝、角焊缝及环焊缝，可进行大型框架结构、大型筒体制造及大型平板对接等。由于不受重力的影响，可以进行仰焊。

5）便于机械化、自动化操作，质量比较稳定，重复性高。

6）焊接后结构的残余应力和变形小，更适于薄板焊接。搅拌焊接过程中加热温度低，焊件不易变形，这对较薄铝合金结构（如船舱板、小板拼成大板）的焊接极为有利。

搅拌摩擦焊作为一种新型连接技术，也存在如下缺点：

1）目前焊接速度不高，对板材进行单道连接时，焊接速度低于电弧焊。

2）焊件的夹持要求较高，不同的结构需要不同的工装夹具，设备的灵活性差。

3）焊缝尾端留有"匙孔"，需要用其他焊接方法填充。

4）焊缝背面需要有垫板，在封闭结构中垫板的取出比较困难。

5）刀头因磨损消耗太快，虽然目前正在尝试用更为耐磨的陶瓷材料替代硬质合金、钴基高温合金等，但陶瓷材料很难达到所需的韧性。

2. 铝合金的焊接

铝合金采用搅拌摩擦焊技术进行焊接，可以克服熔焊时经常会出现气孔、裂纹等缺陷。特别是高强铝合金，熔化焊接的强度系数比较低，采用搅拌摩擦焊接可以大大提高接头强度。搅拌摩擦焊可以焊接所有系列的铝合金，板厚从 0.8mm 至 75mm。如中国搅拌摩擦焊中心单道单面焊接厚度为 20mm 的铝合金，搅拌摩擦焊接头如图 4-45 所示。

图 4-45 20mm 厚 2A70 铝合金搅拌摩擦焊接头

表 4-10 给出了铝合金搅拌摩擦焊焊接参数。通过研究焊接速度、搅拌头转速、轴向压力、搅拌头仰角以及焊具几何参数对接头性能的影响规律，并进行参数优化，可以找到最佳的焊接参数匹配区间。以这个区间内的参数进行搅拌摩擦焊时，可以获得最佳性能的搅拌摩擦焊接头。

表 4-10 铝合金搅拌摩擦焊焊接参数

材料	板厚/mm	焊接参数		
		转速/(r/min)	焊接速度/(mm/min)	仰角/(°)
1050	6.3	400	—	—
	5	560~1840	155	—
2024-T6	6.5	400~1200	60	—
	6	—	80	—
2024-T3	6.4	215~360	77~267	—
2095	1.6	1000	246	—
2195	5.8	200~250	1.59	—
5052-0	2	2000	40	—
5083	3	—	100~200	2
	—	—	100	—
	8	500	70~200	—
5182	1.5	—	100	—
	6.3	800	120	—
6061-T6	6.5	400~1200	60	—
	4	600	—	—
AA6081-T4(美国)	5.8	1000	—	—
6061 铝基复合材料	4	1500	—	—
6082	4	2200~2500	700~1400	—
7018-T79	6	—	600	—
7075-T6	4	1000	300	—
2024	4	2000	37.5	—

3. 镁合金的焊接

目前有文献报道的采用搅拌摩擦焊接镁合金主要有 AZ31（日本）、AZ61、AZ91、AZ41M 等。

对于 AZ41M 镁合金，搅拌头转速过低时，在搅拌头后方易形成沟槽，两试件之间只实现了局部结合，焊缝外观成形不好，内部存在小的空洞和组织疏松，且接头试样抗拉强度也低。搅拌头转速提高到 1500r/min 以上时，焊缝组织致密，接头强度可以达到母材强度的 90%~98%。

焊接速度变化也影响接头强度。对于 3mm 厚的 AZ41M 镁合金板（屈服强度为 245MPa、伸长率为 6%），焊接速度为 25mm/min 时，接头强度最低；焊接速度为 48mm/min 时，接头强度上升到最高值；进一步增加焊接速度到 60mm/min，接头强度反而下降。从图 4-46 可以看出：焊接速度为 25mm/min 的焊缝存在明显的过热组织，热影响区晶粒长大严重，这是由于在焊接速度较慢的情况下，内部金属晶粒经历了较长时间高温作用的缘故。焊接速度为 60mm/min 的焊缝存在微小的空洞或组织疏松，这是因为当焊接速度过高时，焊接热输入变低，热塑性软化层厚度小，不足以使焊缝完全闭合的结果。

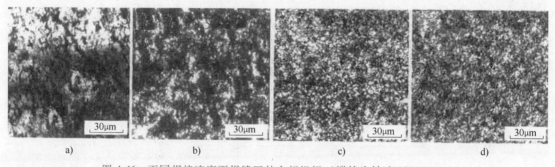

图 4-46　不同焊接速度下焊缝区的金相组织（搅拌头转速 1500r/min）
a）v=25mm/min　b）v=60mm/min　c）v=38mm/min　d）v=48mm/min

4. 铜合金的焊接

搅拌摩擦焊焊接铜合金，可以消除熔焊时的焊缝成形能力差、难于熔合、未焊透和表面成形差等外观缺陷，以及焊缝和热影响区热裂纹、热裂倾向大、气孔等内部缺陷。

用搅拌摩擦焊焊接板厚 5mm 的 H62 黄铜，搅拌头转速为 400~900r/min，焊接速度为 35~100mm/min，焊接速度与搅拌头转速的比值保持在 0.09~0.15，压入深度在 0.1~0.2mm 时，可得到组织致密、无孔洞的搅拌摩擦焊接头。接头组织如图 4-48 所示，可明显看到焊核区由非常均匀、细小的等轴晶粒组成，其晶粒大小比母材、热影响区及热力影响区晶粒细小得多。焊核区内晶粒在试件厚度方向上分布也不同，靠近上表面处（图 4-47a）晶粒大小均匀，没有明显的分层现象，而在远离上表面处晶粒出现明显的分层（图 4-47b），这表明焊核区材料受到的塑性剪切力和输入的搅拌摩擦热是随着距搅拌头轴肩的距离增加而减少。在搅拌头旋转进入焊材后焊缝热量主要由搅拌头轴肩提供，靠近轴肩的材料能够得到足够的热量而充分混合和搅拌，而远离轴肩的焊核区仅有紧贴搅拌头的薄薄一层塑性金属流动，导致由于热量输入的不同使离轴肩远的焊核区晶粒出现分层现象，这也解释了热量输入不够时在搅拌头底层靠近前进边会出现隧道型缺陷。而热力影响区（图 4-47c）是靠近焊核区一个非常窄的区域，该区由于高温停留时间短，并且在较高变形速度下发生了动态再结晶，所以晶粒比焊核区晶粒大但比热影响区晶粒小。热影响区由于仅受到热的影响,该区组织发生了再结晶,从图 4-47d 可以看出,大晶粒间产生新的再结晶晶粒,这是由于黄铜在焊接前有一定的冷变形,并且该区域温度较低,停留时间很短,只是部分晶粒发生了再结晶,晶粒很细。

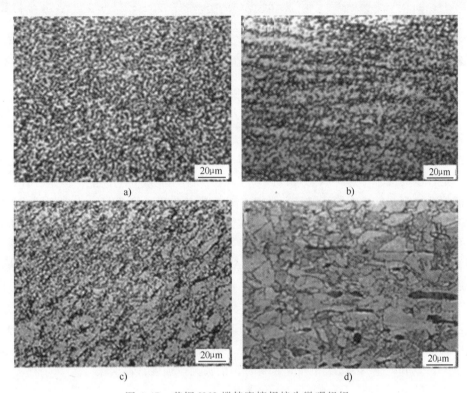

图 4-47 黄铜 H62 搅拌摩擦焊接头微观组织

a) 焊核区(靠近上表面) b) 焊核区(远离上表面) c) 热力影响区 d) 热影响区

5. 钛合金的焊接

TC4(Ti-6A1-4V)属于典型的 α+β 两相钛合金。图 4-48 是其搅拌摩擦焊接头各区的显微组织照片。与铝合金搅拌摩擦焊接头组织相比,钛合金搅拌摩擦焊接头明显没有热力影响区,焊核区与热影响区之间没有变形晶粒的过渡。焊核区属典型的网篮状组织,如图 4-48a 所示,原始 β 晶粒边界在变形过程中被破坏,出现了少量分散的颗粒状 α 相,原始 β 晶粒内的 α 片变短,束域尺寸变小,且纵横交错排列,犹如编织网篮状。网篮组织的塑性、蠕变抗力及高温持久强度等综合性能较好。焊核区的这一组织形态表明,焊接过程摩擦加热温度是在 β 相转变温度以上,顶锻变形在 β 相区开始,并在 α+β 两相区终止。图 4-48b 为焊核区和热影响区交界处的组织,该区组织变化较明显,直接从母材较粗大的等轴的 α 晶粒和(α+β)板条状变化到焊核区等轴状的 α 晶粒和(α+β)组织,表现出双态组织形态,但留有一些网篮组织的痕迹,其特征是在 β 转变组织的基体上,分布有互不相连的等轴状的初生 α 颗粒(数量小于 50%)。母材为 α+β 等轴组织,如图 4-48c 所示,即在均匀分布的、含量超过 50% 的等轴初生 α 基体上,存在有一定数量的 β 转变组织。α 和(α+β)双态组织与等轴组织性能特点大致相同,具有较高的疲劳强度和塑性。

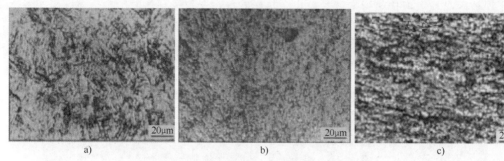

图 4-48　钛合金搅拌摩擦焊接头各区的显微组织

a）焊核区　b）过渡区　c）母材

6. 异种材料的搅拌摩擦焊

用搅拌摩擦焊方法焊接异种材料时，可以获得成形良好的焊缝，在原始接合面处，两种材料有一定程度的混合，这种状态可以改善接头的力学性能或导电性能。但是，焊接参数不当时，搅拌摩擦焊焊缝中会产生缺陷，主要表现为焊缝表面成形不好、出现裂纹或沟槽，或在焊缝内部出现孔洞或隧道型缺陷。隧道型缺陷是指焊缝表面成形良好、无裂纹，但在焊缝内部，孔洞呈连续状态。

（1）铝合金和纯铜　厚度为 2~5mm 的 5A06 铝合金和 T1 纯铜板，用丙酮清洗表面油污后，采用对接接头进行搅拌摩擦焊工艺试验，结果如下。

对于厚度为 2mm 的板材，获得良好焊缝成形的焊接参数范围为：在搅拌头压力一定的情况下，搅拌头转速为 375~1180r/min，焊接速度为 30~150mm/min。对一部分焊缝成形良好的试件进行接头的拉伸试验结果见表 4-11。由表可见，在焊缝表面成形较好的情况下，搅拌头转速 1180r/min、焊接速度 30mm/min 时，接头抗拉强度最高。

表 4-11　铜、铝搅拌摩擦焊的接头拉伸性能

试样号	焊接速度/（mm/min）	抗拉强度/MPa	伸长率（%）
1	30.0	297.6	3.6
2	37.5	229.5	2.0
3	47.5	238.9	3.0
4	60.0	227.5	2.4

图 4-49a 为焊缝与铜界面处的背散射电子像，可以更清楚地看到铜与铝合金的交叠现象。图 4-49b 为焊缝内靠铝合金侧的背散射电子像，可见焊缝中除有与搅拌头旋转形成的塑性流动痕迹一致的大块弧形条状铜带（白色组织）外，在焊缝内还有较多的分布比较均匀的铜颗粒。弧形条状铜带的存在说明在搅拌摩擦焊过程中，塑性状态的金属是随搅拌头的旋转而流动，而焊缝内均匀分布的铜颗粒，说明部分金属在搅拌头的驱动下可以从焊缝一侧移动到另一侧。

（2）铝合金和低碳钢　铝合金厚度为 2mm，低碳钢厚度为 3mm，采用搭接接头进行搅拌摩擦焊，从焊接接头宏观形貌（图 4-50a）可以看出，界面处低碳钢呈卷曲状进入铝合金中；图 4-50b 为二者界面处的显微照片，同样可见两者有剧烈的混合。由上可见，异种材料焊接接头区域中，两种材料有非常剧烈的混合并呈涡流状交叠形态，界面处形成了金属键结

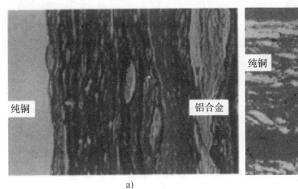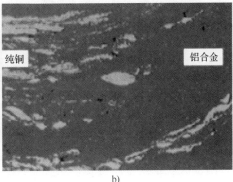

图 4-49 焊接接头金属的背散射电子像

a）焊缝内铜侧（×1000） b）焊缝内铝合金侧（×1000）

合。分析认为，在异种材料搅拌摩擦焊过程中，由于摩擦热和搅拌力的共同作用，焊接区金属处于热塑性状态并在焊缝内由搅拌头的前方流向后方，有可能产生动态再结晶现象。在摩擦热和塑性变形能的共同作用下，涡流状交叠区的异种金属可在界面处形成金属键，在某些情况下还有可能形成金属间化合物。

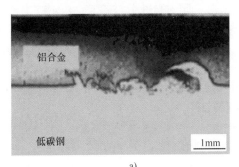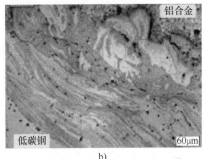

图 4-50 铝合金与低碳钢搭接接头

a）接头宏观形貌 b）接头界面组织

4.3.5 搅拌摩擦焊接头防护

搅拌摩擦焊作为一种优质、高效、环保的固相连接方法，可以避免熔焊过程中产生的气孔、裂纹、偏析等缺陷，有效提高接头的力学性能。该工艺现已被广泛用于航空航天、船舶、陆路交通等重要领域的高强铝合金结构件（如机身壁板、船体甲板等）的焊接。有些焊接结构件长期在恶劣的腐蚀环境下服役，接头耐蚀性是评价其使用性能的重要指标之一，然而，大量的研究表明高强铝合金搅拌摩擦焊接头的耐蚀性较差。究其原因，在铝合金板材轧制过程中通常会在合金上下表面包覆纯铝，使其形成 $50 \sim 100 \mu m$ 的包铝层来防止合金遭受腐蚀，但在搅拌摩擦焊过程中，剧烈的机械搅拌作用将使高强铝合金的包铝层完全破坏，导致接头失去腐蚀保护。此外，焊后在接头中还会存在残余拉应力，影响接头的服役性能，尤其是会降低其耐蚀性能和疲劳性能。因此，在实际工业应用中必须对这些接头进行防腐处理，以提高其服役寿命。部分学者针对铝合金搅拌摩擦焊接头腐蚀行为进行了大量研究，试图找出最佳的腐蚀防护方法并揭示其机理。目前高强铝合金搅拌摩擦焊接头有以下四种腐蚀防护方法：降低热量输入、焊后热处理、表面改性和喷涂涂层。采用这些方法制备的防护涂层均能一定程度上改善接头的耐蚀性能，但在实际工业应用中，尚存在一定的问题与挑战。

4.4 摩擦焊设备

摩擦焊的机械化程度较高，焊接质量对设备的依赖性很大，对一般摩擦焊机而言，要求设备要有适当的主轴转速，有足够大的主轴电动机功率、轴向压力和夹紧力，还要求设备同轴度好、刚度大。根据生产需要，还需配备自动送料、卸料、切除飞边等装置。对特殊类型的摩擦焊机还应有特殊的性能要求。

4.4.1 连续驱动摩擦焊设备

普通型连续驱动摩擦焊机主要由主轴系统、加压系统、机身、夹头、检测与控制系统以及辅助装置等六部分组成，具体结构如图 4-51 所示。

（1）主轴系统 主要由主轴电动机、传动带、离合器、制动器、轴承和主轴等组成，主要作用是传送焊接所需要的功率，承受摩擦扭矩。

（2）加压系统 主要包括加压机构和受力机构。加压机构的核心是液压系统。液压系统包括夹紧油路、滑台快进油路、滑台工进油路、顶锻保压油路以及滑台快退油路等五个部分。

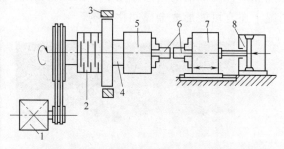

图 4-51 普通型连续驱动摩擦焊机结构示意图
1—主轴电动机 2—离合器 3—制动器 4—主轴
5—旋转夹头 6—工件 7—移动夹头 8—轴向加压液压缸

夹紧油路主要通过对离合器的压紧与松开完成主轴的起动、制动以及工件的夹紧、松开等任务。当工件装夹完成之后，滑台快进；为了避免两工件发生撞击，当接近到一定程度时，通过油路的切换，滑台由快进转变为工进。工件摩擦时，提供摩擦压力，依靠顶锻油路调节顶锻力和顶锻速度的大小；当顶锻保压结束后，又通过油路的切换实现滑台快退，达到复位后停止运动，一个焊接循环结束。

受力机构的作用是为平衡轴向力（摩擦压力、顶锻压力）和摩擦扭矩以及防止焊机变形，保持主轴与加压系统的同心度。扭矩的平衡常利用装在机身上的导轨来实现。轴向力的平衡可采用单拉杆或双拉杆结构，即以工件为中心，在机身中心位置设置单拉杆或以工件为中心、对称设置双拉杆。

（3）机身 机身一般为卧式，少数为立式。为防止变形和振动，应有足够的强度和刚度。主轴箱、导轨、拉杆、夹头都装在机身上。

（4）夹头 夹头分为旋转和移动两种。旋转夹头又有自定心弹簧夹头和三爪夹头之分，自定心弹簧夹头适宜于直径变化不大的工件，三爪夹头适宜于直径变化较大的工件。移动夹头大多为液压台虎钳，其中简单型的适宜于直径变化不大的工件，自动定心型的则适宜于直径变化较大的工作。为了使夹持牢靠，不出现打滑旋转、后退、振动等情况，夹头与工件的接触部分硬度要高、耐磨性要好。

（5）检测与控制系统　参数检测主要涉及时间（摩擦时间、刹车时间、顶锻上升时间、顶锻维持时间）、加热功率、摩擦压力（一次压力和二次压力）、顶锻压力、变形量、扭矩、转速、温度、特征信号（如摩擦开始时刻、功率峰值及所对应的时刻）等。

控制系统包括程序控制和参数控制。程序控制用来完成上料、夹紧、滑台快进、滑台工进、主轴旋转、摩擦加热、离合器松开、刹车、顶锻保证、车除飞边、滑台后退、工件退出等顺序动作及其联锁保护等。参数控制则根据方案进行相应的诸如时间控制、功率峰值控制、变形量控制、温度控制、变参数复合控制等。

（6）辅助装置　主要包括自动送料、卸料以及自动切除飞边装置等。

表 4-12 和表 4-13 是部分国产连续驱动摩擦焊机和混合式摩擦焊机的型号、技术指标和适用范围，表 4-14 是部分国外厂家的摩擦焊机型号及主要技术指标。

表 4-12　连续驱动摩擦焊机型号及技术指标

产品型号	主要技术参数					
	顶锻力/kN	焊接直径/mm	旋转夹具夹持焊件长度/mm	移动夹具夹持焊件长度/mm	转速/(r/min)	功率/kW
MCH-2 型	320	15~50	60~450	120	1300	37
MCH-4 型	20~40	4~16	20~300	100~500	2500	11
MCH-20B	200	10~35	50~300	80~450	1800	18.5
MCH-63 型	630	35~65	100~380	250~1400	1200	55
C-0.5A	5	4~6.5	—	—	6000	—
C-1A	10	4.5~8	—	—	5000	—
C-2.5D	25	6.5~10	—	—	3000	—
C-4D	40	8~14	—	—	2500	—
C-4C	40	8~14	—	—	2500	—
C-20	200	12~34	—	—	2000	—
C-20A-3	250	18~40	—	—	1350	—
CG-6.3	63	8~20	—	—	5000	—
CT-25	250	18~40	—	—	5000	—
RS45	450	20~70	—	—	1500	—

表 4-13　混合式摩擦焊机型号及技术指标

可焊件规格		型号						
		HAMM-(轴向推力/kN)						
		50	100	150	280	400	800	1200
低碳钢焊接最大直径/mm	空心管	20×4	38×4	43×5	75×6	90×10	110×10	140×16
	实心棒	18	25	30	45	55	80	95
焊件长度/mm	旋转夹具	50~140	55~200	50~200	50~300	50~300	80~300	100~500
	移动夹具	100~500	≥100	≥100	≥100	≥120	≥300	≥200

表 4-14 部分国外厂家摩擦焊机型号及主要技术指标

生产厂家	产品型号	主要技术参数			
		主轴转速 /(r/min)	最大轴向力 /4.4N	焊接直径 /25.4cm	最大管面积 /645.1cm^2
FPE&Gatwick Fusion Ltd.	Modular NC-4000	—	—	—	—
	Modular 7000	—	—	—	—
	Compact 25	—	—	—	—
Manufacturing Technology, Inc.	Model 40	—	—	—	—
	Model 2000	—	—	—	—
Inertia Friction Welding, Inc.	7.5 ton	3000	15000	1.0	1.0
	10 ton	3000	20000	1.125	1.4
	15 ton	2400	30000	1.5	2.0
	30 ton	2400	60000	1.875	4.0
	60 ton	1500	120000	2.375	8.0
	100 ton	1000	200000	3.5	14.0
	125 ton	1000	250000	4.0	17.0
	150 ton	1000	300000	4.5	20.0
ETA	FW 10/250	—	—	—	—

4.4.2 惯性摩擦焊设备

惯性摩擦焊机结构如图 4-52 所示，主要由电动机、主轴、飞轮、夹盘、移动夹具、液压缸等组成。

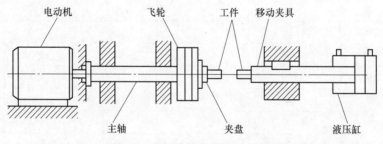

图 4-52 惯性摩擦焊机结构示意图

工作时，飞轮、主轴、夹盘和工件都被加速至与给定能量相应的转速时，停止驱动，工件和飞轮自由旋转，然后使两工件接触并施加一定的轴向压力，通过摩擦使飞轮的动能转换为摩擦界面的热能，飞轮转速逐渐降低，当变为零时，焊接过程结束。其各部分的工作原理与连续驱动摩擦焊机基本相同。这些焊机可以有不同的组合和改动，所有焊机均可配备自动装卸、除飞边装置和质量控制检测器，转速均可由零调节到最大。

4.4.3 搅拌摩擦焊设备

搅拌摩擦焊设备几乎与搅拌摩擦焊技术同步诞生和发展，迄今世界范围内已经有多个厂家得到英国焊接研究所的授权，成为专业化的搅拌摩擦焊设备制造商，如：EASB、FSWLI、GEMCOR、GTC、HITAHI、KAWASAKI、MTS、TWI、FSL 和北京赛福斯特技术有限公司（中国搅拌摩擦焊中心）等，其中北京赛福斯特技术有限公司是中国唯一得到英国焊接研究所授权的专业化的搅拌摩擦焊设备制造企业。

搅拌摩擦焊设备从功能结构上可以分为搅拌头、机械转动部分、行走部分、控制部分等。

搅拌摩擦
焊机器
及功能

1. 常用搅拌摩擦焊设备

常用的搅拌摩擦焊设备大致可以分为悬臂式、C 型和龙门式三大类型。悬臂式搅拌摩擦焊设备如图 4-53 所示，根据型号不同，可以焊接 1~5mm、3~10mm、3~15mm 和 3~20mm 厚铝合金或镁合金；焊接速度为 300mm/min、500mm/min；焊缝形式为纵向直缝、T 形焊缝和环焊缝；可焊尺寸直径不超过 2.2m，长度不超过 15m。

C 型搅拌摩擦焊设备可焊接 10mm、15mm、25mm 铝合金、镁合金；焊接速度为 300mm/min、500mm/min、800mm/min；可焊尺寸 400mm、630mm、800mm；焊缝形式为纵向直缝、T 形焊缝和环焊缝。龙门式搅拌摩擦焊机可焊有效尺寸为 2.6m×1.2m，焊接厚度可以达到 8mm。龙门式搅拌摩擦焊设备主要用于大型构件、大厚度材料的焊接，是生产中应用最多的一种。表 4-15 是部分搅拌摩擦焊设备的主要型号与主要技术参数。

图 4-53　悬臂式搅拌摩擦焊设备

表 4-15　搅拌摩擦焊设备的主要型号与主要技术参数

型号	主要技术参数					
	转速 /(r/min)	焊接速度 /(mm/min)	下压力 /kN	焊接距离 /mm	最大功率 /kW	焊接厚度 /mm
FSW 5UT	—	2000	100	1000	22	35
FSW 5U	—	2000	100	1000	22	35
FSW 6UT	—	2000	25	1000	45	60
FSW 6U	—	2000	150	1000	45	60
P-stir315	2000	10000	50	1000	15	—
DB 系列	—	500	—	2200	—	20
C 系列	—	1200	—	—	—	15
LM 系列	—	800	—	1500	—	20

另外还有数控 FSW 焊接设备和焊接机器人，数控 FSW 焊接设备不同于传统的三维刚性控制机械，它利用了六脚昆虫原理，由 6 个支架组成，每个支架都可以改变长度，在负载、刚度和再现性等方面都比传统的搅拌摩擦焊设备有优势。设备的主轴固定在一个框架上，可以使 6 个支架都能自由移动，用来高速焊接一些航空构件，设备的工作空间为 1.2m×1.2m×

1.2m。搅拌摩擦焊机器人实现了三维空间曲线的搅拌摩擦焊接，增加了焊接适应性，可以实现空间焊缝的焊接。

2. 搅拌头

搅拌头是搅拌摩擦焊技术核心，其主要功能是：

1）加热和软化被焊接材料（工件材料）。

2）破碎和弥散接头表面的氧化层。

3）驱使搅拌头前部的材料向后部转移；驱使接头上部的材料向下部转移；使转移后的热塑化的材料形成固态接头。

为满足搅拌头的功能要求，搅拌头的材料应具有热强性、耐磨性、抗蠕变性、耐冲击性、易加工性、材料惰性、热稳定性、摩擦效果优良等特性。

轴肩在焊接过程中通过与焊件表面间的摩擦提供焊接热源，并形成一个封闭的焊接环境，以阻止高塑性软化材料从轴肩溢出。常见的轴肩形式是在搅拌头与轴肩的交界处中间凹入，这种设计形式可保证轴肩端部下方的软化材料受到向内的作用力，从而有利于将轴肩端部下方的软化材料收集到轴肩端面的中心，以填充搅拌头后方所形成的空腔，同时可减少焊接过程中搅拌头内部的应力集中。

焊接不同的材料或在不同的工况条件下焊接时，应选用不同外形的轴肩。在轴肩上一般要加工一些规则的几何图案，以使轴肩和塑化材料能够紧密地耦合在一起，这样可提高轴肩和焊件表面的接触面积，也提高了焊接时的闭合性，从而可以防止塑化的材料在搅拌头旋转时喷射出去。各种不同形式的轴肩如图4-54所示。

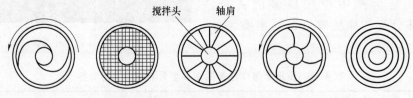

图 4-54　各种不同形式的轴肩

搅拌头的材料、几何形貌和尺寸不仅决定着焊接过程的热输入方式和焊接质量及效率，还影响焊接过程中搅拌头附近塑性软化材料的流动形式。

搅拌头主要有锥形螺纹搅拌头、三槽锥形螺纹搅拌头、偏心圆搅拌头、偏心圆螺纹搅拌头、非对称搅拌头、柱形光头和柱形螺纹搅拌头、可伸缩搅拌头等多种形式。近来英国焊接研究所研制了两种新型的搅拌头——Whorl和MX triflute系列，其外形及横截面如图4-55所示。这种搅拌头较圆柱形系列有了很大的提高，其中Whorl系列主要是为焊接板厚更厚的6082-T6铝合金而研制的。单面焊时，可以焊接板厚为25~40mm的铝合金，双面焊时最高可以焊接75mm厚的铝合金。MX triflute系列搅拌头单面焊时，可以焊接板厚为6~50mm的铝合金。

Whorl和MX triflute系列搅拌头都被设计成平截头体的形式，相对于具有同样齿根圆大小的圆柱形搅拌头，这种形式的搅拌头可以转移更少的材料，其中Whorl形式的搅拌头可以减少60%的转移体积，MX triflute形式的搅拌头则可以减少70%的转移体积。在保证搅拌头性能不受影响的前提下，应使搅拌头顶端直径尽量小，这样可以使平截头体形式的搅拌头比圆柱形的搅拌头更容易穿越塑化的材料。试验表明，减少搅拌头体积和改变其设计形式均可

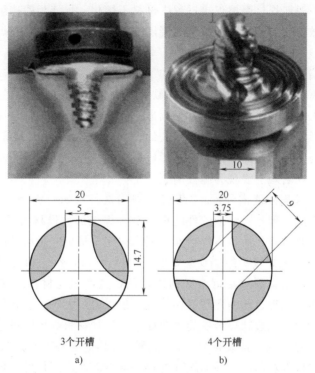

图 4-55　TWI 公司开发的两种新型搅拌头及搅拌头的横截面

a）Whorl 系列　b）MX triflute 系列

以显著改善焊缝的力学性能。应注意到，搅拌头上有很多比较明显的凹槽，尤其是在轴肩和搅拌头之间的区域，有呈放射状的凹槽，这些凹槽的作用是为了减少应力集中，避免搅拌头由于应力集中而发生断裂。

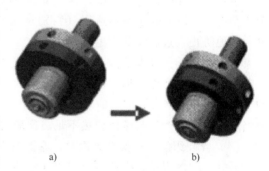

图 4-56　中国搅拌摩擦焊中心开发的可回抽式搅拌头

a）回抽前　b）回抽后

为消除搅拌摩擦焊环形焊缝尾端的"匙孔"问题，美国 NASA 开发成功了可回抽式搅拌头。中国搅拌摩擦焊中心在 2003 年也成功地开发了可回抽式搅拌头，如图 4-56 所示，该装置不仅可以消除搅拌摩擦焊尾端的"匙孔"，还可以实现变截面厚度的搅拌摩擦焊。

4.5　摩擦焊焊接缺陷及接头检测

4.5.1　摩擦焊接头缺陷及其成因

焊接质量好而稳定是摩擦焊的特点之一。当产品的接头形式和材料的焊接性已确定后，摩擦焊接的质量就取决于焊接参数的合理选择以及焊接工艺过程的参数控制。

摩擦焊不同于一般熔焊，摩擦焊接过程中母材不熔化，焊缝为锻造组织，晶粒细化，组织致密，夹杂物弥散分布，不产生与熔化和凝固有关的一些焊接缺陷和焊接脆化现象，同时摩擦焊接表面的"自清理"作用也有利于保证焊接接头的质量。

摩擦焊常见缺陷及产生的原因主要归纳如下：

（1）"灰斑"缺陷　"灰斑"是一种焊接缺陷在断口的表现形式，它在断口上一般表现为暗灰色平斑状，无金属光泽，一般为近似圆形、椭圆形或长条形，与周围金属有明显的分界，无显著塑性变形，具有明显的沿焊缝断裂的特征。微观上看，"灰斑"是从焊合区破碎或未破碎的夹杂物与基体金属的界面为空穴形成核心，在外力作用下不断扩展，最终聚合成密集细小的浅韧窝，在宏观上表现为脆性断裂。

根据扫描电镜和 X 射线能谱分析，"灰斑"缺陷是由以 Si、Mn 为主的低塑性物质组成的。一般认为它的形成机理是：焊前工件清理不良，焊接部位母材内部存在的一些夹杂物，在摩擦加热顶锻加压时被碎化而进入焊接面，但未被完全挤出，从而形成"灰斑"。

（2）焊接裂纹　摩擦焊接头的裂纹主要出现在焊合区边缘飞边缺口部位、焊合区内部、近缝区及飞边上。飞边缺口裂纹沿焊合区向内扩展，其产生与材料的淬硬性及焊接参数有关。有限元分析表明，当焊合区两侧塑性区较宽、顶锻力过大时，会在焊合区周边部位产生较大的拉应力，这是形成飞边缺口裂纹的主要原因。异种材料焊接时可能在焊合区内部产生裂纹，脆性材料（陶瓷）或易淬硬材料（高速钢）与其他异种材料焊接时，在焊后或热处理后会产生由飞边缺口部位起裂，并向脆性材料一侧近缝区内部扩展的环状裂纹，这类裂纹的产生与焊接接头内部的残余应力分布及焊接过程中脆性材料的损伤有关。飞边裂纹是指飞边上沿径向或环向开裂的裂纹，其产生的原因主要是焊合区温度不当（过高或过低）、飞边金属塑性低，以及焊接变形速度（特别是顶锻速度）过快。通过改变焊接转速及顶锻速度可有效地防止飞边裂纹的产生。

（3）未焊合　未焊合一般产生于焊接接头的焊合面上，其表面宏观特征呈现氧化颜色。在断口上表现为摩擦变形特征及其上分布的氧化物层，氧化物主要是焊接过程中在高温形成的 FeO。另外，结合表面上的氧化物、油污、夹杂及凹坑等也会在焊合面上造成"未焊合"缺陷。未焊合的产生与摩擦加热不足、顶锻力过小及原始表面状态等因素有关。

（4）淬硬组织　焊接淬火钢时，摩擦时间短、冷却速度快会在接头中形成淬硬组织。

另外，摩擦焊接头中还会出现焊缝脱碳、过热组织、脆性合金层等缺陷。

4.5.2　摩擦焊接头的无损检验

1. 普通摩擦焊接头的无损检验

摩擦焊作为一种优质的固态焊接技术，一般情况下，其接头性能是相当可靠的，接头强度可达到乃至超过母材的水平。但当接头中出现非理想结合的缺陷时，会使接头的抗断能力下降几倍甚至几十倍，如当"灰斑"面积为 20%～30% 时，焊合区冲击吸收能量可下降 70%～80%，疲劳寿命下降 25%～50%。因此，对摩擦焊接头进行无损检测，对于保证焊件的性能与安全使用是非常重要的。

由于摩擦焊焊接缺陷具有二维、弥散和近表面分布的特征，故对其检测采用高聚焦性能和高分辨率的无损检测技术。目前摩擦焊接头的无损检测主要以超声波和渗透检测技术为主，再辅以视觉检查。表 4-16 给出了摩擦焊接头常用的无损检验方法及适用的缺陷范围。

表 4-16　摩擦焊接头常用的无损检验方法及适用的缺陷范围

检验方法	裂纹	未焊合	夹杂	金属间化合物
超声波	√	√	√	
磁粉	√	√	√	
X 射线	√	√		
(荧光)渗透	√		√	
渗漏(气密性)	√	√		
目测	√	√		
表面腐蚀	√		√	
加压或加载检测				
声发射	√	√		√
涡流	√	√	√	

　　美国 GE 公司曾用 X 射线、荧光渗透、超声波和声发射检测方法检测摩擦焊焊接接头的质量，最后选择了脉冲-回波超声波检测方法。而美国 P&W 公司采用的是超声 C 扫描技术，所用探头为 ϕ127mm、10MHz 的锆酸铅晶片。莱康明 T55 涡轮轴的盘与前后轴的摩擦焊缝使用超声 C 扫描技术，可产生和记录焊缝侧面图像，发现接头缺陷及内表面刀痕，探头频率为 5MHz、直径为 ϕ6.35mm 时，对焊合区的冶金组织不敏感且分辨率最好。荧光渗透检测也是一种有效手段，接头飞边把缺陷暴露到表面，适用于采用表面检测技术。由于超声波检测设备简单、携带方便，对焊接接头中的裂纹类缺陷敏感，因此超声波检测背光法常用于摩擦焊焊接接头检测。随着超声波检测向智能化、自动化发展，超声波检测在摩擦焊焊接接头检测中的应用将更加广泛。

　　虽然无损检测效果较好，但普遍认为，目前最可靠的检验方法仍然是破坏性解剖检查，或使焊缝承受 85% 拉伸或扭转屈服强度的加载检验。

　　2. 搅拌摩擦焊接头的无损检验

　　搅拌摩擦焊工艺研究需要了解和掌握焊缝区的物理特征、可能产生的缺陷及其成因；实际工程应用需要清楚焊缝的质量和完好性，特别是焊缝区是否存在超过设计允许的缺陷。因此，无损检测已成为搅拌摩擦焊在重要工业领域中推广应用的重点课题。目前在国外，搅拌摩擦焊的无损检测在技术上处于缺陷表征与检测方法探索、技术积累阶段。

　　在搅拌摩擦焊焊接过程中，由于焊接参数的偏离或意外因素的影响可能会产生焊接缺陷，这些缺陷一般具有以下特征：

　　1）缺陷多位于焊缝区与母材连接界面区。

　　2）缺陷取向复杂。缺陷取向随着焊缝区与母材连接界面在搅拌过程中形成的流线生成和发展。

　　3）缺陷细密，具有明显的面积取向。

　　4）焊缝区与母材主要材质相同，但晶粒度不完全相同，焊缝区的晶粒在搅拌过程中还会得到细化。

针对以上可能产生的缺陷及其特征，目前较为可行的检测方法有三种：基于射线衰减原理的检测方法、超声波检测方法和基于激光干涉原理的检测方法。其中 X 射线和超声波检测方法适用的缺陷范围与表 4-16 相同。北京航空制造工程研究所的研究表明：超声波检测方法是实现搅拌摩擦焊焊缝缺陷无损检测的一种可行方法，高分辨率超声反射法对搅拌摩擦焊焊缝微细缺陷（如微细空洞）有较好的检测能力。

复习思考题

1. 什么是摩擦焊？其如何分类？
2. 连续驱动摩擦焊的基本原理是什么？分哪几个过程？
3. 摩擦焊接热源有何特点？
4. 影响材料摩擦焊接性的因素有哪些？
5. 解释下列名词：
   摩擦压力、摩擦时间、摩擦变形量；焊核区、热力影响区、热影响区。
6. 摩擦焊与其他焊接方法相比，有哪些特点？
7. 什么是搅拌摩擦焊？其工作原理是什么？
8. 搅拌摩擦焊接过程分几个阶段？各阶段有何特点？
9. 搅拌摩擦焊产热及温度分布有何特点？
10. 搅拌摩擦焊接头有何特点？分为哪几个区？
11. 摩擦焊新技术有哪些？有何技术特点？
12. 常见的摩擦焊接头缺陷有哪些？简述其成因。

参 考 文 献

[1] 赵熹华，冯吉才. 压焊方法及设备 [M]. 北京：机械工业出版社，2000.
[2] 李志远，钱乙余，张九海. 先进连接方法 [M]. 北京：机械工业出版社，2000.
[3] 李亚江，陈茂爱，邹家生，等. 特种焊接/连接技术 [M]. 北京：化学工业出版社，2016.
[4] 胡绳荪. 焊接制造导论 [M]. 北京：机械工业出版社，2018.
[5] 谢广明，骆宗安，等. 搅拌摩擦焊接技术的研究 [M]. 北京：冶金工业出版社，2016.
[6] 张义，张初琳，刘奕明，等. 异种金属焊接技术 [M]. 北京：机械工业出版社，2016.
[7] 赵兴. 现代焊接与连接技术 [M]. 北京：冶金工业出版社，2016.
[8] 张义，张景林，张奕明，等. 异种金属焊接技术 [M]. 北京：机械工业出版社，2016.
[9] 薛小怀，陈国锋，陈怀宁，等. 先进结构材料焊接接头组织与性能 [M]. 上海：上海交通大学出版社，2019.
[10] 刘靖. 微弧氧化对 7075 铝合金搅拌摩擦焊接头腐蚀行为影响 [D]. 秦皇岛：燕山大学，2009.
[11] 王快社，王训宏，王聪林，等. 搅拌摩擦焊研究最新进展 [J]. 西安建筑科技大学学报（自然科学版），2004，36（4）：501-505.
[12] 栾国红，郭德伦，关桥. 飞机制造工业中的搅拌摩擦焊研究 [J]. 航空制造技术，2002（10）：43-45.
[13] 王大勇，冯吉才，王攀峰. 搅拌摩擦焊热输入模型 [J]. 焊接学报，2005，26（3）：25-28.
[14] 若蓉. 2024-T3 铝合金搅拌摩擦焊接头冷喷涂腐蚀防护研究 [D]. 西安：西北工业大学，2015.
[15] 温泉，李文亚，王非凡，等. 双轴肩搅拌摩擦焊方法研究进展 [J]. 航空制造技术，2017（12）：

16-23.

[16]　刘会杰，高一嵩，张全胜，等. 2A14-T4 铝合金厚板搅拌摩擦焊接头微观组织和力学性能 [J]. 焊接学报，2022，43（6）：20-24.

[17]　温泉，李文亚，吴雪猛，等. AA6056 双轴肩搅拌摩擦焊接头非均匀性分析 [J]. 焊接学报，2023，44（9）：88-94.

Chapter 5

第5章

爆炸焊

爆炸焊（Explosive Welding，EXW）是一种固态焊接，它是以炸药为能源，利用炸药爆炸时产生的冲击波使两层或多层同种或异种材料高速倾斜碰撞而焊合在一起的方法。由于这种方法的动力学特点，在焊接界面上产生局部高温和高压，温度和塑性变形的共同作用，能够使界面接合处的强度等于或大于母体金属的强度。

爆炸焊最早是由卡尔（L. R. Carl）在 1944 年首先提出来的。他在一次炸药的爆炸试验中，偶尔发现很小的两片黄铜，由于受到爆炸的冲击而焊合在一起了，于是他提出了利用爆炸和超声波技术把各种金属焊接在一起的设想。十几年后，美国的菲力普杰克（V. Philipchuk）第一次把爆炸焊接技术引入到实际工业中。我国对爆炸焊的研究始于 20 世纪 60 年代，1968 年大连造船厂试制成功了国内第一块爆炸复合板；此后西北有色金属研究院、洛阳 725 所开展了爆炸焊接制备复合材料的工艺研究，随之投入了实际应用；大连理工大学、中国科学院力学研究所开展了爆炸焊接冲击力学的研究；中南大学开展了爆炸复合材料的物理冶金（如界面问题、材料动态行为等）的研究以及新型爆炸复合材料的研制。河南科技大学与河南省耐磨材料工程技术研究中心进行了陶瓷与普通碳钢的爆炸焊接实验，并取得了很好的效果。

爆炸焊接能使物理性能（熔点、热膨胀特性、硬度等）有明显差异用普通焊接方法无法实现焊接的金属焊合在一起，并且能获得高强度的焊缝，从而引起工业界的极大兴趣。到 1970 年，文献已报道了 260 种以上由同种或异种金属组合的成功焊接实例，近十年中，这方面的报道又有所增加。爆炸焊方法的早期研究主要是针对平面焊接以及包覆，但是爆炸焊的商业应用价值使这一技术迅速扩展到管道衬层、曲面包覆、管子对接焊、过渡管接头焊接以及许多其他方面的应用。

自 20 世纪 80 年代以来，爆炸焊的理论和实验技术得到了长足的发展，特别是在应用技术上有了许多创新，在化工、石油、制药、造船、军事，甚至核工业、航空航天等领域都有广泛应用。

5.1 爆炸焊接过程及特点

5.1.1 爆炸焊接过程

图 5-1 为复合板的爆炸焊接工装系统以及爆炸焊接过程的示意简图。将基板安放在平整的地面或者砧座上，间隔一定距离安放复板，在复板上放置一定厚度的炸药，埋上雷管。当

炸药从一端被引爆后，以爆轰速度 v_d 向前推移，爆炸产物形成高压脉冲载荷，直接作用在复板上，复板被加速（在几微秒时间内复板就能达到几百米/秒以上速度），它以 v_p 的速度依次与基板碰撞，碰撞点 S 以 v_{cp} 的速度逐点向前推移，当炸药全部爆爆完时，复板即焊接到基板上。

爆炸焊接是一个动态的过程，当两金属板以一定的角度相碰撞时产生很大压力，这种压力将大大超过金属的动态屈服强度，因而碰撞区产生了急剧的塑性变形，同时伴随着剧烈的热效应。此时，碰撞面金属板的物理性质类似于流体，这样在两金属板的内表面将形成两股运动方向相反的金属喷射流。一股是在碰撞点前的自由射流向未结合的空间高速喷出，它冲刷了金属内表面的表面膜，使金属露出了有活性的清洁表面，为两种金属的结合提供条件；另一股是在碰撞点之后的凸角射流，它被凝固在两金属板之间，形成两金属的冶金结合。

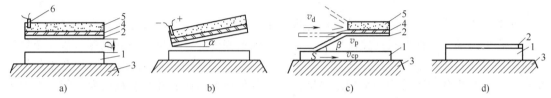

图 5-1　爆炸焊接工装系统以及爆炸焊接过程示意简图

a）平行安装　　b）倾斜安装　　c）爆炸过程某瞬间　　d）焊接完成

1—基板　2—复板　3—基础　4—缓冲保护层　5—炸药　6—雷管　D—间距

α—复板倾斜角度　β—碰撞角　S—碰撞点　v_d—炸药爆轰速度　v_p—复板速度　v_{cp}—碰撞点速度

5.1.2　爆炸焊接的特点

1. 爆炸焊接的优点

1）爆炸焊接不仅可在同种金属而且可在异种金属之间形成高强度的冶金结合焊缝。例如，Ta、Zr、A1、Ti、Pb 等与碳钢、合金钢、不锈钢的焊接，由于两种材料的物理性能相差很大，用一般焊接方法很难实现焊合，但是用爆炸焊接法则很容易实现。

2）可以焊接的尺寸范围很宽，可焊面积可以小到几个平方厘米，也可大到十几平方米。爆炸焊接时，若基板固定不动，则其厚度不受限制；复板的厚度为 0.03~32mm，即包复比很高。

3）可以进行双层、多层复合板的焊接，也可以用于各种金属的对接、搭接与点焊。

4）爆炸焊接工艺比较简单，不需要复杂设备，能源丰富，投资少，应用方便。

5）爆炸焊接不需要填充金属，结构设计采用复合板可以节约贵重的稀缺金属。

6）焊接表面不需要很复杂的清理，只需去除较厚的氧化物、氧化皮和油污。

爆炸焊接材料性能优良、成本低廉，现已成功地研究了上百种爆炸焊接材料，并在工业工程领域得到了非常广泛的应用。

2. 爆炸焊接存在的主要问题

1）爆炸焊接大多在野外、露天进行，机械化程度低，劳动条件差，并受气候条件限制。

2）爆炸时所产生的噪声和气浪对周围环境有一定的影响，虽然可以进行水下、真空中或埋在沙子下进行爆炸，但要增加一些成本。

3）爆炸焊接中需要大量的炸药、雷管等爆炸物品，本身具有一定的危险性。

4）被焊的金属材料必须具有足够的韧性和抗冲击能力以承受爆炸力的剧烈碰撞，虽然可以对焊接材料进行加热或冷却，使材料韧性提高后再实施热态爆炸焊接或冷态爆炸焊接，但要增加成本。

5.2 爆炸焊的基本原理

爆炸焊接过程非常复杂，在整个过程中包含了炸药爆轰，基板与复板的碰撞，瞬时高温高压下的金属流动以及界面波的形成等问题。

5.2.1 金属板在爆轰作用下的飞行运动规律

在爆炸焊接中，首要的问题是怎样合理利用炸药的能量，使金属复板在爆炸载荷作用下以什么样的运动速度向基板高速碰撞时，才能得到良好的复合质量。因此，深入研究金属复板的运动规律对于揭示爆炸焊接机理是很重要的。以图 5-1a 平行放置法为例，当炸药从左端起爆后，产生的爆轰波是一个稳定的爆轰波，其传播方向向右并与复板表面平行，在爆轰波阵面掠过的瞬间，该复板受到突来的强激波作用，开始发生弯曲、运动和加速。目前关于复板运动的计算公式大致有以下三种类型。

1. 半经验公式

1943 年 R. W. Gurney 在考虑弹壳爆炸的初始速度时，根据简单的能量关系，建立了描述一维复板运动速度最大值 v_{pm} 与质量比 R 的半经验公式

$$v_{pm} = \sqrt{2E} \left(\frac{0.6R}{1+0.2R+0.8/R} \right)^{1/2} \tag{5-1}$$

式中　v_{pm}——复板运动速度最大值；

　　　E——具有能量量纲的参数，由实验数据来确定；

　　　R——单位面积上的炸药量 C 与单位面积复板质量 m 的比值。

Stanford 研究所的研究人员假设爆炸产物的运动速度为线性的近似分布，如图 5-2 所示，并且认为爆炸产物满足多方指数方程，将上述半经验公式改进为二维近似公式，即

$$v_{pm} = \phi \sqrt{2E} \left(\frac{0.6R}{1+0.2R+0.8/R} \right)^{1/2} \tag{5-2}$$

式中　$\phi = \sqrt{(1-v_g^2/(2E))}$；

　　　v_g——爆轰波阵面后的气体质点速度。

Chadwick 等人利用动量守恒原理给出的半经验公式为

$$v_{pm} = v_d \left(\frac{0.612R}{2+R} \right) \tag{5-3}$$

式中　v_d——炸药爆轰波速度；

　　　R——单位面积上的炸药量与单位面积复板质量的比值。

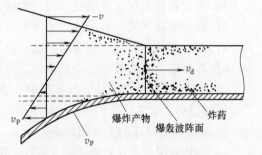

图 5-2　爆炸产物的运动速度线性分布

Chadwick 认为此公式适用于 $R>2.5$。当 $R\approx0.1$ 时，公式可改为

$$v_{pm} = v_d\left(\frac{0.578R}{2+R}\right) \tag{5-4}$$

上述半经验公式结构简单，通过试验确定系数（如 E、ϕ 等）后，在经验范围内可与试验结果相接近。但是以上公式只能反映复板的最大速度 v_{pm} 和 v_d、R 之间的关系，并没有涉及复板加速运动的全过程和运动姿态，而且描述爆炸产物特性的一个重要参数——爆炸产物多方指数方程的指数 γ，对复板运动的影响也没有得到反映。

2. 一维抛体运动公式

1958 年 ф. A. BayM、1961 年 A. K. Aziz 研究了在爆炸载荷作用下金属平板运动的一维解。在求解过程中，采用了如下假设：

1）忽略空气阻力的影响，认为平板在真空中飞行。

2）只考虑爆炸载荷作用下平板的刚体运动，忽略平板本身的应变。

3）认为炸药爆炸具有足够大的加载面积，忽略侧向卸载波对爆炸载荷的影响。

如图 5-3 所示，炸药上表面 0—0 处受到平面波的激发形成一束中心波，其中的爆轰波以速度 v_d 传播到金属平板上表面 A-A 时，开始驱动平板产生加速度运动。在时间和空间的分布上，A-B 曲线表示平板的运动轨迹。

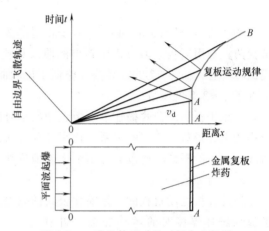

图 5-3 一维抛体运动的时间和空间图

根据一维不定常流体动力学方程组和爆炸产物满足多方指数方程 $Pv^{\gamma}=$ 常数的基本假设，当多方指数 $\gamma=3$ 时，可以得到平板运动速度的表达式为

$$\frac{v_p}{v_d} = 1 - \frac{27}{32R}\left(\frac{ct}{t_e} + \frac{t_e}{ct} - 2\right) - \frac{ct}{t_e} \tag{5-5}$$

式中　v_p——复板运动速度；

　　　　c——声速；

　　　　t——时间；

　　　　t_e——炸药厚度；

　　　　R——单位面积上的炸药量与单位面积复板质量的比值。

当 $\dfrac{ct}{t_e} = \left(1+\dfrac{32}{27}R\right)^{-1/2}$ 时，平板加速度具有最大值 v_{pm}，这时的数学表达式为

$$\frac{v_{pm}}{v_d} = 1 - \frac{27}{32R}(x^{-1/2} + x^{1/2} - 2) - x^{-1/2} \tag{5-6}$$

式中　$x = 1 + \dfrac{32}{27}R$。

Aziz 将上式整理得到如下形式

$$\frac{v_{pm}}{v_d} = \frac{\left(1 + \dfrac{32}{27}R\right)^{1/2} - 1}{\left(1 + \dfrac{32}{27}R\right)^{1/2} + 1} \tag{5-7}$$

此公式适用于爆炸产物满足多方方程中指数 $\gamma = 3$ 的一维平板运动规律。目前使用的各种猛炸药一般 $\gamma = 3$。

在爆炸焊接的实际应用中，国内外都普遍使用硝铵类炸药。对于密度在 $0.78g/cm^3$ 左右的硝铵炸药，多方指数近似可取 $\gamma \approx 2.5$。1967 年 A. A. Deribas 在 Aziz 的基础上做了近似，得出 $\gamma \approx 2.5$ 的复板运动公式为

$$\frac{v_{pm}}{v_d} = 1.2 \frac{\left(1 + \dfrac{32}{27}R\right)^{1/2} - 1}{\left(1 + \dfrac{32}{27}R\right)^{1/2} + 1} \tag{5-8}$$

1969 年 V. Shribman 和 B. Crossland 用硝铵类炸药和黑索金炸药进行了试验，把所得到的试验曲线与用复板运动公式计算出的曲线相比较，结果发现，$\gamma \approx 2.5$ 的计算曲线与试验曲线比较吻合，而 $\gamma \approx 3$ 的计算曲线略低于试验曲线。这是因为硝铵类炸药和黑索金的 γ 值都接近于 $\gamma \approx 2.5$ 的缘故。

一维平板运动公式描述了复板运动的全过程，并给出了复板运动的最大速度 v_{pm} 与爆炸产物的多方指数 γ 之间的关系，比半经验公式进了一步。但是在推导过程中许多假设与实际情况有一定的距离，所以它还不能准确地反映复板运动的规律。

3. 二维简化公式

描述复板运动过程的二维简化公式的假设与一维平板运动公式相同，图 5-4 给出了金属平板在爆炸焊接时的运动姿态。图中 v_d 为爆轰波速度；t_e 为炸药厚度；t_p 为复板厚度；θ 为爆炸载荷作用下复板的偏转角度，在爆轰波和复板交点 M 处，$\theta = 0$，并随后逐渐增大；v_p 为复板的运动速度，它由零值增加到某一极大值 v_{pm}。

当爆轰波沿着复板表面传播到达任意一点 M 时，复板发生偏转，其偏转角为 θ，同时爆炸产物向上侧飞散，飞散的偏转角为 ϕ_0，ϕ_0 值可根据平板炸药的侧向飞散理论求得

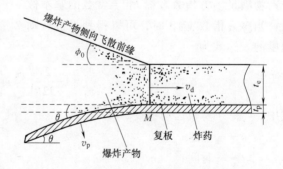

图 5-4　爆炸作用下复板运动的姿态示意图

$$\phi_0 = \frac{\pi}{2}\left(\sqrt{\frac{\gamma+1}{\gamma-1}} - 1\right) \tag{5-9}$$

式中　γ——多方指数方程中的指数。

在稳定爆轰的情况下，爆轰波速度 v_d 为一常值。如果将观察者坐标原点置于爆轰波阵面与复板交点 M 上，将看到一个定常运动，得到复板运动速度公式为

$$v_p = 2v_d \sin\frac{\theta}{2} \tag{5-10}$$

式中，v_p 是复板运动的瞬时速度而非平均速度，v_d 是已知量，只要求出偏转角度 θ，就能求得加速过程的 v_p。θ 的表达式为

$$\theta = \frac{1}{\dfrac{1}{\phi_0} + \dfrac{\overline{C}}{R}} \tag{5-11}$$

当爆炸产物的压力衰减到零值时，θ 将趋近于它的极大值

$$\theta_k = \frac{1}{\phi_0} + \frac{\overline{C}}{R} \tag{5-12}$$

式中

$$\overline{C} = \frac{\sqrt{3}}{2}\sqrt{\frac{\gamma^2 - 1}{\gamma^2 - \gamma\sqrt{\gamma^2 - 1}}} \tag{5-13}$$

已知 γ 和 R 值以后，可以求得复板飞行速度 v_p 的极大值 v_{pm} 为

$$\frac{v_{pm}}{v_d} = 2\sin\frac{1}{2}\left(\frac{1}{b + (\overline{C}/R)}\right) \tag{5-14}$$

式中

$$b = \frac{\sqrt{3}}{4}\frac{1}{\sqrt{1 - \gamma\sqrt{\gamma^2 - 1}}} \tag{5-15}$$

下面讨论复板在加速过程中的空间姿态。

当复板在运动过程中达到某一偏转角 θ 时，如图 5-5 所示，复板在 Y 轴方向的位移分量为

$$\frac{y}{t_e} = (\gamma + 1)\frac{\theta_k}{R}\int_0^\theta \frac{\sin\theta}{(\theta_k - \theta)}d\theta \tag{5-16}$$

在 X 轴方向的位移分量为

$$\frac{x}{t_e} = (\gamma + 1)\frac{\theta_k}{R}\int_0^\theta \frac{\cos\theta}{(\theta_k - \theta)}d\theta \tag{5-17}$$

偏转角 θ 随时间的变化规律是

$$\frac{\theta}{\theta_k} = 1 - \exp\left[-\frac{R}{\theta_k(\gamma+1)}\frac{t}{(t_e/v_d)}\right] \tag{5-18}$$

中国科学院力学研究所和大连造船厂曾采用 2#岩石炸药进行爆炸焊接试验，复板为纯铜板，用 MX-400 型脉冲 X 光机拍下了复板的运动姿态。研究表明，试验测得的 x、y、θ、θ_k 与按公式计算的结果完全吻合。

二维近似计算公式能够给出 θ_k、v_{pm} 等复板运动中的极值，并且给出了复板运动过

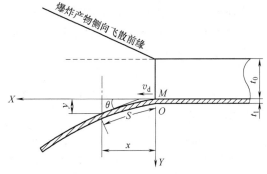

图 5-5 爆炸载荷作用下复板运动姿态参数示意图

程中 v_p、θ、x、y 的变化规律，同时给出了爆轰波速度 v_d、炸药密度 ρ_e 和多方指数方程中指数 γ 对复板运动的影响，因此比一维平板运动公式更进了一步。

由上述讨论可知，各种条件下的复板运动公式，都是建立在忽略复板强度的流体模型基础上的，并且忽略端部和侧向稀疏波对载荷的影响，并假设炸药的爆轰处于理想爆轰状态，即爆轰波速度达到炸药的极限爆轰波速度。而实际使用中，特别是硝铵类炸药，常常由于小于炸药的极限厚度而使炸药爆轰波速度低于极限值，这样不同厚度的炸药就有不同的爆轰波速度，从而给计算结果带来偏差。从理论上讲，二维计算公式仍然是不严格的，仍需要进一步研究。

5.2.2 高速飞行下复板碰撞和射流形成机理

在爆炸焊接过程中，两块相互高速碰撞的金属板之间将形成一股速度可高达 $5000 \sim 7000\text{m/s}$ 的金属射流。它既是爆炸焊接中的一个特殊现象，也是保证焊接界面质量良好的重要条件。当两块金属平板需要直接结合时，由于表面存在有氧化膜和吸附气体，阻止了金属平板的焊接。但在爆炸焊接条件下，金属平板的内侧表面将有一层厚度为平板厚度的 $1\% \sim 3\%$ 的金属从表面上剥落，并形成高速碰射的金属射流，当它与空气摩擦时炽热发光，并有部分形成雾状。这种剥离过程使金属平板之间出现新鲜清洁的表面，为爆炸焊接实现良好结合提供了可能。下面具体讨论射流形成机理。

当炸药爆轰后，复板以一定的速度向基板高速倾斜碰撞，当碰撞压力大大超过材料的动态屈服强度时，才能产生射流。一般情况下，当碰撞压力为几十到上百千巴 （$1\text{bar} = 10^5\text{Pa}$）时，可以忽略板材的体积压缩变化量，视其为不可压缩的流体。而当碰撞压力大于几百千巴时，则应采用可压缩流体模型来处理。

1. 不可压缩流体模型

1948 年 Birkhoff 等人对不可压缩流体模型进行了讨论，复板碰撞时的运动如图 5-6 所示。由于假设材料具有不可压缩性和忽略黏性，因而在运动中不存在能量的消耗，来流的速度和流出的速度必然相等，所以可看作不可压缩的理想流体的复板，以定常的恒值速度 v_d 向碰撞点运动。

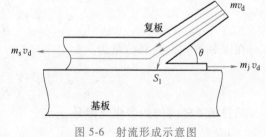

图 5-6 射流形成示意图

令 m 表示来流的质量，m_s 表示向下游运动的流体质量，m_j 为形成射流的质量。根据动量守恒原理，在水平方向的动量守恒应满足如下关系

$$m_s v_d - m_j v_d = m v_d \cos\theta \qquad (5-19)$$

式中　θ——复板在碰撞时和基板构成的夹角。

根据质量守恒原理

$$m = m_s + m_j \qquad (5-20)$$

则有

$$m_s v_d - m_j v_d = (m_s + m_j) v_d \cos\theta \qquad (5-21)$$

可以得到

$$m_j = \frac{m}{2}(1-\cos\theta) \tag{5-22}$$

$$m_s = \frac{m}{2}(1+\cos\theta) \tag{5-23}$$

由此可见，满足不可压缩流体和动量守恒、质量守恒的条件，必然形成射流。随着偏转角 θ 的减小，射流也将相应减小，当 θ 小于一定值时，射流就不再形成。

　　2. 可压缩流体模型

　　在爆炸焊接过程中，把板材看作可压缩流体，更接近于真实情况。采用可压缩流体模型有两种情况：流体处于亚声速或超声速状态。

　　当两流体以亚声速在碰撞区内接近时出现射流，流线形状与压力大小随密度的变化而稍有不同，在这种情况下，复板的可压缩量很小，与不可压缩流体相似。由于流体速度在碰撞前后不再保持常值 v_d，所以无法确切求解射流的质量，这时仍用不可压缩流体模型的公式来求 m_j。

　　当两流体以超声速在碰撞区内接近时，又分为两种情况：

　　1）来流的夹角 2θ 小于某一临界角 $2\theta_c$，那么在两个来流的接触点 C 上，将附着两个斜激波 S，如图 5-7a 所示。这是由于来流以超声速 v_d 向碰撞点运动时，把碰撞所产生的、以声速向上游传播的扰动推回到接触点 C 上，因此两条 AC 线就是附着的斜激波阵面。这时在斜激波 AC 的上游一侧，就没有碰撞所引起的扰动信息，来流直到斜激波 AC 时才发生折转，并在激波两侧速度发生跳跃，在这种情况下将不能形成射流。另外，斜激波在来流（复板）的自由边界面 A 处发生反射，并形成入射的稀疏波 R。在稀疏波 R 到达处，流体向外偏转，使碰撞而结合的板材发生脱离。在这种情况下，焊接是不可能实现的。

　　2）来流的夹角 2θ 大于某一临界角 $2\theta_c$，如图 5-7b 所示，这时将出现两个脱体的斜激波 S，这两个斜激波位于接触点 C 的上游，因此在脱体激波的下游一侧，流体是亚声速的。这样通过斜激波 S 后的来流，由于受到由接触点 C 传上来的扰动影响，产生偏转，并使其中在驻点 O 右侧的来流形成射流。

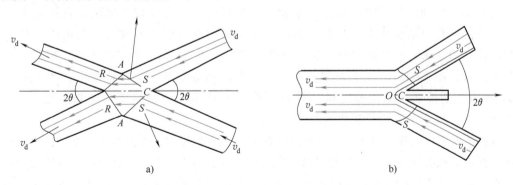

图 5-7　附着激波 S 和碰撞角 θ 之间关系示意图

a）来流夹角小于临界角　b）来流夹角大于临界角

　　金属复板与基板的高速倾斜碰撞产生了很复杂的物理现象。碰撞在接触层中造成了高压、高温和剧烈的塑性变形，在这样的特殊条件下，爆炸作用的能量转变成复板的动能，此动能又转变成塑性变形功。碰撞产生的高压和塑性流动使碰撞金属带有可压缩的流体的性质，由此在碰撞点产生了聚能射流以及在碰撞表面上遗留下有严格周期性和规则性的剩余变形，即波。

5.2.3 波的形成机理

爆炸焊接后的结合界面呈现周期性的波状结合，它不仅是爆炸焊接的成功标志，而且也是爆炸焊接的重要特征。

由金相分析可知，结合区大致可分为三类：金属与金属直接结合，形成均匀连续的熔化层结合，波状结合。其中波状结合的结合强度高、复合质量好，所以波状结合被认为是最理想的结合。大多数的研究者认为，形成射流是出现波状结合的必要条件。如前所述，要形成射流，碰撞压力必须大大超过材料动态屈服强度，此外还必须使碰撞点速度 v_{cp} 保持在亚声速（材料声速）之内；如果碰撞点速度 v_{cp} 超过了材料的声速，那么碰撞角 β 必须超过某一临界角。

上一节讨论了波的形成条件，如果再搞清波的形成机理，就能预测焊接界面的好坏，并能得到焊接参数与界面波纹形状、大小之间的关系。

波的形成机理大体有以下四种模型，其中复板流侵彻机理被认为是一种较易接受的成波模型。

1. 复板流侵彻机理（刻入机理）

复板流侵彻机理的代表者是 A. S. Bahrani、T. J. Black 与 B. Crossland 等人，在充分研究了爆炸焊接的波状界面之后提出：在碰撞区材料的性质类似于低黏性的流体，碰撞结果使复板来流分为两股：一股为再进入射流；另一股为凸角射流，并在碰撞点 S（驻点）处产生高压，在高压的侵彻作用下，基板发生变形，在碰撞点的前面形成变形凸起，变形凸起不断增高，最后捕获了射流，最终能够形成独特的形状——"象鼻"和"尾巴"。然后碰撞点移动上升到变形凸起的顶部，之后又下降，并引起一个新的变形凸起，如此形成了连续的波。除复板来流对基板的高压侵彻形成碰撞点前的变形凸起外，基板与射流之间的相对运动所产生的剪切作用也加剧了变形凸起，此外再入射流在通过基板表面时所扫掠的材料也堆积在变形凸起之前。所以在碰撞点前面所形成的波是由以上几种形式共同作用的结果。这种机理与试验中观察到的现象相当一致。图 5-8 为波在形成过程中的几个阶段，图 5-8a、b、c 为碰撞初始阶段，在碰撞点 S 处产生塑性变形，图 5-8d、e、f 为在碰撞点的前面形成变形凸起，图 5-8g 和图 5-8h 为最终形成的象鼻和尾巴，图 5-8i 为在下一个碰撞点又形成了新的凸起。

这种波的形成机理，考虑到了碰撞点的压力，射流的侵彻以及剪切力的作用，它能够形象地解释不对称碰撞时比较常见的漩涡区及周期性波的形成。根据这种机理，波的大小将取决于在碰撞点前产生的变形凸起的形状与尺寸，并依赖于碰撞速度与碰撞角，依赖于材料的密度、厚度与弹塑性特性。此外，由波的形成图可以看到，在形成独特的"象鼻"后，由于形变凸起的斜边与复板流之间的倾角大于初始碰撞角，这样导致再进入射流的量将增加，从而加大了第二个洼坑，使下一个波能具有较大的波幅，直至达到平衡状态时，波长和波幅才会稳定。这种机理能形象地描述波的形成及其发展，其不足之处在于假定基板不产生射流，这是不符合实际的，因为实际上射流是由复板与基板材料共同组成的。

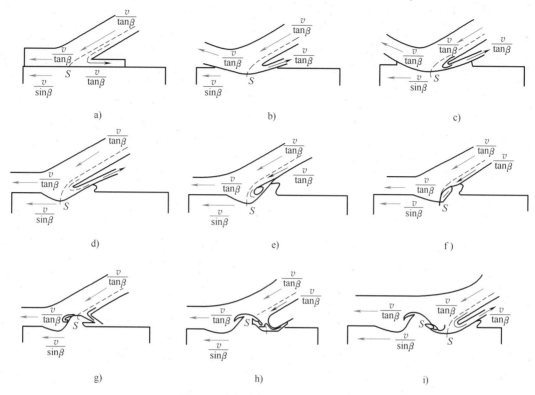

图 5-8　波在形成过程中的几个阶段

a）碰撞初始阶段　b）碰撞点 S 处产生塑性变形　c）碰撞点 S 处产生射流　d）碰撞点 S 前出现凸起

e）碰撞点 S 前凸起增大　f）碰撞点 S 前凸起进一步增大　g）在碰撞点 S 后形成象鼻

h）在碰撞点 S 后形成尾巴　i）新的碰撞点又形成新的凸起

2. 涡脱落机理

涡脱落机理是 G. R. Cowan 和 A. H. Holtzman 提出的，他们认为爆炸焊接中界面的金属流动，可以用流体动力学中流体流束在围绕一个障碍物流动时流束的分离与再汇合来模拟。基于此观点，他们把在焊接时所产生的射流（再进入射流）看成流体内的一个横向障碍物，基板和复板流在射流的周围进入了"虚假的"分离和实际的结合，如图 5-9 所示，在碰撞点后所形成的波类似于流体在一圆柱后面形成的卡门涡街。

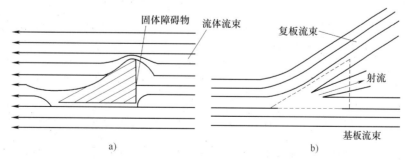

图 5-9　爆炸焊接时基板和复板流动与流体内障碍物流动的相似性

a）流束分离　b）流束汇合

按照流体动力学的观点，流体流动的状态可以用雷诺 N_{Re} 来表示

$$N_{Re} = \frac{vd\rho}{\mu} \qquad (5\text{-}24)$$

式中　v——流体的平均速度（cm/s）；

　　　d——障碍物的特征尺寸（cm）；

　　　ρ——流体的密度（g/cm^3）；

　　　μ——动力黏性系数（g·cm/s）。

当流速较小或黏性较大，即雷诺数较低时，围绕着障碍物产生了层流流动和形成直接结合，如图 5-10a 所示。当流速较大，即雷诺数较高时，则基板和复板流束在汇合前被"障碍物"分离，在下游一边留下了一个空腔，产生了流体漩涡，如图 5-10b 所示。这些漩涡脱落为一个卡门涡街，产生了波状流动方式。

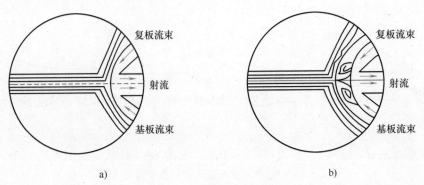

图 5-10　流体的流动形式

a）低雷诺数时绕射流的层流　b）高雷诺数时漩涡的形成

　　显然，流体的流速及雷诺数的变化使流体的流动状态发生了由层流向波状流动的过渡，这样必然存在着一个临界速度或雷诺数。在爆炸焊接中，金属的流动也取决于相应的雷诺数，这时公式中的平均速度可用碰撞点速度 v_{cp} 来代替，流体的密度就是金属的密度，μ 为金属的黏性系数。试验表明，雷诺数在 1~15 的范围内均能看到波形，当雷诺数或碰撞点速度继续增高时波形将会消失。

　　图 5-11 给出了漩涡的形成过程。可以看出，漩涡的完全形成要延续三个波长，但实际上由于在碰撞点之后压力脉冲的迅速衰减，它更可能发生在一个波长的范围内。此外，由于基板流与复板流具有不同的流速，所以在碰撞点后面汇合的基、复板流中，存在着速度间断面。由流体动力学可知，这种间断面是不稳定的，它们的原状不能持久，对于初始的微小波状起伏，在这种情况下，起伏将变得更加显著。

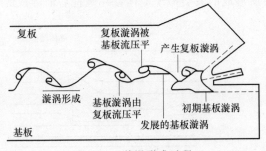

图 5-11　漩涡形成过程

　　总之，射流在基、复板碰撞中起了一个横向障碍物的作用，基、复板流在射流周围的流动类似于流体流束的分离与再汇合。当雷诺数在临界值范围内时，在碰撞点后面，即射流后面，产生了类似于卡门涡街的脱落与波状流

动，并且由于在碰撞点之后汇合的基、复板流的速度（或密度）存在差异，从而导致了不稳定，使波动变得更为激烈。

3. 流体不稳定机理

流体不稳定机理的代表者 J. N. Hunt 与 J. L. Robinson 认为，对于波的形成，再进入射流的出现是必要的。他们假设再进入射流在流动中一直保持与基板接触（图 5-12），这样由于在高压下，贴着基板运动的再入射流与基板流之间的速度不连续，在碰撞点 S 前产生了波动的不稳定性。

在爆炸焊接中，由于高速碰撞，在碰撞点附近区域中的材料类似于低黏性的流体。他们采用了定常的、不可压缩的、无黏性的流体模型进行研究。结果表明，碰撞点邻近区域材料的性质依赖于临界应变率 $\dot{\varepsilon}$、碰撞速度、碰撞角及碰撞板的厚度。当

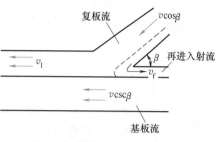

图 5-12 再进入射流运动形式

应变率 $\dot{\varepsilon} > \dot{\varepsilon}_c$ 时，材料可看作无黏流，此时在复合中能看到波状界面，这是由于碰撞点下游无黏流中的海尔姆霍茨失稳造成的，这种失稳在碰撞点下游还将发展，但当速度值趋向一致时就被冻结下来。当 $\dot{\varepsilon} < \dot{\varepsilon}_c$ 时，材料就表现出黏性流体的性质，此时在界面上就不形成波，因为黏性的作用能将任何的不稳定性都阻尼掉，所以此时界面将是光滑的。

4. 应力波机理

应力波机理与其他几种理论完全不同。该机理的代表者 S. K. Godunov 和 A. A. Deribas 认为，波的形成不一定要产生射流，即使在没有产生复合的情况下也可形成波。波的形成归因于应力波的作用。图 5-13 所示为由碰撞点发出的一个压缩波的传播和连续反射的情况，压缩波反射为拉伸波，并周期地在碰撞点前后与界面相遇，又成为新的扰动源，随着碰撞点的向前移动，这一过程将连续产生，于是产生了一个连续的表面不稳定的源。因此，在碰撞区的前后都可以产生表面波，如果表面波速度远大于碰撞点速度，则当扰动很强，足以使图 5-13 中的点 1 和点 2 处产生表面变形时，碰撞将发生在已形成波纹的表面上，这些波纹可以是同相，也可以是反相。而当扰动较弱，不足以引起变形时，界面将是光滑的。

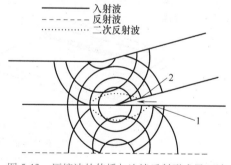

图 5-13 压缩波的传播与连续反射形成界面波

在有射流形成时，情况会更加复杂，但他们认为波的形成机理并不受影响，仅仅在波峰和波谷处出现的漩涡、熔化槽或连续的融化层，可认为是射流同基板的相互作用。

上述每种模型都有其合理性，但都存在一定的局限性，到目前为止，波的形成机理仍需要继续研究。

综上所述，爆炸焊接过程是一个非常复杂的过程：在炸药爆炸的驱动下，基板、复板发生高速碰撞；碰撞区在高压、高温的作用下产生高应变速率的塑性流动，并形成射流；高速运动的射流又与基、复板产生相对运动，引起了侵彻和剪切作用。对于这样一个复杂的过程，应采用理想不可压缩流体模型还是应采用流体-弹塑性模型，材料的强度在爆炸焊接中

有什么影响，碰撞区的材料是属于黏性流还是非黏性流，在黏性流体中界面是光滑的还是产生了涡的脱落，波产生于碰撞点之前还是在其后，射流是不是形成波的必要条件，射流确切的形状、流动形式如何，这些问题目前还没有统一的认识，有待进一步探讨。

5.3 爆炸焊接方法与工艺

5.3.1 爆炸焊接方法分类

爆炸焊接的分类方法较多，简介如下。

爆炸焊接按接头形式和结合区形状的不同，可分为点爆炸焊接（图 5-14）、线爆炸焊接（图 5-15、图 5-16）和面爆炸焊接（图 5-17）三种类型，面爆炸焊接是爆炸焊接的主要类型。

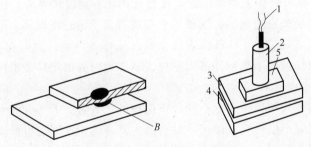

图 5-14　点爆炸焊接方法示意图

B—焊接点　1—雷管　2—炸药　3—复板　4—基板　5—缓冲层

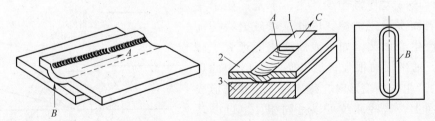

图 5-15　线爆炸焊接方法示意图

A—焊接方向　B—焊接界面　C—爆轰方向　1—炸药　2—复板　3—基板

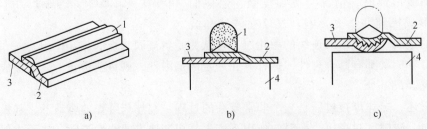

图 5-16　线爆炸焊接方法及工装示意图

a）搭接线焊　b）平面搭接线焊　c）曲面搭接线焊

1—炸药　2—复板　3—基板　4—地面（基础）

按产品形状不同可分为板-板爆炸焊接（图5-17）、管-管爆炸焊接（图5-18a、b）、管-棒爆炸焊接（图5-18c）、板-管爆炸焊接和板-棒爆炸焊接（图5-19）。

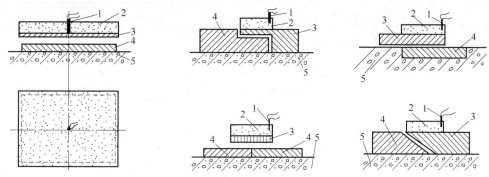

图5-17 各种板-板爆炸焊接方法示意图

1—雷管 2—炸药 3—复层（板） 4—基层（板） 5—地面（基础）

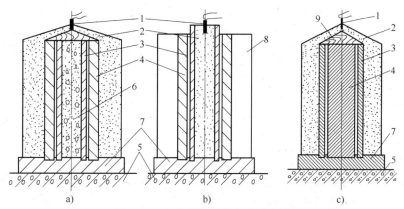

图5-18 内外爆炸焊接方法示意图

a）管-管的外爆炸焊接 b）管-管的内爆炸焊接 c）管-棒的外爆炸焊接

1—雷管 2—炸药 3—管 4—管或棒 5—地面（基础） 6—传压介质（水）

7—底座 8—低熔点或可溶性材料（爆炸焊接后易除去） 9—木塞

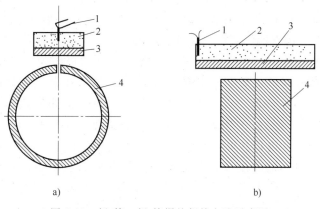

图5-19 板-管、板-棒爆炸焊接方法示意图

a）板-管爆炸焊接 b）板-棒爆炸焊接

1—雷管 2—炸药 3—板 4—管或棒

按爆炸焊接实施位置不同可分为地面爆炸焊接、地下爆炸焊接、水下爆炸焊接（图 5-20）和真空爆炸焊接。

按初始安装方式的不同，可分为平行法爆炸焊接和角度法爆炸焊接两种（图 5-1a、b）。

按爆炸的次数可分为一次爆炸焊接、二次爆炸焊接或多次爆炸焊接，因此有双层和多层爆炸焊接之分。

按布药特点可分为单面爆炸焊接、双面爆炸焊接以及从外向内，或者从内向外，或者内外同时进行的爆炸焊接。

按焊件是否预冷或预热可分为冷爆炸焊接和热爆炸焊接。

按形状和形式来分类可有板/板、管/管、管/板、管/管板、板/管板、管/棒、板/棒、棒/棒、丝与丝、板或管、金属粉末与金属板、金属异型件、复合带材、复合箔材和复合棒（线）材爆炸焊接等。

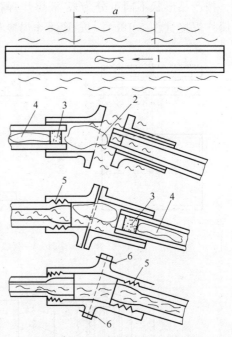

图 5-20　水下破损管道的爆炸焊接修复过程
1—管道破裂位置　2—管道切除部分　3—炸药
4—气囊　5—爆炸焊缝　6—紧固螺栓

5.3.2　材料的爆炸焊接性

爆炸焊接主要用于同种金属材料、异种金属材料、金属与陶瓷的焊接，特别是材料性能差异很大而用常规方法难以实现可靠焊接的金属（如铝和钢、铝和钽等）、热膨胀系数相差很大的材料（钛和钢、陶瓷和金属等）、活性很强的金属（如钽、锆、铌等）的焊接。实际上，任何具有足够强度和塑性并能承受工艺过程所要求的快速变形的金属都可以进行爆炸焊接，目前已实现了上百种材料的焊接组合，见表 5-1。

决定爆炸焊接性的因素包括复板及基板之一或者两者的韧性、熔点以及凝固温度范围、密度和厚度。为了避免复合板产生裂纹，复板或者基板材料伸长率至少为 5%，或者 V 型缺口夏比冲击吸收能量不低于 14J，当复合材料之一相当脆时，一般把它作为基板。例如，碳钢与铸铁爆炸复合时，铸铁就作基板，碳钢作复板。

两种材料密度相差越大，焊接也越困难，密度差别的极限值一般为 $9g/cm^3$。材料的密度决定了爆炸焊接时碰撞点附近材料的相应情况。如果在碰撞点处的压力大大高于材料的屈服强度，材料则像流体一样，按流体力学的规则，沿碰撞点运动形成波，并脱离碰撞点产生射流。当具有足够的压力时，这些运动就取决于材料的密度而不是强度。当焊接材料的密度相同时，焊接界面出现对称的波形，在碰撞点速度相当大的范围内都很接近正弦波。当焊接材料的密度相差较大时，对称现象就会消失。尽管界面还会保持具有重复特性的规则形状，但是趋于平直界面，而且还会产生更多的金属射流，这是不希望得到的。

对于熔点很低的材料，如铋、镉等易熔金属，在碰撞时很容易发生熔化，爆炸焊接困难。

表 5-1 可实现爆炸焊焊接的金属及合金

材料	奥氏体不锈钢	铁素体不锈钢	普通碳钢	低合金钢	铝及其合金	铜及其合金	镍及其合金	钛及其合金	钽	铌	铂	银	金	钼	铅	钨	钯	钴	镁	锌	锆
奥氏体不锈钢	√√	√	√	√	√	√	√	√	√	√	√	√	√	√		√		√			√
铁素体不锈钢	√	√√	√	√	√	√	√	√						√							
普通碳钢	√	√	√√	√	√	√	√	√		√		√	√	√	√			√	√	√	√
低合金钢	√	√	√	√√	√	√	√	√		√		√	√	√	√			√	√	√	√
铝及其合金	√	√	√	√	√√	√	√	√				√							√		
铜及其合金	√	√	√	√	√	√√	√	√				√					√				
镍及其合金	√	√	√	√	√	√	√√	√			√	√	√	√					√		
钛及其合金	√	√	√	√	√	√	√	√√	√	√	√	√	√	√		√			√		√
钽	√							√	√√	√	√		√								
铌	√		√	√				√	√	√√	√			√							
铂	√						√	√	√	√	√√	√									
银	√		√	√	√	√	√	√			√	√√	√								
金	√		√	√			√	√	√			√	√√	√							
钼	√	√	√	√			√	√		√			√	√√							
铅			√	√											√√						
钨	√							√								√√					
钯						√											√√				
钴	√		√	√														√√			
镁			√	√	√		√	√											√√		
锌			√	√																√√	
锆	√		√	√				√													√√

注: √为焊接性良好（√√为同种金属焊接）; 空白为焊接性差或无报道数据。

5.3.3 爆炸焊接界面特征

爆炸焊接时，由于安装参数（如安装角度、装药量、板间距等）的不同会引起碰撞速度和碰撞角度的不同，从而得到不同形态的结合界面。爆炸焊接界面主要有三种形态。

1. 直线结合

图 5-21 是直线结合界面的光学显微镜像。形成直线结合与波状结合之间有一个临界碰撞速度，当碰撞速度低于临界速度时，结合面就呈直线结合状态，直线结合界面上基本不发生熔化。这种结合形式在实际应用上比较困难，因为当碰撞条件发生微小变化时就可能导致焊合不良。

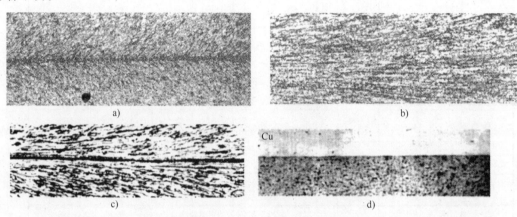

图 5-21　爆炸焊接直线结合界面
a）钛-钛界面（50×）　b）铜-铜界面（50×）　c）钢-钢界面（100×）　d）铜-钢界面（100×）

2. 波状结合

图 5-22 是波状结合界面的光学显微镜像。当碰撞速度高于临界值时，就会形成波状结合。这种结合的力学性能比直线结合好，而且焊接参数选择范围宽。整个界面是由直线结合区和漩涡区组成，当基板和复板密度相近时，波峰两侧均有漩涡；密度相差较大时，仅在波峰一侧出现漩涡。漩涡内部由熔化物质组成，又称熔化槽，呈铸态组织；前漩涡以基板成分为主，后漩涡以复板成分为主。如漩涡内材料形成固熔体则呈韧性，如形成金属间化合物则呈脆性。良好的焊接结合面应由均匀细小的波纹组成，熔化槽呈孤立隔离状态。

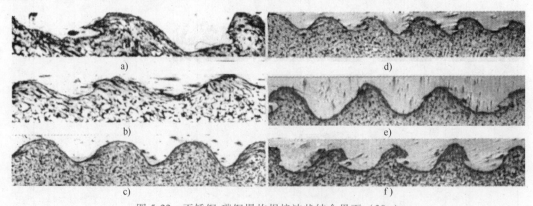

图 5-22　不锈钢-碳钢爆炸焊接波状结合界面（30×）
a）、b）不锈钢复板厚 20mm　c）、d）不锈钢复板厚 15mm　e）、f）不锈钢复板厚 10mm

3. 平直熔化层结合

图 5-23 是平直熔化层结合界面的光学显微镜像。当碰撞速度和碰撞角度过大时，就会产生大漩涡，甚至形成一个连续的熔化层。这种大漩涡或熔化层如果是固溶体，一般不会对接头强度带来损害；但如果形成脆性金属间化合物，则接头就会变脆，而且在其内部常常含有大量缩孔和其他缺陷，所以必须避免形成连续熔化层的焊接操作。

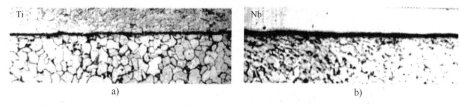

图 5-23　爆炸焊接平直熔化层结合界面
a）钛-钢界面（100×）　b）铌-钢界面（50×）

5.3.4　爆炸焊接工艺制定与实施

爆炸焊接和用爆炸焊接法来实现金属以及合金的结合，不同于一般的焊接技术，它有自己独特的特点。所谓爆炸焊接件的制备工艺，就是爆炸焊接的一整套工艺程序及技术规定，主要内容包括：工艺流程、工艺参数、炸药类型、安装方法和后处理等。

1. 爆炸焊接工艺流程

爆炸焊接技术工艺方法灵活性大，制品多样，各种产品的工艺流程不尽相同，但大体上可用图 5-24 表示。

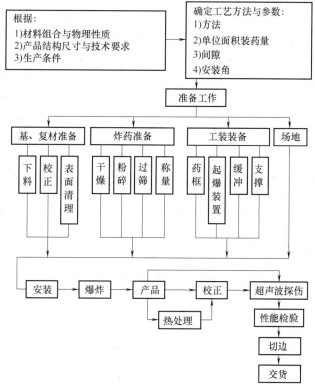

图 5-24　爆炸焊接工艺流程图

2. 爆炸焊接工艺参数

爆炸焊接的工艺参数包括初始参数、动态参数和结合区参数,三者相互关联。当初始参数确定后,动态参数和结合区参数(指波形的高和长)就相应确定了。合理的焊接工艺参数应满足以下三个要求:在碰撞时产生射流,在结合区呈现波形,消除或减少结合区内的熔化。

爆炸焊接的初始参数包括单位面积炸药量和间距,前者表征输入焊接界面的能量,后者提供了复板加速的空间和便于排除再入射流的条件。

爆炸焊接是一个动态过程,其动态工艺参数有冲击速度 v_p、碰撞点速度 v_{cp} 和碰撞角 β 等。v_p 决定焊接界面的碰撞压力;v_{cp} 决定焊接界面的形态,当 v_{cp} 小于某值 v_{cpmin} 时,界面无波形,呈平直状态,把 v_{cpmin} 称为临界碰撞点速度,记为 v_c;碰撞角度合适的范围是 5~25°之间,超过此范围将不能结合,若过小则作用力过大,会撕裂结合部位。

影响碰撞区最终状态及爆炸焊接过程能量耗散条件的可控参数,主要有冲击速度 v_p、临界碰撞点速度 v_c 和动态碰撞角 β_d。

(1)冲击速度 v_p 只有冲击速度 v_p 足够大,使冲击压力 $p_{min} \approx 10\sigma_a$($\sigma_a$ 为两金属强度高者的屈服强度)时,爆炸焊接才能获得可靠的连接强度。由此得到的最低冲击速度为

对异种金属
$$v_{pmin} \approx 10\sigma_a \left(1 + \frac{\rho_a v_a / \rho_b v_b}{\rho_a v_a}\right) \tag{5-25}$$

对同种金属
$$v_{pmin} \approx \frac{20\sigma_a}{\sqrt{\rho_a E_a}} \tag{5-26}$$

式中 ρ_a、ρ_b——分别为两种金属的密度(kg/m³);

v_a、v_b——两种金属中声速(m/s);

σ_a、E_a——强度高的那种金属屈服强度及弹性模量(N/mm²)。

表 5-2 列出了按上式得出的估算值,表中还同时列出了不同材料组合,爆炸焊接时实际测量到的最低冲击速度,可以看出,实际采用的冲击速度远远高于估算值,最高已达 400~600m/s。v_p 实际数值取决于炸药的爆炸功能,有许多经验公式,其中格氏修正公式为

$$v_p = \Phi \sqrt{2E\left(\frac{3R^2}{R^2 + 5R + 4}\right)} \tag{5-27}$$

式中 R——单位面积炸药质量与单位面积的复板质量之比($R = m_c/m_p$);

Φ——二维引爆修正系数;

E——爆炸动能。

表 5-2 爆炸焊接的最低冲击速度

金属组合	密度 /(g/cm³)	体积声速 /(m/s)	假设屈服强度 /MPa	最低冲击速度 v_{pmin}/(m/s) 估算	最低冲击速度 v_{pmin}/(m/s) 实测	附注
Al+Al	2.7	6400	3.6	41	—	
6061Al+6061Al	2.7	6400	28.1	319	270	复板厚 6.35mm
Cu+Cu	8.96	4900	15.3	68	200 130 240	复板厚 1.1mm

（续）

金属组合	密度 /（g/cm³）	体积声速 /（m/s）	假设屈服强度 /MPa	最低冲击速度 v_{pmin}/（m/s）		附注
				估算	实测	
钢+钢	7.87	6000	20.4	85	90	连接极限值
					120	低碳钢+不锈钢
					125	复板厚≥25mm
					165	复板厚 10mm
					130	复板厚 10mm
Ti115+Ti115	4.5	6100	25.5	182	220	—
Mo+Mo	10.2	6400	40.8	123	—	—
Al+Ti	2.7	6400	3.6	236	—	—
	4.5	6100	25.5			
Al+钢	2.7	6400	3.6	158	460	复板厚 3mm
			20.4			
	7.87	6000	3.6	372		
			47.9			
Ti+钢	4.5	6100	25.5	144	200	复板厚 3mm
	7.87	6000	20.4			
Ni+钢	8.9	5800	15.3	81	200	复板厚 3mm
	7.87	6000	20.4			

（2）临界碰撞点速度 v_c 临界碰撞点速度 v_c 取决于引爆速度和安装条件。

对于平行安装

$$v_c = \frac{v_p}{\sin\beta} = v_d \qquad (5-28)$$

对于夹角安装

$$v_c = \frac{v_p}{\left[\sin\left(\alpha + \arcsin\frac{v_p}{v_d}\right)\right]} \qquad (5-29)$$

式中 v_p——引爆速度（m/s）；

α——安装夹角（°）；

β——碰撞角（°）。

为了保证碰撞点前端出现塑性金属射流，临界碰撞点速度 v_c 应小于金属中声速。当其他条件相同时，夹角安装采用比平行安装更高的引爆速度。为了获得波状结合界面，v_{cp} 值应大于 v_c 值。

（3）动态碰撞角 β_d

对于平行安装

$$\beta_d = \arcsin\frac{v_p}{v_d} = \beta \qquad (5-30)$$

对于夹角安装

$$\beta_{\rm d} = \alpha + \arcsin \frac{v_{\rm p}}{v_{\rm d}} = \alpha + \beta \tag{5-31}$$

显然，$\beta_{\rm d}$ 有一个由 $v_{\rm pmin}$ 和声速决定的最小值，只有达到这一最小值，才能获得满意的爆炸焊接头质量。

爆炸焊接工艺参数的数值随炸药性能和用量、焊件安装几何尺寸而变化，目前很难完全从理论上确定和预测，但上述准则及经验公式，将有助于通过焊接试验确定在各种应用条件下的工艺参数数值。

（4）炸药量　引爆速度是由炸药的厚度、填充密度或混合在炸药中的惰性填料数量决定的。一般填充密度越大，引爆速度越高。当密度给定时，炸药厚度大则引爆速度高。为了获得优质结合，要求引爆速度接近复板金属的声速。引爆速度过高则碰撞角 β 变小，引起结合区撕裂；引爆速度过低，则不能维持足够的碰撞角，也不能获得好的结合。如果沿整个装药层各处的密度和厚度不均匀，则上述三个动态参数 $v_{\rm p}$、$v_{\rm cp}$ 和 β 将不稳定，从而导致结合区的波形参数变化，不易保证焊接质量。

单位面积炸药量 $W_{\rm g}$ 可用下式估算，即

$$W_{\rm g} = k_0 \sqrt{\delta\rho} \tag{5-32}$$

式中　k_0——系数，一般为 $0.9 \sim 1.4$；

δ——复板的厚度（cm）；

ρ——复板的密度（g/cm³）。

（5）间距 d　通常是根据复板加速至所要求的碰撞速度来确定间距 d 值。复板密度不同，使用的 d 值在复板厚度的 $0.5 \sim 2.0$ 之间时，实用的最小 d 值与炸药厚度 $\delta_{\rm e}$ 和复板厚度 δ 的关系见式（5-33）。d 增大则 β 增大，若 d 过大，则波形尺寸将减小。

$$d = 0.2(\delta_{\rm e} + \delta) \tag{5-33}$$

（6）预置角 α　当采用高引爆速度炸药时，炸药引爆速度比连接金属的声速高得多，采用预置角 α 可以满足保持碰点速度低于连接金属的声速。当复板速度 $v_{\rm p}$ 达到最大值时，可按照下式估算碰撞点速度 $v_{\rm cp}$，即

$$v_{\rm cp} = \frac{v_{\rm p}}{\sin(\alpha+\beta)} \tag{5-34}$$

式中　β——碰撞角，一般焊接过程是在 $(\alpha+\beta) = 5 \sim 25°$ 范围内进行的。

估算出上述初始参数后，就可以通过小型试验来调整和确定工艺参数，然后进行批量生产。

3. 其他工艺因素

（1）炸药类型　引爆焊接所需的能量由高能炸药爆炸时提供。炸药引爆速度的重要性在于，它直接影响待焊接两种金属间的碰撞速度，而碰撞速度必须控制在所需的速度范围之内。选用炸药的原则是引爆速度合适、稳定、可调、使用方便、价格便宜、货源广、安全无毒。研究表明，炸药的最大引爆速度一般不应超过被焊接材料内部最高声速的120%，以便产生喷射和防止对材料的冲击损伤。

用于爆炸焊的炸药见表5-3，表中列出的低速和中速炸药一般都在爆炸焊所需的引爆速度范围之内，并广泛用于大面积材料焊接的场合，使用时需要很少的缓冲层或不需要缓冲层。使用高速炸药时，需要专门的设备和工艺措施，如在基层、复层之间加缓冲材料（如

聚异丁烯酸树脂、橡皮等)，采取有间隙倾斜角安装或最小间隙平行安装等。为了特殊目的，可以制造或混合专用的炸药。炸药的引爆速度由炸药的厚度、填充密度或者混合在炸药中的惰性材料的数量所决定，配制焊接用的炸药一般都是为了降低其引爆速度。

表 5-3　爆炸焊接所用的炸药

爆炸速度范围/(m/s)	炸药名称
高速炸药 4572~7620	TNT、RDX、PETN(季戊炸药) 复合料 B 复合料 C4 Deta 薄板 Prima 绳索
低速和中速炸药 1524~4572	硝酸铵 过氯酸铵 阿马图炸药(硝酸铵 80%，三硝基甲苯 20%) 硝基胍 黄色炸药(硝化甘油) 稀释 PETN(季戊炸药)

爆炸焊接所用的炸药形态有塑料薄片、绳索、冲压块、铸造块、粉末状或颗粒状等多种，可根据应用条件选用。

(2) 安装方法　在爆炸现场先要进行焊前安装的准备，如接好起爆线、搬走所用的工具和物品，撤离工作人员和在危险区安插警戒旗等。根据药量的多少和有无屏障，设置半径为 25m、50m 或 100m 以上的危险区警示。

不同的爆炸焊接方法有不同的安装工艺要求，其中平板复合爆炸焊接时应注意如下事项:

1) 爆炸大面积复合板时最好采用平行法。若用角度法，则会使间隙逐渐增大的复板过分加速，使其与基板碰撞时的能量过大，致使复合板边部打伤增大或增加打裂范围，从而减少复合板有效面积和增加金属损耗。

2) 在安装大面积复板时，即使很平整的金属板安放后中部也会下垂或翘曲，以致与基板表面接触。为了保证复板下垂部位与基板表面保持一定间隙，可在该处放置一个或几个稍小于应有间隙值的金属片。当基板较薄时，需用一个质量大的砧座均匀地支托，以减小挠曲。

3) 采用合适的起爆方法，如端部引爆、边缘线引爆、中心引爆和四周引爆等，以保证整个界面获得良好的结合。焊接大面积复合板时，最好用中心引爆或者从长边中部引爆，这样可以使间隙中气体的排出路程最短，有利于复板和基板的撞击，减少结合区金属熔化的面积和数量。

4) 为了引爆低速炸药和减少雷管区的面积，常在雷管下放置一定数量的高爆速炸药。

5) 为了将边部缺陷引出复合板之外，并保证边部质量，常使复板的长、宽尺寸比基板的大 20~50mm。管与管板爆炸焊接时，管材也应有类似的额外伸出量。

6) 为了防止烧伤、压痕、起皮、撕裂等缺陷，常用橡皮、油灰、软塑料、有机玻璃、马粪纸、油毡等作为炸药与基板之间的缓冲层。

7) 待工作人员和其他物件撤至安全区后，再用起爆器通过雷管引爆炸药，完成试验或产品的爆炸焊接。

4. 爆炸焊接工艺参数的确定——焊接性"窗口"

为了用爆炸焊接法得到优良的结合界面，选择最佳的爆炸焊接工艺是非常重要的。爆炸焊接性"窗口"就是在试验的基础上，在以静态参数、动态参数和界面参数中的两个或三个不同物理量所构成的二维或三维坐标图中，由表示爆炸焊接参数曲线所限定的不同区域，该区域即不同金属组合的爆炸焊接性的范围，在该范围之内的工艺参数就能得到优质结合，在该范围之外的工艺参数，结合质量就不好。

图5-25即爆炸焊接性"窗口"图。图中1区是结合强度较高的工艺参数范围区，2区之内也能焊合，3区之外焊合界面无波，4区之外就不能焊合了。1区的范围就是由一组代表各自参数的线条所划定的，这些参数多是动态参数，也可以根据动态参数用数学式转换成静态参数，由这些静态参数就能够进行爆炸焊接试验。

图5-26是爆炸焊接性"窗口"的另一种表示方法。有了这些"窗口"图就能够查找到较好的焊接工艺参数，从而指导生产实践。

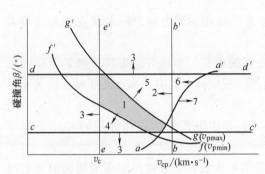

图 5-25 爆炸焊接性"窗口"图

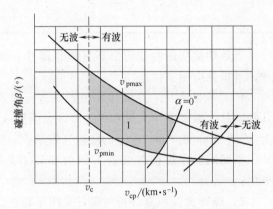

图 5-26 爆炸焊接性"窗口"以及边界条件

1—界面有波的焊接区域　2—能焊接上　3—无波　4—无焊接
5—界面产生熔化层　6—有射流　7—无射流
v_c—临界碰撞点速度　v_{cp}—碰撞点速度

5.4　爆炸焊接质量检验与安全防护

5.4.1　常见缺陷

爆炸焊接的常见缺陷主要有：

（1）结合不良　爆炸焊接后，复板与基板之间全部或大部分没有结合，或者结合强度甚低。要克服这种缺陷首先应选用低爆速炸药，其次是使用足够的炸药量和适当的间隙距离。另外，应选择好起爆位置，使之能缩短间隙排气路程，创造有利于排气的条件。

（2）鼓包　在复合板上局部位置有凸起，其间充满气体，敲击时发出"梆梆"声。要消除鼓包除了选择合适炸药量和间距外，还要造成良好的排气条件。

（3）大面积熔化　产生的主要原因是焊接过程中间隙内的气体没及时排出，在高压作用下被绝热压缩，大量的绝热压缩热使气泡周围的一薄层金属熔化。要减轻和消除这现象，主要是采用低爆速炸药和中心起爆法，以创造良好的排气条件。

（4）表面烧伤 复板受爆炸热氧化烧伤。防止措施是使用低爆速炸药和采用黄油水玻璃或沥青等保护层置于炸药与复板之间。

（5）爆炸变形 爆炸焊接后复合板在长、宽、厚三个方向的尺寸和形状上发生宏观的和不规则的变化。一般情况下这种变形很难避免，但可以采取一些措施减轻变形，如增加基板的刚度或其他特殊工艺措施。变形后的复合板在加工或使用前必须校平或调直。

（6）爆炸脆裂 常温冲击韧性低、硬度很高的材料易出现此种缺陷。除非采用热爆炸焊接工艺（即爆前对工件预热），一般很难消除。

（7）雷管区未结合 在雷管引爆部位，由于能量不足和排气不畅而引起该区未结合，通常可以采用在该处增加炸药量或将其引出复合面积之外的办法来避免。

（8）微观缺陷 如微裂纹、显微孔洞等，它们是由于装药量过多所致。所以在保证能焊合的前提下尽量减少装药量。

这些缺陷影响焊接件的力学性能，严重时造成产品报废。

5.4.2 质量控制与检验

爆炸焊接材料的质量检测一般要进行非破坏性检测和破坏性检测两种。

（1）非破坏性检验

1）表面质量检验。主要是对爆炸复合板表面及其外观进行检查，如打伤、打裂、氧化、烧伤和翘曲变形等。

2）轻敲检验。用手锤对复层各个位置逐一轻敲，以其声响来初步判断其界面结合情况。

3）超声波检验。利用超声波探测界面结合情况以及定量测定结合面积的方法和标准国内外已有不少，国内一些单位的检验标准见表 5-4，国家标准有 GB/T 7734—2004。

表 5-4 钛-钢爆炸和爆炸+轧制复合板的超声波检验标准

I 类	II 类
钛材既作为耐蚀等特殊用途，又作为强度设计	钛材不作为强度考核
单个不结合区的长度小于 70mm,其面积小于 45cm^2,不结合区的总面积小于复合板总面积的 2%	单个不结合区的面积小于 60cm^2,不结合的总面积小于复合板面积的 2%
适用于爆炸复合板	适用于爆炸+轧制复合板

（2）破坏性检验 根据 GB/T 6396—2008《复合钢板力学及工艺性能试验方法》，用剪切和弯曲试验来确定钛-钢、不锈钢-钢、铜-钢和镍-钢的结合强度，用拉伸试验来确定其抗拉强度。

1）剪切试验。按 GB/T 8546—2017 进行剪切试验。对装在模具内的剪切试件加压，使复层和基层发生剪切形式的破坏，以此剪切应力来确定复合材料的抗剪性能（图 5-27）。一些爆炸复合材料抗剪强度的试验数据见表 5-5。

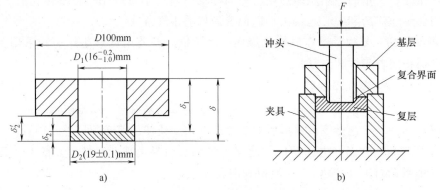

图 5-27　剪切试验示意图

a）试样尺寸　b）试样装配

表 5-5　一些爆炸复合材料抗剪强度的试验数据

复层	基层	抗剪强度/MPa	复层	基层	抗剪强度/MPa	复层	基层	抗剪强度/MPa
钛	钢	220～350	镍	不锈钢	430	铝	钢	70～120
钛	不锈钢	280～530	铜	钢	190～210	铝	不锈钢	70～90
钛	铜	190～210	不锈钢	钢	290～310	铜	2A01 铝合金	60～150
镍	钛	330	铝	铜	70～100			

2）弯曲试验。以预定达到的弯曲角或试件破断时的弯曲角来确定爆炸复合件的结合性能和加工性能。弯曲试验分内弯（复层在内）、外弯（复层在外）和侧弯三种（图 5-28）。几种爆炸复合材料的弯曲性能见表 5-6。

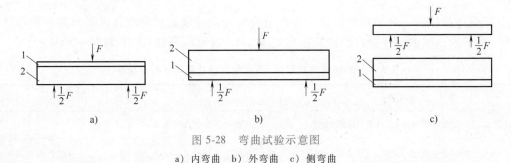

图 5-28　弯曲试验示意图

a）内弯曲　b）外弯曲　c）侧弯曲

1—复层　2—基层

表 5-6　一些爆炸复合材料弯曲性能试验数据

复层	基层	弯曲角/(°)	复层	基层	弯曲角/(°)	复层	基层	弯曲角/(°)
钛	钢	180	镍	钛	>167	不锈钢	钢	180
钼	钢	180	镍	不锈钢	180	B30	922 钢	180
钽	钢	180	锆	不锈钢[1]	>110			

① 试样取自于复合管，其余取自于复合板。

注：弯曲性能均为内弯曲，弯曲半径等于复合板厚或复合管壁厚。

3）显微硬度检验。包括对爆炸复合材料的结合区、复层和基层进行显微硬度测量，以确定在爆炸焊接前后（包括后续热加工和热处理）材料各部分显微硬度的变化规律；也可以测量特定位置（如漩涡区）特殊组织的硬度，从而判定它的性质和影响。

图 5-29 为爆炸焊接态和热轧态的钛-钢复合板界面结合区的显微硬度分布曲线。由图可见，在爆炸焊态，钛和钢界面结合区及附近的硬度均高于爆炸前的母材，表明这些区域的材料在爆炸载荷下发生了硬化。结合界面上硬度最高，随着与界面距离的增加，硬度逐渐降低，这与其中金属塑性变形程度的逐渐减弱有关。热轧后，钛的硬度降到母材原始硬度以下，钢的硬度也有所降低，可是仍高于母材原始硬度。在 1000℃ 加热和热轧后，由于钛和钢的界面处生成了含有多种 Fe、Ti 金属间化合物的中间层，使界面硬度显得特别高。

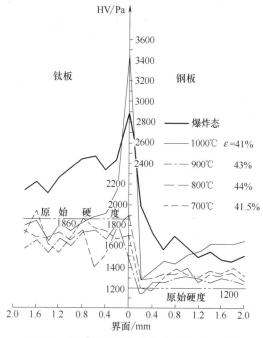

图 5-29 爆炸焊接态和热轧态的钛-钢复合板界面结合区的显微硬度分布曲线

破坏性检验还包括取样进行微观检验，即从爆炸复合板的一定位置处切取块状样品和薄膜试样，进行界面结合区显微组织的检验。取样的位置可以是复合板中有代表性的部位，也可以是任意部位。用金相显微镜、电子显微镜、X 射线衍射仪等对界面结合区的显微组织、相结构、元素分布进行观察分析。

5.4.3 安全与防护

爆炸焊是以炸药作为能源进行焊接，爆炸过程中存在很多不安全因素，因此，爆炸焊过程中的安全问题显得格外重要，必须制定严格的管理制度和实施规程。爆炸焊实践中必须注意的安全事项如下：

1）爆炸焊场地应设置在远离建筑物的地方。进行爆炸焊的场地周围不得有可能受到损害的物体。

2）炸药库要严格管理，管理人员必须昼夜值班，外人不得入内。炸药、雷管和导爆索等火工用品须分类分开存放，入库和出库要严格管理，做好相关的各项记录。

3）炸药、原材料、雷管和工作人员需分车运输，并严禁炸药和雷管同车运输。

4）对从事爆炸焊工作的人员必须进行职业技能培训和考核，只有通过考核并取得操作证才可进行操作。

5）所有工作人员必须接受安全和保卫部门的监督，遵守国家有关政策法令。爆炸焊操作过程应由专人进行统一调度和指挥，应按事先计划好的工艺规程进行，雷管和起爆器应指定专人管理。

6）在进行爆炸焊操作之前，应确保所有工作人员和备用物件均处于安全地带，并确保所有人员做好防声、防震措施。引爆前发出预定信号，炸药爆炸 3min 后，工作人员才能返回爆炸地点。若炸药未能引爆，也必须在 3min 后再进入现场进行检查和处理。工作人员不得将火种、火源带入工作现场。

爆炸焊生产中通常使用低爆速的混合炸药，如铵盐或铵油炸药。前者由硝酸铵和一定比例的食盐组成，后者由硝酸铵和一定比例的柴油组成，仅使用少量的 TNT 来引爆炸药。硝酸铵是一种常见的化肥，它非常稳定，与食盐和柴油混合后惰性更强。颗粒状的硝酸铵和鳞片状的 TNT 可以用球磨机破碎成粉末而不会爆炸。

铵盐和铵油炸药只有在 TNT 等高爆速炸药的引爆下才能稳定爆炸。TNT 炸药还得靠雷管来引爆，而雷管中高爆速炸药只有在起爆器发出的数百伏高电压下才会爆炸。因此，在现场操作中，须严格控制好雷管和起爆器，以避免安全事故的发生。

5.5 爆炸焊的主要应用

5.5.1 爆炸焊主要用途概述

爆炸焊是一门崭新的技术，在宇航、石油、化工、轻工、造船、电子、电力、冶金、机械、原子能等工业工程领域得到了广泛应用。爆炸焊接材料主要用在以下方面：

1）改善材料的综合力学性能和物理/化学性能（如耐腐蚀、耐磨损等性能）。例如，改变化学性能的材料有钛、锆、铌、钽、钨、钼、铜、铝、贵金属和不锈钢等，在相应的化学介质中有良好的耐蚀性，它们与普通钢（基板）组成的爆炸焊接复合板材，既有薄复层优良的耐蚀性，又有厚基层钢高强度的特点，而其成本仅为复层金属的 $1/5 \sim 1/2$，此类

爆炸焊应用

复合材料已广泛应用在化工和压力容器中。充分增强和提高金属力学性能的复合材料，主要有复合纤维增强材料（抗拉强度显著提高）、复合装甲材料（各层具有不同的硬度，可显著提高材料抗拒破甲的能力）、复合刀具材料（刀刃部分硬度特高）、减摩复合材料（内层材料耐摩擦磨损、外层材料承压强度高）、比强度和比刚度更高的轻型复合材料。

2）作为特殊功能材料使用（如热敏双金属），充分发挥金属物理性能的复合材料。例如，热双金属（热、力学性能），电力、电子和电化学用双金属（电学性能），音叉双金属（声学性能），磁性双金属（磁学性能），涡轮叶片双金属（耐汽蚀性能），枪（炮）管用双金属（耐烧蚀性能），贵金属复合接点材料（耐电蚀性能），复合超导材料（超导性能）和原子能复合材料（核性能）等。

3）作为稀贵金属的代用品，节约稀贵金属，降低成本。

总之，爆炸焊接是低成本高质量地生产金属复合材料的一种新工艺和新技术，它的应用广度与深度，将随着科学技术和现代文明的进步与发展而不断开拓与加深。

5.5.2 金属板的爆炸焊接

金属板材的爆炸焊接，特别是双金属板材的爆炸焊接，是目前工业上应用最普遍的焊接

技术。例如，军事上装甲车采用双金属板，可以提高其抗穿甲能力；石油、化工和制盐、制药等领域，很多容器都要求有一定或很强的耐蚀能力，如单纯用高级不锈钢、钛、铜等金属制造，成本很高，如果采用爆炸焊接板，只需在普通钢板上复合一薄层贵重金属即可；在机械、造船、电子、电力等工业领域对爆炸焊接的需求也很大，如用高强度钢和普通钢爆炸焊接制成的刀具，既坚硬、锋利，又具有较高的韧性。爆炸焊接对复板的厚度范围要求很宽，从 0.01mm 到几十毫米厚的复板都能实现爆炸焊接；近年来又发展起了多层爆炸焊接，一次起爆就可将几层甚至几十层金属或合金板焊接在一起。

1. 不锈钢-钢复合板的爆炸焊接

用爆炸焊接的方法将不锈钢板和钢（碳钢、低合金钢）板复合在一起。这类复合板既有不锈钢的特性，又有普通钢的特性，对节约合金资源、减少材料消耗和降低成本有着重要的意义。

（1）不锈钢-钢复合板爆炸焊接的工艺安装和工艺参数　大面积不锈钢-钢复合板爆炸焊接的工艺安装如图 5-30 所示，不锈钢-钢复合板的面积越大和覆板越厚，炸药的爆轰速度应当越低。为缩小和消除雷管区引起的焊合不良，在雷管下通常放上一定数量的高爆速引爆药。考虑到大面积板焊接时的排气问题，多采用中心起爆法，并且要在两板之间的间隙内部安放一定数量的金属支撑物，以保证间隙距离的均匀相同。为防止复板烧伤，在复板与炸药之间涂上保护层。

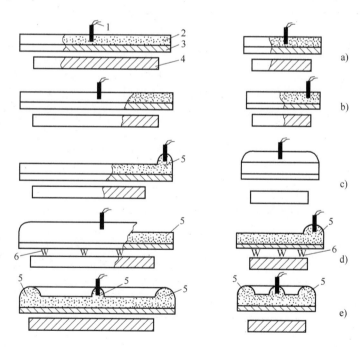

图 5-30　大面积不锈钢-钢复合板爆炸焊接工艺安装示意图
a)、e) 中心起爆法　b)、d) 长边中部起爆法　c) 短边中部起爆法
1—雷管　2—炸药　3—复层（板）　4—基层（板）
5—另外在边部或中心堆放的炸药　6—两板之间的支撑物

常用大面积和大、厚不锈钢-钢复合板爆炸焊接部分工艺参数见表 5-7 和表 5-8。

表 5-7　大面积不锈钢-钢复合板爆炸焊接工艺参数

不锈钢,尺寸/mm	钢,尺寸/mm	炸药品种	W_g /(g/cm²)	h/mm	保护层	引爆材料和方式
321,3×1760×6200	20g,12×1700×6100	25#	3.5	10	水玻璃	+100g TNT,中心引爆
321,3×1760×6200	20g,12×1700×6100	25#	3.0	10	水玻璃	+100g TNT,中心引爆
321,3×1760×6200	Q235,12×1700×6100	25#	2.5	10	水玻璃	+100g TNT,中心引爆
321,3×1760×6200	16MnR,14×1700×6100	25#	2.7	8	水玻璃	+100g TNT,中心引爆
304,3×1850×4050	20g,24×1800×d000	25#	2.8	8	黄油	+50g TNT,中心引爆
304,2×1850×,1050	20g,20×1800×4000	25#	2.2	6	黄油	+50g TNT,中心引爆
304,2×1850×4050	16MnR,18×1800×4000	25#	2.2	6	黄油	+50g TNT,中心引爆
304,2×1850×4050	Q235,16×1800×4000	25#	2.2	6	黄油	+50g TNT,中心引爆
316,2×2050×6450	Q235.18×2000×6400	25#	2.2	6	黄油	+50g TNT,中心引爆
316,3×1550×6050	Q235,20×1500×6000	25#	2.5	8	水玻璃	+100g TNT,中心引爆
316,4×1550×6050	20g,20×1500×6000	25#	3.0	10	水玻璃	+100g TNI,中心引爆
316L,5×550×6050	20g,25×1500×6000	25#	3.3	12	水玻璃	+100g TNT,中心引爆
316L,6×1550×6050	16MnR,30×1500×6000	25#	3.6	14	水玻璃	+100g TNT,中心引爆

表 5-8　大、厚不锈钢-钢板爆炸焊接工艺参数

不锈钢,尺寸/mm	钢,尺寸/mm	炸药品种	W_g /(g/cm²)	h/mm	保护层	引爆材料和方式
321,8×1550×3050	Q235,50×1500×3000	25#	3.8	16	黄油	+100g TNT,中心引爆
321,10×3050×3050	Q235,80×3000×3000	31#	4.0	20	黄油	+100g TNT,中心引爆
321,12×2050×3050	20g,100×2000×3000	31#	4.2	22	黄油	+100g TNT,中心引爆
304,12×2050×3050	20g,100×2000×3000	31#	4.2	22	黄油	+100g TNT,中心引爆
304,12×2050×3050	16MnR,100×2000×3000	31#	4.2	22	黄油	+100g TNT,中心引爆
304,15×1550×2050	16MnR,100×1500×2000	31#	4.8	25	黄油	+100g TNT,中心引爆
316,15×1550×2050	Q235,120×1500×2000	31#	5.0	26	黄油	+100g TNT,中心引爆
316,18×1050×1550	Q235,120×1000×1500	31#	5.5	30	黄油	+100g TNT,中心引爆
316L,18×1050×1550	20g,150×1000×1500	31#	5.5	30	黄油	+100g TNT,中心引爆
316L,20×1050×1550	16MnR,150×1000×1500	31#	6.0	32	黄油	+100g TNT,中心引爆

（2）不锈钢-钢爆炸焊接复合板结合区的组织　图 5-31 为 316L 不锈钢-16MnR 压力容器钢爆炸焊接结合区的组织形态。由图可见，该复合板的结合区为波状，波形内（钢侧）可见明显的纤维状塑性变形组织。在波高较大的情况下，可以看到波前和波后的两个漩涡区（即前涡 Q 和后涡 P），漩涡区汇集了爆炸焊接过程中生成的大部分熔化金属，少部分熔体还以薄层形式分布在波脊上。成分分析表明，在界面两侧能够发现异种金属原子的扩散。由此可知，不锈钢和钢的爆炸焊接过程就是在这些冶金过程中实现的。

（3）不锈钢-钢爆炸焊接复合板的力学性能、316L 不锈钢-Q345 钢爆炸焊接复合板的力学性能见表 5-9，316L 不锈钢-Q345 钢爆炸焊接+热轧复合板的力学性能见表 5-10，不同状态的 316L 不锈钢-20g 钢复合板的力学性能和耐蚀性能见表 5-11。通过这些测试可以全面了解复合板的特性，检验复合板能否达到要求。

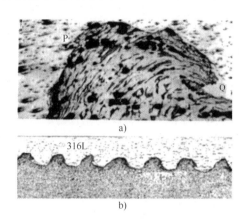

图 5-31 316L 不锈钢-16MnR 压力容器钢爆炸焊接结合区的组织形态
a）100× b）15×

表 5-9 316 L 不锈钢-Q345 钢爆炸焊接复合板的力学性能

序号	抗剪强度/MPa	抗拉强度/MPa	屈服强度/MPa	伸长率（%）	内外弯曲角/（°）	冲击韧度/（J/cm²）
1	495	561	520	18	180	63.7
2	491	537	505	19	180	85.3
3						100.9
平均	493	549	513	18.5	180	83.3

表 5-10 316L 不锈钢-Q345 钢爆炸焊接+热轧复合板的力学性能

序号	抗剪强度/MPa	断裂强度/MPa	抗拉强度/MPa	屈服强度/MPa	伸长率（%）	内弯曲角/（°）	冲击韧度/（J/cm²）
1	285	317	433	325	36.0	180	162
2	308	329	457	359	34.5	180	158
3	315	343	481	376	32.6	180	150
平均	303	330	457	353	34.4	180	157

表 5-11 不同状态的 316 L 不锈钢-20g 钢复合板的力学性能和耐蚀性能

| 状态 | 拉伸试验结果 | | | 弯曲180°，d=2t | | 抗剪强度/MPa | 冲击韧度/（J/cm²） | 晶间腐蚀（"T"法） |
	屈服强度/MPa	抗拉强度/MPa	伸长率（%）	内弯	外弯			
316L	>176	>480	>40					通过
20g	>235	>402	>25	良好			>58.8	
爆炸态	519	539	15	裂	裂	402,421	50,39,48	通过

（续）

状态	拉伸试验结果			弯曲180°，$d=2t$		抗剪强度 /MPa	冲击韧度 /(J/cm^2)	晶间腐蚀 （"T"法）
	屈服强度 /MPa	抗拉强度 /MPa	伸长率 （%）	内弯	外弯			
600°，30min 退火	392	529	22.5	良好	良好	255,333		未通过
920℃，30min 稳定化处理	274	456	32.5	良好	良好	304,274	76,96,100	通过

注：复合板尺寸为（4+20）mm×1600mm×2300mm。

2. 铝-钢复合板的爆炸焊接

铝-钢复合板是一种具有特殊使用性能的新型结构材料。由于铝和钢的熔点、导热性和强度等差异很大，并且它们之间可生成多种金属间化合物的特性，因此很难用常规的方法将它们焊合在一起，但是用爆炸焊接并不困难。铝电解槽中的阴极铝板与阴极钢板的连接就是通过爆炸焊接来完成的。

（1）铝-钢复合板爆炸焊接的工艺安装和工艺参数　铝-钢复合板爆炸焊接多采用平行安装法，起爆位置可用边缘起爆和中心起爆法，图5-32为边缘起爆的安装示意图。

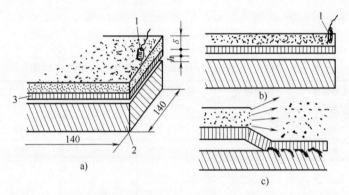

图 5-32　铝和钢爆炸焊接安装方法（平行法）

a）工艺安装示意图　b）起爆前　c）起爆后

1—雷管　2—基板（Fe）　3—复板（Al）　h—两板间距　δ—炸药厚度

常用的铝-钢复合板爆炸焊接的工艺参数见表5-12。铝-钢复合板通常用来加工制作过渡接头，这种接头的使用温度一般小于300℃。如果在铝和钢之间加入钛，即采用铝-钛-钢过渡接头，当使用温度在450℃时，其结合强度和导电性能仍能保持不变。另外，由于原始铝板的厚度所限，当需要大厚度的铝-钢复合板时，可采用多次爆炸焊接的方法加厚铝层。

表 5-12　铝-钢复合板爆炸焊接的工艺参数

序号	铝，尺寸/mm	钢，尺寸/mm	炸药品种	W_g /(g/cm^2)	h /mm	保护层	引爆方式
1	1060，2×300×500	Q235，10×300×500	2#	0.7	3	水玻璃	端部
2	1060，3×500×1000	Q235，15×500×1000	2#	0.9	5	水玻璃	端部
3	2024，5×500×1000	Q235，20×500×1000	25#	1.4	7	水玻璃	端部
4	2024，5×1000×2000	Q235，20×1000×2000	25#	1.4	7	水玻璃	中心
5	2A02，5×1000×2000	Q235，20×1000×2000	25#	1.5	8	水玻璃	中心

（续）

序号	铝,尺寸/mm	钢,尺寸/mm	炸药品种	W_g /(g/cm²)	h /mm	保护层	引爆方式
6	1060,5×500×1000	TA2-Q235,28×500×1000	25#	1.5	7	水玻璃	端部
7	1060,12×1000×1000	Q235,24×1000×1000	25#	2.0	10	水玻璃	中心
	1060,12×1000×1000	1060-Q235,36×1000×1000	25#	2.0	10	水玻璃	中心
	1060,12×1000×1000	1060-1060-Q235,48×1000×1000	25#	2.0	10	水玻璃	中心

（2）铝-钢爆炸焊接复合板结合区组织　以1060铝和Q235钢为例，铝和钢板的尺寸分别为140mm×140mm×10mm以及140mm×140mm×40mm，铝为复板，钢为基板。三种工艺条件下的试样号分别为1#、2#、3#。所用炸药采用2#炸药，装药量以及基板与复板的间距见表5-13，安装方法如图5-32所示。

表5-13　装药量及两板间距

样品号	1#	2#	3#
装药厚度/mm	20	25	30
两板间距/mm	5	6	7

爆炸焊接完成后，沿平行于爆轰方向、垂直于界面分别切取金相试样，进行界面微观检测。图5-33为不同工艺参数界面形态的扫描电子显微像，可以看出，工艺参数对界面形态

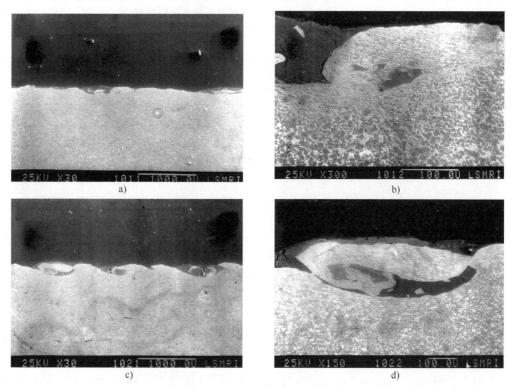

图5-33　铝和钢爆炸焊接不同工艺参数界面形态的扫描电子显微像

a)、b) 1#　c)、d) 2#

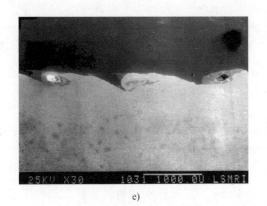

e)

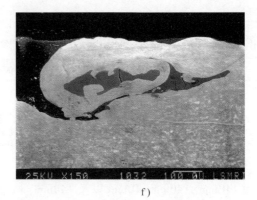

f)

图 5-33　铝和钢爆炸焊接不同工艺参数界面形态的扫描电子显微像（续）

e)、f) 3#

的影响很大，装药量越多，间距越大，形成的波状结合面的波长越长，界面金属的熔化量越多，波前的前涡越大，越易出现气孔和微裂纹，这些将对界面结合强度产生不利的影响。

（3）铝-钢爆炸焊接复合板的力学性能　1060 铝-Q235 钢爆炸复合板的抗拉强度见表 5-14，拉剪强度见表 5-15。复合板的抗拉强度和拉剪强度都达到 100MPa 以上，破断全部在铝材上。表中数据表明，铝-钢爆炸焊接可以得到高强度的复合界面。

表 5-14　1060 铝-Q235 钢爆炸复合板的抗拉强度

序号	1	2	3	4	5	6	7	8	9	10	平均	破断位置
抗拉强度/MPa	102	102	104	102	105	102	106	106	107	106	104	全部铝母材

表 5-15　1060 铝-Q235 钢爆炸复合板的拉剪强度

状态	纯铝(供货态)	爆炸态				300℃,1h 真空退火		
抗剪强度/MPa	56.1	68.2	70.9	71.3	72.8/70.8	59.8	65.2	68.4/64.5
断裂强度/MPa	—	108	116	116	128/117			

3. 钛-钢复合板的爆炸焊接

钛具有密度小、强度高、耐腐蚀和高低温性能好等诸多优点，是航空、航海、海洋、化工、电力和冶金方面重要的结构材料。钛-钢复合板不仅能成倍地降低成本，而且可以克服单一钛结构的许多缺点。用钛-钢复合板制造的设备，内层钛耐腐蚀，外层钢有高强度，两者复合，具有良好的导热性，可以在更苛刻的环境下工作。目前，钛-钢复合板在石油化工和压力容器中已有越来越多的应用。

（1）钛-钢复合板爆炸焊接的工艺安装和工艺参数　大面积钛-钢复合板爆炸焊接的工艺安装方法，与大面积不锈钢-钢复合板爆炸焊接的工艺安装方法相同。通常钛作复板，钢作基板。

常用大面积和大厚钛-钢复合板爆炸焊接部分工艺参数见表 5-16 和表 5-17。可以根据复合板的大小和厚度选择合适的工艺参数。一般在批量生产前，要先用小板进行试验，以确定最佳的工艺参数。

表 5-16 大面积钛-钢复合板爆炸焊接工艺参数

序号	钛,尺寸/mm	钢,尺寸/mm	炸药品种	W_g/ (g/cm^2)	h/ mm	保护层	起爆方式
1	TA1,3×1100×2600	15MnV,18×1100×2600	TNT	1.7	5~37	沥青+钢板	短边引出三角形
2	TA5,2×1080×1760	902,8×1060×1740	TNT	1.4	5,1°	沥青+钢板	短边延长300mm
3	TA5,2×1080×2130	13SiMnV,6×1060×2100	TNT	1.4	5,1°	沥青+钢板	短边延长300mm
4	TA1,5×1800×1800	Q235,25×1800×1800	TNT	1.5	3~20	沥青3mm	短边中部起爆
5	TA2,3×2000×2030	Q235,20×2000×2030	TNT	1.5	3~25	沥青3.6mm	短边中部起爆
6	TA1,5×2050×2050	18MnMoNb,35×2050×2050	2#	2.8	20,48′	沥青3.5mm	短边中部起爆
7	TA1,ϕ2800×5	14MnMoV,ϕ2800×65	2#	2.6	5,40′	沥青4mm	短边中部起爆
8	TA1,5×2850×2850	14MnMoV,75×2850×2850	2#	2.5	5,10′	沥青4mm	短边中部起爆
9	TA1,5×2000×2000	18MnMoNb,35×2000×2000	2#	2.6	10,10′	沥青3mm	短边中部起爆
10	TA1,5×2850×2850	14MnMoV,65×2850×2850	2#	2.0~2.5	5~20	沥青3mm	短边中部起爆
11	TA1,5×2000×2000	18MnMoNb,35×2000×2000	2#	2.5~2.8	10~20	沥青3mm	短边中部起爆
12	TA2,3×1000×2000	Q235,14×1000×2000	25#	1.9	10	黄油	中心起爆
13	TA2,1×1000×1500	Q235,20×1000×1500	25#	1.5	3	黄油	中心起爆
14	TA2,2×1000×2000	Q235,20×1000×2000	25#	2.1	4	黄油	中心起爆
15	TA2,3×1500×3000	20g,25×1500×3000	25#	2.2	6	水玻璃	中心起爆
16	TA2,4×1500×3000	Q345,30×1500×3000	25#	2.4	8	水玻璃	中心起爆
17	TA2,5×1500×3000	16MnR,35×1500×3000	25#	2.6	10	水玻璃	中心起爆
18	TA2,6×1500×3000	16MnR,50×1500×3000	25#	2.8	12	水玻璃	中心起爆

表 5-17 大厚钛-钢复合板爆炸焊接工艺参数

序号	钛,尺寸/mm	钢,尺寸/mm	炸药品种	δ/ mm	h/ mm	保护层	引爆
1	TA1,10×700×1080	Q235,75×670×1050	25#	44	12	黄油	
2	TA2,10×690×1040	Q235,70×650×1000	42#	35	12	水玻璃	
3	TA2,10×730×1130	Q235,83×660×1050	42#	40	12	黄油	
4	TA2,12×690×1040	Q235,70×650×1000	25#	51	12	水玻璃	+辅助药包,中心起爆
5	TA2,12×620×1085	Q235,60×570×1050	25#	55	13	黄油	
6	TA2,8×1500×3000	Q345,80×1500×3000	25#	40	14	水玻璃	
7	TA2,10×1500×3000	16MnR,100×1500×3000	25#	50	14	水玻璃	

　　（2）钛-钢爆炸焊接复合板结合区的组织　钛-钢爆炸焊接复合板结合区的组织形态如图 5-34、图 5-35 所示。由两图可知，钛-钢爆炸焊接复合板结合区通常为波状形态，并且爆炸工艺参数的不同，会引起波形高低，长短的变化。另外，钢侧通常有金属的塑性流变带，而钛侧经常出现绝热剪切带，即金属飞线。

　　（3）钛-钢爆炸焊接复合板的力学性能　表 5-18~表 5-21 给出了几种不同状态钛-钢爆炸焊接复合板的力学性能，这些性能指标都满足一般实用要求。对于有特殊要求的，可以通过调整爆炸焊接工艺参数实现。钛-钢爆炸焊接复合板的抗剪强度见表 5-18，不同状态的 TA1-

20钢复合板的抗剪强度和断裂强度见表5-19，不同组合的钛-钢爆炸焊接复合板的抗剪强度见表5-20，钛-钢爆炸焊接复合板的力学性能见表5-21。

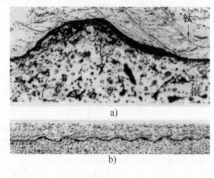

图5-34 钛-钢爆炸焊接复合板结合区的组织形态，钛侧可见飞线（TNT炸药）

a) 200× b) 10×

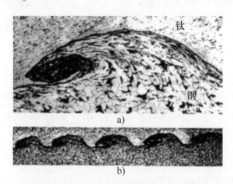

图5-35 钛-钢爆炸焊接复合板结合区的组织形态，钢侧可见塑性流变带（2#炸药）

a) 50× b) 10×

表5-18 钛-钢爆炸焊接复合板的抗剪强度

材料及尺寸/mm	距起爆点距离/m	界面情况	抗剪强度/MPa
钛（Contimet 30）	>2	直线型界面	147~196
钢（G. H₂）	1~2	清晰的波形界面	235~294
(2+6)×1250×2500	≤1	乱波界面	176~245

表5-19 不同状态的TA1-20钢复合板的抗剪强度和断裂强度

类别	抗剪强度/MPa		断裂强度/MPa	
状态	爆炸态	退火态	爆炸态	退火态
数据	261	190	250	186

表5-20 不同组合的钛-钢爆炸焊接复合板的抗剪强度

组合	TA1-Q235	TA2-Q235	TA1-18MnMoNb	TA2-18MnMoNb	TA2-16MnCu
抗剪强度/MPa	342	341	448	390	421

表5-21 钛-钢爆炸焊接复合板的力学性能

状态	复合板及尺寸/mm	抗剪强度/MPa	冷弯 $d=2t$,180°		HV 覆层/黏结层/基层
			内弯	外弯	
爆炸态	TA2-Q235,(3+10)×110×1100	397	良好	断裂	347/945/279
退火态	TA2-20g,(5+37)×900×1800	191	良好	良好	215/986/160

注：退火工艺为650℃，2h，真空下。

5.5.3 金属圆管的爆炸焊接

在工程实际中，有时要求管子的内壁或外壁具有耐蚀性能等。有色金属（如铜、钛、镍）、不锈钢都是耐蚀性能很好的材料，但纯有色金属管价格昂贵，如在普通钢的外层或内层覆上一层薄的铜管，则铜侧具有良好的耐蚀性能，普通钢有较好的强度，既降低了管材成本，又能满足使用要求，所以双金属复合管在工程上有着广泛的应用，因此双金属管的爆炸焊接技术在工业工程中也就有了很高的应用价值。管材爆炸焊接方法分为外爆炸焊法和内爆炸焊法，图5-36分别为这两种方法的工艺安装示意图。

外爆炸焊主要是用来生产双金属棒材或双金属管材。它的主要特点是复层在外面，基层在里面。爆炸焊接时，复层在爆炸载荷的作用下被加速，从外向里与基层产生高速碰撞。这种工艺方法是从平板爆炸焊接的基础上发展起来的。为了防止基管的过度变形，内管要填充一些热熔性物质，如沥青、凡士林、水或者是低熔点金属。焊接过程完成后，再加热倒出即可。

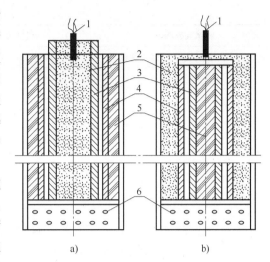

图5-36 双金属管爆炸焊接装置图
a) 内爆炸焊 b) 外爆炸焊
1—雷管 2—炸药 3—内层管
4—外层管 5—热熔性填充物 6—排气孔

内爆炸焊主要是用来生产双金属管材，也可解决一些特殊零件的复合和某些部件的装配焊等。内爆炸焊的特点是复层和炸药在里面，基层在外面。爆炸焊接时，复层在炸药爆炸载荷的驱动下从里向外被加速，与基层产生高速碰撞。由于爆炸产物的飞散条件与外爆焊不同，所以装药量要小；同时为了防止基管的变形，必要时在基管的外面要放置模具。为了得到轴对称爆轰，雷管与炸药必须对称安装。为了消除引爆端不稳定爆轰所产生的端部不能很好焊合的影响，装药高度要高于管子长度。

下面是 ϕ50mm×3mm 的不锈钢管与 ϕ42mm×1.5mm 的锆-2合金管的内爆炸焊焊接工艺：焊接前必须清理两种母材表面。不锈钢管内表面粗糙度要求较高，用丙酮或酒精去除油污和杂质后再用水冲洗晾干。锆-2合金管可用 45% HNO_3 + 5% HF + 50% H_2O 溶液进行清洗，去除氧化膜、油污和杂质。装配时要控制好间隙，要在固定的夹具上进行装配。锆管壁厚为1mm时，其间隙为0.5mm；壁厚为1.5mm时，其间隙为0.7~0.8mm；壁厚为2.5mm时，其间隙为1.2~1.5mm。装配和固定好之后，装炸药，炸药种类及其药量也根据锆管壁厚而定，如壁厚为1mm时，用药量为65~70g；壁厚为1.5~1.7mm时，用药量为80g；壁厚为2.3~3.5mm时，用药量为80~90g。爆炸焊接的工艺参数见表5-22。爆炸焊接完成后，对焊接接头按工艺条件要求进行清整和加工。

表5-22 不锈钢管与锆-2合金管爆炸焊接的工艺参数

管件直径/mm		管壁厚度/mm		安装间隙	炸药量
不锈钢	锆-2合金	不锈钢	锆-2合金	/mm	/g
50	42	1.0	1.0	0.5	65~70
		1.5	1.5	0.7~0.8	75~80
		2.0	2.0	0.8~1.0	80~85

（续）

管件直径/mm		管壁厚度/mm		安装间隙/mm	炸药量/g
不锈钢	锆-2合金	不锈钢	锆-2合金		
50	42	2.5	2.0	1.2~1.5	85~90
		3.0	1.5	1.0~1.5	80~85
		3.0	2.5	1.5~2.0	90~95
		3.0	3.0	2.0~2.5	95~100

注：炸药种类为黑索金。

5.5.4 过渡接头的爆炸焊接

在复杂设备的制造过程中，有些材料如铝/钢、钛/钢等，力学性能差别比较大，用普通的焊接方法很难保证焊接质量，这时就可以用爆炸焊接方法预先制出过渡接头，然后再用普通焊接技术，实现变异种金属的焊接为同种金属之间的焊接。图5-37~图5-40分别为几种常见过渡接头爆炸焊接结构示意图。

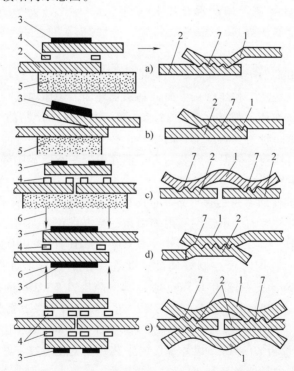

图 5-37　矩形板条爆炸搭接几何结构示意图（爆轰方向与图垂直）

a) 有间隙物搭接　b) 无间隙物搭接　c) 有间隙物桥接　d) 上下装药搭接　e) 上下桥接

1—复板　2—基板　3—炸药　4—间隙物　5—砧座　6—夹具　7—焊缝

5.5.5 陶瓷与钢的爆炸焊接

陶瓷作为一种新型工程材料，具有优良的电气绝缘性、耐热性、耐蚀性和耐磨性等特殊性能。近来随着陶瓷材料的大规模研究开发，陶瓷与金属的连接也越来越引起人们的关注。

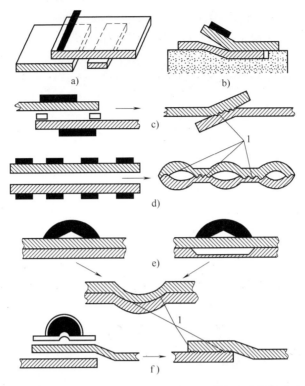

图 5-38　板材直线爆炸焊接结构示意图（爆轰方向与图垂直）

a）短板搭接　b）板搭接　c）长板搭接　d）特殊形式接头　e）特殊用途接头　f）特殊装药法

1—爆炸焊接焊缝；其余图中各部分名称同图 5-37

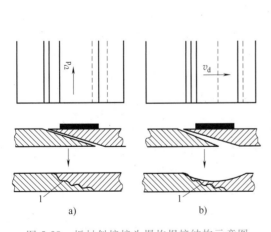

图 5-39　板材斜接接头爆炸焊接结构示意图

a）楔形对接　b）楔形曲面对接

1—爆炸焊接焊缝；其余图中各部分名称同图 5-37

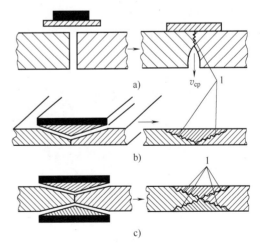

图 5-40　板材对接接头爆炸焊接结构示意图

a）直对接　b）V形对接　c）菱形对接

1—爆炸焊接焊缝；其余图中各部分名称同图 5-37

　　虽然陶瓷材料具有比金属更高的硬度和脆性，爆炸焊接困难，但最近有了成功例子。

　　试验材料为碳化钛陶瓷和中碳钢板材，成分见表 5-23。碳化钛陶瓷由 TiC 和黏结材料烧结而成，TiC 多为尺寸为 $2\sim4\mu m$ 的球形颗粒，黏结材料主要为具有珠光体组织的碳钢粉末。

中碳钢板材为退火态，显微组织由铁素体和珠光体组成。中碳钢为复板，碳化钛陶瓷为基板。复板和基板间隔一定距离，复板上铺设炸药，采用一端起爆法进行爆炸焊接。

表 5-23　碳化钛陶瓷和中碳钢板材化学成分　　　　　　　　　　（%）

材料名称	w_{TiC}	w_C	w_{Cr}	w_{Mo}	w_{Si}	w_{Mn}	w_{Fe}
碳化钛陶瓷	50	3.5	2.14	2.23	0.24	0.4	余量
中碳钢		0.34			0.34	0.41	余量

在焊接后的复合板上垂直于焊接界面分别平行或垂直于爆轰方向切取两块块状试样和 0.3mm 的薄片。块状试样经磨制抛光，用 4% 的硝酸酒精溶液腐蚀制成金相样品，用扫描电镜（SEM）和 X 射线能谱仪（EDX）观察界面显微组织和元素分布；用维氏显微硬度仪测试界面的显微硬度。

图 5-41 为界面形态的 SEM 像。从图 5-41a、b 中可以看出两块试样界面均为平直界面（高倍观察也未见明显的不同，以下仅给出垂直于爆轰方向的试验结果）。高倍观察可以更清楚地看到界面上有断续的不同于两侧组织特征的微区，即两种材料的过渡区，该区域也仅 20μm 左右，如图 5-41c、d 所示，从图 5-41d 中还可以看出界面呈微波起伏状。

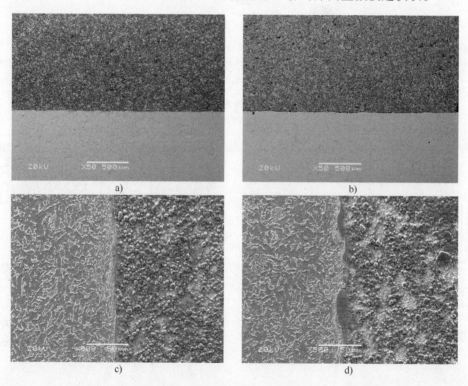

图 5-41　界面形态的 SEM 像

a）平行于爆轰方向　b）垂直于爆轰方向　c）断续熔化层　d）呈微波状形态

图 5-42 为界面结合区的 EDX 分析结果，图 5-42a 为全部元素的线分析曲线，图 5-42b 为 Ti 元素的线分析曲线。表 5-24 和表 5-25 分别为界面上以及界面钢侧不同位置处（图 5-42b 中 1~6 点）的主要元素含量，从图和表中可以看出，Ti 元素跨越界面扩散进入了钢侧，而 C 和 Mo 则未能跨越界面。

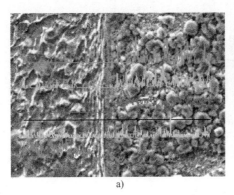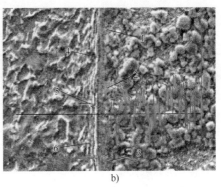

a)   b)

图 5-42　界面结合区的 EDX 分析结果

a) C、Fe、Ti、Cr、Mo 元素　b) Ti 元素

表 5-24　结合界面上 TiC 侧不同位置处的主要元素含量　　　　　　　（%）

元素含量	1	2	3
w_C	0.26	0.26	0.00
w_{Ti}	29.04	26.79	11.36
w_{Cr}	0.67	0.88	0.94
w_{Fe}	70.03	72.07	87.69

表 5-25　结合界面上钢侧不同位置处的主要元素含量　　　　　　　（%）

元素含量	4	5	6
w_C	0.60	0.00	0.00
w_{Ti}	3.28	2.65	1.54
w_{Fe}	96.11	97.35	98.46

图 5-43 为碳化钛陶瓷/中碳钢爆炸复合板结合区的显微硬度分布曲线。图中横坐标 0 处为界面，可以看出，结合区硬度介于两种材料之间，无硬度峰出现。在碳化钛陶瓷一侧，随着与界面距离的增加，硬度逐渐升高，当距界面 0.1mm 时，硬度值趋于碳化钛陶瓷的原始硬度。在中碳钢一侧，随着与界面距离的增加，硬度逐渐降低，当距界面 0.05mm 时，硬度值趋于中碳钢原始硬度。

对于硬度高、脆性大的陶瓷材料或者硬质合金，如果设计合适的爆炸焊接工艺，可得到界面结合良好的复合材料。

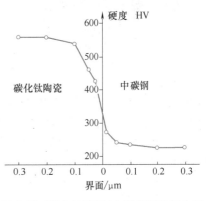

图 5-43　碳化钛陶瓷/中碳钢爆炸复合板
结合区的显微硬度分布曲线

5.5.6　野外维修

野外维修主要用于战时装甲车辆、舰船、桥梁等的维修。由于爆炸焊接的快速和简便性，当车辆的装甲、船体的甲板及侧板被击穿、桥梁等的部件被击断时，只需将贴有带状炸药的补缀板放置在破坏部位，然后起爆，在不需电源、不用专门设备的情况下，即可迅速地将被焊接件焊接到基体金属上。

复习思考题

1. 什么是爆炸焊？
2. 爆炸焊的技术优势与不足是什么？
3. 简介爆炸焊接两金属板结合过程中金属射流的形成机理。
4. 爆炸焊接金属间波状结合形成机理有哪几种？
5. 爆炸焊接工艺参数主要包括哪些？
6. 爆炸焊接常见缺陷有哪些？
7. 爆炸焊接实施过程中必须重视的安全事项包括哪些方面？
8. 爆炸焊主要应用于哪些方面？
9. 在不锈钢-钢复合板爆炸焊接安装时，应注意哪些问题？
10. 管材的爆炸焊接分为哪几种方法？

参 考 文 献

[1] 杨扬. 金属爆炸复合技术与物理冶金 [M]. 北京：化学工业出版社，2006.

[2] 布拉齐恩斯基. 爆炸焊接成形与压制 [M]. 李富勤，等译. 北京：机械工业出版社，1988.

[3] 郑远谋. 爆炸焊接和金属复合材料及其工程上的应用 [M]. 长沙：中南大学出版社，2002.

[4] 李亚江，王娟，刘鹏. 特种焊接技术及应用 [M]. 北京：化学工业出版社，2004.

[5] LI Yan, HASHIMOTO H. Morphology and structure of various phases at the bonding interface of Al/steel formed by explosive welding [J]. Journal of Electron Microscopy, 2000, 49 (1)：5-10.

[6] WEI Shizhong, LI Yan. The Investigation of microstructure of Pt/Ti explosive clad interface [J]. Materials Science Forum, 2005, 479：3855-3858.

[7] 中国机械工程学会焊接学会. 焊接手册：第1卷 [M]. 2版. 北京：机械工业出版社，2001.

[8] 史长根，王耀华，蔡立良，等. 爆炸焊接界面的结合机理 [J]. 焊接学报，2002, 23 (2)：55-58.

[9] 史长根，王耀华，李子全，等. 爆炸焊接界面成波机理初探 [J]. 爆破器材，2004, 33 (5)：25-28.

[10] 胡兰青，卫英慧，许并社，等. 爆炸焊接钢/钢复合板接合界面微观结构分析 [J]. 材料热处理学报，2004, 25 (1)：46-49.

[11] 史长根. 爆炸焊接下限原理与双立法 [M]. 北京：冶金工业出版社，2015.

[12] 孟宪昌，张俊秀. 爆轰理论基础 [M]. 北京：北京理工大学出版社，1988.

[13] 中国机械工程学会焊接学会. 第八次全国焊接会议论文集（1～3册）[C]. 北京：机械工业出版社，1997.

[14] 中国机械工程学会焊接学会. 第九次全国焊接会议论文集（1～2册）[C]. 哈尔滨：黑龙江人民出版社，1999.

[15] 中国机械工程学会焊接学会. 第十次全国焊接会议论文集（1～2册）[C]. 哈尔滨：黑龙江人民出版社，2001.

[16] 毕志雄，李雪交，吴勇，等. 钛箔/钢爆炸焊接的界面结合性能 [J]. 焊接学报，2022, 43 (4)：81-85.

[17] 曹朝霞. 特种焊接技术及应用 [M]. 北京：北京理工大学出版社，2009.

[18] 曹朝霞，曹润平. 特种焊接技术 [M]. 北京：机械工业出版社，2018.

[19] 李亚江，王娟. 特种焊接技术及应用 [M]. 4版. 北京：化学工业出版社，2014.

Chapter 6

第6章

微连接技术

微连接技术是决定电子信息产品最终质量的关键技术，在微电子元器件制造和电子产品组装中广泛应用。随着电子产品向便携式、微型化、智能化、多功能、高可靠性及低成本等方向发展，微电子元器件经历了从电子管—晶体管—集成电路—大规模集成电路—超大规模集成电路的发展历程，微电子组装密度不断提高，封装尺寸不断减小，推动着微连接技术蓬勃发展。

在微电子大规模集成电路中通常有几百个微连接焊点，在巨型计算机的印制电路板上焊点数目可达上万个，只要一个焊点失效，就有可能导致整个元器件或整机停止工作。据统计，在电子元器件或电子整机的所有故障原因中，70%以上是焊点失效所造成的，因此随着电子工业快速发展，微电子焊接或微连接技术越来越引起人们的关注，现已发展成为一门新兴学科。

6.1 微连接技术概述

6.1.1 微连接技术及其分类

在传统焊接技术中，焊接材料在母材中的溶解量、扩散层厚度、表面张力、应变量等往往被忽略，但连接对象尺寸微小时，这些因素将对材料的焊接性、焊接质量产生不可忽视的影响，这种必须考虑结合部位尺寸效应的焊接方法总称为微连接（Microjointing）。

可见，微连接并不是一种传统焊接技术之外的焊接方法，而是由于尺寸效应使焊接技术在工艺、材料、设备等方面与传统焊接技术存在明显不同。与常规焊接方法相比，微连接技术有如下特点：

钎焊

1）由于连接接头的尺寸极其微小，在常规焊接中被忽略或不起作用的因素却成为决定连接质量和焊接性的关键因素。例如，在结构件钎焊中，母材适量溶解（数微米）对钎焊过程有利，但是在倒装芯片连接或者薄膜集成电路引线连接时，导体膜厚度在微米数量级，微米数量级的溶解量就有可能使焊盘发生溶蚀从基板上脱落而失效。再如，微电阻焊的极性效应，在电子元器件封装或厚膜电路电阻焊时，电极极性的改变有时会使连接的强度大幅度下降，这都是需要通过材料、工艺等加以克服的。

2）微电子材料、结构及性能的特殊性要求采用特殊连接方法。微电子材料尺寸在微米甚至纳米数量级，在形态上为薄膜、箔、丝等。连接时，除了对强度要求外，还对电气连接性和可靠性提出更高要求，且连接过程不应对器件功能产生影响。为了实现这些要求，有时需要采用非常规的焊接方法和结构，且连接过程往往需要在较低温度和极短时间内完成。

微连接方法很多，可以采用现有的各种连接方法，见表 6-1。其主要应用对象是微电子器件内部引线连接和电子元器件在印制板上组装，涉及的主要焊接方法为压焊和软钎焊。

表 6-1 微连接方法

连接方法		组装技术	连接部位（例）
熔焊	弧焊		精密机械元件连接
	微电阻焊	平行间隙电阻焊 闪光焊	接头连接
液固相连接	软钎焊	浸渍焊	电子器件装连
		波峰焊	
		再流焊	
	液相扩散连接		
	喷镀焊		
固固相连接	固相扩散连接		
	反应扩散连接		
	冷压焊		大功率晶体外壳封装
	超声波焊		
	热压焊	楔压焊	
		丝球焊	
气固相连接	物理沉积	真空沉积	电极膜形成 扩散阻挡层形成
		离子沉积	
	化学沉积		
	电镀		电极膜形成
粘结			芯片粘结,电子元件组装,精密机械元件连接

在微连接技术中，软钎焊主要用于微电子器件外引线的连接。外引线连接是指微电子器件信号引出端（外引线）与印制电路板（Printed Circuit Board，PCB）上相应焊盘之间的连接，目前微电子工业生产中常用的软钎焊工艺为波峰焊和再流焊。压焊方法主要用于微电子器件中固态电路内部互连接线的连接，即芯片与引线框架之间的连接；按照内引线形式，可分为丝材键合、梁式引线键合、倒装芯片键合和带载自动键合。随着人类环保意识的增强，"绿色"微连接技术越来越受到人们的重视。本章主要介绍基于钎焊原理的微连接技术、基于压焊原理的微连接技术及"绿色"微连接技术——导电胶粘结。

6.1.2 微连接技术发展概况及其发展前景

1. 微连接技术发展概况

电子产品的微型化和多功能化，促进了输入/输出（I/O）数目不断增加，焊点间距越来越小。从世界范围来看，倒装焊的实用化进程非常迅速，但由于受到成本和可靠性等因素制约，短期内还无法在大范围内取代引线键合而成为内连接的主流。国外对倒装焊的研究主要集中在凸点制作、焊接工艺以及连接点之间填充环氧树脂等关键技术。近年来，日本提出了 Cu 膜-Cu 膜直接连接的概念，预示着微连接技术正向着无凸点（Bump-less）互连方向发展。

我国微连接技术经过"七五""八五""九五"科技攻关，针对军品和民品应用而研制开发出一批新型的微电子封装结构，如无引线陶瓷芯片载体（Leadless Ceramic Chip Carrier，LCCC）、塑料无引线芯片载体（Plastic Leaded Chip Carrier，PLCC）、插针网格阵列（Pin Grid Array，PGA）封装、塑料球栅阵列（Plastic Ball Grid Array，PBGA）封装、四方扁平封装（Quad Flat Package，QFP）、球栅阵列（Ball Grid Array，BGA）封装、引线框架和低 I/O 引脚数的小外形封装（Small Outline Package，SOP）、芯片互连有载带自动键合（Tape Automatic Bonding，TAB）和倒装芯片键合（Flip Chip Bonding，FCB）等，其中 16~132 只引脚的 LCCC、44~257 只引脚的 PGA 和 8~32 只引脚的 SOP 已基本形成系列，44~160 只引脚的 QFP 也有了一些品种，68~160 只引脚的引线框架也已开发出来，但与国际微连接技术发展状况相比，我国的微连接技术还有一定差距。在 20 世纪 70 年代以前，我国的微电子封装是以塑料双列直插封装（Plastic Dual In-line Package，PDIP）和三脚直插封装为主。20 世纪 80 年代以后，以表面贴装类型的四边引线封装为主的表面组装技术，主要有塑料四方扁平式封装（Plastic Quad Flat Package，PQFP）技术、引线塑料片式载体（Plastic Leaded Chip Carrier，PLCC）封装和 SOP 生产线，对集成电路（Integrated Circuit，IC）芯片的封装也多以引进生产 SOP 和 PQFP 为主。20 世纪 90 年代中后期，集成电路发展至超大规模阶段，应运而生的球栅阵列（Ball Grid Array，BGA）封装，很快成为主流产品。到 20 世纪 90 年代后期，电子封装技术进入超发展时期，更小的芯片尺寸封装（Chip Scale Package，CSP）和多芯片模块（Multi-Chip Module，MCM）封装也蓬勃发展起来。目前典型的封装技术主要是球栅阵列封装（BGA）技术和芯片尺寸封装（CSP）技术。对于当前国际上正在飞速发展着的 BGA、CSP、倒装芯片（Flip Chip，FC）等各类先进的微电子封装技术，国内很少涉及。随着我国电子行业的快速发展，我国 IC 需求与国内生产能力相差很大，据电子行业权威部门统计，2001 年我国对 IC 的需求为 244 亿块，而国内 IC 产量仅有 63.6 亿块，且国内不能全部封装。我国微电子封装产业规模与需求之间很不协调，因此微连接技术研究已经引起了国内相关部门的高度关注。近十年来，随着电子工业的快速发展，电子器件逐渐向纵深方向发展。而三维封装技术的出现，直接使芯片实现了在三维空间的垂直堆叠，出现了金属-金属键合、瞬时液相键合、压力键合等新兴的键合方式，直接导致了电子器件的超微型化的实现。芯片在三维空间的垂直互连成功地推动了电子产品向微型化、集成化和多功能化方向发展。

目前，国内对微连接技术的研究主要集中在以下几个方面：

（1）微电子组装用钎焊材料　SnPb 钎料广泛应用于微电子组装中，但随着人们环保意识的增强，无铅化已成为电子产品发展的必然趋势。目前最有可能替代 SnPb 钎料合金的有 SnAgCu、SnAg 及 SnCu 系列，该钎料合金的熔点大都在 217℃以上，对钎焊工艺条件及其相应材料的影响较大；SnZn 系列钎料合金的熔点较低（约 198℃），但其耐蚀性较差。无铅钎料膏无特定规范遵循及 SnAgCu 系列钎料合金面临专利问题，给无铅钎料发展带来了诸多不便。

（2）微电子焊接接头的质量检测　如采用微焦点 X 射线成像、超声成像、激光/红外检测、三维摄像等技术对焊接接头进行质量检测。

（3）焊点可靠性　根据工艺参数计算接头形态，依据接头形态及受力条件，分析接头的应力分布及预测其寿命，由接头形态和应力分析的结果优化工艺参数；利用有限元方法计算在温度循环过程中接头的蠕变疲劳寿命；利用接头电阻变化，检测微软钎焊接头中裂纹的生长过程，从而改善钎料本身的抗蠕变性能，延长接头的疲劳寿命等。

（4）应用技术　在器件内引线连接上，随着器件集成度增加对高密度封装的要求，从有引线的丝球焊连接发展到 TAB（载带自动键合）、FC（倒装芯片）方法。在微组装和表面组装中，开发了气相焊、波峰焊等各种群焊技术，大大提高了生产率。同时，为提高接头可靠性和适应高密度组装，激光再流焊技术也受到了高度重视。

因此，国内的微电子焊或微连接已经由分散研究走向系统研究，正在形成一个新兴的研究领域，且研究成果对于推动我国电子工业的发展将会起到重要的作用。

2. 微连接技术发展前景

微连接技术发展的主要动力是微电子器件组装密度的不断增长。在芯片级组装方面，大规模、超大规模集成电路的发展促进了内引线微连接技术的发展；在印制电路板组装方面，外引线间距逐步从 1.27mm 减小到 0.635mm 甚至到 0.3mm，促进了球栅阵列（BGA）封装技术发展。电子元器件体积更小、信号引出端更多的要求，促进了多芯片模块（Multi Chip Module，MCM）、单芯片封装（Single Chip Package，SCP）等概念及相应技术问世。

微连接技术在民用电子产品方面随处可见，最典型的是移动通信、摄录一体机等；在军事电子产品方面，美国最为重视。1981 年，Texas 公司首先把表面组装的微连接组件用于 F-15 战斗机联合战术信息分发系统 JTIDSL，1987 年，Hughs 飞机制造公司在 APG-70 雷达上使用了微连接高密度组件；同年，Teledyne 公司推出一种军用机载计算机，除电源外全部采用微连接组件。微电子技术和微连接技术发展相映生辉，不断改变着人们的生活。

微电子产品的市场是巨大的，仅消费及通信用电子产品，截至 2020 年，全球微电子市场规模已超过 1.5 万亿美元，在 2023 年，全球半导体市场营收达到 5201.26 亿美元。预计到 2024 年，全球半导体市场营收将增长至 5883.64 亿美元，年增长率达 13.1%。理想的微连接技术应当具有高度自动化和柔性，能够不断适应微电子元器件发展要求，且保证任意条件下的微连接质量和不污染环境。目前的微连接技术在以下几个方面有待提高和改进：

1）能量时空分布控制，是指可以在设计的时间和空间内输入能量，即建立动态温度梯度控制连接过程，在空间定义区域内限制连接材料并控制接头的最终几何尺寸。例如，对于高密度封装的热敏感元器件，显然需要热量局部化。

2）采用环境友好的化学制剂和材料，无铅钎料、免清洗钎剂、无铅钎剂已成为研究热点，导电胶更具吸引力，其目的主要是在保护环境前提下，保证微连接工艺替换的连续性和适应性，同时进一步提高焊点可靠性。

3）高度自动化与柔性设计，即通过控制所有重要工艺参数和过程，获得高质量微连接焊点。目前采用的群焊技术虽然实现了高产出，但不能提供工艺参数的无约束控制，也不能高度适应产品设计的变化。未来工艺方法面临的挑战是实现能量和焊接材料放置的空间控制，同时不降低生产率。微连接技术中的连接工艺与其他组装操作的集成化具有良好的发展前景，例如，一个器件被放置在组装件上的同时完成连接，这样可以通过工艺的时空控制，获得高质量的焊点，同时不影响组装件上其余部分的质量。

6.2 基于钎焊原理的微连接技术

基于钎焊原理的微连接技术主要用于印制电路板组装。印制电路板组装是指微电子元器件信号引出端（外引线）与印制电路板（PCB）相应焊盘之间的连接。为适应微电子元器件功能更强、信号引出端更多的要求，其外引线设计经历了双列直插封装（Dual In-line Package，DIP）形式（图6-1a），到分布在封装四周的四方扁平封装（QFP）形式（图6-1b），再到分布在封装底面的球栅阵列（BGA）封装形式（图6-1c）。外引线形式也经历了从适用于插装的直线型，到适用于贴装的J型、翼型和金属镀层的包边型，再到直接利用钎料凸台作为外引线，相应的微连接技术也经历了从通孔插装技术（Through Hole Technology，THT）到表面组装技术（Surface Mount Technology，SMT）的革命。印制电路板组装中的连接主要采用基于钎焊原理的微连接技术。

a)   b)   c)

图6-1 微电子元器件外引线形式

a）双列直插封装 b）四方扁平封装 c）球栅阵列封装

钎焊是将母材与钎料（熔点比母材低）一同加热，在母材不熔化条件下，钎料熔融并润湿，填充两母材连接处间隙，得到牢固焊接接头的连接方法。一般钎焊接头间隙小，多以搭接形式装配。与熔焊和压焊相比，钎焊具有如下优点：加热温度远低于母材熔点，且对母材物理化学性能没有明显不利影响；可对焊件整体均匀加热，应力和变形小，容易保证焊件尺寸精度；可用于结构复杂、开敞性差的焊件，并可一次完成多缝多零件连接；容易实现异种金属、金属与非金属材料的连接，且热源要求低，工艺过程简单等。当然，钎焊也有一些不足之处，如钎焊接头比强度低、耐热能力差、钎焊工件连接表面的清理和工件装配质量要求较高等。基于钎焊原理的微连接技术与传统钎焊焊接原理相同，只是由于连接对象的尺寸效应，使之在钎焊材料、工艺及设备上有所不同。

6.2.1 钎焊原理及工艺

微连接可以采用现有很多焊接方法，如弧焊、微电阻焊、软钎焊、喷镀焊、扩散连接、压焊、超声波焊等，但应用最广泛的焊接方法是压焊和软钎焊方法。下面简单介绍钎焊基本原理及工艺。

1. 钎焊原理

钎焊包括钎料填满钎缝和钎料同母材相互作用两个基本过程，因此优质钎焊接头的获得必须具备两个基本条件：一是液态钎料润湿母材，并在钎缝间隙毛细作用下填满间隙；二是液态钎料与母材进行必要的冶金反应，达到良好的冶金结合。

（1）钎料的润湿作用与毛细作用　润湿是液态物质与固态物质接触后相互粘附的现象。当液体处于自由状态下，为使其本身处于稳定状态，液体会力图保持球形表面。当液体与固体接触时，内聚力大于附着力，则液体不能粘附在固体表面；当内聚力小于附着力时，液体就能粘附在固体表面，即发生润湿作用。

熔化钎料要润湿固体金属表面必须具备两个条件：一是液态钎料与母材之间应能相互溶解，即两种原子具有良好的亲和力；二是钎料与母材表面必须"清洁"，即表面没有氧化层，更不应有油污等。钎料对母材润湿能力的大小，可用钎料（液相）与母材（固相）的润湿角 θ 来表示，如图6-2所示。

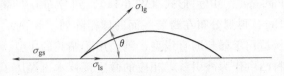

图6-2　钎料在母材上稳定时的润湿角

g—气相　l—液相　s—固相　σ—表面张力　θ—润湿角

液滴（钎料）在固体（母材）表面处于稳定状态时，有

$$\cos\theta = \frac{\sigma_{gs} - \sigma_{ls}}{\sigma_{lg}} \tag{6-1}$$

式中　σ_{gs}——气相与固相间的表面张力；

σ_{ls}——液相与固相间的表面张力；

σ_{lg}——液相与气相间的表面张力。

当 $\sigma_{gs} > \sigma_{ls}$ 时，$\cos\theta$ 为正值，即 $0° < \theta < 90°$，钎料能润湿母材；当 $\sigma_{gs} < \sigma_{ls}$ 时，$\cos\theta$ 为负值，即 $90° < \theta < 180°$，钎料不能润湿母材。当润湿角小于20°时，润湿性能良好。

实现液态钎料良好充填焊缝，需要满足以下条件：液态钎料与母材具有良好的润湿能力；在设计和装配钎焊接头时保证合适的间隙，因为液体钎料沿间隙上升高度与间隙大小成反比；采用合适的钎焊温度、保温时间等。需要指出的是，上述规律是在液相和固相之间没有相互作用的条件下得到的。在实际钎焊过程中，液态钎料与母材之间或多或少存在相互扩散，致使液态钎料的成分、密度、黏度和熔化温度区间等发生变化，从而使毛细填缝现象复杂化。

（2）钎料与母材相互作用　液态钎料在毛细填隙过程中与母材发生的相互作用可以归结为两种：一种是母材向钎料的溶解，另一种是钎料向母材的扩散。

1）母材向钎料的溶解。母材向钎料溶解作用的大小取决于母材和钎料成分、钎焊温度、保温时间和钎料数量等。如果母材的溶解有助于在钎缝中形成共晶体，则母材的溶解作用比较强；母材成分在钎料中的溶解度大，也比较容易发生溶解；温度越高，保温时间越长，钎料量越多，溶解作用也越强。溶解作用对钎焊接头质量影响很大。母材向钎料的溶解可以改变钎料成分，如果成分改变有利于钎缝组织的形成，则钎焊接头强度和韧性提高；如果母材溶解导致钎缝中形成脆性化合物相，则钎缝强度降低；母材过度溶解会使液态钎料的熔化温度和黏度提高、流动性变差，可能引起钎料不能填满接头间隙，同时过量溶解还会造成母材溶蚀，甚至出现溶穿现象。

2）钎料向母材的扩散。钎焊时，在母材向液态钎料溶解的同时，钎料组分也向母材扩散。扩散以两种方式进行：一种是体积扩散，即钎料组元向母材晶粒内部扩散；另一种是晶间扩散，即钎料组元向母材晶粒边界扩散。晶间扩散常常使晶界变脆，应通过降低钎焊温度或缩短保温时间加以控制。

2. 钎焊工艺

合理的钎焊工艺是获得良好钎焊接头的保证。钎焊工艺主要包括工件焊前表面准备、装配、安置钎料、钎焊、钎焊后处理等。

（1）工件焊前表面准备　清洁而无氧化物表面是保证获得优质钎焊接头的必要条件。由于熔化钎料不能润湿未经清理的工件表面，因此钎焊前必须仔细清除工件表面的氧化物、油污等。油脂常用有机溶剂、苛性钠溶液、磷酸三钾和碳酸氢钠水溶液清洗；工件表面的氧化物可用化学方法和机械方法去除。化学方法包括化学浸蚀法和电化学浸蚀法，机械方法常采用机械研磨、砂纸打磨等方法。化学浸蚀剂通常使用 H_2SO_4、HNO_3、HF 及其混合物水溶液和苛性钠水溶液等。有时为了改善母材钎焊性及提高钎焊接头耐蚀性，钎焊前还可以将工件预先镀覆某种金属层。在母材表面镀覆金属的主要目的是改善材料的钎焊性，增加钎料对母材的浸湿能力，防止母材与钎料相互作用，避免有害相的生成，从而获得良好的钎焊接头，如铝及铝合金表面镀 Cu 或 Zn、可伐合金预镀 Cu 等。同时，镀层作为钎料层，可以减少放置钎料工序，简化装配过程，提高生产率，如在不锈钢上镀 Cu 等。

（2）装配　钎焊连接时，工件必须装配在固定位置上，并在整个钎焊过程中始终保持位置相对固定。在钎焊温度下，待钎焊面必须保持一定的间隙，因此钎焊工件的装配方法和夹具是十分关键的。钎焊工件的装配方法取决于所采用的钎焊技术、钎接材料以及钎焊的接头形式。薄板工件常采用点焊、铆接及捆扎等；圆柱形、管子和实心工件的装配方法有扩管口、卷边、镦粗、滚花以及压纹等。

（3）安置钎料　安置钎料的基本原则是尽可能利用重力和毛细作用，使钎料顺利填满钎缝，避免工件表面污染和钎料流失。钎料在接头上的安放位置一般应满足如下要求：钎料应容易流入间隙；毛细管作用尽可能与重力作用相结合；钎料应紧贴在不易润湿或加热较慢的母材上；钎料流入间隙方向应使钎缝中的气体或钎剂容易排出；钎料从安放位置流动的距离一般不大于 15mm，否则钎缝不易完全填满。

（4）涂阻流剂　为了保证得到美观的钎焊接头，应把钎料限制在接头区域内。炉中钎焊时，为防止钎料流失、沾污焊缝附近工件表面，常涂阻流剂。阻流剂由与钎料不润湿的稳定氧化物组成，如氧化铝、氧化钛、氧化镁等，用黏结剂调成糊状使用。

阻流剂在气体保护炉中钎焊和真空炉中钎焊中用得很广，因为把工件装入钎焊炉中，难以用其他方法控制钎料的流布。例如，在保护气体炉中钎焊时，欲把螺栓钎焊到某种组件上，若不涂阻流剂则钎料会润湿螺栓并通过毛细作用上升到螺纹部分，影响螺栓与螺母的配合，如果在钎焊前用少量的阻流剂涂在螺纹底部，就可阻止钎料爬升到螺纹中。火焰钎焊和感应钎焊偶尔也使用阻流剂。

（5）钎焊参数　钎焊参数主要包括钎焊温度和保温时间。钎焊温度直接关系到钎料能否填满接头间隙，能否与钎焊金属形成牢固的结合并得到平滑过渡的圆角，因而关系到能否形成强度高、韧性好的接头。确定钎焊温度的主要依据是钎料熔点。为保证钎料具有良好的流动性，能使熔化钎料填满间隙，一般要求钎焊温度不能过高，通常为高于钎料液相线温度 $25 \sim 60℃$，以免对组件造成不良影响。但对于某些钎料，如 Ni 基钎料，希望钎料与母材发生充分反应，钎焊温度可能高于钎料液相线温度 $100℃$ 以上；对于某些结晶温度间隔宽的钎料，由于在液相线温度以下已有相当数量的液相存在，具有一定的流动性，这时，钎焊温度可以等于或稍低于钎料液相线温度，但必须高于固相线温度。

钎焊时间对钎焊接头的强度有很大影响。一定的保温时间是促使钎料母材间的相互扩散，形成牢固结合所必需的，但过长的保温时间将引起溶蚀等缺陷。确定钎焊保温时间以温度均匀、填满焊缝为原则。过快的加热速度会使焊件内部温度不均匀而产生内应力，对于局部加热的焊接方法更是如此。过慢的加热会使某些有害过程（如晶粒长大、低沸点的钎料蒸发、金属氧化等）加剧，因此应在保证加热均匀的前提下尽量缩短加热时间。一般情况下，液态钎料在钎焊温度下钎焊时间应在 50s 左右。钎焊保温时间长短常常根据工件大小、钎料与母材相互作用的剧烈程度来确定。大件的保温时间应长些，以保证加热均匀；钎料与母材作用强烈的，保温时间要短。

（6）钎焊后处理　钎剂残渣大多数对钎焊接头起腐蚀作用，并影响外观，妨碍对钎缝的检查，需清除干净。所用钎剂不同，产生残渣的性质和特点不同，清除方法也不同。表 6-2 是不同钎剂生成残渣的特点和清除方法。

表 6-2　不同钎剂生成残渣的特点和清除方法

钎剂组成	残渣特点	清除方法
松香	无腐蚀性	可不清除
松香+活性元素	有腐蚀性,不溶于水	用有机溶剂异丙醇、酒精、汽油、三氯乙烯清洗
有机酸和盐	溶于水	热水冲洗
含凡士林膏状	不溶于水	用有机溶剂酒精、丙酮、三氯乙烯清洗
无机盐软钎剂	溶于水	热水冲洗
含碱土金属及氯化物（氯化锌）	金属氧化物和氯化锌复合物,不溶于水	用 2%盐酸洗涤,再用 NaOH 热水溶液中和盐酸残液。若钎剂含凡士林油脂,需先用有机溶液除油
硼砂、硼酸	坚硬,不溶于水,难清除	焊件热态,立即投入水中,使渣壳炸裂面清除;然后用 10～90℃、2%～3%重铬酸钾溶液长时间浸泡
氟硼酸钾或氟化钾硬钎剂	溶于水	先水煮,然后用 10%柠檬酸热水溶液浸泡
焊铝用含 Zn、Sn 软钎剂	有腐蚀性	用有机溶剂甲醇等清洗
焊铝用含氟化物钎剂	无腐蚀性	在 7%草酸或 7%HNO₃ 溶液中,用刷子清洗焊缝,再浸泡 1.5h,然后取出用冷水冲洗
焊铝用含 Al、Si 等硬钎剂	残渣有严重腐蚀性	60～80℃热水浸泡 10min,用毛刷清洗焊缝,冷水冲洗,再用 15%HNO₃ 溶液浸泡 30min,再用冷水冲洗。然后用 60～80℃流动的热水冲洗 10～15min,放在 2%CrO₃+3%H₃PO₄ 的 65～75℃水溶液中浸泡 30min,再用冷水冲洗,热水煮,冷水浸泡。最后用 60～80℃流动的热水冲洗 10～15min,流动冷水冲洗 30min,放在 2%～4%的草酸+1%～7%NaF+0.05%洗涤剂中浸泡 5～15min,流动的冷水冲洗 20min,再用 10%～15%HNO₃ 溶液浸泡 5～10min,再用冷水冲洗

（7）阻流剂的清除　阻流剂主要分两种：分离型和表面反应型。前者很容易用金属丝刷、水冲洗等机械方法清除，后者一般用热硝酸-氢氟酸可以获得最佳效果，但钎料中含铜

或银应避免采用硝酸；也可以用氢氧化钠或而氯化铵浓热溶液清洗，但作用比酸缓慢。

6.2.2　微连接技术

基于钎焊原理的微连接方法多采用软钎焊，尤其在印制电路板（PCB）组装中被大量使用，其中波峰焊和再流焊（回流焊）应用最广泛。此外，电阻钎焊、感应钎焊以及炉中钎焊在微连接中也有一定应用。

波峰焊　回流焊

1. 波峰焊

波峰焊（Wave Soldering）也称喷流焊接，是利用熔融钎料循环流动的波峰面与装有元器件的印制电路板焊面相接触，使熔融钎料不断供给印制电路板和表面贴装元件（SMD）焊接面而进行的一种组装焊接方法。由于它具有生产率高、焊接质量可靠等优点，从20世纪80年代至今一直是电子产品批量组装制造中应用最广泛的软钎焊方法。钎剂的供给、预热和熔融钎料槽是波峰焊的三个主要因素。钎剂的供给方式有喷雾式、喷流式和发泡式。钎剂预热是为了活化钎剂，去除挥发物，同时将PCB焊接部位加热到钎料润湿温度，且防止暴露于熔融钎料时受到大的热冲击。熔融钎料槽是波峰焊接系统的核心部件。一般波峰焊按照波峰不同，又可分为双波峰焊和喷射式波峰焊。

（1）双波峰焊　图6-3为双波峰焊接原理图。在波峰焊接时，PCB先接触第一个波峰，然后接触第二个波峰。第一个波峰是由窄的喷嘴喷流出的"窄波峰"，也称"湍流"波峰，给波峰焊较高的垂直压力，使钎料对尺寸小、贴装密度高的焊件有较好的渗透性。由于这种湍流波速度高，钎料湍流离开PCB的角度大，元器件钎焊接头会留下过量钎料，所以波峰焊必须进入第二个波峰。第二个波峰是一个"宽平波"，也称"平滑"波峰，流动速度慢，有利于形成焊缝充填，且可以有效去除引线上过量的钎料，并使所有焊接面的钎料良好润湿，确保焊接质量。

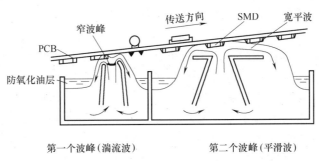

图 6-3　双波峰焊接原理图

双波峰焊接系统多采用三种类型，如图6-4所示，其主要区别是第一个波峰分别采用了窄幅度对称湍流波、穿孔摆动湍流波和穿孔固定湍流波。对于贴装片式元件焊接和小型外形封装（SOP），这三种类型的波峰焊接系统都可获得较为满意的焊接效果。

窄幅度对称湍流波双波峰焊接结构如图6-4a所示，它由窄缝隙喷嘴产生的窄幅度快速湍流对称波和宽缝隙喷嘴产生的不对称慢速流动的平滑波组成。该结构适用于组装密度低的波峰焊接。

穿孔摆动湍流波双波峰焊接系统的波形设计如图6-4b所示。该系统中的第二个波峰与

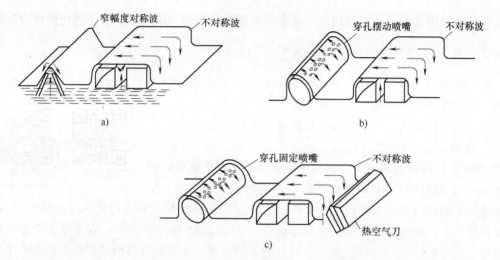

图 6-4　三种类型双波峰焊接系统示意图

a）窄幅度对称湍流波双波峰结构　b）穿孔摆动湍流波双波峰结构　c）穿孔固定湍流波双波峰结构

窄幅度对称湍流波相同，但第一个波峰的摆动方向平行于第二个波，且可以调节穿孔喷嘴产生的摆动湍流波和摆动速度。当熔融钎料从这些小孔喷出时，就以一定的规则"冒泡"。这种波峰焊接系统适用于组装密度较高的波峰焊接，其最大优点是熔融钎料能以不同速度擦洗焊件，可防止钎料"阴影"。

穿孔固定湍流波的双波峰焊接系统波形设计如图 6-4c 所示。该系统中湍流波的产生原理与穿孔摆动湍流波相同，但在熔融钎料喷出部位钻有小孔，且喷嘴穿孔金属管位置不同。另外，第二个平滑波的后面设置了一个喷嘴呈窄缝隙形，喷出的热空气形似刀子，所以称为"热空气刀"，主要用于吹掉可能易引起桥接的钎料。

（2）喷射式波峰焊　喷射式波峰焊接系统的波形设计示意图如图 6-5 所示。该系统的波形是一种高速单向流动的熔融钎料波，在熔融钎料下面形成中空区，故称为喷射式空心波。这种波的钎料流速快，上冲力大，对焊缝和孔的渗透性好，并有较大的前倾力，因此该钎料波不仅对焊接表面有较强的擦洗作用，而且能消除桥接和拉尖。由于波峰中空，不易造成热容量过度积累而损坏表面组装元器件，同时有利于钎剂产生的气体排放。这种波峰焊适用于片式元件和 SOP 部

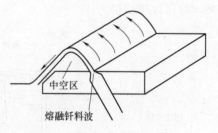

图 6-5　喷射式波峰焊接系统波形
设计示意图

件焊接，但效率低，对通孔插装元器件焊接适应性差，应用范围受到限制。

2. 再流焊

再流焊接是预先在 PCB 焊接部位（焊盘）施放适量和适当形式的钎料，然后贴放表面组装元器件，经固化后，再利用外部热源使钎料再次流动达到焊接目的的一种成组或逐点焊接工艺。

与波峰焊相比，再流焊具有以下特征：元器件受到的热冲击小，但由于其加热方法不同，有时会给施加器件较大的热应力；仅在需要部位施放钎料；能控制钎料施放量，避免桥接等缺陷；当元器件贴放位置有一定偏离时，只要钎料施放位置正确，就能自动校正，使元

器件固定在正常位置；可以实现局部焊接，即使同一基板，也可以采用不同焊接工艺；钎料中一般不会混入不纯物，保持钎料组成稳定。

再流焊不适用于通孔插装元器件焊接，但是随着印制电路板（PCB）组装密度的提高和 SMT 的推广应用，再流焊将成为今后电路组装焊接的主流。再流焊按加热方式不同又可分为气相再流焊、红外再流焊和激光再流焊等。

（1）气相再流焊 气相再流焊常使用沸点高于钎料熔点的惰性液体作热转换介质。当惰性液体由气态变为液态时就会放出汽化潜热，利用这种潜热进行加热的软焊接方法称为气相再流焊，其原理如图 6-6 所示。当相对比较冷的被焊接部件进入饱和蒸气区时，蒸气凝聚在焊件所有暴露表面，把汽化潜热传给焊件（PCB、元器件和钎料膏），而在焊件上凝聚的液体流到容器底部，再次被加热蒸发并再凝聚在焊件上。这个过程继续进行，直到（在很短时间内）焊件与蒸气达到热平衡，即焊件被加热到惰性液体的沸点温度，从而提供合适的钎焊温度。这种焊接特点是用加热器加热惰性液体使之沸腾蒸发后，形成饱和蒸气区，替换了其中大部分空气，形成无氧环境，使表面组装焊接质量好。

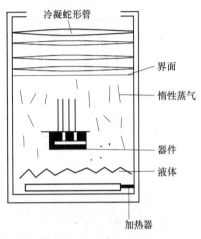

图 6-6 气相再流焊原理

与其他再流焊方法相比，气相再流焊有以下优点：

1）可使组件均匀加热，热冲击小，能防止元器件产生内应力。

2）加热不受焊件结构影响，复杂和微小部分也能焊接。

3）由于饱和蒸气的温度由惰性液体的沸点决定，能够精确地保持一定的温度，不会发生过热；在无氧气环境中进行焊接，确保了焊件焊接的可靠性。

4）由于饱和蒸气与被加热的焊件接触，汽化潜热直接传给焊件，所以热转换效率高，加热速度快。

（2）红外再流焊 红外再流焊可以有效减少色敏感性，且加热效率高、节能。这种焊接方法的特点在于光源性价比高，升温速度容易控制和掌握，但温度波动较大，容易出现损伤基板和元器件，不适用于要求较高的印制电路板的组装焊接。

根据所用红外线的种类和热传递方式特点，红外再流焊接设备可分为近红外再流焊接设备和远红外再流焊接设备等。近红外再流焊接设备由灯源和面源板组合而成，如图 6-7 所示。这种设备在预热区使用远红外（面源板）辐射体加热器，再流焊接区使用近红外灯源辐射体加热器，其典型加热曲线如图 6-8 所示。

远红外再流焊接设备是面源板远红外焊接设备，如图 6-9 所示。该设备分成预热和再流加热两个区，可根据需要分别控制温度。六块面源板加热器分三组，两组用于预热，一组用于再流加热，可根据焊件的具体情况增加加热器数目，这类红外焊接设备的典型加热曲线如图 6-10 所示。目前，远红外再流焊接设备在微连接中广泛应用。

（3）激光再流焊 激光焊接是利用激光束直接照射焊接部位加热，导致钎料熔化，然后空冷凝固，形成牢固可靠的焊接接头。影响焊接质量的主要因素有：激光器输出功率、光斑形状和大小、激光照射时间、器件引线共面性、引线与焊盘接触程度、电路基板质量、钎

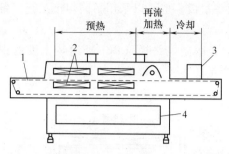

图 6-7　近红外再流焊接设备示意图

1—无网眼式传送带　2—平板式加热器

3—冷却风扇　4—控制盘

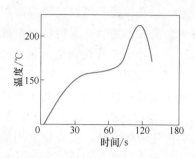

图 6-8　近红外再流焊接设备典型加热曲线

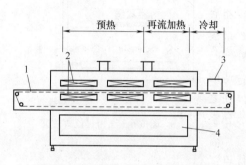

图 6-9　远红外再流焊接设备示意图

1—无网眼式传送带　2—平板式加热器

3—冷却风扇　4—控制盘

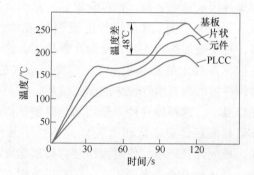

图 6-10　远红外再流焊接设备典型加热曲线

料涂敷方式和均匀程度、钎料种类等。

激光再流焊接系统主要由激光器、光路系统、支承焊件的精密工作台和微机控制系统等部分组成。根据不同类型的光路设计，激光再流焊接系统可分为聚焦束激光焊接系统和分散束激光焊接系统。

典型的聚焦束激光再流焊接系统如图 6-11 所示，它是集焊、测、控为一体的智能激光焊接系统。该系统在进行焊接的同时，用红外探测器测量焊点温度，与所建立的标准焊点质量数据库中的数据进行比较和判别，并将结果反馈，控制焊接参数。由于采用了红外探测器、机器视觉和小型计算机系统，能监测和控制焊接过程，易实现智能化。

该系统优点如下：

1）焊接速度快，效率高。每根引线的焊接速度为 50~150mm/s。

2）消除了损伤焊件的可能性。

3）用户可以在焊接进行过程中检查焊点形成情况，无需进行单独检测。

4）焊接过程中所积累的数据可立即提供给过程控制使用，可跟踪焊接中出现的问题，由系统及时校正。

图 6-12 是分散束激光再流焊接系统光路设计原理，这种系统可将激光束分别聚集在器件两边的所有引线上，可以实现多点焊接。如果器件四边均有引线，光学系统可转动 90°，完成另外两边的焊接。

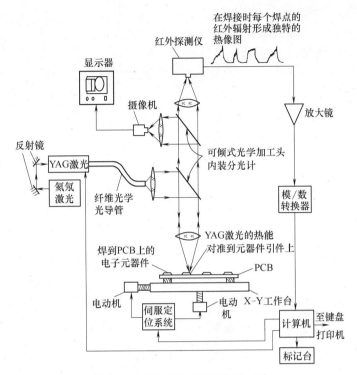

图 6-11 聚焦束激光再流焊接系统

3. 其他方法

除了波峰焊和再流焊外，许多钎焊方法在微连接技术中也有应用，如电阻钎焊、感应钎焊、炉中钎焊等，下面分别简单介绍。

（1）电阻钎焊　电阻钎焊是利用电流通过钎焊接头产生的热量来加热工件和熔化钎料的，一般要求钎焊接头装配紧密并施加压力。电阻钎焊的加热方式有两种：直接加热和间接加热。

直接加热电阻钎焊如图 6-13a 所示。在进行钎焊时，电极压紧两个工件钎焊处，电流通过钎焊面形成回路，靠钎焊面产生的电阻热将焊面加热到钎焊温度。电极材料可选用 Cu、Cr-Cu、Mo、W、C（石墨）和 Cu-W 烧结合金。加热电流在 6000～15000A，压力在 100～2000N。直接加热电阻钎焊的特点是：加热部位仅仅是焊件钎焊处，因此加热速度快；不能使用固态钎剂（因其不导

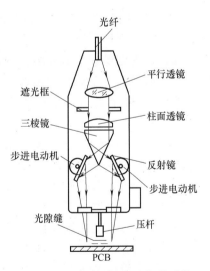

图 6-12 分散束激光再流焊接系统
光路设计原理

电），但适用自钎剂钎料；当必须使用钎剂时，一般采用水溶液或酒精溶液。

间接加热电阻钎焊如图 6-13b 所示。间接加热电阻钎焊的电流或只通过一个工件，或不通过工件。由于电流不需要通过钎焊面，因此可以使用固态钎剂，且对钎焊面配合的要求也较宽。为了保证装配精度和加快导热，工件必须压紧。该方法适用于小件钎焊，特别适宜于热物理性能差别大和厚度相差悬殊的工件。电阻钎焊的优点是加热极快，生产率高；缺点是

应用范围窄，仅适于钎焊接头尺寸不大、形状不太复杂的工件，如导线端头、电触点、电动机的定子线圈以及集成电路块元器件的连接等。

（2）感应钎焊　感应钎焊是利用高频和中频感应电流加热工件及焊料来实现焊接的一种钎焊方法。感应加热与其他加热方式不同，不是由环境或介质将热量传给工件，而是交流电通过感应线圈时在工件中产生涡流来加热工件和熔化钎料的。

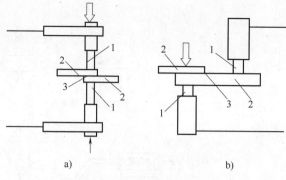

图 6-13　电阻钎焊原理图
a) 直接加热　b) 间接加热
1—电极　2—工件　3—钎料

感应钎焊设备主要由感应电流发生器和感应圈组成。感应电流的强度与感应回路中交流电频率成正比，频率越高，感应电流越大，加热速度越快。但频率过高，交流电的趋肤效应明显，加热厚度薄，工件内部只能依靠表面层向内部的传热来加热，使焊件加热不均匀程度增大。此外，电流渗透深度与材料的电阻率和磁导率有关，电阻率越大，电流渗透深度越深，表面效应越小；磁导率越小，电流的渗透深度则越大。

感应钎焊的主要特点：可局部加热，工件变形小，接头洁净，但工件的大小和形状受到一定限制。感应钎焊能量传输集中，升温快，可以在一个大型系统上进行局部钎焊。在微连接技术中，感应钎焊主要用于芯片焊接和外壳封装。

（3）炉中钎焊　炉中钎焊是在电阻炉内加热工件的。炉中钎焊的特点是炉内气氛和温度可调，焊件变形小，可以多缝多件同时焊接，成本低；工件整体加热，加热均匀，但加热慢，对批量生产尤为合适。例如，在红外探测器组件中，微型探测器结构部件采用炉中钎焊较为理想。按照钎焊过程中工件所处的气氛不同，可分为空气炉中钎焊、保护气氛炉中钎焊和真空炉中钎焊。

1）空气炉中钎焊。空气炉中钎焊是将装有钎料和钎剂的工件放入一般的工业炉中，然后加热到规定的钎焊温度来完成焊接的。在钎焊过程中，钎剂先熔化去除钎焊处的氧化膜，然后熔化的钎料流入接头间隙，冷凝后即形成接头。

这种方法加热均匀，焊件变形小，所用设备简单，成本低，但加热速度较慢。由于加热速度较慢，又是对工件整体加热，因此钎焊过程中焊件会严重氧化。为了缩短焊件高温停留时间，钎焊时可先把炉温升高到稍高于钎焊温度，再放入工件。钎剂以水溶液或膏状最方便，一般是先涂在工件上，再放入炉中加热。为了保证钎焊质量，要求炉膛温度均匀，控温精度不低于±5℃。

2）保护气氛炉中钎焊。根据所用气氛的不同，保护气氛炉中钎焊可分为还原性气体和惰性气体炉中钎焊。

典型的还原性气体钎焊炉如图 6-14 所示。保护气氛钎焊设备由供气系统、钎焊炉和温度控制装置组成。钎焊过程大致如下：先将装配好的工件送入预热室，缓慢加热，这样可以防止因急剧加热而引起的变形；然后送入钎焊室，在设定时间内使工件加热到钎焊温度，熔化钎料，完成钎焊过程；然后将钎焊好的焊件送入冷却室。在保护气体下冷却到 150℃ 以下

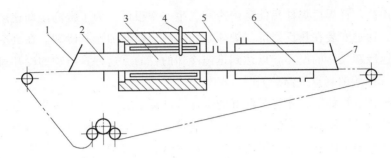

图 6-14 还原性气体钎焊炉

1—入口炉门 2—预热室 3—钎焊室 4—热电偶 5—气体入口 6—冷却室 7—出口炉门

后经炉门取出。工件的送入和取出可以人工操作，也可安装输送带。

还原性气体的主要组分是氢和一氧化碳，它不仅能防止空气侵入，还能还原工件表面的氧化物，有助于钎料润湿母材。钎焊用还原性气体见表 6-3。还原性气体的还原能力不但与 H_2 和 CO 的含量有关，而且取决于气体含水量和 CO_2 含量。

表 6-3 钎焊用还原性气体

气体	主要成分（体积分数，%）				露点 /℃	用途	
	H_2	CO	N_2	CO_2		钎料	母材
热气体	14~15	9~10	70~71	5~6	室温	铜、铜磷、黄铜、银基	无氧铜、碳钢、镍、蒙乃尔合金
放热气体	15~16	10~11	73~75		-40		无氧铜、碳钢、镍、蒙乃尔合金、镍基合金
吸热气体	38~40	17~19	41~45		-40		
氢气	97~100	—	—		室温		无氧铜、碳钢、镍、蒙乃尔合金、不锈钢、镍基合金
干燥气体	100	—	—		-50~54	铜、铜磷、黄铜、银基、镍基	
分解氨	75		25				

3）真空炉中钎焊。真空炉中钎焊设备主要由真空炉和真空系统组成。真空炉可分为热壁型和冷壁型两类。

热壁真空炉实际上是一个真空钎焊容器。钎焊时，将工件放入真空钎焊容器中加热到钎焊温度，保温一定时间，然后将容器放在空气中冷却。该设备简单，且钎焊后空冷，缩短了生产周期，防止了钎焊金属晶粒长大，但容器在高温真空条件下受压易变形，同时加热效率低，容器易氧化，消耗快，使其应用受到一定的限制。

冷壁真空炉是应用最多的真空钎焊设备，如图 6-15 所示。炉体为双层结构，通以冷却水。内置热反射屏，它由钼片或钼与不锈钢片组成。在热反射屏内侧均匀分布着钼（丝或片）、石墨（管、棒或毡）或钨（丝或棒）的加热元件，加热元件材料视真空炉所要求的最高加热温度而定，低中温炉的加热元件可用镍铬合金或铁铬铝合金丝或片。冷壁真空炉使用比较方便安全，加热效率较高，但结构较

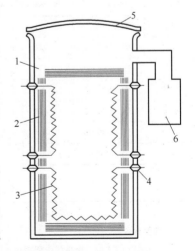

图 6-15 冷壁真空炉简图

1—加热器 2—反射屏 3—加热元件 4—绝缘子 5—炉盖 6—真空泵

复杂，制造费用高。钎焊后焊件只能随炉冷却，生产率很低。为了提高冷却速度，在冷却时通入惰性气体，通过安装在热反射屏与炉体之间的热交换器加速其冷却。在真空室上部还可安装风扇，加速冷却气体的循环，以达到迅速冷却的目的。这种真空炉的冷却速度可达淬火所要求的速度（即所谓真空气淬炉）。

真空钎焊操作过程如下：先将装配好的工件放进真空室，开动机械真空泵，待系统达到约 5Pa 后接通扩散泵，将真空室抽至所要求的真空度后开始升温加热。在整个加热过程中应使真空系统维持所要求的真空度。加热速度不应太快，以免真空度急剧下降。一般情况下，钎焊时真空度应不低于 15Pa，钎焊后一般冷却到低于 150℃才允许出炉，以免焊件氧化。

6.2.3 微连接用钎焊材料

钎焊材料主要包括钎料和钎剂两大部分。微连接用钎焊材料多用软钎料，包括传统的 Sn-Pb 钎料和无铅软钎料。微连接用钎剂包括有机钎剂、无机钎剂等。

1. 钎料

微连接用钎料按照成分可分为含铅钎料和无铅钎料，而含铅钎料主要是指传统的 Sn-Pb 钎料。

（1）Sn-Pb 钎料　Sn-Pb 共晶（63Sn-37Pb）和近共晶（60Sn-40Pb）钎料成本低廉，具有适宜的熔化温度（共晶点温度约 183℃）、优良的钎焊工艺性能、较高的强韧性及热疲劳抗力，且导电、导热性能也能满足要求，非常适合在电子行业中大范围应用，因此该钎料在电子封装中一直处于优势地位。表 6-4 和表 6-5 为我国含铅钎料牌号、化学成分及性能。

表 6-4　国内含铅钎料的牌号和化学成分

含铅钎料牌号	代号	主要成分(质量分数,%)			杂质成分(质量分数,%)(不大于)						
		Sn	Sb	Pb	Cu	Bi	As	Fe	S	Zn	Al
10	HSnPb10	89~91	≤0.15	余量	0.10	0.10	0.02	0.02	0.02	0.002	0.005
39	HSnPb39	59~61	0.3~0.8	余量	0.08	0.10	0.05	0.02	0.02	0.002	0.005
50	HSnPb50	49~51	0.3~0.8	余量	0.08	0.10	0.05	0.02	0.02	0.002	0.005
58-2	HSnPb58~2	39~41	1.5~2.0	余量	0.08	0.10	0.05	0.02	0.02	0.002	0.005
68-2	HSnPb68~2	29~31	15~2.0	余量	0.08	0.10	0.05	0.02	0.02	0.002	0.005
73-2	HSnPb73~2	24~26	1.5~2.0	余量	0.08	0.10	0.05	0.02	0.02	0.002	0.005
80-2	HSnPb80~2	17~19	1.5~2.0	余量	0.08	0.10	0.05	0.02	0.02	0.002	0.005
90-6	HSnPb90~6	3~4	5~6	余量	0.08	0.10	0.05	0.02	0.02	0.002	0.005
45	HSnPb45	53~37	—	余量	0.20	0.20	0.10	0.10	0.02	0.002	0.005

表 6-5　常用含铅钎料物理性能特性

钎料合金	熔化温度/℃		密度/(g/cm³)	力学性能			热膨胀系数/(×10⁻⁶/℃)	电导率/10⁶ Ω·m
	液相线	固相线		抗拉强度/MPa	伸长率(%)	硬度HBW		
63Sn-37Pb	183	共晶	8.4	61	45	16.6	24.0	11.0
60Sn-40Pb	183	183	8.5	—	—	—	—	—

（续）

钎料合金	熔化温度/℃		密度/（g/cm³）	力学性能			热膨胀系数/（×10⁻⁶/℃）	电导率/10⁶ Ω·m
	液相线	固相线		抗拉强度/MPa	伸长率（%）	硬度HBW		
10Sn-90Pb	299	268	10.8	41	45	12.7	28.7	8.2
5Sn-95Pb	312	305	11.0	30	47	12.0	29.0	7.8
62Sn-32Pb-2Ag	179	共晶	8.4	64	39	16.5	22.3	11.3
1Sn-97.5Pb-1.5Ag	309	共晶	11.3	31	50	9.5	28.7	7.2
43Sn-43Pb-14Bi	163	144	9.1	55	57	14	25.5	8.0

（2）无铅钎料　铅危害人体健康，美国 1990 年就提出了针对铅的限制性法规，但由于当时没有开发出有效的替代材料，以至于遭到工业界反对而被否决。欧盟（EU）出于环保考虑，在 2003 年 2 月 13 日通过了电气电子设备废弃法令（WEEE）。RoHS 指令明确宣布自 2006 年 7 月 1 日起电气电子产品必须实现无铅化。我国也于 2004 年通过了《电子信息产品生产污染防治管理办法》，限制电子信息产品含有铅、汞、镉、六价铬、聚合溴化联苯（PBB）或者聚合溴化联苯乙醚（PBDE）等对人体的有害物质。目前无铅化已成为世界范围内电子产品发展的必然趋势。

近年来，无铅钎料的研究取得了很大进展，部分无铅钎料已工业应用。无铅钎料按成分可分为两大类：一类是含 Sn 的二元共晶，如 Sn-Ag、Sn-Cu、Sn-Au、Sn-Bi、Sn-In、Sn-Sb 和 Sn-Zn；另一类为三元或多元合金，均是在二元无铅合金基础上添加 Ag、Cu、Bi、In、Sb、P、Ni、Fe、Au、Ga 或 Co 等合金元素获得的，如 Sn-Ag-Cu、Sn-Ag-Bi、Sn-Ag-Cu-In 等。表 6-6 为国内研究的主要无铅钎料，其中几种常用钎料合金的性能特点为：

表 6-6　国内研究的主要无铅钎料

无铅钎料		熔化温度范围/℃	主要特点
Sn-Ag 系	Sn-2Ag	221~226	成本低
	Sn-3.5Ag	221	成本、熔点偏高,抗蠕变能力强
	Sn-3.5Ag-1Zn	217	力学性能好,抗蠕变能力强
	Sn-3.33Ag-4.83Bi	212	抗剪强度高,润湿性好
	Sn-1Ag-1Sb	22~232	成本低
	Sn-Ag-Cu-Sb	210~215	强度高,可靠性好
Sn-Bi 系	Bi-43Sn	138	伸长率差
	Sn-Bi-Zn	193~200	仅适用于惰性气氛
	Sn-7.5Bi-2Ag	207	熔点较 Sn-Ag 低,力学性能及钎焊工艺性能好
Sn-Cu 系	Sn-0.7Cu	227（共晶）	成本低
	Sn-1Cu	227	成本低
	Sn-3Cu	227~335	熔点高,力学性能好
	Sn-4Cu-0.5Ag	218~226	熔点较 Sn-Cu 共晶低
	Sn-4Cu-3Ag	221~300	抗拉强度和抗剪强度高,伸长率差

（续）

无铅钎料		熔化温度范围/℃	主要特点
Sn-In 系	Sn-35In	120~162	成本高
	In-48Sn	118	成本高，延展性好，熔点低
	Sn-20In-2.8Ag	178.5~189.1	成本高，力学性能和抗蠕变性能好
Sn-Zn 系	Sn-9Zn	198	力学性能好，钎焊工艺性能和耐蚀性差
	Sn-9Zn-5In	188	熔点与 Sn-37Pb 接近，耐蚀性和钎焊工艺性能差
	Sn-9Zn-10In	178	熔点与 Sn-37Pb 接近，耐蚀性差，成本高

Sn-Zn-Bi 系列钎料是熔点最接近 Sn-Pb 钎料的合金，如 Sn-8Zn-10Bi 合金的熔点为 186~188℃，在 Sn-Zn-Bi 合金中 Zn 可以降低熔点，但 Zn 的质量分数大于 9% 时，熔点会升高；Bi 的加入使合金的熔化范围增大、脆性增加并带来加工困难和强度不足等缺点；此外，由于 Zn 易氧化，造成钎料的保存、生产以及使用过程中会出现质量问题。该钎料的优点是钎料的熔点与 Sn-Pb 共晶钎料相当，且成本低。

Sn-Ag-Cu 系列钎料在许多产品的钎焊中已经开始应用。Sn-Ag 合金中 Ag 的质量分数达到 3.5% 时形成共晶合金，合金强度也达到最高。Ag 的质量分数超过 4% 时，形成过共晶，合金性能明显劣化。Sn-Ag-Cu 合金中 Cu 的质量分数为 1.7%、Ag 的质量分数为 4.7% 时，合金的耐疲劳、延展性良好，且抗拉强度比 Sn-Pb 钎料要优越，外观光亮，成形美观。其缺点是该钎料的熔点太高，在 217℃ 左右。

Sn-Ag-Bi 系列合金熔化温度在 201℃ 左右，钎焊工艺性好，强度较高，可靠性较高，疲劳寿命长，但伸长率较差。对于插孔工艺连接的产品件，容易引起焊脚开裂，这是因为 Bi 的存在使得合金的塑性变坏所致。另外，由于 Bi 和 Ag 的加入，导致合金的成本上升，而且还涉及专利问题。

尽管无铅软钎料研究已取得很大进展，但真正得到普遍应用并被广泛接受的产品并不多。其主要原因是由于钎料成本过高或某些性能方面还不能达到传统含铅钎料的水平。目前，国内外在这方面的研究形成了以下共识：

1）从纯技术角度上看，Sn-Ag-Cu 系共晶合金是国际上公认的 Sn-Pb 钎料的最佳替代产品之一，Sn-Cu 系、Sn-Ag 系等无铅钎料也具有良好的发展前景；Sn-In 和 Sn-Bi 系列钎料合金熔化温度在 140℃ 左右，温度较低，可适合于特殊场合的钎焊，但由于 In 和 Bi 的成本以及蕴藏量等，制约其广泛应用。对于某些特殊领域或工艺过程，已有部分无铅软钎料产品应用，如在国防工业中 Sn-In 系与 Sn-Bi 系的应用以及在波峰焊工艺条件下 Sn-Ag-Cu 系与 Sn-Cu 系的应用。

2）目前还没有找到合适的高熔点、高可靠性钎料的无铅钎料替代品，缺乏在 150℃ 以上环境中满足使用要求的耐热钎料。

3）现行开发的无铅钎料及其配套钎焊工艺设备基本上能与传统的含铅钎料相兼容。

2. 钎剂

钎剂的主要作用是去除母材和液态钎料表面上的氧化物，改善钎料对母材表面的润湿能力，且避免母材和钎料在加热过程中进一步氧化。为此，钎剂必须满足以下要求：具有足够的去除母材及钎料表面氧化物的能力，熔化温度及最低活性温度应稍低于钎料的熔化温度，在钎焊温度下具有足够的润湿能力。

钎剂可分为软钎剂、硬钎剂、铝用钎剂和气体钎剂等种类。以下重点介绍与微连接技术相关的软钎剂。软钎剂按照有无腐蚀性分为非腐蚀性钎剂和腐蚀钎剂；按照活性可以分为"R"级（无活性）、"RMA"级（中度活性）、"RA"级（完全活性）、"SBA"级（超活性）钎剂等；按照钎剂组成物质的不同，可以分为有机软钎剂和无机软钎剂两大类。免清洗钎剂是目前最有发展前景的钎剂。

（1）有机软钎剂 有机软钎剂的活性剂主要是松香、有机酸或有机胺，其中松香是有机软钎剂的主要活性剂，因此有机软钎剂可分为松香基有机软钎剂和非松香基有机软钎剂。

1）松香基有机软钎剂。松香基有机软钎剂以松香作为主要活性剂。松香的主要成分是松香酸 $C_{19}H_{29}COOH$（占70%～85%）、d-海松香酸和l-海松香酸（两者占10%～15%）。松香的软化点为172～175℃，略低于Sn-Pb共晶钎料的熔化温度（183℃）。在室温下，固态松香是无活性的，因而不具有腐蚀性，电绝缘性能良好。加热时，熔化的松香酸可以与铜、锡等金属表面的氧化物发生反应，从而去除氧化膜。松香与氧化铜形成的松香酸铜是惰性无害的，因此松香是一种很好的钎剂。松香基有机软钎剂按照活性可分为非活性松香软钎剂、中度活性松香软钎剂、全活性松香软钎剂和超活性松香软钎剂。

非活性松香软钎剂（R型）由纯松香加溶剂制成的未经活化的液体钎剂，多用于自动钎焊中。

中度活性松香软钎剂（RMA型）是目前品种最多的一类软钎剂，活性剂除了松香外，还有有机酸、胺和氨化合物、胺的卤化物等物质，钎剂活性强，钎焊质量高。这类软钎剂由于可选用的活化剂种类繁多，因而钎剂的品种也非常多，现已广泛应用于计算机、无线电通信、航空航天和军事产品上，在彩电等民用产品上也有广泛应用。

全活性松香软钎剂（RA型）具有更强的活性，并具有流动性好、扩展速度快的特点。这类钎剂已广泛用于电线、电缆和电视机等产品。使用这类钎剂可以在黄铜和镍等难以软钎焊的金属上获得一般松香型钎剂所不能达到的效果，但对于要求高可靠和长寿命产品，由于该钎剂具有较高的腐蚀性，因而钎焊后须仔细清洗。

超活性松香软钎剂（SRA型）是具有很强活性和中等腐蚀性的软钎剂。由于钎剂残渣非常活泼，具有较强的腐蚀性，因而钎焊后要进行充分清洗。这类钎剂只能用于民用产品。

2）非松香基有机软钎剂。非松香基有机软钎剂主要包括以下几类物质：

① 有机酸。常用的有乳酸、油酸、硬脂酸、苯二酸、柠檬酸等，有机酸在钎焊后仍然具有较强的腐蚀性，因此必须清洗干净。有机酸具有中等去除氧化膜的能力，作用比较缓慢，且对温度敏感。有机酸钎剂主要是依靠羟基的作用，以金属皂化的形式除去钎焊金属和钎料的表面氧化膜。

② 有机卤化物。常用的有盐酸苯胺、盐酸羟胺、盐酸谷氨酸和软脂酸溴化物等。有机卤化物中的有机官能团决定了它们对温度敏感，因此在钎焊过程中必须严格控制温度。同时，这类物质比其他有机软钎剂更具有腐蚀性，因而要求钎焊后必须认真清洗。有机卤化物或有机胺的卤氢酸盐的活性很强，类似于无机酸类。

③ 胺和氨类化合物。这类物质具有一定的腐蚀性，并且对温度非常敏感，因此必须严格控制钎焊温度，且钎焊后对焊件必须进行仔细清洗。这类物质由于不含卤化物，因而成为许多专利钎剂的添加剂。常用的胺和氨类化合物有乙二胺、二乙胺、单乙醇胺、三乙醇胺

等。胺和氨的各种衍生物也被用作钎剂材料，最普通的就是磷酸苯胺。有机胺盐均系由呈碱性的胺、肼等与酸生成的可溶性盐。在钎焊加热过程中，有机胺盐又分解为碱性和酸性，析出的酸与氧化物作用，清除氧化膜；冷却时，具有腐蚀作用的多余酸部分又与其碱性部分结合，减轻了残渣的腐蚀作用。

有机酸（OA 型）软钎剂的活性介于松香基有机软钎剂和无机软钎剂之间，比松香基有机软钎剂稍强，但比无机软钎剂弱。由于它们溶于水，因此当其固体物的含量较少时，可以用极性溶剂将残渣去除。同时，使用该钎剂可以保证较高的可靠性。这类钎剂多用于民用产品。

（2）无机软钎剂　无机软钎剂主要由 HCl、HF、H_3PO_4、$ZnCl_2$、NH_4Cl 等无机酸和无机盐等组成，这类钎剂具有很强的腐蚀性，因而在电子行业中应用较少。无机软钎剂的优点是活性高，比较经济；缺点是化学活性残留物可能引起腐蚀和严重的局部失效。

大多数活性钎剂都需要钎后清洗。电子工业中，常用 CFC-113（三氟三氯乙烷）来清洗树脂类软钎剂，但由于 CFC（氯氟烃）对大气臭氧层有破坏作用，因而人们开始考虑使用水作为清洗剂的钎剂。根据组成钎剂的活化剂物质的不同，水溶性钎剂可以按表 6-7 分类。

表 6-7　水溶性钎剂类型

活化剂类型		典型活化剂
有机类	盐类	含有卤化物的盐,如盐酸苯胺、盐酸谷氨酸、盐酸二乙胺等
	酸类	乳酸、谷氨酸、氨基酸
	胺类	尿素、三乙醇胺
无机类	盐类	氯化锌、氯化铵-氯化锌混合物、盐酸肼
	酸类	盐酸、正磷酸

目前水溶性软钎剂已经投入使用，例如 Alpha 公司在印制电路板的钎焊中使用了 850（OA 型）水溶性有机软钎剂，在印制钎焊中使用了 855-857 中性水溶性软钎剂，同时已将 870 和 871 也用于生产中。850（OA 型）水溶性有机软钎剂要求钎后即时清洗，855-857 中性水溶性软钎剂可以延迟清洗；870 和 871 钎剂中不含有机酸，而含有水溶性树脂，是可以用水或有机溶剂清洗的钎剂。

（3）免清洗软钎剂　免清洗软钎剂一般由合成树脂和活性剂组成，其固相成分的典型值为 35%~50%，明显低于传统的 RMA 钎剂（固相物的典型值为 55%~60%）。对于免清洗软钎剂的活性添加剂，要求性能更加稳定。免清洗软钎剂的残渣主要有合成树脂及活性剂残余反应物（金属氧化物组成），在高温下残渣变软，但不吸潮，表面绝缘电阻的典型值为 $(7.5~9.9)×10^{10}$ Ω，且具有良好的绝缘性，同时无腐蚀性。这类钎剂的最大特点是省去了清洗工序，因而减少了与清洗工序相关联的设备、材料、能源和废物处理等方面的费用，有利于降低成本。对于免清洗软钎剂，通常希望其具有以下特点：保证钎料具有良好的钎焊性能，即钎料的铺展面积大，润湿率高；焊后残留物极少，且残留物无腐蚀性，保证印制电路板表面干净；不含卤化物，固态和易挥发物含量极少，且常温下化学性能稳定，无腐蚀作用；焊后的印制电路板表面绝缘性好；能够进行良好的探针测试；操作工艺简便易行，烟雾气味小。

免清洗软钎剂具体配方多属专利，各生产厂家对其产品也只是介绍其性能和适用范围，如 Multicore 公司的 X32-105 免清洗钎剂是一种不含天然松香、无卤化物的完全没有残留物的钎剂，相对密度 0.812±0.001（在 25℃下），固体含量 2.5%，酸值（16±0.5）mgKOH/g，闪点为 12℃，气味为酒精味，无色，可用于一般基板（包括单面板、双面板和多层板）的钎焊。这种钎剂适用于发泡、喷雾和浸渍等工艺方法。

3. 钎料膏

表面组装再流焊要使用膏状钎料，钎料膏主要由钎料粉和助焊剂组成。钎料粉最好是粒度均匀的球状颗粒，尺寸一般在 150~400 目之间。印制电路板的图形精细，应采用粒度小的钎料粉配制钎料膏。钎料膏中助焊剂含量一般为 8%~15%，其组成与配比对钎料膏的黏度、钎焊工艺性能等产生影响。一般助焊剂除了含有活性剂等之外，还含有少量的支撑剂以防止钎料膏沉淀分层，含有少量的润滑剂防止钎料膏在印制过程中出现拖尾和粘连，含有适当的增稠剂以保证钎料膏合适的黏度。

钎料膏大多需要在阴凉处保存，且保存期短。目前，钎料膏在 0~5℃ 环境下，保存期一般为 3~6 个月。

6.2.4　常见焊接缺陷

为了保证产品质量，必须对钎焊接头进行检验。钎焊接头的焊接缺陷与熔焊接头相比，无论在缺陷类型、产生原因或消除方法等方面都存在很大差别。钎焊接头常见缺陷及产生原因见表 6-8。

表 6-8　钎焊接头常见缺陷及产生原因

常见缺陷	产生原因
填隙不良	1）钎焊前准备工作不佳,如清洗不净等,使润湿困难 2）钎料选用不当,如钎料的润湿作用差 3）钎料量不足 4）钎料安置不当 5）钎剂不合适,如活性差、钎剂与钎料熔化温度相差过大、钎剂填隙能力差等;或者是气体保护钎焊时气体纯度低,真空钎焊时真空度低 6）钎焊温度过低或分布不均匀,使钎料流动性差 7）接头设计不合理,使装配间隙过大、过小或装配时工件歪斜造成
钎缝气孔	1）钎焊前工件清理不净,使钎焊表面存在油污等有机物质,钎焊过程中,该物质燃烧产生大量气体且来不及排出 2）钎剂去膜作用或保护气体去氧化物作用弱,从而在钎焊过程中产生水蒸气等气体 3）钎料在钎焊时析出气体或钎料过热 4）接头间隙选择不当,使钎焊过程中产生的气体难以排出
钎缝夹渣	1）钎料从接头两面填缝,使钎剂及钎剂与母材表面的氧化膜等反应产物无法排出 2）钎剂使用量过多或过少,或钎剂密度过大,或钎料与钎剂的熔化温度不匹配,则钎剂将以夹杂物的形式存在于钎缝中 3）接头间隙选择不当,当钎焊接头过小时,在钎焊过程中,钎剂及钎剂与母材表面氧化膜的反应物来不及随钎剂排出而滞留在钎缝中 4）加热不均匀
钎缝开裂	1）钎焊加热不均匀,造成冷却过程中收缩不一致,且钎缝脆性过大,从而产生裂纹 2）由于异种母材的热膨胀系数不同,冷却过程中形成内应力,当内应力超过钎料或钎料与母材界面的屈服强度时,则在钎缝中会产生裂纹

（续）

常见缺陷	产生原因
母材开裂	1）加热不均匀或由于刚性夹持工件而引起过大的内应力 2）工件本身有内应力而引起的应力腐蚀 3）钎料向母材晶间渗入，形成脆性相，且异种母材的热膨胀系数相差过大 4）母材过烧或过热
钎料流失	1）钎焊温度过高或保温时间过长 2）钎料安置不当以致未起毛细作用 3）接头设计不合理，局部间隙过大
母材溶蚀	母材与钎料之间的作用太剧烈，钎料量过大，且钎焊温度过高，保温时间过长

上述焊接缺陷的防范应针对产生原因采取相应的措施。如钎缝开裂的主要原因在于钎焊接头内部存在内应力，为消除裂纹减少内应力，可采取如下措施：

1）在满足钎焊接头性能要求的前提下，尽量选用熔点低的钎料。

2）降低加热速度，尽量减少产生热应力的可能性，或采取均匀加热的钎焊方法。

3）采用退火材料代替淬火材料。

4）有冷作硬化的焊件预先进行退火。

5）减小接头的刚性，使接头在加热时尽量能自由膨胀和收缩。

6）用气体火焰将装配好的焊件加热到足够高的温度以消除内应力，然后冷却到钎焊温度进行钎焊。

对于提高钎缝不致密缺陷（气孔、夹渣及焊缝不良）还可以采取如下措施：

1）适当增大钎缝间隙，可以使因钎缝表面高低不平而造成的缝隙差值比较小，因而毛细作用力比较均匀，可以减少由于小包围现象而形成的缺陷。

2）采用不等间隙是改善钎缝致密性的有效手段，这是因为包围的气体和夹渣都有向大间隙移动的倾向，因此不等间隙可以减少小包围现象，有利于间隙内已产生的气孔和夹渣的排出。

随着无铅钎料的应用，在含铅钎料中不易产生的缺陷，如锡须（Tin Whisker）、焊盘剥离（Fillet Lifting）、"曼哈顿"现象、电子迁移、黑盘、不润湿及反润湿、爆板和分层、空洞等缺陷日益突出而受到人们的重视。

1. 锡须

锡须是在纯锡表面长出的锡单晶，直径一般为 $0.05 \sim 5\mu m$，长度一般为几微米到几百微米。锡须的形貌多种多样，纵向主要有柱状、丘状、结节状、针状、带状、弯折状、不规则形状等，晶须表面常有纵向条纹。锡须横截面的形状也有多种形式，如星状、三角形、矩形、不规则多边形等。PCB 表面长出这种针状金属——锡须可能会剥离，从而导致钎焊接头可靠性下降。锡须可在不同电势间的导体间成长，可引起暂时或永久短路。锡须还可能因静电引力而发生弯曲，从而增大短路的可能性。另外，锡须会碎裂，引起光器件等的机械损伤。在低压环境下，锡须与相邻导体间可能产生电弧，导致严重的破坏。电子器件如引线框架可能会因所用钎料形成锡须而短路，如图 6-16 所示。

合金元素对抑制晶须生长非常有效。如在镀槽中加入如 Bi 或 Ag，可以有效防止晶须的生长；但加入 Bi 会导致合金加工性变差，加入 Ag 会导致生产成本升高。在 Sn 和 Cu 间添加一扩散阻碍层，如在镀 Sn 之前先电镀一薄层 Ni，也可以有效防止晶须的生长，这是由于室温下 Sn 与 Ni 的反应要远远慢于 Sn 与 Cu 的反应。另外，也可使用 Cu-Sn 化合物作为扩散阻碍层，或在 Cu 基体或引线框架表面预先电镀 Ni-Pd-Au，也可有效地抑制锡须生长。另外一种方法是改变钎料层的电镀工艺，来抑制晶粒尺寸和显微组织结构。例如，通过电镀形成比锡须直径（几微米）大很多或小很多的晶粒，但需要注意对引线框架表面贴装再流焊的影响。

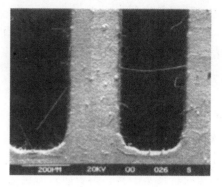

图 6-16　引线上 Sn-Cu 涂层的 Sn 晶须
生长电镜照片

2. 焊盘剥离

焊盘剥离（也称 fillet-lifting 或 lift-off），是在无铅化进程中被人们逐渐认知的一种钎焊接头缺陷类型。焊盘剥离是在焊点冷却阶段，焊接圆脚钎料从电镀通孔周围铜焊盘上发生分离的现象。焊盘剥离主要是由于金属间化合物、Cu 焊盘、板厚度与板材料的热膨胀系数的不匹配等因素引起的。焊盘剥离现象主要发生存在 Pb 污染的含 Bi 合金钎料中，但在其他合金如 Sn-Cu 钎料合金也能观察到焊盘剥离现象。图 6-17 是用 SEM 观察到的 PCB 表面的焊盘剥离缺陷，钎料焊脚部分润湿了焊盘表面，但凝固时焊脚边缘提起。

500μm

图 6-17　PCB 表面的焊盘剥离缺陷

焊盘剥离有以下特点：焊盘剥离引起钎料和金属间化合物的分离；裂纹止于焊盘一侧的转折处（Knee），有时也在元件引线和钎料间开裂；同一 PCB 上的表面贴装接头不发生；发生于高锡钎料，包括 Sn3.5Ag 钎料；共晶的 Sn-Pb 和 Sn-Bi 钎料不产生焊盘剥离。

导致焊盘剥离现象发生的主要原因有：非同步凝固、微观成分偏析、冷却收缩过程中产生的应力。一般钎料中含有 Bi、In 等元素容易产生焊盘剥离缺陷。

防止相关凝固缺陷可采取以下措施：

1）避免使用含 Bi、In 的钎料合金；这主要是从抑制液固共存温度区域的宽度来考虑的。

2）完全无铅化，即从元器件、PCB 镀层开始就要考虑无铅化，避免出现含 Pb 镀层的情况。在目前由 Sn-Pb 钎料向无铅钎料的过渡阶段，也要考虑波峰焊炉残留的锡铅成分的影响。

3）采用能使组织细化或减少偏析的钎料合金（通常是添加了第三种元素成分），减少因偏析引起的界面层溶液。

4）从工艺上考虑提高冷却速度，以抑制凝固中的偏析。

5）减小基板的吸热量（如减小 PCB 厚度），或采用线膨胀系数小的 PCB，以减小收缩产生的热应力。

3．"曼哈顿"现象

"曼哈顿"现象也被称为"墓石"或"立碑"现象，表现为表面组装元件在竖直面内旋转了一定的角度，有时可达90°，完全离开焊盘（图6-18）。

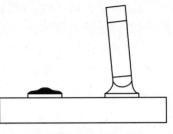

图6-18　"曼哈顿"现象

"曼哈顿"现象产生的根本原因是元件两端受力不平衡。根据能量最小原理，钎料或钎料膏熔化后会自动缩小，减小系统能量。在钎焊元器件时，熔融钎料会在靠近元器件端部的部位爬升并发生弯曲。如果元器件两端熔融钎料的弯曲程度不一样，则表面张力也会不同，当其差异达到一定数值时，就会发生"曼哈顿"现象。

可见，钎料合金对元器件两端的润湿情况对"曼哈顿"现象的产生密切相关。钎料合金的润湿有三个重要参数：开始润湿的时间、润湿力和完全润湿时间。完全润湿发生的快慢对"曼哈顿"现象有直接的影响，因为完全润湿时，作用在焊点和元件上的作用力是最大的。在理想的情况下，元件两端将同时再流、润湿，润湿钎料表面张力将一起作用，相互抵消，因此不会产生"曼哈顿"现象。但如果元件一端比另一端明显地先达到完全润湿，元器件两端受力不均，过多的钎料施加在元件金属化端面上的润湿力使未再流的元件端向上离开焊盘，从而发生"曼哈顿"现象。

4．电子迁移

电子迁移现象是微电子装置中长期存在的可靠性问题，是钎焊接头在较大电流下形成的。焊点电子迁移结果在电流流出端形成空洞，其物理模型如图6-19所示。电流从焊点的左上角流出，空洞在此处形核后，迅速穿过接触面扩展开来，而原子通量也在此处边缘发散，导致空缺累积。空洞主要通过将过饱和的空穴浓缩成核，并横向增长，致使空洞穿过接触面传播并导致焊点失效。

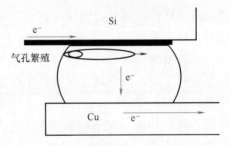

图6-19　芯片钎料焊点电子迁移
失效模型示意图

另外，焊点电子迁移行为是一种极性效应。当焊点通过较大电流时，电子迁移驱动原子由阴极向阳极运动，因此阴极倾向于溶解或阻碍金属间化合物（Intermetallic Compound，IMC）的生长，阳极则形成或促进IMC生长，最终焊点可能会由于形成大量IMC而使焊点失效。

引起电子迁移原因很多，主要原因如下：

1）钎料合金的低熔点和高扩散率。对Sn-Bi、Sn-Zn及Sn-In共晶钎料等熔点较低的钎料，从热力学温度来看，室温超过其熔点的2/3。室温下，Sn晶须在Sn抛光面上生长，使钎料合金微结构粗化，因此合金中原子扩散快，容易发生电子迁移失效。

2）由于几何形状变化，相互连接线与钎料焊点之间的电流密度存在较大差异。如图6-20所示，导线的截面（A_{Al}）大约比钎料

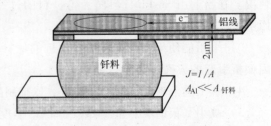

图6-20　描述钎料焊点中电流聚集的示意图

焊点的截面（$A_{钎料}$）小 2~3 个数量级。传导相同的电流，电流密度从导线到焊点将变化 2~3 个数量级，因此在交界处形成很大的电流聚集。电流聚集是焊点发生电子迁移的关键因素。

另外，电子迁移还与焊点的成分、结构、服役环境等密切相关。电子迁移是微电子产品长期存在的可靠性问题。尽管电子迁移不能消除，但采用一定措施可以使其减少。随着电子产品的小型化趋势不断发展，电子迁移可能会变得更严重。与无铅钎料有关的电子迁移可靠性问题还有待于进一步研究。

5. 黑盘

化学镍金（Electroless Nickel Immersion Gold，ENIG）作为 PCB 及球栅阵列封装基板焊盘的主要表面镀层之一，目的是避免 Cu 基板的氧化并改善焊盘的焊接性。化学镍金除了可提供良好的焊接性与接触界面之外，其成本相对于电镀镍金来说也较低，但化学镍金方法所造成的黑盘（Black Pad）现象却成为一个令技术人员头疼的问题。黑盘现象在宏观上表现为经镍金表面处理过的焊盘会偶然地出现焊接性不良，并导致形成的焊点强度不足，甚至出现开裂，开裂后焊盘表面多呈现深灰色或黑色，如图 6-21 所示。黑盘的机理主要是电化学作用对镍金长期作用的结果，由于酸性浸 Au 槽对低 P 含量的化学镀镍层

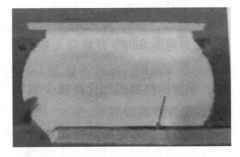

图 6-21 黑盘造成的焊点开裂

腐蚀十分严重，在放置过程中，极易产生富 P 层，导致焊接性降低；而 Ni 的高自由能会使其晶界相对更易产生氧化，当氧化达到一定程度时镀层则呈现灰色或黑色。

短期解决黑盘的措施如下：

1）控制化学沉镍（EN）层中 P 的质量分数，一般为 7%~8%，以实现良好的耐蚀性。

2）控制 EN 层厚度，一般为 5μm。若 EN 层较薄，钎料和 EN 层间的反应会导致柯肯达尔（Kirkendall）孔洞产生，从而使界面强度降低，影响焊点的可靠性。

3）减小镀槽内的金属污染。

4）控制镀层参数，调整镀槽内的 pH 值、化学成分以及温度，pH 值一般为 3~4。

5）在沉淀 Au 层时，为确保镀槽内的腐蚀达到最小限度，应使用中性金浴槽。

6）加入一些添加剂并使其析出在晶粒边界，通过改变晶粒度和孔隙来防止过度氧化。

6.3 基于压焊原理的微连接技术

在微连接技术中，一些连接接头是通过施加压力、机械振动、电能、热能或超声波等，使焊件间原子接近到发生引力作用范围而形成的。其连接机理是基于传统的压焊、扩散焊、超声波焊（Ultrasonic Welding）等原理。压焊方法主要用于微电子器件中固态电路内部互连接线的连接。本节将介绍微连接技术的压焊原理、基于压焊原理的微连接技术、微电子器件内引线连接的常用材料及常见焊接缺陷。

6.3.1　压焊原理

压焊焊接过程是通过适当的物理-化学过程，使两个分离表面的金属原子接近到原子能够发生相互作用的距离（0.3~0.5 nm）形成金属键，从而使两金属连为一体，达到焊接目的。可见，压焊是通过对焊区施加一定的压力而实现的，压力的大小与材料种类、所处温度、焊接环境和介质等有关，压力的性质可以是静压力、冲击力或爆炸力。在多数压焊过程中，焊接区金属仍处于固态状态，依赖于在压力（不加热或伴以加热）作用下经过塑性变形、再结晶和扩散等过程而形成接头。

压力与加热温度之间存在着一定关系，从图 6-22 可以看出，焊接区金属加热的温度越低，实现焊接所需的压力就越大。压力是使两分离焊件表面紧密接触形成焊接接头的重要条件；加热可提高金属塑性，降低金属变形阻力，显著减小所需压力，同时加热又能增加金属原子的活动能力和扩散速度，促进原子间的相互作用易于实现焊接。例如，铝室温下其对接端面的变形度要达到 60% 以上才可以实现焊接（冷压焊），而在 400℃ 时只需 8% 的变形度就能实现焊接（电阻对焊），当然，此时所施加的压力将大为降低。由图 6-22 可以看出，冷压焊所需压力最大，扩散焊最小，而熔焊则不需要压力。一般来说，这种固态焊接接头的质量，主要取决于待焊表面氧化膜（室温下其厚度为 1~5nm）和其他不洁物在焊前和焊接过程中被清除的程度，并总是与接头部位的温度、压力、变形和若干场合下的其他因素（如超声波焊接时的摩擦、扩散焊时的真空度等）有关。

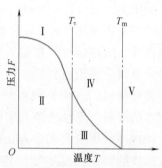

图 6-22　压力和加热温度的关系

Ⅰ—冷压焊区　　Ⅱ—非焊接区
Ⅲ—扩散焊区　　Ⅳ—热压焊区
Ⅴ—熔焊区
T_m—熔点　　T_τ—再结晶温度

基于压焊原理的微连接技术还涉及扩散焊和超声波焊等方法。

扩散焊是在一定温度和压力下，经过一定的时间，通过连接界面原子间相互扩散，实现连接的方法。其焊接原理和焊接过程见第 3 章。

超声波焊是利用超声波的高频振动，在静压力作用下将弹性振动能量转变为工件的摩擦力和形变能，对焊件进行局部清理和加热的一种焊接方法。超声波焊一般经过三个阶段：第一阶段为振动摩擦阶段，其作用是清除焊件表面油污、氧化物等杂质，使纯净的表面暴露出来；第二阶段为温度升高阶段，在超声波连续往复摩擦中，接触表面温度升高，变形抗力下降，在静压力和机械振动引起的交变切应力下，焊件接触表面的塑性流动不断进行，使金属表面的原子接近到能发生引力作用的范围，出现原子扩散和相互结合；第三阶段为固态结合阶段，随着摩擦过程的进行，微观接触面积越来越大，接触部分的变形也不断增加，使焊件间产生冶金结合，形成牢固接头。

基于压焊原理的微连接技术主要应用于微电子器件内的引线连接。通过一定压力、加热、超声波等手段，在接头内金属不熔化前提下，使被连接面之间发生原子扩散。该连接技术有时被称为键合技术，引线键合在基于压焊原理的微连接技术中应用最广泛。引线键合是将半导体芯片焊区与电子封装外壳的 I/O 引线或基板上布线焊区用金属细丝连接起来的方法。焊区金属一般为铝或金，金属丝多数是数十微米至数百微米直径的 Au 丝、Al 丝或 Si-

引线键合

Al 丝。焊接方式主要有热压焊、超声键合焊和 Au 丝球焊。引线键合原理是采用加热、加压和超声等方式破坏被焊表面的氧化层，使得引线与被焊面紧密接触，达到原子间的引力范围并促使界面间原子扩散形成焊点。引线键合生产成本低、互连焊点的精度和可靠性高，该技术已成为芯片互连的主要方法，广泛用于各种芯片级封装中和低成本的芯片封装中。由于微电子元器件的微型化，又出现了载带自动键合（Tape Automated Bonding）和倒装（Flip-Chip）焊等新的键合方法。

6.3.2 微连接技术

基于压焊原理的微连接技术主要在微电子器件内引线连接中广泛应用。微电子器件内引线连接是指微电子元器件在制造过程中固态电路内部互连线的连接，即芯片表面电极（金属化层材料，主要为 Al）与引线框架（Lead Frame）之间的连接。按照内引线形式，可分为丝材键合、梁式引线键合、倒装芯片键合和带载自动键合等。丝材键合的主要优点是：芯片上所有引线和焊点可一次完成焊接，焊接速度快；焊接时，芯片不受压力。丝材键合技术和面键合技术的发展，为自动载带组焊技术奠定了基础，目前凸点芯片自动载带组焊技术已广泛使用。

1. 丝材键合（Wire Bonding）

丝材键合是芯片互连的最常用方法，是通过 Au、Al 等微细丝将半导体集成电路的输出电极与布线板上的导体电极实现电气连接的方法。目前 90% 的微电子器件内引线连接均采用这种方法，该技术比较成熟，散热特性好，但焊点所占面积较大，不利于组装密度的提高。

丝材键合借助于球-劈（Ball-Wedge）或楔-楔（Wedge-Wedge）等特殊工具，通过热压和超声等外加能量，去除连接材料表面的氧化膜并实现连接。连接材料为直径 $10 \sim 200\mu m$ 的金属丝。根据外加能量形式的不同，丝材键合可分为超声波键合、热压键合和热超声波键合三种。

（1）超声波键合（Ultrasonic Bonding） 超声波键合是在材料的键合面上同时施加超声波和压力，使相互搭接的键合面相互摩擦而达到原子距离的结合。超声波振动（振动频率通常为 $6 \sim 60kHz$）平行于键合面，压力垂直于键合面。

超声波键合一般适用于 Al 丝、Cu 丝和 Au 丝，但与 Al 丝键合的基材硬度不能太小，否则会造成键合质量不稳定。用作 Al 丝超声波键合的微元件或键合盘一般由 Cu-Ni-Au 复合层和 Au 层组成。为避免 Kirkendall 效应，即产生 Al-Au 中间金属相，Au 层厚度应小于 $1\mu m$。Ni 层主要是保证 Al 丝超声波键合有足够的硬度。

对金属丝施加超声波，超声波能量被丝中的位错选择吸收，致使丝在非常低的外力下即可发生塑性变形，可以使硅片上金属镀膜表面的氧化膜破坏，形成键合接头，其工艺过程如图 6-23 所示。这种以金属丝机械变形为主配合超声波，可以使键合在较低温度下完成，因此该方法属于冷压焊范畴，适用于混合集成电路，特别适用于热敏感电荷耦合器件及液晶显示器等大规模集成电路（Large Scale Integrated Circuit，LSI）的引线连接。其缺点是对芯片电极表面粗糙度敏感，金属丝的尾丝处理困难，不利于提高器件的集成度，并且第一焊点压丝方向要与第一焊点相适应，实现自动化的难度较大，生产率也比较低。

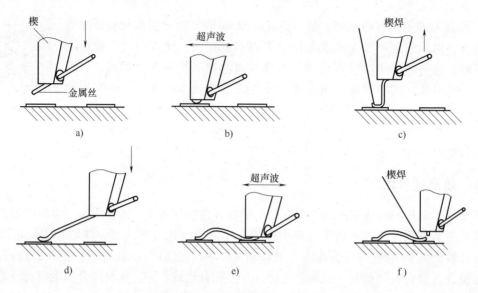

图 6-23　丝材超声波键合工艺过程

a）楔运动到待键合部位　b）施加超声波，键合第一个点　c）键合第一个焊点，楔头抬起

d）准备键合第二个焊点　e）键合第二个焊点　f）去除尾丝

（2）热压键合（Themocompression Bonding）　热压键合是通过压力与加热使接头区产生塑性变形，但与熔焊相比，接合面上的污物、氧化膜以及表面吸附的气体不容易排除，因此热压键合金属表面必须进行清洁处理。

热压键合的热量与压力通过毛细管形或楔形的加热工具，直接或间接地以静载或脉冲方式施加到键合区。一般情况下，基体、外壳及其他器件应先预热。键合区的预热温度应达280℃，基体的预热温度保持在 240~280℃。若采用脉冲加热，则预热温度可降低到 150~170℃。键合工具材料一般采用导热性能良好的钨、碳化钛或碳化钨。为提高毛细管式键合工具在长时间加热中的耐久性，也可改用寿命较长而价格较低的陶瓷材料。

热压键合的主要参数是压力、温度与时间。温度必须保证在所用压力下能使被键合材料产生流变。例如，直径为 26μm 的 Au 丝，键合压力为 0.3~0.9N（依键合面大小及键合工具而异），键合温度为 280~350℃，基体预热至 240~280℃，键合时间持续 0.3~0.6s。

热压键合的材料多采用 Au 丝，其伸长率范围为 0.5%~12%。粗丝键合时，选用伸长率大的 Au 丝；细丝键合时，选用伸长率小的 Au 丝。

（3）热超声波键合（Themosonic Bonding）　在室温下，单纯用超声波难以将 Au 丝键合。热超声波键合是在超声波键合基础上发展起来的，即再外加一个热输入，这样就能键合 Au 丝，且键合加热温度较低，仅为 120~180℃。

热超声波键合利用了热压与超声波两者的优点，即一方面利用了超声波的振动去膜作用，另一方面利用热压扩散作用。因此，连接时加热温度可以低于热压法，并且从第一焊点向第二焊点运动时不用考虑方向性，所以适用于由树脂或钎焊贴片的多芯片模块（MCM）的内部引线键合，在半导体器件（二极管、三极管及集成电路）与载体带与陶瓷基体键合中也广泛应用。

2. 梁式引线键合（Beam-Lead Bonding）

梁式引线键合采用覆层沉积在半导体硅片上制备出由多层金属组成的"梁"，以这种

"梁"代替常规内引线与外电路实现连接，其主要优点是减少了对芯片内引线的连接，并且每根梁式引线是集成接触，而不是机械连接，电路可靠性好。最常用的梁式引线键合包括：振动（Wobble Tool）、软压（Compliant）、机械和电热脉冲焊接法。

（1）振动焊接法　振动焊接法不需加热夹具，仅对芯片外的引线端头加热，使有源器件不必暴露在高温下。如果超声能量加入振动工具中，则可使温度进一步降低。其主要缺点是受芯片尺寸限制，在多片组装的应用中，对同一衬底上不同尺寸的芯片需要采用不同尺寸的工具，且焊接参数也受芯片上"梁"的数目及尺寸影响。在多片组装中，因芯片尺寸和"梁"的数目较多而组装难度大。

（2）软压焊接法　软压焊接法的垂直移动加热工具简单，并能产生 $136\sim227N$ 垂直力。为了避免衬底破裂，焊接时需将适当形状的柔软材料置于与焊接表面对准的衬底下，且在焊接工具下面的衬底支座不能太大。当在金属化的 Al_2O_3 或其他热衬底上进行焊接时，为防止工具的温度过高，可采用非金属支座。

软压焊接法的缺点是"梁"的硬度较高，在柔软材料的塑性流动发生之前不会形变而使焊接困难。在梁式引线芯片的焊接中，大多采用镍柔软层产生适当的形变，以形成良好的焊接接头。一般软压焊接法主要适合于实验室工作。

（3）机械和电热脉冲焊接法　梁式引线键合的共同点是为焊接部位提供了一种被限制的且能精确控制的能量。机械脉冲焊接法采用热压技术，并通过机械装置精确控制接触时间，以此实现焊接。而电热脉冲焊接法则依赖于电学方法来精确调控有效能量值，进而完成焊接过程。这两种方法都通过热能的精确控制来确保焊接的质量。

电热脉冲焊接法是利用碳化钨劈刀为焊接工具，用电脉冲加热。该方法具有如下特点：对焊接表面要求不高，为焊接工具提供了宽的压力和温度范围；一次仅焊一个点，不需要附加表面不平的外形补偿；用力小，能准确定位加热，可将梁式引线器件焊于金属化的有机衬底和各种印制电路板以及陶瓷和玻璃衬底上。

机械热脉冲焊接属于多点焊接，焊接时必须有柔软媒介，是通过加热硬的宽面劈刀把能量送给被焊引线，所传递的能量值主要由劈刀与引线之间接触时间控制。该方法的优点是焊接工具本身可附加适当的真空气门作为芯片的传送工具。若用一种适当形状的工具和万向架固定，并提供合适的柔软介质，这种方法可用来同时焊接多根"梁"式引线。由于形变控制困难和要求压力较大（ $6.8\sim9.1N/$ 梁），因此不容易实现。

3. 倒装芯片键合（Flip-Chip Bonding）

随着大规模和超大规模集成电路的发展，微电子器件内引线数目也随之增加。传统的丝材键合方法由于受到丝径和芯片上电极尺寸限制，最大引出线数目存在极限，于是一些高芯片级组装密度（单位面积上的 I/O 数）的微连接技术应运而生，其代表是倒装芯片键合和带载自动键合。

倒装芯片键合是在整个芯片按栅阵形状布置 I/O 端子，芯片直接以倒扣方式安装到布线板上，如图 6-24 所示。通过上述栅阵 I/O 端子与布线板上相应的电极焊盘实现电气连接，取代了丝材键合和梁式引线键合的连接方式。在端子节距不太窄条件下，可布置更多的端子，

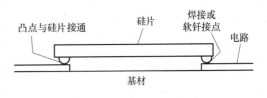

图 6-24　硅片内引线倒装焊

从而减小引脚间距。倒装芯片不需要从芯片向四周引出 I/O 端子，互连长度大大缩短，有效提高了电性能。在芯片上制成各类凸点的倒装芯片，利用表面组装技术，可同时完成贴装与焊接，不但芯片占的基板面积小、可靠性高，而且成本低。

倒装芯片键合中采用的焊接工艺主要为再流软钎焊，目前占总产量的 80%~90%，其余为热压焊。采用的再流软钎焊工艺过程如下：首先在芯片的电极处预制钎料凸台，同时将钎料膏印制到基板一侧的电极上；然后将芯片倒置，使硅上凸台与之对位，利用再流焊使钎料熔化，实现引线连接并将芯片固定在基板上。该方法具有自调整作用，对元器件的放置精度要求较低，易实现自动化生产。

金属凸台的制作是倒装芯片键合的关键技术，决定着焊接工艺的选择。金属凸台分为可重熔的和不可重熔的两类，前者用于再流软钎焊，后者用于热压焊。目前国外一些电子公司采用的金属凸台种类见表 6-9。

表 6-9 国外电子公司采用的金属凸台种类

凸台种类	制作工艺及材料	采用的公司
完全重熔	沉积钎料合金	IBM、Motorola、日立
	电镀钎料合金	MCNC、Aptos、Honeywell
	钎料膏	Flip Chip Tech、Delco、Lucent
部分重熔	Cu 基座/钎料端部	Motorola、Philips
	Pb 基座/共晶钎料端部	Motorola
不可熔	Cu 球	IBM、SLT
	Ni/Au 凸台	Tessera
	Au 球	松下

倒装芯片键合的优点是：

1）可以减小封装外形尺寸。

2）可以提高电性能。由于互连结构的互连长度小，焊接点 I/O 的节距小，导致小的互连电感、电阻和信号延迟，同时耦合噪声较低，与丝材键合及带载自动键合相比改善了 10%~30%。

3）具有高的 I/O 密度。

4）可以改善疲劳寿命，提高可靠性。该工艺最后用填充料将每个焊点密封起来，这种韧性密封剂对芯片与基板键合过程中产生的热应力起到了缓冲、释放的作用，从而提高了可靠性。

5）可以对裸芯片进行测试，芯片至少可以拆装 10 次。

倒装芯片键合的缺点是钎料凸台制作复杂，焊后外观检查困难，因此焊前处理要求高，且焊接参数控制严格。

4. 带载自动键合（Tape Automatlc Bonding）

带载是指带状绝缘膜上载有经刻蚀形成的覆 Cu 箔引线框架（芯片载于其上）。带状绝缘膜一般由聚酰亚胺制作，两边设有送带孔，因此绝缘胶带送进、定位等易实现自动化，适合批量生产。

带载自动键合是在类似于胶片的聚合物柔性带载上粘结金属薄片，在金属薄片上经腐蚀作出引线图形，而后用芯片上的凸点代替内引线进行热压焊的（图 6-25）方法。带载自动键合方法中所采用的带载有多种形式，材料、密度、表面镀层、几何形状等各不相同，基本分类如下：

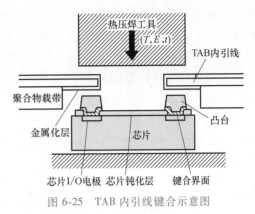

图 6-25　TAB 内引线键合示意图

（1）单层带载　由蚀刻金属制成（一般为 Cu），厚度为 70μm 左右，因引线较短，带载上的器件不可测试。为适应印制精细引线图案，载带金属化层很薄，无支撑部位的线长度受到限制，从而使内引线键合点与外引线键合点之间的引线长度受到限制。

（2）双层带载　在聚合物（聚酰亚胺、聚酯等）薄膜上镀金属（Cu）图案，厚度为 20~40μm。支持独立引线，带载上器件可测试。带载制作的关键是聚合物层与金属化层之间的粘结。通常的方法是先在聚合物薄膜上连续溅射 Cr 和 Cu（1μm 厚度），随后在此金属化层上沉积 Cu 引线图案，而后在聚合物上蚀刻出传送齿轮孔。另一种方法是在无预制图案的 Cu 上喷射沉积聚合物，而后 Cu 及聚合物上均蚀刻出引线图案。

（3）三层带载　Cu 箔与预先打好孔的聚合物薄膜用胶接结在一起，而后蚀刻引线图案。与双层带载的主要区别在于传送孔用金属模具打出而非蚀刻，在新带载设计时将增加时间和成本。

采用带载自动键合技术，内引线键合间距可以小至 50~60μm。其优点是可以预先对芯片进行有效的测试和筛选，能够保证器件的质量和可靠性；可以进行群焊，自动化程度高，生产率高，所有内引线可在 1~2s 内键合完毕；键合强度是丝材键合的 3~10 倍，具有良好的高频特性和散热特性。其缺点是工艺复杂，成本高，且芯片的通用性差，芯片上凸台的制作及芯片返修困难。

6.3.3　微电子器件内引线连接的常用材料

基于压焊原理的微连接技术主要应用于微电子器件内引线连接，即芯片表面电极与引线框架之间的连接，其常用材料有 Au 丝、Al 丝和 Cu 丝。这些金属丝和焊盘可以形成多种金属学系统，如 Au-Au、Au-Al、Au-Cu、Au-Ag、Al-Al、Al-Ag、Al-Ni 等。

1. 金属丝

（1）Au 丝　热压键合和热超声波键合中广泛采用 Au 丝。由于 Au 具有化学性能稳定，抗氧化性强，不与酸和碱发生反应，延展性好易拉成丝并有良好的导电性能，至今仍是引线键合的主要材料。为保证可靠连接和防止劈刀阻塞，Au 丝表面清洁度要求高。同时 Au 丝应具有适当的抗拉强度和伸长率。纯度很高的 Au 丝非常柔软，因此需要加入微量合金元素以改善其可加工性，如可添加质量分数为 $(5 \sim 10) \times 10^{-4}\%$ 的 Be 或 $(30 \sim 100) \times 10^{-4}\%$ 的 Cu。在绝大多数情况下，微量 Be 元素强化的 Au 丝比 Cu 元素强化的 Au 丝的强度高 10%~20%，因而更适用于劈刀高速运动的自动热超声波键合工艺。但对于航天工程应用，Au 丝吸收外太空辐射能之后会变得不稳定。

（2）Al 丝　Al 丝具有良好的导电性、导热性和耐蚀性，易于集成电路芯片上的铝电极形成良好的键合并很稳定。纯 Al 过于柔软而不能拉拔成精细的丝状，因此通常添加质量分数为 1% 的 Si 或 1% 的 Mg 进行合金强化。在室温下 Si 在 Al 中的固溶度只有 0.5%，因此添加 1% 的 Si 将导致形成沉淀相 Si。该沉淀相的数目及尺寸取决于冷却速率。较低的冷却速率会导致更多且大块的非均匀沉淀相，而快速冷却时由于没有足够的沉淀时间也会导致均匀弥散的沉淀相分布。Si 晶粒的尺寸将影响 Al 丝的韧性，同时又是疲劳裂纹的潜在形核位置。添加质量分数为 1%Mg 的 Al 丝与 1%Si 的 Al 丝的抗拉强度相近，但前者的疲劳抗力优于后者，而且高温下抗拉强度的损失也较小；原因在于 Mg 在 Al 中的固溶度约为 2%，加入 0.5%~1%Mg 不会导致第二相形成。

（3）Cu 丝　Cu 的电阻率（约 $1.7\mu\Omega\cdot cm$）比 Al 的电阻率（约 $2.7\mu\Omega\cdot cm$）低约 40%，可有效降低连线电阻，从而减少电流在线路上的压降，使 CPU 对供电电压的要求降低。其次，在器件密度较高情况下，现有的 Al 合金（通常选用掺入少量 Cu 的 Al-Cu 合金）还会因为电子迁移而引发可靠性问题。当 IC 的电流密度超过 $10^6 A/cm^2$ 时，高熔点材料比低熔点材料更不容易发生电子迁移，原因在于前者具有更高的晶界扩散激活能。铜的熔点为 1083℃，铝的熔点为 660℃，所以 Cu 更不容易发生电子迁移。与 Al 相比，Cu 的电子迁移失效时间要大一到两个数量级，所以它可以在更小的互连层厚度上通过更高的电流密度，从而降低能量消耗。

另外，Cu 具有优良的导热性能、力学性能以及成本低等优点，因此用 Cu 丝替代传统的 Au 丝键合已经成为半导体工艺发展的必然方向。目前 Au 丝键合长度超过 5mm，引线数达到 400 根以上时，封装成本较高。采用 Cu 丝键合新工艺不但能降低器件制造成本，而且其互连强度比 Au 丝好。

目前，国内研制的 Cu 丝球焊装置，在氩气保护条件下，采用受控脉冲放电式双电源形球系统，并用微机控制形球高压脉冲的数、频率、频宽比以及低压维弧时间，实现对形球能量的精确控制和调节，确保了 Cu 丝形球质量。

2. 金属学系统

上述金属丝往往与焊盘相连，而焊盘表面通常镀 Ag、Cu、Au 甚至 Al，因此上述金属丝可与焊盘表层金属形成各种金属学系统，该系统性能与焊点可靠性密切相关。

（1）Au-Au 系统　Au-Au 系统可靠性非常好，没有界面腐蚀和金属间化合物形成等问题，适合一定温度下进行 Au 丝键合，但热压键合的焊接性强烈取决于焊盘表面的清洁程度。

（2）Au-Al 系统　Au-Al 系统是引线键合中最为广泛使用的系统，但该系统易形成 Au-Al 金属间化合物和 Kirkendall 空洞，而且随温度和时间的增加而加速。Au-Al 系统存在五种金属间化合物，键合初期，即使在室温下，Au-Al 界面处也会率先形成 $AuAl_2$ 金属间化合物，而诱发可靠性问题。

（3）Au-Cu 系统　Au 丝与 Cu 引线框架键合会产生三种金属间化合物（Cu_3Au、$AuCu$ 和 Au_3Cu），其激活能均在 0.8~1eV。在 200~325℃ 的高温下，由于 Kirkendall 空洞效应，这些金属间化合物的形成将降低键合强度。另外，Au-Cu 系统键合时，表面清洁度要求高。如果芯片粘接时采用聚合物材料，该聚合物必须在惰性气氛下固化以防止氧化。

（4）Au-Ag 系统　Au-Ag 系统没有金属间化合物和界面腐蚀等问题，即使在高温下长时间保存也不存在可靠性问题。Au 丝与镀 Ag 引线框架的键合已成功应用多年，但硫黄类物质污染可能导致焊接性下降。

（5）Al-Ag 系统　厚膜混装电路中通常采用 Al 丝与镀 Ag 引线框架（Ag-Pt 或 Ag-Pd 合金）的键合。Al-Ag 可形成多种金属间化合物，也可能形成 Kirkendall 空洞，但其形成温度一般高于微电路工作温度。实际上 Al-Ag 键合系统很少采用，因为容易发生互扩散且在潮湿环境下容易氧化。汽车电子混装电路中通常采用大直径的 Al 丝与 Ag-Pd 厚膜键合，此时键合表面必须用溶剂清洗，而后再用去离子水清洗并监测电阻率，该种混合电路还需要覆盖硅树脂胶做进一步保护。

（6）Al-Ni 系统　采用大直径 Al 丝（大于 75μm）的 Al-Ni 键合不容易产生 Kirkendall 空洞，在不同环境下比 Al-Ag、Au-Al 系统更为可靠。绝大多数情况下，采用硼化物或氨基硫黄盐溶液化学沉积 Ni 可最终获得可靠键合。但是如果沉积层中磷的质量分数超过 8% 将引起可靠性及焊接性问题。对于镀 Ni 焊盘的键合而言，由于 Ni 表面易氧化，因此镀 Ni 后应在惰性气氛保护下迅速键合或在键合前进行化学清洗。

除此之外，Al-Al 系统无金属间化合物和腐蚀问题，比较可靠，常采用超声波键合工艺。其他系统不再赘述。

6.3.4　常见焊接缺陷

据统计，半导体器件失效约有 1/4 ~ 1/3 是由焊点失效引起的。微连接焊点缺陷是引起焊点失效的主要原因。在基于压焊原理的微连接技术中，常见的焊接缺陷有焊盘出坑、键合点断裂和脱落、尾丝不一致、键合剥离和脱离、键合点和焊盘腐蚀、金属迁移等。

1. 焊盘出坑

焊盘出坑通常出现于超声波键合中，是指对焊盘金属化层下面半导体材料层的损伤。这种损伤有时是肉眼可见的凹痕，更多是不可见的材料结构损伤。这种损伤将降低器件性能并引发电损伤，其产生原因如下：

1）超声波能量过高导致 Si 晶格层错。

2）楔键合时键合力过高或过低。

3）键合工具对基板的冲击速度过大，一般不会导致 Si 器件出坑，但会导致 GaAs 器件出坑。

4）球键合时焊球太小致使坚硬的键合工具接触到了焊盘金属化层。

5）焊盘厚度太薄。1 ~ 3μm 厚的焊盘损伤比较小，但 0.6μm 以下厚度的焊盘可能存在问题。

6）焊盘金属和引线金属的硬度不匹配。

7）Al 丝超声波键合时金属丝太硬可能导致 Si 片出坑。

2. 键合点断裂和脱落

裂纹是引线键合中的一个重要问题。裂纹通常在 Al 丝楔键合第 1 个焊点和 Au 丝球键合第 2 个焊点的根部形成。裂纹形成原因如下：

1）键合工具根部过于尖锐。

2）键合工具抬离第 1 个键合点之前或过程之中，键合设备发生振动。

3）键合中变形过大。

4）闭环引线的上升坡度过陡。

5）第1次键合后工具移动过快。

3. 尾丝不一致

尾丝不一致是楔键合时最容易发生而且最难克服的问题，产生原因如下：

1）引线表面不清洁。

2）金属丝传送角度不对。

3）楔通孔中部分堵塞。

4）用于夹断引线的工具不清洁。

5）夹具间隙不正确。

6）夹具所施加的压力不对。

7）金属丝拉伸错误。

另外，尾丝太短意味着作用在第1个键合点上的力分布在一个很小的面积上，这将导致过量变形，而尾丝太长可能导致焊盘间短路。

4. 键合剥离和脱离

键合剥离是指拉脱时键合点根部完全或部分脱离键合表面，断口光滑。剥离主要是由工艺参数选择错误或键合工具质量下降引起的，它是键合失效的一个很好的早期信号。键合脱离是指键合点颈部断裂造成电开路，主要原因是存在铊（Tl）污染源。Tl可以与Au形成低熔点的共晶相并从镀Au的引线框架传输到Au丝中。键合点形成过程中，Tl可以快速扩散并在球颈以上的晶界处富集形成共晶相。在塑性密封或温度循环时，球颈断裂，器件失效。

5. 键合点和焊盘腐蚀

键合点和焊盘腐蚀可导致引线一端或两端完全断开，从而使引线在封装内自由活动并造成短路。潮湿和污物是造成腐蚀的主要原因，例如，键合位置上存在Cl或Br将导致形成氯化物或溴化物腐蚀键合点。腐蚀将导致键合点电阻增加直至器件失效。绝大多数情况下，封装材料在芯片表面和相邻键合点施加了一个压力，只有腐蚀非常严重才会出现可靠性问题。

6. 金属迁移

金属迁移是指从键合焊盘处开始的金属枝晶生长，是一个金属离子从阳极区向阴极区迁移的电解过程，与金属种类、电势差等相关。金属迁移将导致桥连区的泄漏电流增加，如果桥连完全形成则造成短路。Ag迁移最常见，其他金属，如Pb、Sn、Ni、Au和Cu也存在迁移现象。

7. 引起焊点失效的其他因素

除了上述缺陷外，引起微连接焊点失效的原因还有工艺差错、界面金属间化合物及热疲劳等。

（1）工艺差错　手工丝材键合是磁盘驱动器内引线连接的最主要工艺，工艺差错主要出现在手工操作中。例如，内引线或其尾丝过长，容易碰上裸露芯片而导致短路；压焊时压力过大损伤引线，容易造成断线；压焊时焊点压偏造成焊点间距太小而形成短路等。

（2）界面金属间化合物　Au-Al系统包括Au丝与芯片表面铝电极之间的键合，或者Al丝与镀Au电极/金属化层之间的压焊，在接合界面处会形成金属间化合物$AuAl_2$和Au_2Al，前者呈紫色，称为"紫斑"，后者呈白色，称为"白斑"。两者均为脆性物质且电导率较低，因此器件在长期使用或工作在高温环境时，键合焊点会出现强度降低、变脆、接触电阻增大等情况，最终导致失效。

另外，Au 丝压焊的 Au-Al 键合焊点易出现 Kirkendall 效应，即高温时 Au 向 Al 中迅速扩散形成 Au_2Al，从而使 Au 大量移出而在接触面形成空洞，最终导致焊点失效。

（3）热疲劳　电子整机在工作中要经受功率循环和环境温度循环，材料的热胀冷缩特性将在焊点内部形成交变应力而导致疲劳失效。对于丝材键合而言，该应力集中于引线根部，而压焊时引线根部容易受损伤，因此引线容易自根部断裂而致使器件失效。

Au-Al 梁式引线已采用多年，其主要优点是在芯片上没有金属间化合物问题，而且制造成本低，但是通常 Al 金属化器件易产生 Al 迁移和腐蚀现象。

6.4　绿色微连接技术——胶接

导电型胶接剂（Electrical Conductive Adhesive，ECA），简称导电胶，是一种既能有效地胶接各种材料，又具有导电性能的胶接剂。按照导电胶基体组成可将其分为结构型导电胶和填充型导电胶两大类。结构型导电胶是指作为导电胶基体的高分子材料本身具有导电性的导电胶；填充型导电胶是指用胶接剂作为基体，依靠添加导电性填料使导电胶具有导电作用。

导电胶

随着环境保护意识的提高，导电胶正作为一种绿色连接材料来替代印制电路板组装中传统的 Sn-Pb 钎料合金。在导电胶接结过程中，焊点之间的空隙无需使用额外的填充材料，可免去清洗工序，工艺过程简单、成本低且具柔性，可实现低温焊接，适用于精细引线节距连接。导电胶工艺适合大批量和自动化作业，已成为半导体器件芯片装连的主流技术之一。

6.4.1　胶接原理

胶接技术是在高分子化学、有机化学、胶体化学和材料力学等学科的基础上发展起来的，是利用胶接剂把两种性质相同或不同的物质牢固地粘合在一起的连接技术。

1. 胶接与胶接力

两个被胶接物表面实现胶接，必须满足两个条件：一是胶接剂浸润被胶接物，二是形成足够的胶接力。

（1）胶接剂浸润被胶接物　表面张力小的液体能良好地浸润在表面张力大的固体表面。表 6-10 是部分常用材料的表面张力，可见金属及其氧化物、无机盐的表面张力一般都比较大，而固体聚合物、胶接剂、有机物、水等的表面张力比较小，所以金属及其氧化物、无机盐很容易被胶接剂浸润。

表 6-10　部分常用材料的表面张力

材料名称	表面张力/（N/cm）	材料名称	表面张力/（N/cm）
Fe	1.84×10^{-2}（1570℃）	酚醛树脂胶接剂	7.8×10^{-4}
Cu	1.27×10^{-2}（1120℃）	水	7.3×10^{-4}
Al	7.50×10^{-3}（700℃）	脲醛树脂胶接剂	7.1×10^{-4}
Al_2O_3	7.0×10^{-3}（2080℃）	环氧树脂胶接剂	4.7×10^{-4}
Zn	5.38×10^{-3}（700℃）	丙酮	2.4×10^{-4}

（2）胶接力的形成 被胶接物体表面涂胶后，胶接剂通过流动、浸润、扩散和渗透等作用，使胶接剂和被胶接物间距小于 $5.8×10^{-10}$ m，从而使被胶接物界面产生了物理和化学结合力，包括化学键、氢键、范德华力等，其结合力强弱依次为化学键、氢键、范德华力，见表 6-11。除此之外，还包括机械结合力、界面静电引力等。

表 6-11 几种作用力比较

键的名称	作用力种类	键距/10^{-10} m	键能/（kJ/mol）
化学键	离子键	1~2	600~1000
	共价键		60~700
氢键	氢键	2~3	<50
范德华力	取向力	3~5	<20
	诱导力		<2
	色散力		<40

1）化学键力（又称主价键力）。化学键力是指胶接剂与被胶接物表面形成的化学键，它包括离子键和共价键，键长通常为 0.09~0.2nm，力作用距离短，结合力强，键能高，所以形成主价键的结合是很牢固的。在绝大多数有机物分子中，原子间主要通过共价键连结。当用含有一定活性基团的胶接剂胶接金属时，在胶接面上可能形成离子键。

2）分子间力（又称次价键力）。次价键力作用的距离比主价键的长，一般在 0.25~0.5nm。次价键力是界面分子间的物理作用力，包括色散力、诱导力、取向力（常称这三种力为范德华力）和氢键力。

非极性分子间色散力较弱。色散力主要存在于弹性体和软塑料中的非极性高分子链间，与分子间距离的六次方成反比；诱导力主要存在与极性和非极性分子之间；取向力存在于极性分子之间，与分子极性大小及分子距离有关，极性越大，距离越近，取向力越大。

3）机械结合力。任何固体表面在微观上都是凹凸不平的，有些表面还是多孔的。胶接剂利用它的流动性和毛细作用渗入被胶接物体凹凸不平的多孔表面，固化后在界面区产生啮合力。

4）界面静电引力。当金属与高分子胶接剂密切接触时，金属对电子的亲和力低，容易失去电子；非金属对电子亲和力高，容易得到电子，使界面两侧产生接触电势，形成双电层，从而产生静电引力。静电作用仅存在于能够形成双电层的胶接体系。

5）分子扩散形成的结合力。聚合物（如塑料、橡胶）采用高分子胶接剂胶接时，由于胶接剂分子链本身或其链段通过热运动引起相互扩散，使两个物体界面上的分子相互扩散，互渗成一个过渡层，中间界面逐渐消失，固化后达到牢固的结合。

需要特别注意的是，实际测定的胶接强度，仅为理论胶接力的一小部分。

2. 实现胶接的条件

（1）胶接剂必须容易流动 在胶接时，胶接剂应能自动流向凹面和镶嵌缝隙处填满凹坑，在被胶接物表面形成均匀的胶接剂液体薄层。流动是高分子链段在熔体空穴之间协同运动的结果，并受分子链缠结、分子间力、增强材料的存在和交联等因素制约。黏度是对流动阻抗的一种度量。从物理化学的观点看，胶接剂的黏度越低越有利于界面区分子接触。为此，采用低相对分子质量聚合物作基料、用高相对分子质量的溶剂或水搅制成溶液或乳液，或采用稀释剂调制降低其黏度，可提高胶接剂的流动性。

（2）胶接剂对固体表面湿润　当液体与被胶接物在表面上接触时，必须能够自动均匀浸润。液体与被胶接物体的表面浸润越完全，两个界面的分子接触密度越大，吸附引力越大。

（3）固体表面的粗糙化　胶接主要发生在固体和液体表面薄层，故固体表面的特征对胶接接头强度有直接影响。对被胶接物表面适当地进行粗糙处理或增加人为缝隙，可增大胶接剂与被胶接物体接触的表面积，提高胶接强度，同时界面缝隙具有毛细作用对湿润有利。

（4）被胶接物和胶接剂膨胀系数差要小　胶接剂本身的膨胀系数与胶层和被胶接物的膨胀系数差值越大，固化后胶接接头内的残余内应力越大，服役过程中对接头的破坏越严重，因此应设法降低被胶接物和胶接剂膨胀系数的差值。

（5）形成胶接力　固化后胶层或被胶接物本身的内聚强度是建立胶接接头的一个重要因素。胶接剂在液相时内聚强度接近等于零，因此液相胶接剂必须通过蒸发（溶剂或分散介质）、冷却、聚合或其他各种交联方法固化以提高内聚强度等，形成胶接力。

3. 胶接机理

目前，关于胶接机理主要有三种不同的理论，即吸附理论、扩散理论和静电理论。

（1）吸附理论　吸附理论是 20 世纪 40 年代末提出来的，该理论是以表面能为基础，认为胶接剂分子与被胶接物表面分子产生胶接力。首先胶接剂中的大分子通过链段与分子链逐渐靠近，使胶接剂分子由微布朗运动向被胶接物表面扩散；当胶接剂与被胶接物两种分子间的距离小于 5×10^{-10} m 时，分子间就产生了范德华力或氢键，胶接剂高分子被吸附，形成胶接。在这个过程中对胶接接头进行加热、施加压力和降低胶接剂的黏度等，都有利于胶接剂的扩散。

吸附理论正确地把胶接现象与分子间力的作用联系起来，但用吸附理论不能解释胶接剂与被胶接物之间的胶接力，有时大于胶接剂本身强度以及极性胶接剂在非极性表面上胶接等问题。

（2）扩散理论　扩散理论是以胶接剂与被胶接物在界面相互扩散溶解为依据提出的，认为高分子材料胶接时，由于胶接剂分子或链段与被胶接物表层分子或链段能够相互扩散，使黏附界面形成交织网络而形成牢固接头。

影响两种物质相互扩散的因素主要包括物质的溶解度、胶接剂的相对分子质量大小和表面张力等。胶接剂与被胶接物两者的溶解度相差越小，相溶性越好，越利于扩散，其胶接体系的胶接力越高；适当降低胶接剂的相对分子质量有助于提高分子扩散；表面张力越小，相溶性越好，扩散效果越好。

（3）静电理论　静电理论认为高分子胶接剂与被胶接物金属相互接触时，组成一种电子的接受体和供给体的组合形式。在胶接剂和金属界面两侧产生接触电势，并形成了双电层，双电层电荷的性质相反，从而产生了静电引力；但是静电力仅存在于某些特殊胶接体系，故该理论有很大的局限性。

6.4.2　导电胶

自 20 世纪 90 年代以来，导电胶作为电子产品的连接材料已经成为研究热点。目前，导电胶在电子工业中已成为一种必不可少的新材料。与传统合金钎料相比，导电胶具有以下优势：固化温度低，可以用在对温度敏感的材料或无法焊接的材料、芯片在玻璃上的组装、芯片在柔性基板上的贴装等；分辨率高，特别是各向异性导电胶可以实现线分辨率比合金钎料高得多的组装；热力学性能好，韧性比合金钎料好，接点抗热疲劳性能高，可提高器件的可靠性；使用工艺简单，与大部分材料润湿性能好。下面简单介绍导电胶的组成、分类及常用导电胶。

1. 导电胶的组成

导电胶主要由黏结剂、溶剂、导电填料和固化剂等四部分组成。

（1）黏结剂　黏结剂大多数采用环氧树脂，其工艺性好，固化容易，固化物致密，黏接力强，但耐热性有限。还有一种纯度高、耐热性好的合成树脂——聚酰亚胺树脂，它可短时间承受450℃的高温，适用于低熔点玻璃封装工艺，但是聚酰亚胺树脂的固化温度较高，胶层容易产生气孔。

（2）溶剂　溶剂的作用是稀释胶液，避免因黏结剂太稠而影响导电胶涂敷。常用的溶剂有无水乙二醇乙醚、酮类、甲苯、二甲苯等，但溶剂不宜多加，以免树脂与导电填料分层而影响胶的导电性能。

（3）导电填料　导电填料一般采用导电性能稳定的 Ag 粉，其加入量可超过聚合物本身重量的 $2\sim3$ 倍。这种体系的导电胶的比体积电阻为 $10^{-5}\sim10^{-8}\ \Omega\cdot m$。商品 Ag 粉以及由 Ag-$NO_3$ 用 Cu 棒接触还原法（或用甲酸钠还原法）制备的 Ag 粉，都能用作导电填料，后者具有较高的导电性。这些 Ag 粉粒子的直径不大于 $0.1\sim0.3\mu m$。

在导电胶内添加 2.5% 的缩二乙醇-丁醚或缩二乙醇-丁醚乙酸酯，可使导电胶的电阻降低 $2\sim3$ 倍而提高导电性能。应用合成脂肪酸等表面活性材料处理导电胶的填料，有助于填料粒子在聚合物内均匀地分布，这种导电胶的黏接性和导电性与未经处理的填料相比，约增加 10 倍。

（4）固化剂　环氧树脂加热后才能固化。常用的环氧树脂固化剂有乙二胺、间苯二胺、邻苯二甲酸酐、均苯四甲酸二酐等。导电胶中的环氧树脂固化剂以酚醛树脂为佳，因为酚醛树脂固化后能形成较高的交联密度，且胶层耐热性能好，能短时承受350℃热压引线的高温。

2. 导电胶的分类

由于导电高分子材料的制备十分复杂，因此结构型导电胶离实际应用还有较大的距离，目前广泛使用的均为填充型导电胶。填充型导电胶分为各向异性导电胶和各向同性导电胶两类。

（1）各向异性导电胶　各向异性导电胶（Anistropically Conductive Adhesive，ACA）是最早使用的高分子胶接剂。它在厚度方向上具有单向导电性，这是由于其导电填充物少（质量分数为 5%～20%），还不足以使得在 x-y 平面内粒子互相接触而导电。两个连接表面之间涂敷一层薄膜状或膏状的胶，在厚度方向上加热或施压就可使导电粒子接触，一旦形成连续接触的导电，绝缘的高分子基体也因化学反应（热固性）或冷却（热塑性）而固化。固化的绝缘高分子基体支撑两个连接件，并有助于保持其接触压力。图 6-26 为由各向异性导电胶形成的接头横截面。长期以来，各向异性导电胶主要用于液晶显示器的连接；在倒装连接技术中，用各向异性导电胶替代钎料的研究比较多。

各向异性导电胶主要由胶基体和导电填充物构成。

1）胶基体。胶基体在互连中起支撑作用，热固性和热塑性材料都可用。热塑性胶在玻

璃化转变温度 T_g 以下是刚性的（呈玻璃态），高于此温度，高分子开始流动，因此胶的 T_g 必须足够高，以防止使用时高分子发生流动；但也不能太高，以免组装时电路发生热损伤。热塑性胶的主要优点是在返修时非常容易拆解，但如果粘接强度不够，导电粒子往往不会很好地固定在原来位置或受热冲击后接触电阻增大。另外，粘接时，若撤去压贴在元件上的外力，胶层会发生反弹现象，这种反弹也会增大接触电阻，有时可增大到初始电阻的 3 倍以上。在特定条件下，固化热固性胶（如环氧树脂和硅树脂等）会形成三维交联结构。固化方法有加热法、紫外光照射法和添加催化剂法。

热固性导电胶在高温下很稳定，而且接触电阻很低，这是由于固化反应引起的附加收缩应力使接触电阻一直保持较低水平。这种材料的主要优点是高温强度高，粘合牢固，但是固化反应的不可逆却给返修带来困难。热固性胶基体材料可有多种选择：低温（-100℃以下）可选丙烯酸树脂，高温（可达 200℃）选用环氧树脂更加牢固，而恶劣环境如温度达到或超过 300℃时，则选用聚酰亚胺。

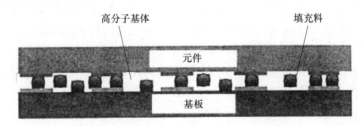

图 6-26　各向异性导电胶形成的接头横截面

2）导电填充物。导电填充物起导电作用，最简单的填充物就是金属颗粒，如 Au、Ag、Ni、In、Cu、Cr 和无铅钎料（如 Sn-Bi）等。填充物粒子通常是球状，尺寸大小一般在 3～15μm 之间，有些专利中还提到针状或须状填充物。

有些各向异性导电胶采用带金属涂层的非导电性颗粒，颗粒的心部可以是塑料或玻璃，呈球状，涂覆金属则选用 Au、Ag、Ni、Al 或 Cr。塑料心颗粒在两个相对接触面之间可以变形，增大接触面积。由于涂覆金属的聚苯乙烯颗粒的热膨胀系数与热固性塑料非常接近，因此两者结合得到的导电胶的热稳定性大大提高。为了获得细间距连接，还可采用微胶囊型填充物，这种填充物是将金属球或金属涂覆的塑料球用绝缘树脂包裹，只有当连接面之间施加压力时绝缘树脂层才破裂，使用这种填充物时即使填充量大些也不会发生短路。

（2）各向同性导电胶　各向同性导电胶（Isotropically Conductive Adhesive，ICA）也称为高分子钎料，由高分子树脂（胶基体）和导电填充物组成。因导电填充物粒子相互接触而使该复合材料导电。这种导电胶导电特性符合渗滤理论，即填充物较少时，其电阻随填充物的增多而逐渐下降；当填充物超过某一临界量 V_c 时，导电胶的电阻急剧下降，V_c 被称为浸透阈值。达到渗滤阈值时，所有导电粒子相互接触形成三维网络，而后即使再增加填充物，胶的电阻也只是略微减小。图 6-27 是用渗滤理论来解释导电胶电阻与填充物的关系。为了获得理想的导电性，胶中导电填充物的量必须等于或略微大于其临界量。各向同性导电胶可同时提供电气连接和机械连接（图 6-28），在该胶接接头中，高分子树脂起机械互连作用，而导电填充物的作用是导电，填充物过多会降低胶的力学性能。典型的各向同性导电胶中，导电填充物的体积分数一般约为 25%～30%。各向同性导电胶可用于贴片、倒装芯片互连及表面组装。

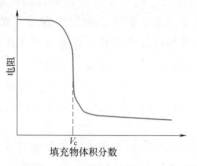

图 6-27　电阻与填充物关系示意图

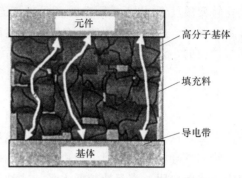

图 6-28　各向同性导电胶接头截面

1）胶基体。各向同性导电胶的高分子基体与各向异性胶类似。理想导电胶的存放寿命长（室温保存期长），固化快，固化温度 T_g 高，吸潮量小，黏性大。

热固性和热塑性树脂都可用。热塑性树脂主要采用聚酰亚胺树脂，其主要优点是返修容易，但在高温下，胶会发生退化。另外，聚酰亚胺基各向同性导电胶通常含有溶剂，加热时溶剂的蒸发有可能产生气孔。大多数商用胶都采用热固性树脂，其中环氧树脂用得最多，因为它具有非常优异的综合性能。胶基体中还常用硅树脂、氰酸酯和氰基丙烯酸盐黏结剂。

为了防止固化，多数商用各向同性导电胶必须在非常低的温度（通常 -40℃）下保存和运输。胶的存放寿命是一个非常重要的参数。为了获得室温下理想的存放寿命，需要仔细选择树脂的固化剂。某些商用各向同性导电胶采用了固体固化剂，室温下这种固化剂不溶于环氧树脂，但在高温（固化温度）下会溶解于树脂，且与树脂发生反应。延长存放期的另一个方法就是采用胶囊型咪唑作为固化剂或催化剂，将咪唑包裹在非常小的高分子胶囊球中，室温下高分子外壳不会溶解，也不与环氧树脂反应，但高温下外壳破裂释放出咪唑，使树脂固化或加速固化反应。

各向同性导电胶的优点是固化时间短，使用成本低。在环氧基各向同性导电胶中加入合适的固化剂或催化剂，如咪唑或叔胺，都会加快固化速度。

固化温度 T_g 低的导电胶在热循环时效过程中导电性会下降。填充型导电胶是通过相邻金属粒子相互接触，使元件引脚和金属焊盘互相连接而导电。当接头经历热循环时，引脚与基体间产生反复的剪切运动，剪应变的大小主要与热循环参数和元件与基体间的热膨胀不匹配有关。为顺应所产生的剪应变，导电胶会发生变形，金属粒子产生移动，使相邻金属粒子间接触点的位置发生变化。如果导电胶基体过于柔顺，就会发生流动而填满金属粒子移动后留出的空穴。剪应变方向相反时（热循环），相邻金属粒子往回移动，但这时原接触点的位置已有一部分被柔顺的绝缘有机基体取代。随着循环次数的增多，相邻粒子间的接触电阻就越来越大，于是相互连接的接头电阻也就越来越大。

导电胶吸潮会影响接头的可靠性。潮气通过两种方式影响粘接强度。首先某些高分子材料，尤其是含酯键的聚氨酯，在湿热环境下会发生水解而丧失强度和刚度。水解的速率取决于胶接剂基料的化学结构、催化剂类型、用量以及胶接剂的柔性。某些化学键，如酯、氨酯、酰胺和脲等，都能被水解。在某些类型的聚氨酯和酸酐固化的环氧树脂中，酯键的水解速率快。在大多数情况下，以酰胺固化的环氧树脂的水解稳定性比酸酐固化的好。此外，水解材料的水解速率还与配方中催化剂的用量有关。适当选择基料与催化剂的配比，能得到较稳定的胶。其次，水还会渗入胶层，取代粘接界面的胶接剂，这是在潮湿环境下粘接强度降低的最常见原因。高分子复合材料中的潮气对环氧层的力学性能和电气性能都会产生不利影响，另外，吸潮还会增大接触电阻，特别是焊盘和元件的金属体系中含有普通金属时更是如此。为了提高接头的可靠性，导电胶的吸潮量必须小。对于导电胶来说，环氧基导电胶的粘接强度高于聚酰亚胺基和硅树脂基导电胶，但硅树脂基导电胶的吸潮量比环氧基导电胶小。

2）导电填充物。各向同性导电胶是依靠导电填充物来导电的，为了获得良好的导电性，填充物不能少于由渗滤理论获得的临界量 V_c。Ag 是目前应用最普遍的导电填充物，Au、Ni、Cu 和 C 也很常用。在一些对导电性能要求不是十分高的场合，常使用 Cu 粉填充型导电胶。

多数金属的氧化物都不导电。由于 Ni 和 Cu 很容易氧化，因此 Ni 基和 Cu 基导电胶电阻不稳定，即使加入抗氧化剂，Cu 基导电胶在时效时体积电阻也不断增大，尤其是在高温和高湿条件下。

Ag 的氧化物和 Ag 盐具有一定的导电性，当二者作为填充物时，纯度要求不高，因此在环氧导电胶或导电涂层中常用细 Ag 粉。相对 Au 而言，Ag 是最合适的导电填料，因为它价格相对便宜且电阻小。Ag 粉的最大加入量约为 85%（质量分数），加入量低于最佳量（约 65%）时导电性明显降低，但此时粘接强度却较高。然而，在高温和直流电场作用下，Ag 会向胶层发生电迁移现象，但镀 Ag 的 Cu 粉不会发生电迁移现象，已用于导电胶。

填充纯 Ag 粉的导电胶在高温高湿或热循环条件下导电性良好，但镀 Ag 金属（如 Cu 薄片）的导电性稍差，原因可能是使用纯 Ag 粉时，施加热和机械作用能使粒子紧密接触，但 Cu 粉镀 Ag 后，因镀层不连续，导致 Cu 表面发生氧化，从而使导电面积减小。

各向同性导电胶中导电填充物最常见的形态是鳞片状。与球形填充物相比，鳞片状表面积大，接触点多，导电面积大。填充物颗粒的大小一般为 $1\sim2\mu m$。增大颗粒尺寸，胶的导电性提高，黏度减小。最近，导电胶中采用了一种多孔纳米 Ag 颗粒，使导电胶的力学性能提高，但导电性不如用 Ag 鳞片的导电胶。

碳也可以作为导电填充物，合成树脂中加入导电炭黑之后就能导电。作为填充物的碳可以是任何一种无定形的碳，如乙炔炭黑或粉碎的石墨粉，也可以采用短碳纤维作为导电填充物。但石墨的导电性远不如 Au 和 Ag，因此碳基导电胶的导电性比 Ag 基导电胶差。

另外还有一种特殊结构的 Cu 粉导电胶。这种 Cu 粉实际上是由 Cu 和 Ag 两种金属组成的（Ag 的含量较小），靠近填充物表面 Ag 浓度大，远离表面 Ag 的浓度逐渐下降。这种粉填充的导电胶抗氧化能力强，即使在高氧含量（100×10^{-6}）的氮气中烘烤也没有问题；钎焊性良好（与商用 Cu 粉填充型导电膏相比），经冷/热试验后仍有足够的粘接强度，电迁移率几乎与纯 Cu 粉填充型导电胶一样低。

为了提高导电胶的力学和电气性能，各向同性导电胶中可采用低熔点合金作为填充物，即在导电填充粉外涂覆一种低熔点金属。导电粉可选 Au、Cu、Ag、Al、Pd 或 Pt，低熔点金属选自易熔金属，如 Bi、In、Sn、Sb 或 Zn 等。填充颗粒外包覆低熔点金属后，当低熔点金属熔化时，相邻颗粒之间、颗粒和涂导电胶的接触面之间就会产生冶金反应，形成冶金结合。例如，瞬时液相烧结导电胶就属于这一类，它是钎料和导电胶连接技术的混合产物。这种胶有高熔点金属（如 Cu）和低熔点合金（如 Sn-Pb）两种金属填充物。在某一温度下，低熔点合金填充物熔化成液相，溶解高熔点颗粒，这种高分子胶正是通过高熔点金属和低熔点合金间的冶金结合获得电气连接。在这种导电胶中，有机混合物不仅有利于粉末间的瞬时液相粘接，形成稳定的冶金网络而导电，而且有利于高分子间的互相渗透，从而形成牢固的粘接。

3. 常用导电胶

导电胶的使用效果与连接的基板材料、施胶方法以及固化方法密切相关。

基板材料要与导电胶中所用胶基体的品种相适应，一种导电胶可以应用于多种基板。采用热固性树脂的导电胶可用于金属、玻璃、陶瓷、水晶、环氧树脂层压板、酚醛树脂层压板以及其他热固性树脂层压板。采用室温固化树脂的导电胶除可用于上述基板外，还可用于ABS树脂、苯乙烯树脂和纸等耐热性差的基板。

施胶方法要视导电胶中的胶基体和溶剂的性质而定，通常可以用刷涂、浸渍、喷涂、丝网印刷、微分配器等多种方法施胶。特别是使用以Au、Ag等作为导电性填料的导电胶时，由于胶的价格高，必须采用低损耗的施胶方法。此外，在要求对非常细小的部位进行准确而少量涂胶的场合，宜使用丝网印刷等方法。

导电胶的固化干燥条件视其所采用的胶基体和溶剂而定，其导电性能、粘接强度以及其他各项性能会因固化干燥温度和时间的不同而不同。随着胶膜固化过程的进行，粘接强度提高，与此相应，体积电阻率降低，原因在于随着树脂凝固过程的进行，导电性填料的网状连接结构更趋牢固。

以下主要介绍Ag粉填充型导电胶、Cu粉填充型导电胶、H37导电胶等的应用。

（1）Ag粉填充型导电胶　Ag粉填充型导电胶是目前最重要的导电胶。胶基体有环氧树脂、酚醛树脂、聚氨酯、丙烯酸酯树脂等，其中环氧树脂的胶接性能优良、使用方便而被广泛应用。

Ag粉填充型导电胶中所用Ag粉的种类、比例、粒度及形状对导电胶的性能有很大影响。按照制备方法不同，Ag粉可分为电解Ag粉、化学还原Ag粉、球磨Ag粉和喷射Ag粉等多种（表6-12），目前用得较多的是电解Ag粉和化学还原Ag粉。

表6-12　Ag粉的种类及其性质

名称	粒度/μm	形状
电解Ag粉	2~40	树枝状
化学还原Ag粉	0.02~2	无定形粒状
球磨Ag粉	0.01~2	鳞片状
喷射Ag粉	≈40	球状

Ag粉通常的质量分数为60%~70%。Ag粉用量过少，胶接强度可得到保证，但导电性能下降；Ag粉用量过多，导电性能增加，但胶接强度明显下降，成本也相应增大。表6-13为Ag粉用量与导电性及胶接强度的关系。

表6-13　Ag粉用量与导电性及胶接强度的关系

Ag粉：树脂	电阻率/($\Omega \cdot cm$)	抗拉强度/MPa
70：30	1.5×10^{-3}	33.9
65：35	1.6×10^{-3}	37.5
60：40	1.4×10^{-2}	41.1
55：45	8×10^{-2}	48.0

一般来说，Ag 粉填充型导电胶的固化温度越高，固化速度越快，则胶接强度越高，导电性越好，但操作工艺较为复杂；如果室温固化，则固化时间长，胶接强度和导电性均会受到影响，但操作方便。因此，必须根据不同的使用要求和操作条件做适当的选择。表 6-14 为 Ag 粉填充型导电胶的种类及其性能。

表 6-14 Ag 粉填充型导电胶的种类及其性能

组成	组元数目	固化条件	电阻率 /($\Omega \cdot cm$)	抗剪强度 /MPa
酚醛-电解 Ag 粉	单组分	0.2~0.2MPa,150℃×2h	2×10^{-4}	15
酚醛-电解 Ag 粉	三组分	室温×72h	2×10^{-3}	10
环氧-电解 Ag 粉	三组分	100℃×3h	$(5 \sim 6) \times 10^{-3}$	15
环氧-片状 Ag 粉	单组分	150℃×2h	10^{-4}	≥6
环氧-片状 Ag 粉	双组分	100℃×1h	$10^{-3} \sim 10^{-4}$	≥5
环氧-尼龙-还原 Ag 粉	单组分	0.1~0.3MPa,165℃×1h	$10^{-3} \sim 10^{-4}$	26
环氧-橡胶-Ag 粉	多组分	0.5MPa,160℃×3h	$10^{-3} \sim 10^{-4}$	24
聚氨酯-还原 Ag 粉	三组分	60℃×5h	$(1 \sim 5) \times 10^{-3}$	8~10

Ag 粉填充型导电胶的缺点是会出现电迁移现象且价格昂贵。Ag 迁移现象是胶液固化后，在直流电场和潮湿条件下，Ag 分子产生电解运动所造成的电阻率改变的现象。一般在用于陶瓷、玻璃钢为基材的印制电路上较易发生。为此，在使用过程中应注意防潮。

为了降低成本，目前已出现用玻璃微珠镀 Ag 的粒子代替 Ag 粉作为填充物的导电胶，其电阻率为 $10^{-2} \sim 10^{-3} \Omega \cdot cm$。如将镀 Ag 粒子与纯 Ag 粉选择适当的配比混合使用，还可达到与纯 Ag 粉填充型导电胶相似的导电性，而且 Ag 分子迁移的现象也得到一定抑制。

（2）Cu 粉填充型导电胶 Cu 粉填充型导电胶价格较低，且无分子迁移现象，而且 Cu 粉原料来源广泛，因此是一种很有发展前途的导电胶。以酚醛或改性酚醛树脂为基体，甲基苯磺酸为固化剂，填充 Cu 粉后的导电性与 Ag 粉填充型导电胶的导电性不相上下。以环氧树脂为基体，二元酸酐为固化剂，采用硅烷类偶联剂，填充 Cu 粉后的电阻率可达 $(3 \sim 4) \times 10^{-3} \Omega \cdot cm$。

Cu 粉填充型导电胶的最大缺点是 Cu 粉表面极易氧化，形成不易导电的氧化膜。因此在制备导电胶的过程中，避免或去除 Cu 氧化膜是保证导电性的关键。由于环氧树脂的胺类固化剂、酚醛树脂在固化中释放出的甲醛和偶联剂中的氨基对 CuO 均有还原作用，可将 CuO 还原成 Cu，从而达到避免和去除氧化膜的目的，因此，Cu 粉填充型导电胶一般均以环氧树脂的酚醛树脂为基体，而且环氧树脂通常均采用胺类固化剂，并添加各种类型的硅烷偶联剂。表 6-15 是以环氧树脂为胶基体的 Cu 粉填充型导电胶的组成及电阻率。

表 6-15 以环氧树脂为胶基体的 Cu 粉填充型导电胶的组成及电阻率

组成	电阻率/($\Omega \cdot cm$)
环氧树脂,KH-550 偶联剂,胺类固化剂,Cu 粉(300 目)	$(4.8 \sim 22.7) \times 10^{-3}$
环氧树脂,KH-550 偶联剂,胺类固化剂,Cu 粉(200 目)	$8 \times 10^{-4} \sim 3 \times 10^{-3}$
环氧树脂,KH-550 偶联剂,胺类固化剂,铜合金粉	5×10^{-3}
环氧树脂,KH-560 偶联剂,胺类固化剂,Cu 粉(200 目)	5.5×10^{-3}
环氧树脂,B-201 偶联剂,胺类固化剂,Cu 粉(200 目)	2.2×10^{-3}

Cu 粉填充型导电胶中 Cu 粉的用量比 Ag 粉填充型导电胶中 Ag 粉的用量要多，通常均为树脂用量的 3 倍左右，所获得的接头其抗剪强度约为 10~15MPa，电阻率可达（2~3）×$10^{-3}\Omega \cdot cm$。表 6-16 列举了不同 Cu 粉用量对导电性的影响。

表 6-16　Cu 粉用量对导电性的影响

Cu 粉用量：树脂用量	电阻率/($\Omega \cdot cm$)	Cu 粉用量：树脂用量	电阻率/($\Omega \cdot cm$)
6：2	3×10^{-3}	8：2	1.9×10^{-3}
7：2	2.2×10^{-3}	9：2	1.7×10^{-3}

（3）H37 导电胶　在混合微电路组装中，使用无铅导电胶的主要动力是减少或避免在电子工业中使用铅。由于导电胶中不含铅，涂覆工艺简单，固化温度低以及与电子组件生产中所用材料的工艺相容，因此导电粘接工艺在电子产品组装中应用相当普及。

H37 导电胶的粘接工艺如下：

1）导电胶回温。H37-MP 环氧导电胶贮存在-40℃冰柜中，使用前从冰柜中取出，在室温下放置 70~90min，确保温度达到室温后打开容器盖，并注意防尘处理。

2）基片清洗。印有厚膜印刷电阻、金导带及焊盘的陶瓷基片半成品应进行清洁处理，保证涂胶位置洁净。

3）干燥处理。因潮湿气氛在粘接中会影响粘接强度，应对已清洁处理的陶瓷基片半成品及待粘接元件进行干燥处理。

4）涂胶。滴胶过程的关键参数是滴胶量及滴胶位置的准确性。最适合用滴胶工艺的片式元件为 0603、0805、1206 及 1210，其支撑高度通常在 0.075mm 以上。

5）固化。为保证足够的粘接强度和可靠性，导电胶必须正确固化。根据 EPO-TEK 提供的技术参数，其固化温度为 150~160℃，固化时间为 60min。在固化过程中，烘箱的洁净度要求为 1000 级，以减小杂质沾污，保证粘接强度和可靠性。

6.4.3　导电胶胶接工艺

胶接工艺包括胶接前准备、胶接接头设计、胶接剂的配制与涂敷、胶接剂的固化和质量检测等。

1. 胶接前准备

胶接强度主要取决于胶接剂与被胶接物之间的机械连接、分子间的物理吸附、相互扩散及形成化学键等，因此被胶接物表面的结构状态对胶接接头强度有直接影响。在加工、运输、贮存过程中，被胶接物表面会存在氧化、油污、灰尘及其他杂质等，在胶接前必须清除干净。常用的表面清除方法有脱脂处理法、化学处理法和机械处理法。

脱脂处理法分为有机溶剂法、碱液法与表面活性剂法。常用的脱脂溶剂有丙酮、二甲苯、三氯乙烯、醋酸乙酯、香蕉水、汽油等。对于大批量小型胶接件，可采用三氯乙烯除油脂。采用溶剂脱脂时，应有一定的晾干时间，防止胶接表面残留溶剂影响接头强度。对采用碱液清洗的胶接表面，清洗后必须用热水或冷水冲洗干净，然后热风吹干。使用后的胶接物，表面容易吸附或沉积油污，如果允许高温处理，可将胶接物置于 200~250℃热风干燥箱中，使油脂渗出，然后用干净棉纱揩擦，再用溶剂除油。

化学处理法有酸性溶液和碱性溶液两种处理方法。经化学处理的金属可在表面形成一层均匀致密坚固的活性层，该活性层容易使胶接剂润湿展开，可明显提高胶接强度。对允许化学处理的聚合物如聚四氟乙烯、聚乙烯、聚丙烯、氟橡胶等，可使表面变成带有极性基团，提高了表面的自由能，增加了润湿性，可大幅度改善胶接强度。另外，胶接前的清理也可采用机械法，被胶接物表面适当的粗糙度，有利于增加有效胶接面积，改善胶接性能。

机械处理法常用的手工工具有钢丝刷、铜丝刷、刮刀、砂纸、风动工具等。机械方法有车削、刨削、砂轮打磨、喷砂等。机械方法处理粘接表面是为了获得适当的表面粗糙度，增加有效面积，改善粘接性能。

2. 胶接接头设计

高质量的胶接接头取决于胶接剂的性能、合理的胶接工艺和正确的胶接接头形式等三方面因素，设计胶接接头时应考虑以下几点：

1）尽可能使胶接接头胶层受压、受拉和剪切作用，不要使接头受剥离和劈裂作用，如图 6-29 所示。对于不可避免受剥离和劈裂的应采用图 6-30 所示的措施来降低胶层受剥离和劈裂作用。

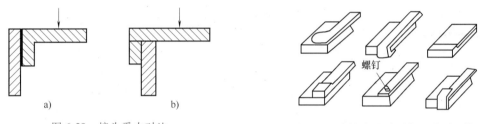

图 6-29 接头受力对比
a）较差 b）较好

图 6-30 降低胶层受剥离和劈裂的措施

2）合理设计较大的胶接接头面积，提高接头承载能力。

3）为进一步提高胶接接头承载能力，应采用胶-焊、胶-铆、胶-螺栓等复合连接的接头形式。

4）设计的胶接接头应便于加工。

3. 胶接剂的配制与涂敷

（1）胶接剂的配制 胶接剂性能的好坏将直接影响接头的使用性能，因此配制胶接剂要科学合理，并按合理的顺序进行。配制双组分或多组分的胶接剂时，必须准确计算和称取各组分的质量，然后放在温度为 15~25℃、不透明、与容器不发生化学作用的密闭容器内。合成时，用量小可采用手工搅拌，用量较大时应选用电动搅拌器进行搅拌，使各组分均匀一致。

（2）涂敷 涂敷就是采用适当的方法和工具将胶接剂涂敷在胶接部位表面。涂敷方法有刷涂、浸涂、喷涂、刮涂等。根据胶接剂使用目的、胶接剂的黏度和被胶接物的性质等，可选用不同的涂胶方法。如果配制时气温过低，胶接剂黏度过大，可采用水浴加热或先将胶接剂放入烘箱中预热。涂敷胶层要均匀，为避免粘合后胶层内存有空气，涂胶时应由一个方向到另一个方向涂敷，速度以 2~4cm/s 为宜，胶层厚度一般为 0.08~0.15mm。对溶剂型胶接剂和带孔性的被胶接物，需涂胶 2~3 遍，要准确掌握第一道胶溶剂挥发完全后再涂第二遍。如果胶层内残存过多的溶剂会降低胶接强度，但过分干燥胶层会失去黏附性。

对于不含溶剂的热固性胶接剂，涂敷后要立即粘合，避免长时间放置吸收空气中的水分，或使固化剂（如环氧胶接剂的脂肪胺类固化剂）挥发。

4. 胶接剂的固化

所谓固化就是胶接剂通过溶剂挥发、熔体冷却、乳液凝聚等物理作用，或通过缩聚、加聚、交联、接枝等化学反应，使其胶层变为固体的过程。为了获得硬化后所希望的连接强度，必须准确地掌握固化过程中压力、温度、时间等工艺及参数。

（1）压力　加压有利于胶接剂对表面的充分浸润、排出胶层内的溶剂或低分子挥发物、控制胶层厚度、防止因收缩引起的被胶接物之间的接触不良、提高胶接剂的流动性等。适中的压力可很好地控制胶层厚度，充分发挥胶接剂的胶接作用，保证胶层中无气孔等。加压的大小与胶接剂及被胶接物的种类有关，对于脆性材料或加压后易变形的塑料，压力不易过大；一般情况下，无溶剂胶接剂比溶剂性胶接剂加压要小；环氧树脂胶接剂，采用接触压力即可。常用加压方法如图6-31所示。

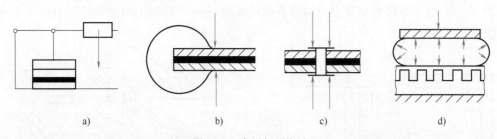

图6-31　常用加压方法

a）杠杆加压　b）弓形夹加压　c）铆钉加压　d）密封加压袋法

（2）温度和时间　固化温度主要根据胶接剂的成分来决定。固化温度过低，基体的分子链运动困难，可导致胶层的交联密度低，固化反应不完全，为使固化完全必须增加固化时间；如果温度过高会引起胶液流失或使胶层脆化。可见，固化温度过高或过低均会降低接头的胶接强度。对一些可在室温下固化的胶接剂，通过加温可适当加速交联反应，缩短固化时间，并使固化更充分、更完全。固化温度与固化时间是相辅相成的，固化温度高，固化时间即可短一些；固化温度低，固化时间应长一些。

6.4.4　常见缺陷

导电胶是一种很有潜力的互连材料，然而胶接接头的氧化腐蚀、裂纹、分层、蠕变等缺陷，会严重影响胶接接头的可靠性。

1. 氧化腐蚀

氧化腐蚀是导电胶与金属化层的胶接界面经常出现的缺陷，这是因为导电胶具有较强的吸湿能力，使胶接接头处于潮湿环境，同时潮湿的胶接接头经常会存在一些杂质离子，从而在胶接接头界面形成电化学腐蚀。胶接接头氧化腐蚀可以引起界面金属层氧化或导电粒子氧化，导致某点接触电阻增加，胶接强度下降。

2. 裂纹和分层

胶接接头产生裂纹和分层现象的原因主要如下：

1）由于界面材料具有不同的热膨胀系数，使经常经受热冲击的胶接接头产生裂纹或分层。

2）低温下导电胶脆性急剧增加，从而使低温下使用的导电胶接头产生裂纹。

3）导电胶与基板界面往往存在气泡，这些气泡不仅减少胶接有效面积，而且容易引起裂纹。

4）工艺缺陷也容易引起胶接接头内部裂纹扩展。

3. 蠕变

导电胶含聚合物，在温度超过聚合物玻璃化温度时，聚合物形变增大，使胶接接头产生蠕变。导电胶发生蠕变或变形，使原来相互接触的金属离子可能被拉开，导致电阻变大，同时在胶接界面会形成较大的剪应力并产生热机械疲劳，导致胶接裂纹或分层。

由于导电胶具有十分广阔的应用前景，因此美国国家制造科学中心联合七大工业实验室制定了导电胶可靠性最低标准：

1）体积电阻率<0.001Ω·m。

2）在85℃/85%RH环境下，500h后电流电阻转换<20%。

3）可经受连续6次的60in（1524mm）高落锤试验。

复习思考题

1. 什么叫微连接？与常规焊接方法相比，其技术特点有哪些？

2. 基于微连接技术的钎焊原理是什么？获得优质钎焊接头的基本条件是什么？

3. 基于微连接技术的钎焊工艺流程包括哪些？

4. 基于钎焊原理的微连接技术包括哪些？

5. 什么叫波峰焊？有何特点？

6. 什么叫再流焊？有何特点？

7. 与其他再流焊方法相比，气相再流焊的优点有哪些？

8. 基于微连接技术的钎焊接头常见缺陷有哪些？

9. 基于微连接技术的压焊原理是什么？包括有哪些？

10. 什么叫丝材键合？种类有哪些？

11. 什么叫倒装芯片键合？有何优点？

12. 微电子器件内引线连接的常用材料有哪些？

13. 基于微连接技术的常见压焊缺陷有哪些？

14. 什么叫导电型胶接剂？胶接机理及胶接条件是什么？

15. 导电胶基本构成包括哪些？常用导电胶有哪些？

16. 胶接常见缺陷有哪些？

参 考 文 献

[1] 童志义. 圆片级封装技术 [J]. 电子工业专用设备，2006（12）：1-6.

[2] 何田. 先进封装技术的发展趋势 [J]. 电子工业专用设备，2005（5）：5-8.

[3] 贾永平. 波峰焊接技术的应用 [J]. 航天制造技术，2004（3）：6-8.

[4] 闫焉服. 颗粒增强Sn基复合钎料研究 [D]. 北京：北京工业大学，2004.

[5] 李志远，钱乙余，张九海，等. 先进连接方法 [M]. 北京：机械工业出版社，2000.

[6] 田民波. 电子封装工程 [M]. 北京：清华大学出版社，2003.

［7］　蔡重阳. 电子封装结构演变与微连接技术的关系［J］. 电子与封装，2014，14（1）：11-15.

［8］　田文超. 电子封装、微机电与微系统［M］. 西安：西安电子科技大学出版社，2012.

［9］　杜长华，陈方. 电子微连接技术与材料［M］. 北京：机械工业出版社，2008.

［10］　中国电子学会生产技术学分会丛书编委会. 微电子封装技术［M］. 北京：中国科学技术大学出版社，2003.

［11］　黄卓，张力平，陈群星，等. 电子封装用无铅焊料的最新进展［J］. 半导体技术，2006，31（11）：815-818.

［12］　陈方，杜长华，黄福祥，等. 微电子器件内连接技术与材料的发展展望［J］. 材料导报，2006，20（5）：8-10.

［13］　何田. 先进封装技术的发展趋势［J］. 电子工业专用设备，2005（5）：5-8.

［14］　范琳，袁桐，杨士勇. 微电子封装技术与聚合物封装材料的发展趋势［J］. 新材料产业，2005（8）：39-46.

［15］　张曙光，何礼君，张少明，等. 绿色无铅电子焊料的研究与应用进展［J］. 材料导报，2004，18（6）：72-75.

［16］　葛劻冲. 微电子封装中芯片焊接技术及其设备的发展［J］. 电子工业专用设备，2000，29（4）：4-9.

［17］　王青春，田艳红，李明雨. 电子封装和组装中的微连接技术［J］. 现代表面贴装资讯，2004（6）：1-10.

［18］　邹贵生，闫剑锋，母凤文，等. 微连接和纳连接的研究新进展［J］. 焊接学报，2011（4）：15-18.

［19］　崔海坡，程恩清. 不同电子封装结构的随机振动分析［J］. 焊接学报，2017，38（7）：91-94.

［20］　赵兴科，邢德胜，刘大勇. 激光微连接技术研究与应用进展［J］. 航空制造技术，2017（12）：30-34.

［21］　王尚，田艳红. 微纳连接技术研究进展［J］. 材料科学与工艺，2017，25（5）：1-4.

［22］　潘泽浩，程战，刘磊，等. 石英玻璃飞秒激光微连接及其接头性能［J］. 焊接学报，2016，37（6）：5-8.

［23］　刘宏波，顾文，孙明轩，等. 电子封装技术教育发展［J］. 电子工业专用设备，2017（6）：16-18.